Alliance-6

综合智慧能源典型场景案例集

2024

中国电力技术市场协会综合智慧能源专业委员会
中国投资协会能源投资专业委员会
中国建筑节能协会区域能源专业委员会
中国人工智能学会智慧能源专业委员会
中华环保联合会能源环境专业委员会
中国电力发展促进会低碳用能与智能电力专业委员会

北 京

冶 金 工 业 出 版 社

2024

内 容 提 要

本书凸显综合智慧能源项目的典型成熟性、超前引领性和可持续发展性,面向发电企业、电网企业、综合能源企业、售电公司、电力用户、系统集成商、设备制造商等综合智慧能源项目投资、开发、规划、建设人员,以及能源发展规划、电气工程及其自动化、电力经济专业的研究机构人员和高等院校师生等,为行业呈现综合智慧能源项目落地实践、综合智慧能源整体解决方案、综合智慧能源创新技术,续写综合智慧能源高质量发展的中国故事。

本书汇集了能源转型发展的综合智慧能源实践,是新时期保障能源安全稳定、持续推动能源绿色转型高质量发展、实践新质生产力的深刻诠释。

图书在版编目(CIP)数据

综合智慧能源典型场景案例集 . 2024 / 中国电力技术市场协会综合智慧能源专业委员会主编. -- 北京 : 冶金工业出版社,2024. 9. -- ISBN 978-7-5024-9938-9

Ⅰ. TK-39

中国国家版本馆 CIP 数据核字第 20243EX201 号

综合智慧能源典型场景案例集 2024

出版发行	冶金工业出版社	电　话	(010)64027926
地　址	北京市东城区嵩祝院北巷 39 号	邮　编	100009
网　址	www. mip1953. com	电子信箱	service@ mip1953. com

责任编辑　曾　媛　赵缘园　美术编辑　彭子赫　版式设计　郑小利
责任校对　王永欣　责任印制　窦　唯
北京捷迅佳彩印刷有限公司印刷
2024 年 9 月第 1 版,2024 年 9 月第 1 次印刷
889mm×1194mm　1/16;27.5 印张;663 千字;427 页
定价 320.00 元

投稿电话　(010)64027932　投稿信箱　tougao@cnmip. com. cn
营销中心电话　(010)64044283
冶金工业出版社天猫旗舰店　yjgycbs. tmall. com
(本书如有印装质量问题,本社营销中心负责退换)

序　言

党的二十届三中全会指出，要健全绿色低碳发展机制，加速规划建设新型能源体系。综合智慧能源作为一种新兴的能源利用形式，能够加快推进能源供给侧清洁低碳转型，以数字赋能实现智慧化和低碳化发展，是新型能源体系的重要组成部分，也是新质生产力在能源领域的具体体现。

近年来，在习近平总书记"四个革命、一个合作"能源安全新战略指引下，综合智慧能源相关技术创新与产业实践快速发展，光伏、热泵、储能、微电网、分布式能源管控等先进技术快速迭代，光储直柔、多能协同耦合、建筑运营数智化等解决方案逐步成熟，逐步驱动形成以提供项目新建或技术改造升级、能源管理服务等为主要业务内容，以节能利润分享、能源费用托管、能源运维托管等为主要盈利模式的服务新业态。

为进一步推动综合智慧能源发展，中国电力技术市场协会会同 A6 联合体，连续五年面向行业广泛征集综合智慧能源典型优秀项目案例，汇集多种类型、多种市场主体、多种典型场景、多种商业模式的综合智慧能源落地项目，创新方案以及先进技术，为综合智慧能源项目的投资、建设、运营、服务等提供可借鉴、可复制、可推广的宝贵经验。

《综合智慧能源典型场景案例集 2024》更加聚焦能源电力一体化解决方案，统一量化评价指标，更加注重实效和创新，选取具有典型引领、节能提效、经济高效、清洁低碳、安全可靠、供需协同互动的项目案例，为能源绿色转型高质量发展贡献可借鉴的宝贵经验。

期待本书对综合智慧能源领域的从业者、研究者、咨询者有所帮助。

2024 年 7 月

前　言

——以崭新的面貌与您相见

连续五个年头，你我共同见证了 A6 联合体创编的《综合智慧能源优秀项目案例集》茁壮成长的历程，今天 **A6 联合体** 又以崭新的面貌呈献给您《**综合智慧能源典型场景案例集 2024**》（以下简称"《案例集》"），以此表达编著者一片赤诚之心，使读者享受更好更多的能源电力绿色低碳转型饕餮大餐，同时让您获得更完美、更贴切的真实、实用、有价值的综合智慧能源新业态高质量发展信息。

这里您读到的每一个能源电力绿色低碳转型发展的故事，都是新时代能源发展实践为新型能源体系建设铺砌的砖瓦和打下的坚实基础，是实现综合智慧能源中国故事长长的美丽梦想。

相遇是温馨的，相识是必然的，相知是真诚的。《案例集》又一次为产业和全社会提供并续写了综合智慧能源高质量发展、综合智慧能源项目落地实践、综合智慧能源整体解决方案、综合智慧能源创新先进技术的能源故事。

▼ ▼ ▼

综合智慧能源就是指针对特定区域内能源用户，以用户需求为导向，以安全低碳清洁为核心，以提高能效、降低综合用能成本、降低排放、提高灵活性为目标，以能源多品种、多环节一体化耦合集成和互补利用为特征，以数字化、智慧化为支撑的能源发展新业态，主要包括供给侧综合智慧能源和消费侧综合智慧能源。综合智慧能源摒弃原有各能源品种，各供应环节单独规划、单独设计、单独运行的传统模式，综合智慧能源特点为融合性、就近性、互动性、市场化、数智化、低碳化。

供给侧综合智慧能源主要供能形式为：常规煤电功能衍生、固废耦合、供热、供冷、供压缩气体、供工业用水、污水处理、灵活性改造、供热改造、节能改造、光伏治沙、余热余压利用等组合。

消费侧综合智慧能源主要供能形式为：分布式风电、分布式光伏、分布式燃机、生物质发电、热泵、储能、微电网、生物质能转化、植物工厂、新能源+农业、换电重卡、港口岸电、车网协同、能源管家、虚拟电厂等组合。

A6 联合体"坚持初衷不改、坚持推陈出新、坚持行业服务",推动综合智慧能源新业态市场机制的建立、科学技术的转化、商业模式的创新,助力践行综合智慧能源新产业规划引领、主辅融合、数智低碳的实施落地。2024 年度《案例集》,除了更加突出体现为行业主体提供典型场景项目案例外,同时致力于提升综合智慧能源所具有的创新理念和具备实现能源一体化解决的创新方案,以及推进适用于综合智慧能源各类应用场景的新技术、新材料、新工艺、新设备等先进技术成果转化。

2024 年案例征集工作历时半年左右,通过征集、初评、复审、遴选、答辩、点评等多个环节,最终呈现的是综合智慧能源新业态典型场景项目案例以及创新方案和先进技术。经组委会、评审指导专家委员会以及评审组专家对所有报送案例的竞技入围遴选,经小组初步评审和现场专家委员会答辩复审两个重要环节,最终 58 个案例收录为《综合智慧能源典型场景案例集 2024》。

典型场景项目案例共计 35 个,总占比为 60%,其中:

产业园区类项目案例 22 个,占比 63%;

集群楼宇类项目案例 4 个,占比 11.4%;

城镇乡村类项目案例 4 个,占比 11.4%;

平台服务类项目案例 5 个,占比 14.2%。

创新方案/先进技术案例共计 23 个,总占比 40%,其中:

创新方案 19 个,占比 83%;

先进技术 4 个,占比 17%。

为进一步帮助读者更好地理解和规范化《案例集》,在尊重申报单位原创内容的基础上,组委会对部分项目案例进行了形式和文字上的编辑与修饰,同时与报送单位进行了再确认,以确保项目案例内容的完整性和准确性,同时邀请评审专家对 58 个入选《案例集》的项目进行了专家点评。

每一年《案例集》的征集、评审、编辑和出版,都让我们无比欢畅,在获得新的、更多的、意想不到的结果同时,倍加欢欣鼓舞。

新面孔的《案例集》更加凸显了综合智慧能源项目的典型成熟性、超前引领性和可持续发展性。高要求、高标准、高水平、高质量永远是我们《案例集》追求的目标，《案例集》是体现综合智慧能源产业越发趋于成为能源转型发展不可或缺的重要实践的汇集，是新时期保障能源安全稳定、持续推动能源绿色转型高质量发展、深刻实践新质生产力的具体体现。

感谢 A6 联合体所有成员的会员单位、能源系统及社会各方对项目案例征集、申报、报送以及修订等工作给予的大力支持。感谢综合智慧能源专家委员会全体成员在案例初审、答辩、复审以及项目案例的整理、编辑、评审以及出版等工作付出的辛勤劳动和汗水。

《综合智慧能源典型场景案例集 2024》
编委会
2024 年 7 月

目 录

创新方案/先进技术篇

I

产业园区 篇

「案例 1」

浙江 50 MW/460 MWh 储能电站项目

申报单位：吉电太能（浙江）智慧能源有限公司

摘要：本项目为在浙江省长兴县境内工业企业推广、建设用户侧虚拟增容储能电站，总规划规模为 50 MW/460 MWh。该储能电站以 25 kW/230 kWh 为基本单元模块，具体视用户的用电负荷和实际情况进行配置调整，最终形成优化方案。项目参与削峰填谷及其他辅助服务，缓解变压器用电压力，在负荷峰值时实现虚拟增容，提供备用电源保障，并为企业节省用电电费。

虚拟增容储能电站项目有助于践行国家"双碳"目标，推进浙江省绿色能源改革，改善能源结构，降低峰时电网负荷，助力碳中和。浙江省工业用电用户数量多，分布广；其中一些中小企业在用电高峰时段存在变压器超容的问题，如果通过对变压器进行增容，不仅成本较大，且改造难度很大。为企业配备小型储能电站，一方面通过功率伴随功能，实时监测企业用电负荷，在即将超容时使用储能电站降低负荷，有效控制超容风险，减少企业用电违规成本实现虚拟增容；另一方面通过储能电站的部署，通过谷充峰放，储能电站产生用电优化效益，企业可以分享部分峰谷价差收益，同时储存电量，成为用户的备电电源。规模化布置后，可提升电网弹性及需求侧响应能力。

1 项目概况

1.1 项目背景

为践行国家"双碳"目标，推进浙江省绿色能源改革，改善能源结构，降低峰时电网负荷，助力碳中和，吉林电力股份有限公司与长兴太湖能谷科技有限公司合作成立合资公司，充分利用浙江分时电价的优异政策，以先进的新型铅碳储能技术有效控制企业变压器超容风险，实现虚拟增容，提升电网弹性及需求侧响应能力。

利用铅碳电池储能技术把浙江省湖州市长兴县作为第一批虚拟增容储能电站示范地区，将长兴地区的成功案例复制到全浙江省，在浙江省境内大、中、小型工业企业推广、建设用户侧虚拟增容储能电站，总规模为 50 MW/460 MWh。

1.2 项目进展情况

项目于 2022 年 3 月开工，目前项目已建成共 7 座储能电站，投产容量 107.848 MWh。

2 能源供应方案

2.1 负荷特点

储能系统每天 1 次充放电循环（中午时段补电），谷电时段充电，尖峰电时段、峰电时段放电，放电深度 70%，年有效天数 335 天。

2.2 技术路线

采用 AGM 铅碳电池，具有高安全、低成本、高可靠性等显著特点，使用太湖能谷自主研发的储能电站全生命周期管理技术（TEC-EngineTM）对电池进行全方位、全时段的监视与控制，电池管理系统的热管理优化控制以及电池管理系统与能量管理系统之间的优化运行，提高系统整体效率，在该储能系统集成及管理模式下，铅碳电池循环寿命可提升至2000 次以上。虚拟增容储能电站作为削峰填谷电源，实现虚拟增容，在不影响正常生产的情况下，通过降低最高用电功率（变压器容量），从而节省基本电费，使企业在电价优惠的基础上获取节省需量电费的收益，为企业双重减负。采用多元化共享储能模式，开辟了35 kV 以上接入集中式用户侧共享储能新模式，将从单一的"指标共享""容量共享"到"土地共享"，最终可实现"电量共享"。

2.3 装机方案

项目所需场地由用电企业提供，利用厂区闲置空地或厂房建设储能系统，不额外占用土地，场地租赁费用在客户让利中体现。该工程根据用户需求配置相应容量模块，虚拟增容储能电站总容量规划为 50 MW/460 MWh。主要建设内容包括屏柜布置、储能系统（50 MW/460 MWh 铅碳电池、电池管理系统、储能双向变流器、就地监控系统）、配电系统、能量管理系统等。

3 用户服务模式

3.1 用户需求分析

湖州市长兴地区工业企业用电数量庞大，前期调研全长兴地区专变企业共计 4495 家，其中大型专变企业（100 kVA 以上）3592 家，以湖州市长兴县地区变压器容量 600 kVA 以下用户就有 1800 户。

大型用户（600 kVA 以上）：2700 户；

中型用户（600 kVA 以下）：1800 户。

预计长兴县可推广户数：

大型用户：1000 户；

中型用户：500 户。

每套虚拟增容储能容量：25 kW/230 kWh。

平均户配储能电站：

大型用户：4 套（100 kW/920 kWh）；

中型用户：2 套（50 kW/460 kWh）。

预计长兴地区可做虚拟增容储能：5000 套（125 MW/1150 MWh）。

按每年 335 天计算，每年储能总量为 38525 万千瓦时占长兴县 2019 年总工业用电量的 4.3%。

目前就类似的储能电站产品而言，由于经济性、安全性的门槛，还未发现规模推广的竞争性产品。

3.2 政策依据

2021 年 4 月下旬，国家发展改革委、国家能源局发布了《关于加快推动新型储能发展的指导意见（征求意见稿）》。文件首次明确储能产业发展目标，到 2025 年，实现新型储能装机规模达到 3000 万千瓦（30GW）以上；到 2030 年，实现新型储能全面市场化发展，标准体系、市场机制、商业模式成熟健全，与电力系统各环节深度融合发展，装机规模基本满足新型电力系统相应需求。新型储能成为能源领域碳达峰碳中和的关键支撑之一。

2020 年 1 月，浙江省发展改革委发布关于印发 2020 年浙江省能源领域体制改革工作要点的通知，要求推动储能参与电力辅助服务试点。制定出台《浙江省加快储能技术与产业发展实施方案》，支持和引导先进电池企业加大储能技术研发和创新。在安全性、经济性兼顾的原则下，2020 年前适时启动电网侧、电源侧、用户侧储能示范试点。《浙江省电力发展"十四五"规划（征求意见稿)》中也提到：加快储能设施发展是"十四五"增强电力系统调节能力、促进新能源和外来电消纳的现实途径。完善电价形成机制，建立有利于新型储能、虚拟电厂等价格体系。鼓励"储能+"在电源侧、电网侧和用户侧应用，配置新型储能 100 万千瓦以上。

2021 年 11 月，浙江省发展改革委、省能源局印发《浙江省加快新型储能示范应用的实施意见》，工作目标为：2021—2023 年，全省建成并网 100 万千瓦新型储能示范项目，"十四五"力争实现 200 万千瓦左右新型储能示范项目发展目标。其中，重点任务中有"积极支持用户侧储能建设。鼓励企业用户或综合能源服务商根据用户负荷特性自主建设储能设施，充分利用目录分时电价机制，主动削峰填谷，优化区域电网负荷需求"。用户侧储能参与削峰填谷、调峰辅助服务等商业模式获得了国家层面的肯定。

3.3 服务模式

电费总收益＝（本期尖峰期放电电量×尖峰期电价单价+本期峰期放电电量×峰期电价单价-本期谷期充电电量×谷期电价单价）（前述尖峰期电价、峰期电价、谷期电价参照该项目所在地物价局公布的分时销售电价）；

实际电费收益＝电费总收益-客户收益-代收电费服务费。

储能系统每天 1 次充放电循环（中午时段补电），谷电时段充电，尖峰电时段、峰电时段放电，放电深度 70%，年有效天数 335 天；寿命周期可用电量不低于 80%（第 5 年末进行一次电芯更换）；10 年年均放电量 760 万千瓦时，年均衰减率不大于 4%。

结算方式：每一个自然月为 1 个结算周期，每个结算周期结束后，投资方在次月的 10 日前，向用电企业发出书面《结算通知单》，用电企业收到且确认《结算通知单》后，5 个工作日内，向投资方支付《结算通知单》中载明的电费收益。用电企业将电费收益以银行转账方式支付至投资方指定账户。同时，项目公司针对多客户通过互联网开发、推广预充值、绑定账户定期扣减等结算方式。

第 5 年末更换电芯，考虑电芯残值率为 45%（按照材料费列入成本费用）。

4 效益分析

4.1 经济效益

合同年限 10 年资本金财务内部收益率为 20.3%，全投资财务内部收益率（所得税后）为 8.0%，投资方内部收益率为 18.4%，净资产收益率为 10.4%，投资回收期（税后）5.89 年，经济增加值（EVA）1147.01 万元。

4.2 环境效益

该项目单体规模实现突破，为集中式、规模化铅碳类储能提供了借鉴经验，项目所采用的铅碳电池具有供应链自主可控、产业链安全优势，商业应用场景多，节能减排效果好，符合欧盟出口绿色认证标准，与国家新型储能"高安全、低成本、高可靠、长寿命"发展目标高度契合，是实现新型储能规模化、商业化应用和安全可持续发展的重要方向。同时，项目符合国家能源结构、气候条件等资源禀赋特点和清洁能源产业发展方向，可促进新型储能多元化发展，形成差异化竞争优势，带动相关产业高质量发展。

4.3 社会效益

一是缓解电网峰值压力，促进电力工业健康长远发展。可为电网运行提供调峰、需求响应支撑等多种服务，构建区域"综合智慧零碳电厂"（虚拟电厂）保障电网安全。同时，对满足电网的负荷发展、保证充足的装机备用、提高供电可靠性和电能质量有着积极的作用；

二是铅碳电池储能技术方案成熟，整体设计合理，运行机制健全，安全性高、模块化设计安装运输方便、性价比高，具有很好的可推广复制性，后续可在用户侧、综合智慧能源、零碳园区、微电网等场景大范围复制；

三是验证了铅碳电池技术安全性、经济性，为完善工商业用户侧储能和虚拟电厂标准规范提供经验，后续拟参与国家、行业有关标准规范修订。

5 创新点

一是采用 AGM 铅碳电池，具有高安全、低成本、高可靠性等显著特点。铅碳电池在部分荷电态下循环寿命和功率性充放电性能方面得到大幅提高，大大提高了铅碳技术在各类储能系统中的应用，在储能领域具有巨大发展潜力。

二是吉电股份与长兴太湖能谷科技有限公司（简称"太湖能谷"）开展储能系统集成技术创新，通过科技成果转化合作，使用太湖能谷自主研发的储能电站全生命周期管理技术（TEC-EngineTM）对电池进行全方位、全时段的监视与控制，电池管理系统的热管理优化控制以及电池管理系统与能量管理系统之间的优化运行，提高系统整体效率，在该储能系统集成及管理模式下，铅碳电池循环寿命可提升至2000次以上。

三是充分利用峰谷时段及电价特点，利用浙江区域夜间和中午谷电，发挥铅碳电池长时储能优势。

四是通过该项目的投产，促进大规模工商业用户侧储能商业化发展，并推动政府出台具体的电化学储能支持鼓励政策，项目已列入浙江省"十四五"新型储能示范项目。

五是开展多元化共享储能模式，开辟了35 kV以上接入集中式用户侧共享储能新模式，将从单一的"指标共享""容量共享"到"土地共享"，最终可实现"电量共享"。

6 问题与建议

目前国家及地方政府尚未出台针对储能项目的补贴政策。

专家点评：

该项目规划在浙江省长兴县建设50 MW/460 MWh用户侧虚拟增容储能电站，目前已建成7座储能电站，投产容量107.848 MWh。

项目采用AGM铅碳电池储能技术，具有高安全、低成本、高可靠性等特点，使用太湖能谷自主研发的储能电站全寿命周期管理技术进行全方位、全时段的监视与控制，实现电池管理优化运行，提高系统整体效率。

项目通过储能电站作为削峰填谷电源，实现虚拟增容，通过降低最高用电功率，帮助企业节省基本电费，获取峰谷价差电费收益。同时采用多元化共享储能模式，开辟35 kV以上接入集中式用户侧共享储能新模式，获取"指标共享、容量共享、电量共享"等方面的经济收益，共享社会效益。

该项目单体规模较大，为集中式、规模化铅碳类储能提供了借鉴，商业应用场景多，节能减排效果好，符合国家新型储能发展目标和方向。铅碳电池技术方案成熟，安全性高，模块化设计运输安装方便，性价比高，可在用户侧、零碳园区、微电网等场景大范围复制，项目可复制性较好。经济效益较好。

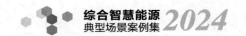

「案例2」

南翼生物质清洁供热项目一期建设工程项目

申报单位：吉电智慧能源（长春）有限公司

摘要： 为落实与奥迪PPE项目的整套绿色用能方案，打造奥迪PPE零碳工厂，满足南翼区域周边不断增加的用热需求，吉电凯达发展能源（长春）有限公司建设南翼生物质清洁供热项目一期建设工程。南翼一期项目建设厂址于汽开区腾飞大路南侧规划南翼锅炉房位置，丙十三路以南、丙二十九街以东、乙四街以西、项目用地以北，征地面积为39668 m²。该期建设2台29 MW生物质压块燃料热水锅炉，总供热能力58 MW，满足2022年底入区企业暖封闭供热的需求。并配套建设供热外网、主厂房、储料库、上料系统等附属设施，南翼一期项目已于2022年11月正式投产。

1 项目概况

1.1 项目背景

长春汽车经济技术开发区，位于长春市西南部。省政府最新批复的规划面积为120平方公里（中国开发区审核公告目录2018年版核准面积为110平方公里）。长春市委、市政府于2020年年初提出打造长春国际汽车城板块规划，规划面积共471平方公里。长春汽车经济技术开发区的核心产业为汽车产业。汽车及相关产业占区总产值的95%以上。2020年，汽开区汽车工业实现总产值4835.8亿元，占全省汽车工业总产值的76%，汽开区已经成为全国乃至全世界重要的汽车整车和零部件生产研发基地。

汽开区注重引进投资规模大、带动力强、效益好、生态环保型的大项目，加快推进产业集聚。2020年共引进重点项目84个，其中5亿元以上项目4个，10亿元以上项目6个，50亿元以上项目1个，计划总投资608.80亿元。全年招商工作呈现出投资规模大、项目资金到位率高、项目集聚效应强的特点。实现了一批重点项目的落位：裕新科技（长春）工业机器人与智能装备产业园项目、五八企服数字产业中心综合体项目、吉浙（颐高）数字经济产业园项目、旭辉理想城项目、万科西宸之光项目、长春汽车经济技术开发区人才产业园项目、长春智慧物流园项目、一汽-大众智能焊装基地（备件）项目、一汽-大众1.4T发动机扩产项目、一汽-大众摩捷出行项目、德国恩福汽车零部件项目、联东U谷·长春汽车研创园、星宇车灯扩产项目、州驰汽车自动化项目、伟巴斯特奔驰汽车天窗项目、奥迪PPE项目等正式签约。

随着汽开区快速发展和奥迪PPE项目的启动，为了满足汽开区计划项目的供热需求，在长春市总体规划和供热专项规划的指导下，拟兴建长春汽开区南翼热力有限公司生物质热源厂一期建设工程。坚持布局集中供热热源厂、供热干线及热力站，为城市发展提供优先条件推广使用清洁可再生能源，特别是生物质能、太阳能的利用，建立最大化节能为目标的供热系统。

南翼一期项目建设厂址位于经开汽开区腾飞大路南侧规划南翼锅炉房位置，丙十三路以南、丙二十九街以东、乙四街以西、项目用地以北，征地面积为 39668 m²。南翼一期工程规划用地面积为 10670.7 m²，规划供热面积 84.7 万平方米，建设 2 台 29 MW 生物质压块燃料热水锅炉，总供热能力 58 MW，满足 2022 年底入区企业暖封闭供热的需求，并配套建设供热外网、主厂房、储料库、上料系统等附属设施。

1.2 项目进展情况

南翼一期项目已于 2022 年 11 月投产。

2 能源供应方案

2.1 负荷特点

依据《长春市供热专项规划（2013—2020）》，南翼锅炉房供热区域内规划总供热面积约为 1000 万平方米，其中自供面积 500 万平方米，调峰面积 500 万平方米。近期根据汽开区招商引资项目落地情况，2023 年底，有供热需求、工艺热水需求的企业为奥迪 PPE 项目。奥迪 PPE 一期项目总建筑面积约 60 万平方米，供热负荷约 58.62 MW，其中：冬季工艺热水负荷约 16.40 MW，夏季工艺热水负荷约 4.24 MW。2024 年底，除奥迪 PPE 外，有供热需求的为卡斯马及其周边地块、延锋国际长春智能座舱、地通、富奥、比亚迪、一汽铸造一体化压铸超级工厂项目等，其中，卡斯马地块、地通地块、富奥地块位于项目的北侧区域，总供热面积约 25 万平方米，延锋国际长春智能座舱供热面积 1.6 万平方米，一汽铸造供热面积约 2.0 万平方米，以上区域均为高大厂房或生产车间。

2.2 技术路线

南翼一期项目建设的 29 MW 生物质锅炉以玉米秸秆压块作为设计燃料，秸秆压块燃料是利用机械设备将秸秆粉碎后再压缩制成的块状、棒状或压块状燃料。秸秆固化成型燃料既保留秸秆原先所具有的易燃、无污染等优良燃烧性能，又具有耐烧特性，且便于运输、销售和储存。

2.3 装机方案

南翼一期项目选用炉排锅炉作为主要设施。链条炉排层燃锅炉具较强的压火运行的特性，因此它具有较强的负荷调整能力，适合该工程频繁调整负荷的工况，具有结构紧凑、制造简单、造价低廉、安装维修方便操作简单的优点。

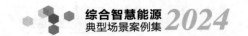

3 用户服务模式

3.1 用户需求分析

能源类型：清洁供热。

用户性质：工商业用户。

3.2 政策依据

《中华人民共和国节约能源法》第三十九条明确提出：国家鼓励发展和推广集中供热，提高热能综合利用率。吉林省早在"十一五"规划中就已经肯定城市集中供热在创建资源节约型、环境友好型社会中的重要地位，建设部对城镇集中供热发展规划提出了明确的要求。汽开区高度重视国家产业和环保政策，积极调整燃料结构，大力支持和发展城市集中供热事业，对城市集中供热做出了详细、周密的部署和规划，该项目即为汽开区供热规划的重要组成部分，城市集中供热在汽开区政府的正确领导下已取得巨大成就。

3.3 服务模式

南翼一期项目由吉电凯达发展能源（长春）有限公司开发建设，该公司由吉林电力股份有限公司与长春凯达发展有限公司在长春市合资成立，持股比例为51%和49%。

项目为自主开发模式，建设和经营期的经营活动均按照国家电力投资集团有限公司相关标准执行。

4 效益分析

4.1 经济效益

南翼一期项目周边地区拟建设新能源汽车配套产业园，23个大型项目已于今年集中开工，总投资约445亿元，预计到2025年，新能源汽车配套产业园将容纳企业50户以上，预计实现产值300亿元，具有较大的供热面积增长空间。随着汽开区打造"零碳工厂、绿色制造"示范园区工作的推进，将会有更多企业入驻我方供热区域，供热量将逐年大幅增加，项目收益逐步提高。在注册CCER项目后，参与碳交易市场，将进一步提升项目盈利能力。

该项目总投资为1.4亿元，属国家鼓励型项目，国家部委也出台众多扶持政策，包括财政补贴、税收、产品销售鼓励政策等，并且该项目已申请到相关建设资金补贴或运营补贴，可有效改善项目经济效益。

4.2 环境效益

该工程采用烟囱出口烟气颗粒物排放浓度 ≤20 mg/Nm³，SO_2 排放浓度 ≤50 mg/Nm³，氮氧化物排放浓度 ≤100 mg/Nm³，排放水平较燃煤锅炉大幅降低，降低了对区域环境空气质量的影响。

工程中对锅炉排污水、水处理废水、轴承及辅机冷却排水、生活污水通过进入汽开区市政管网，并经汽开区污水处理厂处理达到《城镇污水处理厂污染物排放标准》（GB 18918—2002）中二级标准后排放，对地表水环境影响很小。

建设项目噪声主要产生于各种机械设备，为了保证运行安全和周围公众的身心健康，不但在设计上采取有效措施降低噪声，而且要订购设备时对制造厂提出噪声限值要求，安装时对噪声强度较高的设备装消声器、隔声罩。既解决了职工身心健康问题，又保护了厂界周围声学环境不受影响。

项目产生的灰渣将积极开展综合利用，变废为宝，既有效地利用了资源，创造了一定经济效益，又减少和避免了灰渣堆放对环境的影响。

4.3 社会效益

园区集中供热是环保型汽开区的基础设施，是汽开区基础设施建设的重要组成部分，在建设绿色汽开区进程中起着至关重要的作用。集中供热对社会环境、对城市环境的清洁以及集中供热提供给园区企业，也被越来越多的企业所认识。它的建成可以大大降低粉尘的排放量，提高城汽开区的环境质量，促进汽开区社会经济可持续发展，具有战略意义。该项目与当地社会具有极好的互适性，项目建成后有利于节约能源，提高城市能源利用效率，发展循环经济；有利于保护城市大气环境质量，降低污染物排放，构建环境友好型社会；有利于提高汽开区基础设施建设水平，保证汽开区经济、社会活动的正常有序发展。

南翼一期建设工程年折算标准煤耗量为 18247 t，单位产品综合能耗 41.99 kgce/GJ<45.0 kgce/GJ，符合《城镇供热系统运行维护技术规程》（CJJ 88—2014）的要求，优于同类项目的平均值，资源利用合理、高效，资源利用效率先进，符合国家发展循环经济、建设节约型社会的要求。

该项目没有采用国家明令禁止和淘汰的落后工艺及设备。项目的用能工艺、工序、设备等选择合理，主要设备能效水平较高，均达到了国家要求的能效水平。采用性能安全、供热稳定的供汽方式，园区集中供热是目前较好的选择。它有固有的热源，24 h 不间断运行。热量连续地输送，用户汽源有保障，从而降低企业的运行成本，会得到驻区企业的支持和欢迎项目的建设。

汽开区建设日新月异，工业发展突飞猛进，对蒸汽的需求也日益增多，该工程热源厂的建设，将为汽开区招商引资提供强有力的保障，该项目的实施当地社会环境具有极好的互适性，具有显著的社会效益和环境效益。

5 创新点

该项目采用生物质锅炉，利用生物质燃料产生热量，完全符合可再生能源高效循环利用的生产模式，有效地减少了污染，保护了环境，同时增强了能源与环境相协调的可持续发展。项目建设是节约能源、综合利用能源、减少碳排放、发展循环经济的需要。随着我国经济快速发展，国家对可持续发展的关注度在不断加强，更加注重人与自然和谐发展。该项目充分利用当地生物质资源，有效地改善了当地能源结构的不合理现象。

6 经验体会

加强节能工作是深入贯彻科学发展观、落实节约资源基本国策、建设节约型和谐社会的一项措施；也是国民经济和社会发展的一项长远战略方针和紧迫任务。我国解决能源问题的方针是开发与节约并举，把节约放在首位。节能工作是一种特定的"能源开发"，是解决我国能源供应紧张、保护能源资源、保护环境的有效途径。我国目前的能源利用水平远低于世界发达国家，节能工作基础还很薄弱，节能工作潜力很大。节约能源是我国的基本国策之一，是发展经济的一项长远战略方针，是经济活动中面临的最普遍也是最迫切需要解决的问题。合理利用能源、降低能耗，对于降低成本、提高经济效益乃至于改变我国能源浪费严重的现状都具有重要意义。

生物质资源主要分布于农村地区，生物质燃料的开发、收集、加工、利用，需要大量农民直接参与，可以显著增加农民就业和收入，实现工业反哺农业。生物质供热产业链长，从上游的燃料收集到中游的生产转化再到下游的能源生产应用，各个环节都与当地农民的生产、生活紧密相关。

南翼一期项目采用生物质链条锅炉，热效率可达到 80%，同时选用节能泵阀等附属设备，风机、水泵等采用变频调速，用可再生能源代替化石能源，实现能源利用可持续发展。

7 问题与建议

（1）该项目的建设具有较强的可操作性。但是由于项目时间较紧，开发过程中各方面工作协调难度较大。

（2）建议下阶段设计中，继续优化各种辅助设备的参数和容量，避免设备裕量过大，造成运行效率低、能耗高。

专家点评:

　　该项目规划建设 2 台 29 MW 生物质压块燃料热水锅炉,以玉米秸秆压块作为设计燃料,并配套建设供热外网、主厂房、储料库、上料系统等附属设施。一期项目 1 台 29 MW 已经于 2022 年 11 月投产。

　　项目采用生物质链条锅炉,热效率可达到 80%,利用玉米秸秆生物质燃料产生热量,用可再生能源代替化石能源,符合可再生能源高效循环利用的生产模式,实现能源利用可持续发展,具有保护环境、节能减排的作用。同时生物质燃料的开发、收集、加工和利用,可增加农民就业和收入,具有较好的社会效益。

　　项目资本金内部收益率 15.96%,经济效益较好。

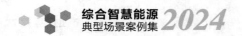

「案例 3」

吉林翰星热力公司燃煤热水锅炉烟气
深度净化及余热回收项目

申报单位：吉电智慧能源（长春）有限公司

摘要：该项目属于燃煤锅炉烟气余热回收改造。针对吉林市翰星热力有限公司 2×58 MW 燃煤热水锅炉采用"烟气深度净化、除湿及余热回收一体化技术"回收烟气余热加热热网水。项目余热回收功率 4.7 MW，全年有效回收烟气余热 5.1 万吉焦，回收水分 1.0 万吨/年，减少燃煤消耗 0.17 万吨标准煤/年，年减少 CO_2 排放 0.45 万吨。该项目的实施能够增加企业供暖能力，达到烟气余热的深度回收利用，有效提高能源利用率，大幅降低环境污染，实现节能减排的综合效果；对改善当地环境空气质量、提高人民群众的生活质量水平、提高企业自主节能减排的积极性有着重要的意义。

1 项目概况

1.1 项目背景

吉林市瀚星热力有限公司 1 号、2 号锅炉烟气经干法脱硫、布袋除尘后排入大气，存在严重的能源浪费。利用烟气余热加热供暖水，将大大提高一次能源利用率，实现企业可持续发展。同时，吉林市瀚星热力有限公司 1 号、2 号锅炉烟气目前执行 $SO_2 \leqslant 200 \text{ mg/Nm}^3$，烟尘 $\leqslant 30 \text{ mg/Nm}^3$ 排放，在排放标准日益严苛的情况下，为保证超低排放需要进行升级改造。该项目位于吉林市瀚星热力有限公司厂区内，属于燃煤锅炉烟气余热回收改造项目。

1.2 项目进展情况

该项目已于 2021 年 12 月投产。

2 能源供应方案

2.1 负荷特点

吉林市瀚星热力有限公司目前已经建成的 2 台 58 MW 热水锅炉，目前实际供热面积为 100 万平方米，现有的 1 台 58 MW 热水锅炉满负荷工况至少可达 145 万平方米的供热能力。

2.2 技术路线

烟气余热深度回收，主要指对脱硫后、进烟囱前的烟气余热进行深度回收，同时可实现

烟气提水。目前,烟气余热深度回收技术均基于热泵原理,技术路线为基于开式热泵原理的烟气余热深度回收技术,技术介绍如下:

烟气深度净化、除湿及余热回收一体化技术将基于溶液吸收原理的开式热泵技术应用到烟气环保+节能一体化治理中,开式热泵技术是利用溶液主动吸收的原理,在溶液直接喷淋烟气的过程中,直接吸收湿烟气中水蒸气,同时吸收烟气中 SO_2、粉尘等有害物质。回收烟气中的汽化潜热,保证 SO_2 和粉尘超低排放的同时,排烟温度高于露点温度 10~15 ℃,既有利于洁净湿烟气的排放,不产生"二次气溶胶",同时又保护了烟囱不受腐蚀。其系统原理见图 3-1。

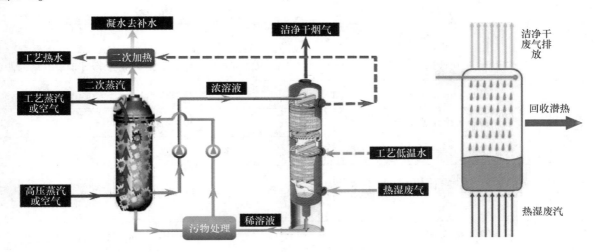

图 3-1　系统原理图及吸收原理图

系统原理:吸湿性浓溶液从烟气中吸收水蒸气后变为低浓度的溶液,稀溶液通过发生系统,利用驱动蒸汽,进行浓缩蒸发,重新变成高浓度的溶液,从而实现溶液再生,再生后的溶液继续回到吸收塔与烟气实现循环换热,该过程实现溶液吸收烟气中的水以二次蒸汽的形式进行分离,蒸馏出来的二次水蒸气继续加热工艺水,自身变成二次蒸汽凝水得到回收利用,整个循环过程中,需要外界提供一份的蒸汽热量输入,而实现驱动蒸汽和烟气余热两份的热量回收,实现烟气低品位余热深度回收。

吸收原理:燃煤锅炉湿法脱硫后的热湿废气含水率一般在 12% 以上,热量主要以汽化潜热形式储存于烟气中,采用常规换热方式不能回收其热量。利用溶液的吸湿性和自身较低的水蒸气分压力性质,在与烟气逆流接触的过程中,烟气中的水蒸气被溶液吸收,凝结成液态水,烟气中水蒸气从烟气侧进入溶液侧实现水分和热量转移,自身变为不饱和烟气从顶部排出,释放出大量的汽化潜热将烟气和溶液温度提高,通过换热机组加热工艺水,从而实现低品质余热的回收,脱水率超过 50%。

烟气进入吸收塔后与溶液逆流接触,溶液在塔内吸收烟气中的水蒸气完成传热传质的过程。回收的热量全部来源于烟气中水蒸气的汽化潜热,降低排烟露点,反向加热烟气,确保处理后烟气温度远高于露点温度 10~15 ℃。溶液除湿技术装置通过烟气和循环工质直接逆流接触,减少了换热环节,提高了运行的稳定性;降低气液换热端差,提高了传热传质效率,该技术能有效回收烟气中的潜热和显热。

该系统兼具环保效果,系统循环中,溶液在吸收烟气中汽化潜热的同时,配合脱硫、除尘系统，实现超低排放。并提高烟气抬升力和不饱和度，减轻烟气排放的白色烟羽现象，达到环保节能一体化治理。

2.3　装机方案

各类型供能设备的装机参数。

该项目改造范围内主要设备参数见表3-1。

表 3-1　工艺系统主要设备表

序号	设备名称	规格型号
1	烟气系统	
1.1	吸收塔	$\phi 5.5$ m×$H27$ m，设计通风量22万立方米/小时，含塔内件
1.2	吸收塔进口软连接	2500×2000 mm
1.3	吸收塔出口软连接	3000×2000 mm
1.4	烟道挡板门	
1.5	烟道挡板门	
2	预喷淋系统	
2.1	预喷淋循环泵	$Q=320$ m^3/h，$H=16$ m，$P=22$ kW
2.2	换热机组 A	定制
2.3	A 段凝水排出泵	$Q=5$ m^3/h，$H=20$ m，$P=2.2$ kW
3	溶液系统	
3.1	溶液循环泵	$Q=280$ m^3/h，$H=28$ m，$P=30$ kW
3.2	吸收循环箱	$\phi3$ m×3 m，$V=21$ m^3
3.3	换热机组 B	定制
3.4	余热机组	定制
3.5	B 段凝水排出泵	$Q=15$ m^3/h，$H=20$ m，$P=2.2$ kW
3.6	中间循环水泵	$Q=300$ m^3/h，$H=20$ m，$P=30$ kW
3.7	中间循环水箱	$\phi1.2$ m×2.0 m，$V=2$ m^3
4	工艺水系统	
4.1	发生系统	定制
4.2	供暖水增压泵	$Q=600$ m^3/h，$H=25$ m，$P=55$ kW
4.3	加药系统	定制
4.4	地坑泵	$Q=15$ m^3/h，$H=20$ m，$P=2.2$ kW
4.5	反冲洗泵	$Q=40$ m^3/h，$H=45$ m，$P=11$ kW

3 用户服务模式

3.1 用户需求分析

吉林市瀚星热力有限公司锅炉烟气经干法脱硫、布袋除尘后排入大气，存在严重的能源浪费。利用烟气余热加热供暖水，将大大提高一次能源利用率，实现企业可持续发展。同时，吉林市瀚星热力有限公司1号、2号锅炉烟气目前执行$SO_2 \leqslant 200$ mg/Nm^3，烟尘$\leqslant 30$ mg/Nm^3排放，在排放标准日益严苛的情况下，为保证超低排放需要进行升级改造。因此，该项目回收烟气余热满足用户节能与环保的双重需求。

3.2 政策依据

国家、地方和行业的有关法律法规、条例以及规程和规范，包含但不限于：

（1）中华人民共和国《节约能源法》《可再生能源法》《电力法》《建筑法》《清洁生产促进法》《循环经济促进法》；

（2）国务院关于发布促进产业结构调整暂行规定的通知（国发〔2005〕40号）；

（3）国家发展改革委令《产业结构调整指导目录（2019年本）》《热电联产管理办法》（发改能源〔2016〕617号）；

（4）国家鼓励发展的资源节约综合利用和环境保护技术（国家发改委〔2005〕第65号）、《热电联产单位产品能源消耗限额》（GB 35574—2017）；

（5）《锅炉房设计标准》（GB 50041—2020）；

（6）《工程建设标准强制性条文》（电力工程部分）2016版；

3.3 服务模式

该项目采用合同能源管理模式合作，双方约定技术服务费价格，我司负责投资建设及运行维护为业主提供节能技术服务。

4 效益分析

4.1 经济效益

该项目投产后为业主节约燃煤的同时提高了燃煤利用率，为业主带来的经济效益显著。

4.2 环境效益

排放水平及与标准的比较，减排量，废弃物处理等。

该系统具有烟气深度净化的多重环保功能，利用一体化技术的优势，同一台装置实现多种烟气污染的净化，综合效益如下：

烟气超低排放效果：新增的一体化装置，添加碱剂，可实现超低排放效果，避免环保的

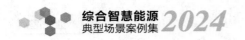
重复投资。

减排效果：供暖季回收余热量 5.1 万吉焦，相当于节省 0.174 万吨标准煤，减少碳排放 0.482 万吨。

4.3 社会效益

能耗水平及与标准水平的比较，节能量，对当地资源的利用情况，对当地经济的贡献，用户用能成本及与当地水平的比较，对当地用能水平的提升，对当地环境改善情况等。

该改造工程不仅改善当地环境空气质量，对提高人民群众的生活质量水平、对促进社会安定团结、提高企业自主节能减排的积极性有着重要的意义。

5 创新点

新技术集成，新材料、新设备应用，商业模式等。

基于溶液吸收的烟气深度净化、除湿及余热回收一体化技术利用自主知识产权的"复叠式溶液吸收系统"及"热质耦合吸收成套设备"，解决了烟气超低排放、除湿及余热回收的问题。实现烟气深度净化、除湿及节能的综合治理。关键技术主要有：

（1）盐溶液绝热吸收水蒸气的绝热吸收与余热回收耦合技术；

（2）多级塔内吸收液高效分离的升气装置技术；

（3）高效横流喷淋技术；

（4）高效溶液再生分离技术；

（5）基于高温烟气的开式再生技术；

（6）板式换热器的防腐处理技术。

项目创新点主要有：

（1）构建与创新开式吸收热泵循环，提高换热效率。

与传统吸收式热泵技术相比，该技术实现了烟气和循环工质的直接热质交换，以烟气-溶液直接接触吸收塔代替了洗涤塔、蒸发器、吸收器，减少换热环节，直接接触换热提高换热效率。

（2）实现深度净化，节能附加环保，适用范围更广阔。

通过研发升气装置、催化剂、转晶剂等将烟气中硫化物分离，解决了传统吸收式热泵、间壁式换热等技术在烟气杂质较多情况下带来的腐蚀、堵塞、寿命短的难题；通过研发防腐涂层板式换热器来避免换热设备被腐蚀，应用场景更广阔，可实现烟气的深度净化。

（3）解决次生问题，节能收益更广泛。

该技术可使烟气被低水蒸气分压力溶液喷淋后呈不饱和排放，有利于消除白烟、提升烟气扩散能力、减少烟囱腐蚀及北方地区冬季烟囱挂冰；回收的烟气水分为蒸馏水品质，可以直接回收为供暖补水或脱硫补水等工艺用水，具有可观的水回收收益。

（4）系统设备布置灵活。

经过模块化、机组化开发的开式吸收式热泵技术，可以实现系统设备因地制宜、灵活布置、集中多层布置，占地面积小，而传统余热回收技术大多无法实现灵活布置，占地面积较大。

（5）对工况突变的适应能力强。

经过整体热力与控制系统的升级，该技术可以实现对工况突变的强适应能力，余热回收能力随外界条件的变化波动很小，热回收能力更加稳定，能良好地适应锅炉30%～110%负荷的变化。

（6）系统能效比高，可耦合区域分布式能源规划。

经过多次安全稳定、设备优化、能效提升的研发后，系统能效比COP更高，回收相同热量时消耗的驱动热源更少，且运行更加安全稳定，使用寿命更长；可适应多冷热源的综合情况，实现系统流程定制化，可对全厂或全市进行热力布局、热电联产、冷热联产等规划。

6　经验体会

该项目投产后为北方地区清洁供暖提供了先进示范案例，特别是对燃煤热水锅炉等热效率有显著提升。

7　问题与建议

建议日后开发此类项目，应确保业主方烟气进入我方余热回收系统烟气符合排放标准，增加入口CENS在线监测装置，防止我方设备损坏。

专家点评：

　　该项目为燃煤锅炉烟气余热回收利用改造项目。采用"烟气深度净化、除湿及余热回收一体化技术"回收 2×58 MW 燃煤热水锅炉的烟气余热加热热网水，实现烟气余热的深度回收利用，提高能源利用效率。

　　该项目通过基于溶液吸收原理的开式热泵技术，实现溶液吸收烟气中的水蒸气和有害物质，并回收烟气中的汽化潜热，配合脱硫、除尘系统，实现超低排放，避免环保的重复投资，达到环保节能一体化治理，大幅降低环境污染。全年有效回收烟气 5.1 万吉焦，回收水分 1 万吨/年，减少燃煤消耗 0.17 万吨标准煤/年，减少二氧化碳排放 0.45 万吨，具有较好的节能减排和改善环境空气质量作用。

　　该项目具有可借鉴性和复制性，可适用于多种类型的热湿废气，包括燃气锅炉、垃圾焚烧炉、工业窑炉、生物质锅炉和工业废气等。

　　项目具有创新性。一是使用了开式吸收热泵循环技术，与传统吸收式热泵相比，实现了烟气和循环工质的直接热质交换，减少换热环节，提高换热效率。二是研发升气装置、催化剂、转晶剂等将烟气中硫化物分离，实现深度净化。三是系统可灵活布置，占地面积小。

　　项目投产后在节约燃煤的同时提高了燃煤利用率，可实现超低排放效果，项目资本金内部收益率 25.28%，经济效益明显。

「案例4」

内蒙古新能源数字化场站建设项目

申报单位：国家电投集团内蒙古新能源有限公司

摘要： 随着"双碳"目标的制定，我国将大力实施可再生能源替代，加快构建清洁低碳安全高效的能源体系。传统的碎片化运维方式已无法满足新能源基地化、规模化发展，区域化、智慧化运维已成为新的发展趋势。新能源风光场站运维模式点多面广，远离城市，统一管理难度较大，为了落实北京公司数字化转型，集约化管理要求，实现老旧光伏电站和风电场减员增效，提升现场生产管理水平，加强管理效率，缩短处理设备故障的时间，减少人力投入。为解决上述问题内蒙古新能源公司 2023 年在磴口维检中心站建设一座无人值守数字化电站。

1 项目概况

1.1 项目背景

国家电投集团磴口光伏治沙项目位于内蒙古巴彦淖尔市磴口工业园区西侧乌兰布和沙漠内。这里常年干旱少雨，"三天不刮风，不叫三盛公"，"一年一场风，从春刮到冬""小风难睁眼，大风埋人脸"……这些流传在内蒙古自治区巴彦淖尔市磴口县境内的谚语，生动形象地描述了磴口县的气候条件及当地百姓所受的风沙之苦。

2012 年，北京公司锁定这片金色沙漠，创新提出"光伏治沙、恢复生态、敢叫沙漠换新颜"的光伏治沙理念，2014 年率先与磴口县政府签订了项目开发协议。项目所在地年总辐射量超过 1750 kWh/m^2，25 年寿命期设计总发电量 195075 万千瓦时。

通过实施"沙漠生态治理+光伏+农业种植"的特色治理，在光伏板下及板间分区种植沙生植物，起到固沙绿化、阻止沙漠化蔓延的作用，同时，在场站周边种植 100 m 宽的防风固沙带，可有效将流动的沙丘固定，极大缓解了流动沙对环境、交通的破坏，并形成了特殊的小气候和绿化环境。经过几年综合治理，治沙区植被覆盖率由原来的 8% 提高到 77%，实现治理沙地 1700 亩。在改善生态环境的同时，太阳能光电变换效率也显著提高，增加了经济效益和社会效益，实现了经济、生态双赢。

在国家"双碳"目标下，围绕集团公司"2035 一流战略"，结合场站资源禀赋和用能现状，提出"光伏+"综合智慧能源场站建设目标，实现了"光伏+农业大棚+智慧车棚+电动皮卡+地源热泵+无人机巡检+无人值守场站"的综合智慧能源多场景应用解决方案，提升了光伏场站绿色用能占比和数字化、智能化运维水平，对于降低用能成本，打造"零碳智慧光伏场站"具有良好的示范作用。

1.2 项目进展情况

该次数字化新能源电站建设的电站共计 6 个，建设前各场站之间独立控制和管理。为了提高生产效能，减少管理成本，2023 年对磴口一期光伏场站、磴口二期光伏场站、磴口三期光伏场站、磴口四期光伏场站、杭锦旗华盛光伏电站、阿拉善光伏治沙 6 个光伏场站进行集中控制和管理，目前已完成该项目的建设，已投运。

2 能源供应方案

以"沙漠生态治理+生态产业+新能源+综合智慧能源"为实施路径，采取"光伏发电减蒸发降风速+草方格固沙 + 沙生植物防沙+生态恢复+农、光、牧"协同发展助力乡村振兴。以"光伏+农业大棚+智慧车棚+电动皮卡+地源热泵+无人机巡检"开展综合智慧能源场站建设，在治沙的同时实现清洁能源综合利用及沙产业协同发展。按照"因地制宜、因害设防、以水定植、按需施策"的原则，根据地理气候及水资源等条件采用针对性的治理技术，并结合光伏等新能源治沙措施，形成从沙漠治理到沙漠生态资源开发、清洁能源产业延伸的综合实施方案，实现技术、经济、生态共同发展。

（1）光伏发电减蒸发降风速：利用区域稳定且丰富的太阳能资源，采用晶硅光伏板发电，把太阳能转化为电能，通过逆变器汇集到升压站，统一接入电力系统，集中送出，给较远负荷供电，一定程度上解决了电力生产和消纳不平衡的局面。光伏电站采用可再生能源，生产绿色电力，具有显著的二氧化碳减排能力。同时光伏板的遮阴效果能使地表水蒸发量减少 20% 到 30%，有效降低风速 30% 以上，有效改善当地植物生存环境。

（2）草方格固沙：项目地处于乌兰布和沙漠，沙漠边缘已经活化，向外扩张的趋势增强，沙漠蔓延，生物多样性锐减，为解决这类问题，以防风固沙为目标，在距离光伏电站1.5 km 的穿沙公路两边，把麦草用铁锹压进沙子里，做成 1 m×1 m 的草方格在沙漠上形成一种网状的沙漠防护带。这些草方格增加了沙漠表面的粗糙程度，狂风袭来，草方格及防护林可以有效固沙，构筑防沙治沙的第一道防线。

（3）沙生植物防沙：沙漠中降水少，常有大风，气候十分干旱。在这种环境中也催生了适合在沙漠环境下生长的沙生植物，它们有着共同的特点，根系深、生长快，抗旱能力强，固沙性能好。通过在电站周围种植 100 m 宽耐旱植物防护林（包括梭梭、花棒、柠条等）将沙丘全部固定，阻止沙漠化蔓延，结束了沙动流对环境、交通的破坏，此为防沙治沙的第二道防线（图 4-1）。

（4）生态恢复见成效：通过几年的治沙探索，在以上两道防线的基础上，综合利用光伏板下、板间近 1700 亩空地大面积地铺设 20~30 cm 黏土和牛粪，种植苜蓿、蔬菜、水果等农作物开展"农光互补"，苜蓿除了可以直接食用外，还有药用价值，具有清热利尿、止咳平喘改善贫血等功效。既可以当作新鲜蔬菜供给场站员工食用，又可以当作药材售卖，增加一份额外的收入，既起到了防沙固沙作用，又带动了第二产业的发展。

同时深耕绿色环保和高效利用理念，在站区空地开辟了 16 亩蔬菜种植园及光伏大棚（图 4-2），通过建设光伏农业大棚的方式把光伏发电和农业生产结合起来，大棚屋顶铺

图 4-1　固沙植物种植

设光伏板，为棚内农作物种植提供灌溉、取暖、照明用电。除此以外，积极研究探索渔光互补，建设水面面积 2000 m² 鱼塘一座，塘内养殖高附加值黄河鲤鱼，鱼塘两侧安装光伏组件用以给鱼塘生产提供电力，同时余电上网，实现发电、能源转换综合利用。

图 4-2　农业种植

（5）农、光、牧协同发展，助力乡村振兴：光伏区里种植的大面积苜蓿，生长速度快、产量高，如不及时清理会影响光伏效率，增加火灾隐患，所以需要人员日常的维护、定期的收割，这就给当地村民提供了就业机会；同时，苜蓿也是牲畜的食物，授权牧民在光伏区里分区合理放牧，既处理了牧民的养殖问题，同时解决了苜蓿生长过剩，人员维护工作量大的难点；实现了"光伏治沙，农光互补，牧光互补，乡村振兴"的协同发展（图 4-3）。

（6）地源热泵系统：巴彦淖尔市磴口县，属温带大陆性季风气候，热量丰富，昼夜温差大，积温高，非常适合地源热泵的推广应用。

地源热泵利用少量电能驱动运行，无燃烧过程，不受外界环境温度影响，运行稳定可靠，热转换能效比≥3，节能环保安全。在寒冷地区综合节能≥50%。冬季地源热泵机组从地下土壤中提取热量，通过能量转换为建筑提供 40~50 ℃ 的热源，实现供暖；夏季地源热

图 4-3　农、光、牧协同发展，助力乡村振兴

泵机组将室内的热量快速释放到地下，为建筑提供 7~12 ℃的冷水，实现空调制冷。项目配套手机 APP 系统，可实现远程操控启停、定时运行、设定运行温度等，保护设置齐全，运行数据、故障信息实时记录（图 4-4）。

图 4-4　地源热泵系统

（7）智慧车棚+电动皮卡：同时采用"智慧车棚+电动皮卡+无人机充电"模式。智慧车棚屋顶安装光伏板，利用光伏发电光充一体技术给电动皮卡、无人机充电，使用电动皮卡代替原燃油皮卡，进行检修作业，节能减排、环保高效（图 4-5）。

（8）无人机光伏区智能巡检：基于三维地图与 AI 自主航线规划功能，无人机全自动巡检可应用在光伏电站作业场景中，无人机智能巡检系统实现自动起降、图像采集、数据分析和报告生成等功能。通过智慧管控平台对自动机场及无人机进行远程集中管理，实现对无人机巡检数据的收集和分析。在无人机光伏区智能巡检模块中可以创建巡检任务，确定巡检配置，导入巡检图像，执行故障诊断，导出故障报告等（图 4-6）。

（9）无人值守数字化场站建设：以碛口二期光伏为区域中心站，将碛口一期光伏、杭

图 4-5　智慧车棚系统

图 4-6　无人机光伏巡检

锦旗光伏及三个新建光伏治沙项目通过 IP-KVM 方式实现子站光伏区、升压站区监控系统、AGC/AVC 系统、功率预测系统、五防系统等的远程访问控制。子站工作站，通过信号转换模块接入到站内 KVM 主机，经运营商专线通道将控制信号远传至区域中心站辅助监控系统。在主控场站侧部署六台远程监盘终端，实现远程监盘。同时，建立设备性能诊断和故障预警系统，收集电站各项业务数据，进行性能监测和深度分析，通过大数据、人工智能等技术实现大部件性能监控、故障预警、故障诊断等功能。

3　效益分析

3.1　经济效益

（1）投产项目在 25 年寿命期内可提供清洁绿电为 195075 万千瓦时，年等效利用小时数为 1445 h，全寿期内可实现发电收入 16.39 亿元。

（2）投产项目通过光伏板下经济作物及生态农业种植，每年可实现创收 17.75 万元。全寿期内可实现创收 443.75 万元。

（3）地源热泵系统。磴口综合智慧能源项目由地源热泵机组代替传统电暖器供暖、空调制冷，预计每年节省厂用电 103593.9 kWh，节约电费 2.91 万元。投资 29.4188 万元，预计 10.11 年收回成本（表 4-1）。

表 4-1 地源热泵机组供暖、制冷参数

电加热器及空调型号参数	停用设备总功率/kW	运行时间/天		用电量/kWh	单价/元	利用小时数	节能比例	节省电量/kWh	节约费用/元
		夏季	冬季						
欧式快热电暖炉	40		182	131040	0.281	18	0.73	96707.5	27174.8
悬挂式空调	12.96	120		9331.2	0.281	6	0.73	6886.41	1935.08
合计								103593.9	29109.88

（4）电动皮卡。磴口二期电动皮卡代替燃油皮卡每年节约费用 2.15 万元。投资 28.8 万元，预计 13.4 年收回成本（表 4-2）。

表 4-2 磴口二期电动皮卡代替燃油皮卡节约费用

皮卡类型	燃油/元·年⁻¹	维修保养/元·年⁻¹	合计/元·年⁻¹
传统皮卡	12740	9010	21750
电动皮卡	0	300	300
节约费用	12740	8720	21450

（5）农业大棚、智慧车棚。农业大棚、智慧车棚加装光伏板自发自用，剩余电量直接上网，每年产生效益 7.30 万元。投资 28.2 万元，预计 3.9 年收回成本（表 4-3）。

表 4-3 农业大棚、智慧车棚加装光伏板自发自用

项目	农业大棚	智慧车棚	合计
容量/kWp	15	40	55
利用小时数	1660	1660	
发电量/万千瓦时	2.49	6.64	8.93
电动皮卡年用电量/万千瓦时	0.2	0.33	0.55
售电单价	0.85	0.85	
收益/万元·年⁻¹	1.95	5.36	7.30

（6）自主无人机巡检。采用无人机热成像技术进行光伏区日常巡检，目前磴口区域在运光伏 120 MW，按市场光伏巡检价格 5000 元/10 MW 计算，每年节约光伏巡检费用 312 万元；线路杆塔有约 45 基，按市场杆塔巡检平均价格 400 元/基计算，年节约杆塔巡检费用 3.6 万元；自主无人机巡检共计节约巡检经费 318.6 万元（表 4-4）。

表 4-4 自主无人机巡检

场站名称	光伏容量	巡检频率	年节约经费	杆塔数量	巡检频率	年节约经费
磴口维检中心站	120 MW	周/次	312 万元	45	6个月/次	3.6 万元

（7）无人值守数字化场站建设。无人值守数字化场站建设可减少6名运行人员。按照2021年平均工资水平18.3万元的标准进行计算，每年可减员增效109.8万元，成本投入311.6万元，预计2.84年收回成本。

（8）磴口乌兰布和沙漠生态综合治理示范项目建成后，将实现新增产业带动产值16.95亿元/年、利税1.6亿元/年，带动区域经济高质量发展。

3.2 环境效益

（1）投产项目，每年光伏绿电可节约标准煤约25370 t，实现二氧化碳减排93023 t，环境效益显著。

（2）投产项目实现沙化土地治理1700余亩，治理区域植被覆盖率由目前8%提升至77%，可有效改善土壤涵养能力和改善沙区生产生活条件，控制风沙危害，减少沙漠向黄河的输沙量，保证黄河安全运行（图4-7）。

图4-7 沙漠生态治理效果对比图

（3）综合智慧能源应用场景从多种环节入手，寻求适合光伏场站实际情况的综合智慧发展模式，采用绿色低碳新能源技术实现冷、热、电等能源供应，整个系统不排放任何污染环境的气体、水和固废。经估算，该项目每年可节约标准煤约41.5 t，实现二氧化碳减排103.28 t。

（4）后续磴口20万千瓦光伏治沙先导项目建成并网后，将增加沙漠治理面积5000亩以上，年发电量3.59亿千瓦时，可实现标准煤替代10.83万吨，或替代石油7.56万吨，或替代天然气0.87亿立方。

3.3 社会效益

磴口维检中心站数字化场站建设取得了实效，一是劳动生产率加力提速，建成北京公司首个数字化区域维检中心，将区域电站运维管理人员核减至33人，较集团定员标准57人减少24人，节约人工成本为874万元/年。二是项目可为集团公司完善数字化新能源场站提供经验，为在集团公司内部乃至全国推行数字化新能源场站提供北京公司解决方案。

通过数字化新能源电站建设实现区域性维检中心，集控制、指挥、办公、会议、培训、生活等功能为一体，改善了职工的生产、办公和生活条件，降低劳动强度，有利于吸引和保留人才，同时可以提升内蒙古新能源有限公司在当地的企业形象。

4 创新点

以光伏电站集控中心为基础的先进、科学、安全、稳定、高效、节能、绿色环保的数字化新能源电站管控系统：该套系统基于开源的 Hadoop 架构，在行业处于领先水平。

智能监盘系统，辅助运行人员监视区域内主控站和受控站所有设备，降低运行人员工作强度：这项自主研发的技术填补了国内新能源运行监盘智能辅助工具的空白。

应用成熟先进的数字化 KVM 系统，实现数字化光伏电站集控中心对磴口区域光伏电站的远程控制。该项目在这项技术中的高清解码方面取得了较大突破。

开发一套光伏性能诊断和故障预警系统，有效提升光伏电站发电效率，减少运维成本。在光伏发电能力管理和光伏电站清洁度诊断方法等技术是该次项目创新。

开发一套视频识别专家系统，基于人工智能算法对受控站视频实施分析，及时报警，变被动监控为主动监控。该系统领先行业内其他 AI 视频识别系统。

5 经验体会

以建设"标准化、数字化、信息化、智能化"新能源电站为目标，在信息化、数字化、网络化、大数据的基础上，将云平台、移动互联、虚拟现实、人工智能等先进技术与传统的电力安全生产、运营管控有效融合，构建全层级、全业务、全过程的数字化管控平台，打造安全智能、高效节能、绿色环保、环境优美的新能源电站。

全面提升场站管理水平与盈利能力：结合智慧场站应用，各级管理层可实时数字化管控场站运行过程；提升全员专业水平、工作效率，减少一线员工数量。在实时、准确、统一、完整的大数据系统分析支撑下，有效促进新能源板块整体管理水平与盈利能力不断提高。

提升企业运营效率：为新能源企业运营对标提供科学化指标，客观准确评估各公司、场站运营效率，制定针对性的解决方案；量化分析场站发电量影响因素，可针对每台汇流箱、逆变器作大数据分析，定位性能欠佳设备，联合厂家给出合理的优化方案，快速有效实现设备效率提升。

降低运维成本：发挥集中运维技术优势，通过性能诊断和故障预警系统建设，实现状态检修，来降低维护成本，提升维护效率。

6 问题与建议

目前 AI 识别精度不足，需要通过数据积累提升识别库识别精度。

专家点评：

　　该光伏项目为沙漠生态综合治理的示范案例，实施"沙漠生态治理+光伏+农业种植"的特色治理，在改善生态环境的同时，提高太阳能光电变换效率，增加项目经济效益和社会效益，实现了经济、生态双赢。

　　提出"光伏+"综合智慧能源场站建设目标，利用无人机巡检、无人值守等技术，进一步提升电厂的数字化、智慧化水平，对于降低用能成本，打造"零碳智慧光伏场站"具有良好的示范作用。

　　该项目实现了"光伏+农业大棚+智慧车棚+电动皮卡+地源热泵+无人机巡检+无人值守场站"的综合智慧能源多场景应用，为综合智慧能源项目的多业态提供了行业标杆。

安庆市高新区源网荷储一体化项目

申报单位：安庆高新吉电能源有限公司

摘要：安庆市高新区源网荷储一体化项目依托园区用电企业（荷），结合国家第五批增量配电网试点项目（网），利用园区内光伏发电（源），配套电化学储能（储），开展源网荷储一体化项目建设。项目充分发挥源网荷储各环节优势，在保障园区稳定供电的基础上发挥最大经济效益。

1 项目概况

1.1 项目背景

安庆市高新区源网荷储一体化项目位于安徽省安庆市高新区山口片区，项目投资建设主体是安庆高新吉电能源有限公司，该公司是由安庆化工建设投资有限公司和吉林电力股份有限公司出资组建的有限责任公司。公司注册资本为 7242 万元人民币，安庆化工建设投资有限公司和吉林电力股份有限公司持股比例分别 51%、49%。

安庆市高新区源网荷储一体化项目依托园区用电企业（荷），结合园区增量配电网（网），利用园区内光伏发电（源），配套电化学储能（储），开展源网荷储一体化项目建设，不占用系统调峰资源。

一体化项目电源侧指标建设规模为 150 MW，其中光伏发电装机规模为 100 MW，风力发电装机规模为 50 MW；增量配电网规划建设 2 座 110 kV 变电站，主变容量 3×50 MVA；储能规模按照园区负荷特性、新能源装机等，共配置 2.25 MW/4.5 MWh。

1.2 项目进展情况

增量配电网（网）：110 kV 塔岭变现有 50MVA 主变 2 台，分 110 kV、35 kV、10 kV 三个电压等级，三个电压等级均采用单母分段接线。增量配电网现有 110 kV 线路 2 回、同塔双回建设，35 kV 出线 6 条，10 kV 出线 14 条。配网线路总长 90 余公里。电网共有公用配电变压器 32 台，容量 6700 kVA。2024 年以来电网平均负荷 4.7 MW，最大负荷 6.64 MW，近期正在规划新建 110 kV 石门变电站（2×63 MVA）。

15 MW 光伏发电项目（源）：项目场址位于安徽省安庆市高新区山口乡，拟建设容量 15 MW；项目于 2024 年 1 月 20 日正式开工建设，计划 6 月 30 日前完成全容量并网。项目按照自发自用的全额消纳的模式结算，项目年利用小时数 1060 h，年平均发电量 1300 万千瓦时。

用户企业（荷）：项目建成开始累计受理新报装用电供电的化工企业共 10 户、其他企业共 17 户和居民用户近 4000 户，目前报装的 10 户化工企业用户中已送电调试 5 户，5 户仍处于基建状态，预计 2025 年送电。

储能（储）：储能项目正在进行招标工作，2024 年下半年建设投入使用。

2 能源供应方案

2.1 负荷特点

安庆市山口片用电负荷构成中工业、物流仓储、居民用电负荷占据主要地位。

2.2 技术路线

通过引入分布式能源、可再生能源等新能源，增加配电网的供电能力和可靠性；对老化、容量不足的线路和设备进行改造升级，提高配电网的供电能力和可靠性。通过引入智能监控系统、数据分析等技术手段，提高配电网的运行管理水平，实现对电力负荷的精细化管理和控制。

2.3 装机方案

现有主变 50 MVA 主变 2 台及 15 MW 光伏电源。

3 用户服务模式

3.1 用户需求分析

安庆增量配电网项目用户用能类型为电能，项目范围内有工商业用户约 50 户、居民用户近 4000 户。2023 年供电量约 1000 万千瓦时，随着企业的投产及周边配套设施投入运行，未来 5 年安庆高新吉电能源有限公司增量配电网预计为约 50 家企业及近 4000 户居民提供供电服务，预计 2024 年年度供电量将达到 6000 万千瓦时，2025 年年度供电量将达到 1 亿千瓦时，达到公司的盈亏平衡点。2025—2028 年年度供电量涨幅约为 42%，2028 年年度供电量预计达到 2.85 亿千瓦时。

3.2 服务模式

安庆增量配电网项目按照 110 kV 大工业电价买进，按照 35 kV 工业电价、10 kV 工业电价、0.4 kV 电价、居民生活电价等卖出，公司承担全部公变线路、公变变压器电能损耗。

光伏电源直接接入 10 kV 配电网，以 10 kV 工业电价、0.4 kV 电价、居民生活电价等卖出。

4 效益分析

4.1 经济效益

增量配电网经济效益分析：参照安徽电网销售电价，10 kV 售电价为 0.5996 元/千瓦时。以 2035 年为例测算：试点区域内用电负荷为 255.27 MW，年利用小时数为 4800 h，用电量为 122530 万千瓦时，增量配电网综合线损率取 3.0%，则购电量为 122530/（1-3%）= 126319.59 万千瓦时，则售电收入计算如下：售电收入 = 122530×0.5996 - 126319.59×0.5496 = 4043.74 万元；作为售电公司，可参与电力市场交易，综合考虑电厂让利和输配电价释放红利，可进一步提高项目售电收益。该项目总成本费用=购电成本+工资及福利+材料费+折旧费+摊销费+保险费用+其他费用+财务费用。购电成本：110 kV 售电价为 0.5496 元/千瓦时（含税），10 kV 与 110 kV 的售电价差为 0.05 元/千瓦时（含税），线损率考虑为 3.0%。工资及福利：该项目正式员工定员人数前三年 15 人，以后各年均按 20 人，每人按 15 万元/年（含综合福利费用 60% 等）计列，总计 300 万元/年。折旧费：该项目固定资产形成比例为 95%，该项目财评期取 2021—2050 年，残值率取 5%，折旧年限为 20 年。摊销费：该项目无形资产形成比例为 5%，摊销年限为 10 年。材料和修理费：依据国家发展改革委《省级电网输配电价定价办法（试行）》中材料费、修理费成本核定标准，分别参考电网经营企业监管期初前三年历史费率水平，以及同类型电网企业的先进成本标准，按照不高于监管周期新增固定资产原值的 1% 及 1.5% 核定。其他费用：依据省级电网输配电价定价办法（试行）中其他费用参考不高于电网经营企业监管期初前三年历史费率水平的 70%，同时不高于监管周期新增固定资产原值的 2.5% 核定，该项目按照固定资产原值的 2.5% 计列。保险费：财产险 0.085‰、机器损坏险 0.14‰、公众责任险 0.4‰，该项目保险费按照固定资产原值的 0.625‰ 计列。财务费用：流动资金中 30% 为自有资金，70% 为融资贷款，贷款年利率为 4.35%。综上，该项目税后资本金内部收益率为 10.48%，投资回收期为 16.48 年，财务净现值（I_c=9.0%）为 620.25 万元。在目前的边界条件下，项目具备一定的盈利能力。

源网荷储项目经济效益分析：在 25 年光伏电价，自用电价 0.6279 元/千瓦时，余电上网 0.3844 元/千瓦时，光伏年发电小时数为 1089.8 h、资本金基准内部收益率为 10%（税后）的条件下，项目总投资收益率为 6.07%，资本金净利润率为 19.17%，项目投资财务内部收益（所得税后）8.12%，投资回收期（所得税后）10.62 年，项目资本金内部收益率为 14.16%。借款偿还期 13 年，盈亏平衡点 56.76%。项目财务内部收益率高于设定的基准收益率，因此该项目具有较好盈利能力。由财务计划现金流量表可见项目计算期内各年的净现金流量及累计盈余资金除个别年份外均为正值，各年均有足够的净现金流量维持项目的正常运营，可保证项目财务的可持续性，因此，该项目具备财务生存能力。项目盈亏平衡点为56.76%，因此项目抗风险能力较好。因此，该项目在财务上可行。

4.2 环境效益

无排放及废弃物。

4.3　社会效益

该项目提升园区内清洁电力使用水平，增加电网调峰能力，有助于节能减排降耗。同时源网荷储一体化管理，对地区电网削峰填谷，稳定负荷都有积极作用。利用太阳能发电，平均每年生产绿色电力 16198.59 MWh，为园区碳达峰作出贡献。

5　创新点

该项目位于安庆高新区境内，从选址上降低对环境敏感区域的影响。项目采取先进的污染控制措施后，区域空气环境质量能够维持现状。工程生产废水全部循环利用，少量生活污水经处理成回用水后用于园区绿化，固体废物回收利用。综合智慧零碳电厂整体设想为基础，依托增量配电网，聚焦园区型"新能源+"，着力打造具有源网荷储一体化的分布式智能微网，以分布式光伏、储能、负荷调节为主，通过"信息流+电流+控制流"三流合一的方式，汇聚园区内各类电力主体数据，实现电压等级的水平协作和垂直协作，形成更加自治、智能、互动的新型配电系统，最大限度消纳可再生分布式能源，着力打造物联网平台基础技术支撑平台工业园区的"综合智慧零碳电厂示范样板"。

6　经验体会

源网荷储项目关键点在于协同实施，协同运行。当源网荷储各要素齐备时，项目经济效益最大化，能够充分利用各要素之间的互补关系，保障电网经济运行。

源网荷储项目的基础是电网，建设智能电网是保证源网荷储各环节安全、经济运行的保障。提高电网智能化、信息化水平，对源网荷储项目的运行管理、能效管理、经济管理都起到至关重要的作用。

7　问题与建议

变电站在运营过程中环保影响及措施：雨水生活污水、生产废水处理。站区平整以后，站区雨水可采用有组织排水方式。建筑物、道路、电缆沟等分割的地段，采用设置集水井汇集雨水，经地下设置的排水暗管，有组织将水排至站外，站区内生活污水排入化粪池，定期清理。油污染处理：为保证主变压器一旦发生事故时，变压器油不流到站外而污染环境，同时又能回收变压器油。根据设计规程要求，在站区内设置总事故油池。事故油池具有油水分离功能，含油污水进入后，处理合格的废水进入雨水管网，分离出的油及时回收。其余带油的电器设备，如电容器均设有排油坑，该排油坑与总事故油池连通，含油污水不会污染环境。

增量配网结算电价：目前国家电网对增量配网电费收取方式是按两部制考核结算电费，安庆高新吉电增量配网供电区域内含居民生活用电量及少数农业生产用电量，占比总售电量20%，价差影响收益。建议：实行分类电价结算方式，或实施电价交叉补贴模式。

专家点评：

该项目依托安庆市山口片区工业、物流仓储和居民用电负荷，规划建设 100 MW 光伏发电、50 MW 风力发电、增量配电网 2 座 110 kV 变电站和 2.25 MW/4.5 MWh 电化学储能，形成源网荷储一体化项目。目前，增量配电网已投产 50 MVA 主变 2 台以及 15 MW 光伏发电，储能项目正在招标，预计 2024 年下半年投入使用。

该项目具有完整的源网荷储一体化元素，商业模式稳定、成熟。引入集中式和分布式等可再生能源，升级改造了园区内原有配电系统老旧设备，无排放和废弃物，环境友好，促进了高新区清洁电力的使用，提高了供电能力和可靠性，对实现碳排放目标和节能减排目标具有良好作用。

项目通过源网荷储一体化管理，一是实现不同电压等级的协作，可以更好平衡电源和电荷之间的关系，提高电能传输和分配的效率；二是最大限度消纳可再生能源，提高清洁能源使用效率；三是有效提升地区电网的削峰填谷能力，提升经济运行水平；四是通过引入智能监控系统、数据分析等技术手段，对电源、电网、电荷和电能储存进行全面监测、控制和协同运行，实现对负荷的精细化管理和控制，实现能源的高效利用。

源网荷储一体化项目有利于提升电力发展质量和效益，是国家政策支持和要求大力度发展的方向，该项目为同类项目提供了可借鉴经验，具有可借鉴性和可复制性。项目资本金内部收益率 14.16%，随着高新区内企业的投产及周边配套设施投入运行，未来 5 年预计为 50 家左右企业和约 4000 户居民提供供电服务，经济效益较好。

「案例 6」

综合智慧能源和低碳示范工厂项目

申报单位：国家电投集团远达环保催化剂有限公司

摘要：项目预计总投资 1700 万元，建设内容包含屋顶及墙体分布式光伏、储能系统、智慧交流充电桩、光伏路灯、智慧坐凳。公司生产厂房、库房及检测大楼和办公楼屋顶安装光伏板，装机总容量为 2.05 MW，其中屋顶及墙体分布式光伏总规划装机容量 2045 kW，一次建成，办公楼和检测大楼各安装 1 台 2 kW 的微风发电机；厂区内安装 24 盏光伏路灯；增加空气源热泵装机 21 台；安装电动汽车充电桩和智慧坐凳；用电加热器和空气源热泵替代燃气锅炉，用电瓶叉车替代柴油叉车等。利用重庆市南岸区国家电投集团远达环保催化剂有限公司厂区内 5 个建筑建设屋顶光伏电站，就近接入厂区配电室，项目所发电量采用"自发自用、余电上网"模式，自用电比例将达到 90%，余电 10% 将上网消纳，现已实现光伏发电量 1340000 千瓦时/年，减少天然气消耗 620000 立方米/年，二氧化钛再生资源利用超 1000 t，达到低碳工厂示范标准。

1 项目概况

1.1 项目背景

该项目位于重庆市南岸区江峡路 11 号，项目预计投资 1700 万元，我司自 2021 年 11 月—2023 年 12 月已自筹资金 1700 万元，截至目前已投入 1501.01 万元。资金来源由企业自筹。

装机总容量为 2.05 MWp，其中屋顶及墙体分布式光伏总规划装机容量 2045 kWp。利用重庆市南岸区国家电投集团远达环保催化剂有限公司厂区内 5 个建筑建设屋顶光伏电站，就近接入厂区配电室，项目所发电量采用"自发自用、余电上网"模式，自用电比例将达到 90%，余电 10% 将上网消纳。

1.2 项目进展情况

项目已完成建设，项目于 2021 年 11 月 11 日开工建设，光伏项目于 2022 年 3 月 9 日投入试运行、空气源热泵（电能替代项目）于 2022 年 5 月投入试运行，目前正在进行收尾消缺工作。与电网公司 2022 年 7 月 12 日签订售电合同。截至目前，该项目已安全运行 2 年。

2 能源供应方案

2.1 负荷特点

根据企业 2020 年全年用电量清单和峰平谷时段负荷情况，结合光伏发电出力特性和发电量，综合分析后得到：光伏装机容量 2045 kWp，自用电比例将达到 90%，余电 10% 将上网消纳。

2.2 技术路线

光伏并网发电系统由光伏电池组件、逆变器以及并网系统组成。该项目利用重庆市南岸区国家电投集团远达环保催化剂有限公司屋顶建设光伏发电，项目涉及混凝土建筑屋顶 3 个，彩钢板屋顶 2 个。该项目以 380 V 电压接入厂区供电系统，实现自发自用、余电上网模式。

负荷平衡：根据企业 2020 年全年用电量清单和峰平谷时段负荷情况，结合光伏发电出力特性和发电量，综合分析后得到：光伏装机容量 2045 kWp，自用电比例将达到 90%，余 10% 将上网消纳。

电气一次：该项目光伏组件安装区域位于厂区屋顶，系统总容量为 2045 kWp，选用 540 Wp 单晶硅组件、240 Wp 碲化镉薄膜组件，采用多种规格组串式逆变器，系统一般选用多块光伏组件组成一条支路，每条支路由光伏电缆就近接入组串式逆变器，经逆变成交流电，组串式逆变器输出的交流电缆接入配电箱，经交流汇流并入变压器低压侧，实现自发自用、余电上网。

电气二次：该次光伏发电项目新建监控系统，在现场安装逆变器、电表数据上传至云端服务器，通过 PC 端或手机 APP 对光伏电站进行监控和维护。相关电气设备需预留对应接口，以便后续需要做功能扩展，根据现场需要安装相应防逆流设备。该次采用组串式逆变器，该逆变器支持 RS485/GPRs/4G/WiFi 多种通信方式，智能 1 V 曲线诊断，精确定位异常组串，有功满载时功率因数可达 0.9，具有直流反接保护、交流短路保护、漏电流保护、电网监控、孤岛保护、P1D 修复、浪涌保护等保护功能。项目前期预留接口位置，根据后续需要通过通信接入二次监控系统中。

光伏阵列的运行方式设计：并网光伏发电系统方阵的最佳安装倾角是系统全年发电量最大时的倾角。整体考虑该项目建设的经济性、美观性及示范效果，彩钢瓦屋面安装倾角设计为 0 度，即光伏组件表面与屋面水平方向呈 0 度的倾角平铺安装。混凝土屋面根据屋面形式，采用最佳倾角或者 0 度设计。

太阳电池组件的串、并联设计：光伏组件串、并联数量需要与并网逆变器相匹配，光伏发电系统是由若干台组串逆变器与对应太阳电池组串所构成的最小光伏发电单元，经过交流配电箱汇流后并入厂区供电系统，它可以实现"太阳能~太阳电池（光生伏特）~直流电能~逆变器(直流变交流)~交流电能~用户或升压并网"的完整发电过程。26 块 540Wp 单晶硅串联光伏组件串联后容量为 = 540 Wp×26 = 14.04 kWp，5 块 240 Wp 碲化镉组件串联光伏组件串联后容量为 = 240 Wp×5 = 1.2 kWp。

光伏阵列布置设计：平屋面组件布置：电池阵列平地行间距为 1.165 m。每个太阳电池组件单元之间留出一定的空间，取 1.2 m，既可作为纵向使用，又可使两个太阳电池组件单元相互之间不产生影响。坡屋面组件布置：彩钢板坡屋面组件布置采用平铺方式，沿用坡屋面原坡度平铺即可，混凝土屋面组件布置采用最佳倾角方式。

2.3 装机方案

公司生产厂房、库房及检测大楼和办公楼屋顶安装光伏板，装机总容量为 2.05 MWp，其中屋顶及墙体分布式光伏总规划装机容量 2045 kWp，一次建成，办公楼和检测大楼各安装 1 台 2 kW 的微风发电机；厂区内安装 24 盏光伏路灯；增加 2 张智慧坐凳；增加空气源热泵装机 21 台。

3 用户服务模式

3.1 用户需求分析

项目能源类型为电能，项目用户性质为工商业。

3.2 政策依据

2021 年两会期间，国家能源局提出将制定更积极新能源发展目标，加快推动碳达峰碳中和。"十四五"发展目标：2020 年 9 月 22 日，习近平主席在第七十五届联合国大会一般性辩论上表示，中国将提高国家自主贡献力度，采取更加有力的政策和措施，二氧化碳的碳排放力争于 2030 年前达到峰值，努力争取到 2060 年前实现"碳中和"。随着"3060"目标的提出，在"十四五"开局之年，国家能源局已锚定：2030 年全国非化石能源消费比重达 25% 和风电光伏装机达 12 亿千瓦以上的目标，这表示 2021—2030 年间，我国风电光伏新增装机将达 6.66 kW 以上。该项目的建设积极响应了国家新能源的发展目标。

国家能源局关于做好可再生能源发展"十四五"规划编制工作有关事项的通知中已明确可再生能源发展"十四五"规划重点：优先开发当地分散式和分布式可再生能源资源，大力推进分布式可再生电力、热力、燃气等在用户侧直接就近利用，结合储能、氢能等新技术，提升可再生能源在区域能源供应中的比重。

自 2020 年年底以来，光伏 9 次写入全国两会政府工作报告等国家最高行动纲领，国家领导人 13 次在公开场合明确"双碳"目标，明确光伏作为市场主体能源，确定了大力发展光伏的路线政策。同时，国家能源局、国家发展改革委、财政部等 20 余部委连续发文，全力扶持光伏产业，为光伏产业提供了充足的政策"弹药"。"双碳"目标下，国家制订到 2030 年光伏、风电装机要达到 12 亿千瓦以上的目标，正推动光伏产业由过去民企主导的发展模式向"民企+央企"联手力推的"全民光伏"模式，各种产业资本、金融资本呼啸而来，光伏抢装正当下。

3.3 服务模式

该项目预计投资 1700 万元，资金来源由企业自筹。

该项目 90% 发电量为自发自用，减少了商业用电量，节约经营成本，提高利润。10% 余电销售给国网重庆市电力公司市南供电分公司，按照燃煤发电机组基准价，补贴依据国家政策执行。

4 效益分析

4.1 经济效益

项目投资财务内部收益率（所得税后）6.26%，资本金内部收益率为9.66%，投资回收期（税后）12.57年。

用能成本：以重庆市主城区的光照条件，平均每天可发电4000度，按照重庆市工业用电的尖峰电价达到了0.963元，以此电价计算，每天将产生收益3000元。

4.2 环境效益

该项目预计建成后每年可减少CO_2排放量约为3605 t，SO_2排放量约为47.8 t，碳粉尘排放量约为433.7 t，氮氧化物23.9 t。

4.3 社会效益

该项目年节能量预计达到6000 t标准煤，实现33 dB的低环境噪声，减少噪声污染。

该项目是在国家"碳达峰碳中和"，重庆市推进"低碳示范园区"建设背景下积极推进落地的，对于响应国家"双碳"目标和践行重庆市产业转型发展战略具有重要意义，也为低日照地区建设分布式光伏项目起到了引领和示范作用，具有积极的典型推广价值，具有较强的示范性和推广价值。公司积极承担社会责任，积极推动社会各类主体广泛参与，公众满意度和认可度较高。

该项目的建设，符合企业可再生能源可持续发展的规划和国家能源发展政策方针，可减少化石资源的消耗，减少因燃煤等排放有害气体对环境的污染，对公司经营和地方经济快速发展将起到积极作用。

助力企业"绿色工厂"转型，该项目集光伏、小型风电、储能等多种能源于一体，不但为企业经营带来良好的经济效益，还促进绿色低碳理念深入人心，为重庆地区企业绿色发展和绿色转型提供了借鉴和经验。

5 创新点

该项目采用智慧化管控，采用监控显示、多能互补方案，项目通过综合智慧能源管控系统，对光储充、地源热泵及其他关键用能设备的实时监控，对电能改造设备、捕集以及富碳农业应用系统的用能数据进行实时监测。同时基于光、负荷功率预测，通过优化策略对微电网进行优化调度，以实现多能互补，优化能源使用效率，达到智慧化的目标。同时，系统通过对各关键设备的各类特征数据监测与分析，实现关键设备故障预测与诊断，以实现智慧化的运维。

该项目采用组串级的智能监控及多路MPPT跟踪技术：确保电站"可视、可信、可管、可控"，发电量比集中式提升3%以上。组串式逆变器光伏电站对输入的每一路组串进行独立的电压电流检测，检测精度是传统智能汇流箱方案的10倍以上，为准确定位组串故障，提高运维效率奠定了基础。多路 MPPT 技术，降低遮挡、灰尘、组串失配的影响，平坦地形下发电量提升5%以上，在屋顶、山地电站中降低不同朝向、阴影遮挡的影响，发电量提升8%～10%。

绿色电能替代系统：用空气源热泵及电加热器替代燃气锅炉，用电瓶叉车替代柴油叉车，实现了 CO_2 减排。

组串式逆变器无风扇设计：实现了 33 dB 的低环境噪声，无需土建机房，减少对植被及土壤等环境破坏，电磁辐射小，保护人体健康。智能光伏电站实现了人与环境和谐共处，大大增加了光伏电站的适用范围，为光伏入户创造了条件。

项目线路采用 380 V 电缆方案：照明灯具选用节能型灯具，以降低电气设备损耗及生活生产用电损耗。通过多种布置方案的比较，选择最优方阵布置，节省了材料用量：优化电缆桥架布置，节省了电缆的长度。

6 经验体会

公司综合智慧能源项目是在国家"碳达峰碳中和"，重庆市推进"低碳示范园区"建设，集团公司"四个转型"的背景下积极推进落地的，对于响应国家"双碳"目标和践行集团公司产业转型发展战略具有重要意义，也为低日照地区建设分布式光伏项目起到了引领和示范作用。

该项目对保障供应、保障生产具有重大意义，2022 年，重庆市连续高温限电期间，多数工厂由于限电停产，公司正是靠着屋顶光伏发电，保障了连续生产，该项目也为低日照地区建设分布式光伏项目起到了引领和示范作用，对地区低碳产业园区建设具有借鉴意义。

专家点评：

低碳园区是国家支持鼓励的园区供能发展趋势，有利于推动绿电、低碳需求的企业实现节能减碳，体现商品的绿色价值。该项目通过光伏、储能、电加热和空气源热泵等方式提供清洁能源，同时强化智慧化管控，对低碳园区建设具有一定的借鉴意义。

在商业模式及经济效益方面，该项目 90% 发电量为自发自用，减少了工商业外购电量，节约经营成本，提高企业利润。由于园区用能形式多样，该项目总体规模较小，建议在后续工作中进一步提高园区清洁能源供应占比，更好地满足园区企业全方位的低碳能源需求。

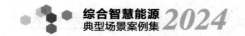

「案例 7」

山西铝业氧化铝焙烧炉烟气深度净化及余热回收项目

申报单位：吉电智慧能源（长春）有限公司

摘要：该项目属于工业窑炉烟气余热回收改造。针对国家电投山西铝业有限公司氧化铝焙烧炉采用"烟气深度净化、除湿及余热回收一体化技术"回收烟气余热，加热热网水，并回收烟气中的氧化铝超细粉。全年回收功率大于 97 MW，有效回收烟气余热 117.9 万吉焦，回收水分 42 万吨/年，为赤泥洗水和自备电厂补水提供优质水源，减少燃煤消耗 4.0 万吨标准煤/年，年减少 CO_2 排放 11.2 万吨。该项目的实施将逐步取代原平市供热公司多个小型燃煤热水锅炉，脱除烟气中颗粒物（氢氧化铝），将其由 50 mg/Nm³ 降低至 10 mg/Nm³ 排放，回收氢氧化铝 100 吨/年。对改善当地环境空气质量，对提高人民群众的生活质量水平、提高企业自主节能减排的积极性有着重要的意义。

1 项目概况

1.1 项目背景

国家电投山西铝业有限公司自备热电厂承担原平市 654 万平方米供暖，热源主要为厂内汽轮机抽汽，但煤价高企，亟需余热回收技术回收烟气余热用于加热供暖水，节约煤耗，降低企业供热成本；国家电投山西铝业有限公司 6 台氧化铝焙烧炉氧化铝粉尘有进一步降低排放要求；国家电投山西铝业有限公司 6 台氧化铝焙烧炉排烟，水汽含量大，视觉白烟现象严重，影响周围环境，常因环境问题被限产，亟需技术改造，解决烟气粉尘超低、脱白、余热回收等问题。

该项目位于国家电投山西铝业有限公司厂区内，属于工业窑炉烟气余热回收改造项目。

1.2 项目进展情况

该项目已于 2021 年 12 月投产。

2 能源供应方案

2.1 负荷特点

山西铝业现有可利用供暖热源为余热和蒸汽，其中余热热源点为氧化铝焙烧炉烟气余热。供暖初期余热回收能力为 80~96.8 MW，供暖中期余热回收能力为 86.2 MW。

该项目根据 564 万平方米供暖面积的总供热需求，主要针对氧化铝焙烧炉烟气余热回收系统进行提报改造，同时改造供热首站（新增 1 台热网循环泵）作为烟气余热回收装置的公用系统，配合厂外保留 ≥145 MW 调峰热水锅炉，供暖季合计对外供热 268 万吉焦。

2.2 技术路线

烟气余热深度回收，主要指对脱硫后、进烟囱前的烟气余热进行深度回收，同时可实现烟气提水。目前，烟气余热深度回收技术均基于热泵原理，技术路线为基于开式热泵原理的烟气余热深度回收技术，技术介绍如下。

烟气深度净化、除湿及余热回收一体化技术将基于溶液吸收原理的开式热泵技术应用到烟气环保+节能一体化治理中，开式热泵技术是利用溶液主动吸收的原理，在溶液直接喷淋烟气的过程中，直接吸收湿烟气中水蒸气，同时吸收烟气中 SO_2、粉尘等有害物质。回收烟气中的汽化潜热，保证 SO_2 和粉尘超低排放的同时，排烟温度高于露点温度 10~15 ℃，既有利于洁净湿烟气的排放，不产生"二次气溶胶"，同时又保护了烟囱不受腐蚀。其系统原理见图 7-1。

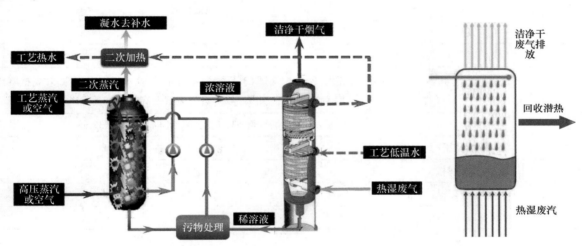

图 7-1　系统原理图及吸收原理图

系统原理：吸湿性浓溶液从烟气中吸收水蒸气后变为低浓度的溶液，稀溶液通过发生系统，利用驱动蒸汽，进行浓缩蒸发，重新变成高浓度的溶液，从而实现溶液再生，再生后的溶液继续回到吸收塔与烟气实现循环换热，该过程实现溶液吸收烟气中的水以二次蒸汽的形式进行分离，蒸馏出来的二次水蒸气继续加热工艺水，自身变成二次蒸汽凝水得到回收利用，整个循环过程中，需要外界提供一份的蒸汽热量输入，而实现驱动蒸汽和烟气余热两份的热量回收，实现烟气低品位余热深度回收。

吸收原理：燃煤锅炉湿法脱硫后的热湿废气含水率一般在 12% 以上，热量主要以汽化潜热形式储存于烟气中，采用常规换热方式不能回收其热量。利用溶液的吸湿性和自身较低的水蒸气分压力性质，在与烟气逆流接触的过程中，烟气中的水蒸气被溶液吸收，凝结成液态水，烟气中水蒸气从烟气侧进入溶液侧实现水分和热量转移，自身变为不饱和烟气从顶部排出，释放出大量的汽化潜热将烟气和溶液温度提高，通过换热机组加热工艺水，从而实现低品质余热的回收，脱水率超过 50%。

烟气进入吸收塔后与溶液逆流接触，溶液在塔内吸收烟气中的水蒸气完成传热传质的过程。回收的热量全部来源于烟气中水蒸气的汽化潜热，降低排烟露点，反向加热烟气，确保处理后烟气温度远高于露点温度 10~15 ℃。溶液除湿技术装置通过烟气和循环工质直接逆流接触，减少了换热环节，提高了运行的稳定性；降低气液换热端差，提高了传热传质效率，该技术能有效回收烟气中的潜热和显热。

该系统兼具环保效果，系统循环中，溶液在吸收烟气中汽化潜热的同时，配合脱硫、除尘系统，实现超低排放。并提高烟气抬升力和不饱和度，减轻烟气排放的白色烟羽现象，达到环保节能一体化治理。

2.3 装机方案

该项目改造范围内主要设备参数见表 7-1。

表 7-1　主要设备表

序号	设备名称	规格型号
一	工艺系统	
1	吸收系统	
1.1	吸收塔	HM-EWS35-9，额定烟气量 63 万立方米/小时，ϕ9 m×32 m，含高效规整填料、高效布液器、滴淋喷嘴、升气装置及高效除雾器等塔内件
1.1.1	塔体	额定烟气量 63 万立方米/小时，ϕ9 m×32 m
1.1.2	塔内件支撑梁	
1.1.3	高效规整填料	定制
1.1.4	高效布液器	定制
1.1.5	滴淋喷嘴	定制
1.1.6	升气装置	定制
1.1.7	高效除雾器	定制
1.2	预喷淋循环泵	$Q=900$ m³/h，$H=30$ m，$N=200$ kW
1.3	B 储液箱	$V=95$ m³，ϕ4.5 m×6 m
1.4	溶液循环泵	$Q=750$ m³/h，$H=35$ m，$P=200$ kW
1.5	事故溶液箱	$V=95$ m³，ϕ4.5 m×6 m
1.6	事故溶液泵	$Q=70$ m³/h，$H=15$ m，$P=15$ kW
1.7	溶液	定制，C 工质
2	换热系统	
2.1	换热机组 A	HM-EXC16 MW-C，额定热功率 16 MW
2.2	换热机组 B	HM-EXC12 MW-C，额定热功率 12 MW
2.3	换热机组 C	HM-EXC6 MW-C，额定热功率 6 MW
3	发生系统	
3.1	发生机组 A	HM-EVPA12.5-21-C，额定热功率 12.5 MW，额定蒸汽耗量 21 t/h
3.2	发生机组 B	HM-EVPB12-17.5-C，额定热功率 12 MW，额定蒸汽发生量 17.5 t/h

序号	设备名称	规格型号
3.3	汽水换热器	
3.4	分离器	$\phi 1.6\,m \times H3.5\,m$
3.5	凝水换热器	
3.6	高温进液泵	$Q=280\,m^3/h$, $H=25\,m$, 37 kW
3.7	高温出液泵	$Q=360\,m^3/h$, $H=50\,m$, $N=132\,kW$
4	工艺水系统	
4.1	一次冷凝水泵	$Q=150\,m^3/h$, $H=50\,m$, $N=45\,kW$
4.2	反冲洗水泵	$Q=160\,m^3/h$, $H=40\,m$, $N=37\,kW$
4.3	平盘洗水泵	$Q=120\,m^3/h$, $H=40\,m$, $N=kW$
4.4	冷却水泵	$Q=10\,m^3/h$, $H=20\,m$, $N=3\,kW$
4.5	一次冷凝水箱	$2.5\,m \times 2.5\,m \times 3\,m$
4.6	二次冷凝水箱	$3.5\,m \times 2 \times 4\,m$
4.7	减温减压装置	
4.8	减温水泵	$Q=8\,m^3/h$, $H=200\,m$, $P=7.5\,kW$
4.9	地坑泵	$Q=30\,m^3/h$, $H=15\,m$, $P=7.5\,kW$
5	热网水系统	
5.1	热网加热器	$Q=150\,m^3/h$, $H=50\,m$, $N=45\,kW$
5.2	热网循环水泵	$Q=11000\,m^3/h$, $H=85\,m$, $N=355\,kW$
5.3	热网循环水泵	$Q=4200\,m^3/h$, $H=85\,m$, $N=1250\,kW$
二	电气系统	
1	高压配电柜	含高压变频柜，高压进线柜等
2	380 V 配电柜	
3	照明检修系统	
三	热控系统	
1	DCS 控制系统	新增大约 100 点，新增 I/O 卡件
2	工业电视系统	新增 4 个监控点
3	火灾报警系统	

3 用户服务模式

3.1 用户需求分析

国家电投山西铝业有限公司自备热电厂承担原平市 654 万平方米供暖，热源主要为厂内汽轮机抽汽，但煤价高企，亟需余热回收技术回收烟气余热用于加热供暖水，节约煤耗，降低企业供热成本；国家电投山西铝业有限公司 6 台氧化铝焙烧炉氧化铝粉尘有进一步降低排放要求；国家电投山西铝业有限公司 6 台氧化铝焙烧炉排烟，水汽含量大，视觉白烟现象严重，影响周围环境，常因环境问题被限产，亟需技术改造，解决烟气粉尘超低、脱白、余热回收等问题。因此，该项目回收烟气余热满足用户的实际需求。

3.2 政策依据

国家、地方和行业的有关法律法规、条例以及规程和规范，包含但不限于：

（1）中华人民共和国《节约能源法》《可再生能源法》《电力法》《建筑法》《清洁生产促进法》《循环经济促进法》；

（2）国务院关于发布促进产业结构调整暂行规定的通知（国发〔2005〕40 号）；

（3）国家发展改革委令《产业结构调整指导目录（2019 年本）》《热电联产管理办法》（发改能源〔2016〕617 号）；

（4）国家鼓励发展的资源节约综合利用和环境保护技术（国家发改委〔2005〕第 65 号）、《热电联产单位产品能源消耗限额》（GB 35574—2017）；

（5）《锅炉房设计标准》（GB 50041—2020）；

（6）《工程建设标准强制性条文》（电力工程部分）2016 版；

（7）《山西省节能减排实施方案》（晋政发〔2017〕178 号）；

（8）《山西能源革命综合改革试点行动方案》。

3.3 服务模式

该项目采用合同能源管理模式合作，双方约定技术服务费价格，我司负责投资建设及运行维护为业主提供节能技术服务。

4 效益分析

4.1 经济效益

该项目投产后为业主节约燃煤的同时提高了燃煤利用率，为业主带来的经济效益显著。

4.2 环境效益

该项目实施后，每年回收 117.9×10^4 GJ 烟气余热；减少燃煤消耗 4.0 万吨标准煤/年，减少 CO_2 排放 11.2 万吨/年。

4.3 社会效益

该项目的实施将逐步取代原平市供热公司多个小型燃煤热水锅炉，脱除烟气中颗粒物（氢氧化铝），将其由 50 mg/Nm³ 降低至 10 mg/Nm³ 排放，回收氢氧化铝 100 吨/年。对改善当地环境空气质量，对提高人民群众的生活质量水平、提高企业自主节能减排的积极性有着重要的意义。

5 创新点

基于溶液吸收的烟气深度净化、除湿及余热回收一体化技术利用自主知识产权的"复叠式溶液吸收系统"及"热质耦合吸收成套设备"，解决了烟气超低排放、除湿及余热回收的问题。实现烟气深度净化、除湿及节能的综合治理。关键技术主要有：

（1）盐溶液绝热吸收水蒸气的绝热吸收与余热回收耦合技术；

（2）多级塔内吸收液高效分离的升气装置技术；

（3）高效横流喷淋技术；

（4）高效溶液再生分离技术；

（5）基于高温烟气的开式再生技术；

（6）板式换热器的防腐处理技术。

项目创新点主要有：

（1）构建与创新开式吸收热泵循环，提高换热效率。与传统吸收式热泵技术相比，该技术实现了烟气和循环工质的直接热质交换，以烟气-溶液直接接触吸收塔代替了洗涤塔、蒸发器、吸收器，减少换热环节，直接接触换热提高换热效率。

（2）实现深度净化，节能附加环保，适用范围更广阔。通过研发升气装置、催化剂、转晶剂等将烟气中硫化物分离，解决了传统吸收式热泵、间壁式换热等技术在烟气杂质较多情况下带来的腐蚀、堵塞、寿命短的难题；通过研发防腐涂层板式换热器来避免换热设备被腐蚀，应用场景更广阔，可实现烟气的深度净化。

（3）解决次生问题，节能收益更广泛。该技术可使烟气被低水蒸气分压力溶液喷淋后呈不饱和排放，有利于消除白烟、提升烟气扩散能力、减少烟囱腐蚀及北方地区冬季烟囱挂冰；回收的烟气水分为蒸馏水品质，可以直接回收为供暖补水或脱硫补水等工艺用水，具有可观的水回收收益。

（4）系统设备布置灵活。经过模块化、机组化开发的开式吸收式热泵技术，可以实现系统设备因地制宜、灵活布置、集中多层布置，占地面积小，而传统余热回收技术大多无法实现灵活布置，占地面积较大。

（5）对工况突变的适应能力强。经过整体热力与控制系统的升级，该技术可以实现对工况突变的强适应能力，余热回收能力随外界条件的变化波动很小，热回收能力更加稳定，能良好地适应锅炉 30%~110% 负荷的变化。

（6）系统能效比高，可耦合区域分布式能源规划。经过多次安全稳定、设备优化、能效提升的研发后，系统能效比 COP 更高，回收相同热量时消耗的驱动热源更少，且运行更加安全稳定，使用寿命更长；可适应多冷热源的综合情况，实现系统流程定制化，可对全厂或全市进行热力布局、热电联产、冷热联产等规划。

6 经验体会

该项目投产后为北方地区清洁供暖提供了先进示范案例，特别是对燃煤热水锅炉等热效率有显著提升。

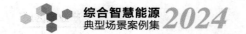
7 问题与建议

建议日后开发此类项目，应确保业主方烟气进入我方余热回收系统烟气符合排放标准，增加入口 CENS 在线监测装置，防止我方设备损坏。

专家点评：

该项目为工业窑炉烟气余热回收改造项目。采用"烟气深度净化、除湿及余热回收一体化技术"回收氧化铝焙烧炉烟气余热，加热热网水，并回收烟气中的氧化铝超细粉。

该项目通过基于溶液吸收原理的开式热泵技术，实现溶液吸收烟气中的水蒸气和有害物质，并回收烟气中的汽化潜热，配合脱硫、除尘系统，实现超低排放，避免环保的重复投资，达到环保节能一体化治理，大幅降低环境污染。全年有效回收烟气余热117.9 万吉焦，回收水分 42 万吨/年，减少燃煤消耗 4 万吨标准煤/年，减少二氧化碳排放 11.2 万吨，回收氢氧化铝 100 吨/年，具有较好的节能减排和改善环境空气质量作用，具有突出的社会效益。

项目具有创新性。一是使用了开式吸收热泵循环技术，与传统吸收式热泵相比，实现了烟气和循环工质的直接热质交换，减少换热环节，提高换热效率。二是研发升气装置、催化剂、转晶击等将烟气中硫化物分离，实现深度净化。三是系统可灵活布置，占地面积小。四是具有解决消除白烟等次生作用。

该项目资本金内部收益率达到 50.02%，经济效益突出。投产后在节约燃煤的同时提高了燃煤利用率，可实现超低排放效果，可回收烟气水分，同时具有可观的水回收效益。

「案例8」

广东省开平市低碳智慧园区项目

申报单位：国电投（江门）能源发展有限公司

摘要：基于广东省开平市产业园区经济+城乡融合发展背景，以助力"双碳"示范建设，推进地方经济产业发展与新型能源体系建设为目标，同时结合开平侨乡文化特色，引入海外华侨与港澳爱国人士资源返乡投资，建立爱国统一战线。国电投（江门）能源发展有限公司于开平市翠山湖高新产业园区推进用户侧综合智慧能源项目开发，形成了以工商业分布式光伏、光储充一体化、购售电服务、能源管理等元素齐备的"源网荷储"一体化新型能源系统，并推进可再生资源及生物质利用等新产业、新技术应用，构建工业农业互补的低碳循环经济，助力乡村振兴及"两山"理论创新实践落地见效，同时有利于降低园区用能成本，提升能源利用效率，打造低碳智慧园区，为综合智慧能源场景开发建设提供有益借鉴。

1 项目概况

1.1 项目背景

开平市位于广东省中南部、珠江三角洲西南面、毗邻港澳、东北距广州市 110 km，全市总面积 1659 km²，常住人口 74.9 万人，其中城镇人口占比 57.43%，乡村人口占比 42.57%。辖区内翠山湖高新产业园是广东省省级高新区，承接粤港澳大湾区核心区内产业转移，以水暖卫浴、食品健康、生物医药、高新材料等为主导产业，园区负荷集中，用能需求丰富，是综合智慧能源产业落地发展的良好平台。以翠山湖高新区为核心的产业园区经济是开平市经济支柱，呈现产业园区型经济+城乡融合发展的局面，受限于乡镇资源条件限制，内部发展不平衡。

开平市是广东省"碳达峰碳中和"首批试点中唯一的县级市，也是国家乡村振兴示范县、全国"两山"理论创新实践基地，承接国家、广东省重点战略任务，政策背景优越，具有良好的示范性与推广性。同时，开平市是国内知名侨乡，海外华侨 119 万余人，分布于全球 67 个国家及地区，构建与华侨资源的合作平台，引入相关资源助力地方发展，形成良好的合作模式，吸引海外华侨与港澳爱国人士返乡投资，构建爱国统一战线。

结合开平市地理条件、政策背景、产业特色与侨乡文化背景，国电投（江门）能源发展有限公司以开平市翠山湖高新区为核心，以清洁低碳能源解决园区生产用能需求为核心手段，推进建设天然气热电联产项目、光储充一体化项目、用户侧储能及共享储能、购售电交易与能源管理多种元素融合的低碳智慧园区，并以可再生资源及生物质综合利用项目为纽带将工业生产与乡村资源相结合，构建了两者相互促进的低碳循环经济，实现降低园区用能成本的同时促进乡村创汇增收，助力乡村振兴，实现区域协调发展。

项目分为园区清洁能源供给、园区共享储能、乡村振兴工程和园区用能管理四大板块，规划投资 5.2 亿元（表 8-1）。

表 8-1　项目情况

序号	建设板块	建设内容	建设规模	投资/万元
1	园区清洁能源供给	用户侧光储充	25 MW（储能根据用户情况配备）	11000
2	园区共享储能	集中式储能及交易资质申报	50 MW/100 MWh	18000
3	乡村振兴工程	再生资源及生物质利用集中供热项目	100 t/h，配套建设热网	22000
4	园区用能管理	用能管理服务及能源平台建设	能源管控平台	1000
			一期项目投资	52000

1.2　项目进展情况

项目目前已在地方政府合作、能源项目落地、产业带动及智慧系统部署方面取得成效。

1.2.1　政府合作

项目受到开平市政府的高度支持，一是与开平市政府合作成立联合工作组负责推进项目建设落地，开平市委书记亲自担任工作组组长，国家电投属地公司主要领导担任副组长；二是与开平市国资形成合资、合作关系，双方成立合资公司共同推进开平综合智慧能源产业建设，合资公司已成立并完成注资。

1.2.2　能源项目落地

项目依托国家电投翠山湖综合智慧能源燃气热电联产项目形成以点带面的开发建设模式，并在园区低碳能源供应方面形成项目落地成果。截至 2024 年 4 月，在园区已投产分布式光伏项目 20 MW，签署供热意向协议用户超过 30 家，签署电力销售用户及负荷聚合用户 2 家，完成集中供热项目备案 100 t/h，投运新能源汽车充电桩 50 根，园区共享储能项目取得阶段性成果，已纳入广东省发展改革委发布的 2023 年新型储能应用重大场景清单。

1.2.3　产业带动

项目充分发挥开平市侨乡文化优势，带动海外华侨返乡投资。与爱国华侨资源展开合作，签署合作协议，带动华侨投资集中供热项目 1 亿元，同时为开平市引入可再生燃料生产线，带动华侨投资 1.2 亿元。

1.2.4　智慧系统部署

项目依托国家电投集团承接国有资产监督管理委员会科研项目所研发的"天枢一号"能源管控系统，完成了存量光储充项目的数据接入，初步搭建区域能源智慧管控平台框架。同时推进引入珠海派诺、兆瓦云等外部技术合作企业的用户侧能源管理平台，推进用户用能调节功能模块开发，构建低碳智慧园区智慧系统。

2 能源供应方案

2.1 负荷特点

开平市全市电源总装机容量达 68.33 MW，其中水电 26.49 MW、光伏发电 25.04 MW、生物质发电 16.8 MW。2020 年年底，分布式光伏发电立项项目共 47 个，其中涉及个人家庭分布式光伏发电项目 13 个，扶贫项目 4 个，2020 年光伏发电量达 1653.77 万千瓦时。2020 年全社会用电量 36.8 亿千瓦时，2023 年全社会用电量超过 40 亿千瓦时，其中用电负荷集中于翠山湖高新区为核心的工业园区内。

开平市太阳能资源较丰富，光伏发电年等效利用时间超过 1000 h，同时园区内工业厂房集中，闲置屋面资源丰富，初步估算工业核心区内分布式光伏可建设容量约 106 MW。

开平市生产用能除电力外主要用能为热力，园区无热源点，企业生产用热皆为自建生物质、天然气锅炉，用能效率低，设备安全监管形势复杂，根据广东省碳达峰碳中和战略要求，开平市已发布区域园区小锅炉改造为天然气锅炉的环保政策，企业生产用能成本升高，设备替换成本升高，亟需解决区域用热需求问题。

同时分析开平市能源产业结构，目前开平市电力系统呈现明显的受入型电力结构，园区内无骨干电源，能源安全保障性差，能源系统稳定性难以保障。园区企业对能源成本关注度较高，但是对能源管控、能耗控制的意识较差，综合分析开平市能源系统基础、资源条件、负荷特点，该项目构建以燃气热电联产为区域能源核心，以分布式光储充一体化项目为用户侧核心场景，形成以点带面的区域综合智慧能源开发建设模式，并与政府开展合资合作，统筹规划全市新能源资源，推进开平市能源体系升级。

2.2 技术路线

2.2.1 园区清洁能源供给

园区清洁能源供给以分布式光伏、新能源汽车充电桩、用户侧储能为核心，构建了光储充一体化的技术场景，通过分布式光伏项目在日间提供能源供应，优先供给自发自用，降低企业用能成本。结合用户侧储能项目调峰灵活的特征，既能实现将夜间低成本用电迁移至用电高峰，降低用户用能成本，又能提供调频等灵活性资源，同时依托广东省电力市场成熟的交易规则，为用户参与电力系统需求响应提供手段，扩展项目商业模式。新能源汽车充电桩作为企业通勤保障性手段，增加了企业员工通勤用能保障，增加光伏发电自用率，提升项目收益。

2.2.2 园区共享储能

采用电化学储能模式推进园区共享储能建设，优先采用磷酸铁锂电池，发挥储能系统灵活性特色，为园区电力系统提供保障，并深度参与电力系统削峰填谷，降低园区企业用能成本。

2.2.3 乡村振兴工程

采用可再生资源及生物质供热的模式，通过集中供热解决园区企业生产用热问题。一是

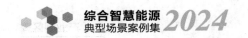
集中供热增加能源利用效率，降低用能成本及能耗；二是通过集中供热解决地方自建锅炉管理难题，改善地方治理环境；三是通过生物质利用，回收乡村资源，增加乡村收入，助力乡村振兴；四是引入华侨产业资源力量实施投资，为开平市构建可再生燃料生产线。

2.2.4　智慧系统部署

依托国家电投集团"天枢"平台及各技术企业能源管控技术，打通区域综合智慧能源管控功能，实现用户用能可视化、用能优化建议等功能，帮助用户改善用能模式，降低用能成本。

2.3　装机方案

在园区实现光储充一体化项目 25 MW，用户侧储能根据用户用能情况配备，建设 50 MW/100 MWh 园区共享储能，建设 100 t/h 可再生及生物质供热项目，为园区 30 家企业用户开展能源管控平台接入。

3　用户服务模式

3.1　用户需求分析

开平市低碳智慧园区项目聚焦解决园区生产用能问题，并与乡村振兴战略相结合，以服务企业、带动乡村发展为主要目标。

能源类型：低碳智慧园区以电、热为主要能源供应。

用户性质：综合零碳供能、能源管控服务、可再生资源及生物质供热主要以工商业用户为服务对象；绿电交通、生物质秸秆回收平台等主要以居民、乡村村民为服务对象。

3.2　政策依据

（1）开平市是广东省首批"碳达峰碳中和"试点唯一县级市。

（2）开平市是国家乡村振兴示范县、全国"两山"理论创新实践基地。

（3）广东电力市场规则成熟，交易模式完备。

3.3　服务模式

3.3.1　投资方式

投资模式以国家电投自主投资为主，同时通过与开平市国资合资合作，与华侨企业合资合作共同开发建设。

3.3.2　价格政策

采用综合能源销售管理模式，构建电热联动价格机制。为用户提供综合能源供应，根据合作深度、合作内容制定价格浮动机制，增加用户黏性，扩展服务边界。

3.3.3　能源平台运营及销售模式

通过需求-产品-用户-流量-平台的互联网思维搭建县域平台，通过自主投资能源设施-平台搭建-股权优化的路径盘活企业资金、带动社会投资。通过能源管控技术构建能源平台，最终在园区内实现统一交易、撮合服务，在传统供热、供电交易之外实现能源产业链价值延伸，构建含电力营销、能源管理服务、需求响应聚合等多种服务模式。

4 效益分析

4.1 经济效益

项目总投资约5.2亿元，整体资本金内部收益率约9%（表8-2）。

表8-2 项目收益

项目类型	建设内容	投资额/万元	资本金内部收益率/%
苍城RDF供热项目	首期建设供热能力75 t/h及20 t/h的两台RDF供热锅炉及配套供热管网	22000	11.21
开平市分布式光伏项目	首期20 MW工商业分布式光伏	10000	9.4
绿色农储	2.2 MW光伏、光伏充电站、用户侧储能、智慧粮仓管理系统	1000	9.02
储能项目	50 MW/100 MWh储能（含独立储能电站及用户侧储能）	18000	8.2
企业用能管理与负荷聚合项目	为30家企业提供智慧系统，签署售电协议、需求响应协议	1000	—

其中光储充一体化项目为用户降低综合用电成本约15%，集中供热较用户自建天然气锅炉蒸汽成本降低10%~15%。

4.2 环境效益

项目每年生产超过2000万千瓦时绿电，消纳可再生资源及生物质燃料约13万吨，每年可降低开平市园区化石能源使用约6万吨。

4.3 社会效益

（1）助力地方产业发展。直接投资5.2亿元，开平市园区企业每年用热成本降低2000万元，为园区提供绿色电力2000万千瓦时，每年降低园区企业用电成本172万元，助力园区招商引资，推动地方产业发展。

（2）助力乡村振兴。"三网融合"平台推动区域生物质回收利用，促进农业增收，为参与农户年均增加收入超过3000元/户，助力乡村振兴战略落地。

（3）巩固爱国统一战线。解决港资、外企企业发展问题；建设华侨特色文旅场景，营造华侨家国文化情怀；带动华侨返乡投资；巩固爱国统一战线。

5 创新点

5.1 产业模式创新

项目结合地区特点，从城镇、园区、乡村三个维度的融合发展，推动城市建设、乡村资

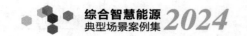
源、园区产业实现循环发展：通过乡村资源利用及集中供热方式，支持园区工业生产经营及农民增收；通过园区工业发展，带动乡村振兴及城乡居民就业，推动城镇科技发展、投资及消费增长；通过城镇科技、政策、资金、消费、服务，保障园区产业发展及乡村振兴。同时拉动侨胞返乡投资、巩固爱国统一战线，充分利用好海内外及社会各界人士相关资源，助推"双碳"试点建设。

5.2 应用创新

再生资源利用：工业固废、农林废弃物为燃料，实现粤港澳大湾区内首例"园区低碳能源+产业助农+无废城市建设"的产业循环项目，适合在经济发达地区的城乡发展不平衡区域实现推广，通过集中供热降低能耗、排放，并降低企业用能成本。

5.3 技术创新

依托广东省电力市场规则高度成熟的特征，助力"天枢"平台二次研发，协调控制、智能计量、信息通信将相对分散的源、网、荷、储等元素通过智慧系统集成调控，构建综合智慧零碳电厂单元，实现能源集中分析、就地消纳、快速响应执行的模式。

5.4 商业模式创新

构建产业链合作创新，推动乡镇、华侨合作，热网、热源分设公司、交叉持股，利用海外侨胞社会资源、协会力量，保障燃料供应。同时扶植镇属劳务、贸易企业回收农林废弃物，解决就业及收入问题。

构建电热联动销售模式，电力、热力、服务实现综合销售，增强用户黏性，提升绿电使用，降低项目投资费用回收风险。

形成市场化虚拟电厂及县域能源平台商业模式，通过需求-产品-用户-流量-平台的互联网思维搭建县域平台，通过自主投资能源设施-平台搭建-股权优化的路径盘活企业资金、带动社会投资。依托集团公司能源管控技术最终在园区内实现统一交易、撮合服务。

6 经验体会

6.1 产业迭代升级

持续研究学习中央及地方政府重要能源战略，结合地方产业经济特色，依托综合智慧能源等集中式项目在区域的能源支撑作用，统筹部署区域用户侧产业，并在开发建设过程中结合新场景、新技术不断优化产品服务与商业模式，能源产业从单一场景到综合服务的迭代升级。

6.2 加强央地合作

以服务政府、合作双赢的理念加强与属地政府的合作沟通，结合地方"双碳"等能源、环保重要规划，聚焦降低区域用能成本，助力区域经济发展的核心诉求，一方面发挥能源央企平台优势，助力地方政府对区域能源体系进行统筹规划，对区域用户侧综合智慧能源开发建设提供规划引领，另一方面推进相关项目建设落地，形成合作基础，并积极向当地政府宣传国家电投集团新兴战略及理念，联合地方政府共同推进新场景、新模式的落地，强化政府合作信心，助力区域项目开发建设。

6.3 构建以用户需求为导向的商业模式

综合智慧能源与地方用户用能需求、资源条件高度相关，需要以打破围墙，面向市场的思维推进区域用户侧综合智慧能源项目开发建设，对用户生产、生活用能习惯进行详细调研分析，做好用户画像，以解决其用能需求，降低用能成本为核心思路，一企一策定制化综合能源服务方案，并在项目建设中适时推进新场景、新技术的落地应用，形成示范实证，逐步丰富用户侧产品资源，强化市场竞争力，对扩展用户范围，锁定用户资源提供支持。

7 问题与建议

综合智慧零碳能源项目在能源领域技术已逐步完善，目前正逐步依托信息化、数字化技术向能源综合管理模式迈进，虚拟电厂等负荷侧调节技术及市场日渐成熟，建议电网与政府对虚拟电厂、新能源就地消纳等服务模式加以研究，并推出政策保障。

 专家点评：

该项目包含天然气热电联产、光储充一体化、用户侧储能及共享储能、购售电交易与能源管理多种元素，依托生物质综合利用推动工业生产与乡村振兴相结合，打造低碳循环经济样板。

采用可再生资源及生物质供热的模式，集中供热提高能源利用效率，降低用能成本及能耗；通过集中供热解决地方自建锅炉管理难题，改善地方治理环境同时通过生物质利用，增加乡村收入，助力乡村振兴。

该项目依托清洁低碳的能源供应有效带动产业落地，促进地方经济发展，有效保障能源供应企业、用能企业、政府部门等多方利益，实现互利共赢。商业模式具有创新性，建议复制推广。

案例 9

海南陵水黎安国际教育创新试验区项目
1号能源站项目

申报单位：国电投（陵水）智慧能源有限公司

摘要： 1号能源站位于海南陵水黎安国际教育创新试验区，现已投产一年有余，总供冷能力85.5 MW，主要用户为试验区高校教学楼和宿舍，主要设备为 3×1200RT 离心式电制冷基载机组+2000RT 双工况离心电制冷机组+36900RTh 静态冰蓄冷+3×2450RT 双工况离心电制冷机组+44400RTh 动态冰蓄冷。国电投（陵水）智慧能源有限公司负责1号能源站的投资、建设及30年运营。采用 BOO 模式，使用者付费，按特许经营权方式经营。该项目符合教育园区总体规划，符合国家能源产业政策，并采用了各项切实可行的污染治理措施，做到节能减排，对教育园区乃至整个陵水县的环境空气质量改善作出贡献，减少烟尘、二氧化硫、氮氧化物排放，改善生态环境。

1 项目概况

1.1 项目背景

项目位于海南陵水黎安国际教育创新试验区，该试验区是海南建立国家教育创新岛的重要核心区之一，将打造成我国一流大学中外合作办学聚集平台，国家教育创新发展示范区。为贯彻国家节约能源相关政策、法规，促进陵水黎安国际教育创新试验区实现能源的综合利用，推动循环经济和节约型城市的建设，在园区的开发建设当中，构建能源站（区域集中供冷），实现"低碳"和高品质、高标准国际教育先行区理念，让园区集中供冷项目在全国各大园区，特别是教育园区开发领域中起到示范作用。

1号能源站位于试验区 A-44 地块，供冷区域面积约 146 万平方米，投资规模 4 亿元，供能品种为供冷，总供冷能力 85.5 MW，供冷管网与用户侧板换间设备由政府投资建设，供冷管网由陵水公司使用并承担运维费用，用户侧板换间由陵水公司有偿运维。

1.2 项目进展情况

项目 2022 年 3 月开工，2022 年 8 月对外供冷、实现投产运营。

2 能源供应方案

2.1 负荷特点

绝大多数用户是高校，白天是教学楼用冷，夜间是宿舍用冷，全年使用时间长，每年可停运时间不足 1 个月。

2.2 技术路线

主要有蓄冷空调、动静态蓄冰技术路线。

2.3 装机方案

3×1200RT 离心式电制冷基载机组+2000RT 双工况离心电制冷机组+36900RTh 静态冰蓄冷+3×2450RT 双工况离心电制冷机组+44400RTh 动态冰蓄冷。

3 用户服务模式

3.1 用户需求分析

能源类型：冷；用户性质：高校、试验区政府以及开发运营公司、配套服务企业办公楼。

3.2 政策依据

区域能源供应具备的高效、节能的特性，能够减少传统能源消费对环境的影响，响应"碳达峰碳中和"目标，满足国家环保政策和可持续发展战略：节约用电、用水、用地，控制各种污染物排放，珍惜有限资源，保证项目的建设和运行不会对生态环境产生不利影响，为我国的资源和环境保护事业作出贡献。

3.3 服务模式

国电投（陵水）智慧能源有限公司负责 1 号能源站的投资、建设及 30 年运营。采用 BOO 模式，使用者付费，按特许经营权方式经营。

4 效益分析

4.1 经济效益

经测算，项目两部制收费资本金财务所得税后内部收益率等于 8.56%，大于项目基准收益率 8%；项目资本金财务净现值 474.61 万元，大于 0（或趋近于 0）；项目静态投资回收期 17 年。

4.2 环境效益

该项目符合教育园区总体规划，符合国家能源产业政策，并采用了各项切实可行的污染治理措施，做到节能减排，对教育园区乃至整个陵水县的环境空气质量改善作出贡献，减少烟尘、二氧化硫、氮氧化物排放，改善生态环境。

4.3 社会效益

（1）该项目设置能源站集中供冷，有利于提高供能的可靠性，可节约城市用地，有利于园区的总体规划。

（2）该项目作为基础设施项目，既对美化园区环境有着积极的促进作用，又可提升园区招商引资水平。

（3）该项目符合国家产业结构调整政策，可有效地提高能源利用率，保护生态环境，有利于建设资源节约型、环境友好型和谐社会国策的贯彻实施。同时，保障了地区发展的公共利益，有利于构建和谐社会、落实以人为本的科学发展观，对社会安全、稳定、和谐、可持续发展具有积极意义。

5　创新点

（1）特许经营模式，为项目保驾护航。全国第一个特许经营的区域集中供冷项目，符合项目特点，项目交易结构、回报机制合规、合理，明确最低盈亏平衡点的保价机制，确保了项目全寿命周期内的收入均覆盖成本支出，风险分担方案公平可行。

（2）融冰释冷速度大幅提高，动态冰释冷回水与冰浆直接渗透接触，融冰释冷能力可达蓄冷主机能力的4倍以上，具备尖峰电价时段全停主机的全移峰能力，用户经济效益实现最大化。

（3）采用大温差小流量的输配工艺，在相同的负荷下，大温差运行可减少系统的水流量，相应减小系统管径，减少输配能耗，节能运行。

6　经验体会

该项目以运营服务为核心，统筹规划、设计、建设全过程，以生产运营为开发建设目标，社会效益显著，实现了环境、政府、用户的多方共赢。

7　问题与建议

负荷率依赖于高校招生影响。

专家点评：

　　该项目区域集中供冷项目，通过离心式电制冷和动态冰蓄冷等方式保障供冷需求，融冰释冷速度大幅提高，具备尖峰电价时段全停主机的全移峰能力，用户经济效益实现最大化，供能方案在有集中供冷需求的学校、商场、园区等具有较好的推广价值。能够有效节电、节水、节地，提高能源综合利用效率，降低用能成本。

　　项目是全国第一个特许经营的区域集中供冷项目，明确最低盈亏平衡点的保价机制，确保了项目全寿命周期内的收入均覆盖成本支出，风险分担方案公平可行。

案例 10

遵义综合智慧能源示范项目

申报单位：贵州金元智慧能源有限公司
遵义智源配售电有限公司

摘要： 国家电投遵义综合智慧能源示范项目，基于"源网荷储一体化"，运用 1 个用户侧综合智慧能源管理系统，管控贵州和平经开区 220 kV 增量配电网、工业供热管网，聚合区域内新能源、V2G 充电站、独立共享储能、用户可调负荷等多种元素的"1+2+N"发展模式，构建电源基地型用户侧综合智慧能源项目。实现"电+热+用户+储能"的源网荷储一体化全产业链服务，以用户侧综合智慧能源优势携手地方政府共建区域绿色低碳智慧园区，提升营商环境，构建新型能源体系，与地方政府、园区企业实现多方共商、共建、共享。

1 项目概况

1.1 项目背景

用户侧综合智慧能源项目是国家电投集团在县域开发、大用户合作等既有成果基础上的拓展延续、再提升，以分布式新能源、储能为主，因地制宜地结合项目所在地的资源禀赋与微风发电、生物质发电、热泵、小规模集中式新能源、共享储能、充电桩、可调用户负荷等相结合，以数字化、智慧化平台连接，形成包括源、网、荷、储各要素在内的广义的新型综合智慧能源体系。

项目位于贵州省遵义市播州区，总投资约 11.16 亿元，新建和聚合场景如下：

源：接入新能源总装机 141.7 MW，其中，屋顶分布式光伏 21.7 MW、集中式光伏 20 MW、集中式风电 100 MW。

网：220 kV 增量配电网（已于 2023 年 6 月 29 日投产），20 kM 工业供热管网（已建成投产）。

荷：8.9 km² 供电区域已有工商业企业用户 60 余家，民用用户 4000 余户；20 kM 工业供热管网覆盖区域已有工商业热能需求用户 20 余家；聚合区域内和周边用能企业 57.7 MW 的可调负荷。

储：新建具备 V2G 功能的充电站 2 MW，聚合贵州金元鸭溪 200 MW/400 MWh 独立共享储能。

运用源网荷储一体化理念，以贵州和平经开区 220 kV 增量配电网及工业供热管网为核心，将分布式新能源、用户可控负荷和储能设施、电动汽车充电桩等通过物联网有机结合，配合用户侧综合智慧能源管理系统，实现对各类能源和负荷的整合调控，作为一个特殊形式的电厂参与电力市场和电网运行，可快速有效地缓解供电压力。

1.2 项目进展情况

截至 2023 年底，已完成贵州和平经开区 220 kV 增量配电网项目及贵州和平经开区工业供热管网建设。源网荷储一体化区域新能源项目推进情况如下：

（1）屋顶分布式光伏及充电站项目，已完成项目备案、环评登记，计划 2024 年 4 月动工，年内投产。

（2）播州区鸭溪风电场项目（50 MW），2023 年 11 月完成项目核准，已开展初步设计。结合经开区招商落地负荷增长情况，计划 2024 年 8 月动工，争取年内实现首台风机并网。

（3）播州区平正红心农业光伏项目（20 MW），2023 年 12 月完成项目备案。结合经开区招商落地负荷增长情况，计划 2025 年 6 月动工，争取年内实现并网。

（4）播州区平正红心风电项目（50 MW），2023 年 11 月完成项目核准。结合经开区招商落地负荷增长情况，计划 2025 年 6 月动工，2026 年内实现并网。

2 能源供应方案

2.1 负荷特点

（1）自主布置的虚拟电厂子系统接入的灵活性资源总容量≥300 MW，总的可调容量≥100 MW，接入可调资源种类≥5 种；2024 年底前接入的灵活性资源总容量≥100 MW，总的可调容量≥50 MW，接入可调资源种类≥5 种；

（2）系统作为所在区域用户侧综合智慧能源项目的可调负荷聚合子系统，具备可调资源评估、资源监控分析、智能控制、负荷预测、优化调度、电价预测、需求响应、电力辅助服务、电力现货交易等功能；

（3）子系统具备聚合资源的负荷预测功能，聚合资源的分时电量预测平均偏差≤10%，次月总电量预测平均偏差≤10%；

（4）子系统具备电力现货价格预测功能，价格预测平均准确率大于 80%。

2.2 技术路线

项目基于"源网荷储一体化"，运用 1 个用户侧综合智慧能源管理系统，管控和平经开区 220 kV 增量配电网、工业供热管网，聚合区域内新能源、V2G 充电站、独立共享储能、用户可调负荷等多种元素的"1+2+N"技术模式，实现绿电就地消纳、零碳发电和为电网提供平衡服务的综合效果，构建电源基地型用户侧综合智慧能源项目。实现"电+热+用户+储能"协调平衡，与电网友好互助的源网荷储一体化全产业链服务，以用户侧综合智慧能源优势携手地方政府共建区域绿色低碳智慧园区，提升营商环境，区域智慧化新型能源体系，与地方政府、园区企业实现多方共商、共建、共享。

2.3 装机方案

项目装机方案见表 10-1。

表 10-1　项目装机方案

序号	场景类别	技术类别	场景规模
1	源	园区屋顶分散式光伏	21.7 MW
2	源	播州区平正红心农业光伏	20 MW
3	源	播州区平正红心风电	50 MW
4	源	播州区鸭溪风电	50 MW
5	源	生物质能源	80 MW
6	网	增量配网	220 kV/110 kV/10 kV
7	网	工业供热管网	20 km
8	荷	用户侧可调负荷	57 MW
9	储	充电站	2 MW
10	储	储能电站	200 MWh/400 MWh

3　用户服务模式

3.1　用户需求分析

3.1.1　园区屋顶光伏

项目屋顶光伏部分位于贵州省和平经济技术开发区内，规划总装机 21.7 MW。根据规划开发情况，结合园区屋顶资源，该期协议开发目标面积共计约 22 万平方米。通过 400 V 及 10 kV 两个电压等级接入增量配电网中低压配电网络实现用户"自发自用，余量上增量配网"。25 年运营期，总上网电量约为 43582.19 万千瓦时，年均上网电量约为 1743.29 万千瓦时，年均有效可利用小时数约为 797.3 h。

由表 10-2 可知，根据贵州和平经济开发区增量配电网负荷发展和电源规划情况，对园区进行电力消纳分析如下：贵州和平经开区增量配电网项目已建 220 kV 变电站一座，新增 220 kV 变电容量 30 万千伏安，220 千伏输电线路两回，变电站 110 kV 出线间隔 4 回，10 kV 出线间隔 20 回，覆盖增量配电网区域。2020—2022 年供电量均为 6000 万~7000 万千瓦时/年，当期屋顶光伏项目合作企业用电总量约 3200 万千瓦时/年。遵义综合零碳电厂项目屋顶光伏规划建设规模 22 MW，年均发电量 1743.29 万千瓦时，现有电能消纳能力完全能保障用户自发自用，余量在增量配电网区域内全额消纳。

表 10-2　园区工商业负荷情况

贵州和平（苟江）经开区鸭溪园区 2023 年用户负荷统计表							
序号	企业名称	电压等级/kV	变压器容量/MVA	用电量/万千瓦时			生产特性/小时·天⁻¹	行业
				2020 年	2021 年	2022 年		
1	企业 1	10	11.2	1200	1224.94	1252.7	24/330	酒循环生产行业
2	企业 2	10	9.8	378.8	411.4	423.2	24/300	白酒生产
3	企业 3	10	8.3	2891	2740	3100	24/365	瓷砖

贵州和平（苟江）经开区鸭溪园区 2023 年用户负荷统计表

序号	企业名称	电压等级 /kV	变压器容量 /MVA	用电量/万千瓦时			生产特性 /小时·天⁻¹	行业
				2020 年	2021 年	2022 年		
4	企业 4	10	1.8	285	281	176	16/300	加气砖
5	企业 5	10	1.25	195	162	93	16/300	加气砖
6	企业 6	10	0.63	14	19	16	24/330	粉煤灰深加工
7	企业 7	10	0.5	107	104	136	16/330	泡沫制品
8	企业 8	10	1.25	24	26	35	16/300	加气砖
9	企业 9	10	1.25	240	230	176	16/300	加气砖
10	企业 10	10	3.5	1116	165	14.5	24/330	纸巾
11	企业 11	10	1	0	86	100	16/330	纸箱
12	企业 12	10	0.8	88	200	173	24/330	泡沫制品
13	企业 13	10	2	0	10	108	24/330	防水材料
14	企业 14	10	1	135	86	45	24/300	白酒生产
15	企业 15	10	2	0	0	2	241300	生物饲料
16	企业 16	10	8	—	—	—	24/270	白酒生产与包装
17	企业 17	10	5	—	—	—	24/300	玻璃制品
合计			59.28	6673.8	5745.3	5850.4		

3.1.2 区域集中式新能源

播州区鸭溪风电场项目位于遵义市播州区鸭溪镇及枫香镇，拟布置 10 台单机容量 5000 kW 的风电机组，总装机容量 50 MW，新建一座 110 kV 升压变电站，与风电场同步建成、同步并网运行，升压站以 110 kV 电压等级接入和平经开区增量配电网 220 kV 仁合变，送出工程输电线路约 21 km。年平均发电量 8732.53 万千瓦时，等效满负荷小时 1747 h。

播州区平正乡红心风电场项目位于遵义市播州区平正乡及枫香镇，拟布置 10 台单机容量 5 MW 的风电机组，总装机容量 50 MW，与播州区鸭溪 50 MW 风电项目共用同一座升压站以 110 kV 电压等级接入和平经开区增量配电网 220 kV 仁合变。年平均发电量 8528.28 万千瓦时，等效满负荷小时 1705.7 h。

播州区平正乡红心农业光伏电站项目位于贵州省遵义市播州区平正乡红心村。直流侧装机容量 26.208 MWp，交流侧装机容量 20 MW，与播州区鸭溪 50 MW 风电项目共用同一座升压站以 110 kV 电压等级接入和平经开区增量配电网 220 kV 仁合变。年平均发电量 2162.85 万千瓦时，等效满负荷小时 825.26 h。

3.1.3 贵州和平（苟江）经开区鸭溪园区电力需求现状

遵义市位于中国西南部，贵州省北部，云贵高原东北部，是贵州省第二大城市、新兴工业城市和重要农产品生产基地，也是国家"西电东送"能源基地之一。2022 年遵义市地区生产总值为 4401 亿元，同比增长 3.1%，增速全省第一，高于全国平均水平，连续 2 年、6 个季度领跑全省。分产业看，工业经济持续保持良好势头，三次产业结构优化为 12.4：

47.7：39.9。根据增量配电网负荷发展情况，贵州和平（苟江）经开区鸭溪园区电力负荷发展情况如下：

2023 年，最大用电负荷约 188.6 MW。2024 年，最大用电负荷约 235.7 MW。2025 年，最大用电负荷约 256 MW。结合经开区增量配电网区域内用户消纳发展情况，按照计划有序实施源网荷储一体化区域新能源项目建设投产，可有效保障和平经开区周边接入增量配电网的新能源项目在区域内全额消纳，优化能源消费结构，综合提升播州区能源消费绿色化水平。

分时电价：为贯彻落实国家绿色发展要求，促进风、光等新能源的消纳，引导用户参与削峰填谷，提高电能使用效率，贵州省发展改革委自 2021 年 10 月 1 日起试行销售侧试行峰谷分时电价。试行范围是未参与电力市场交易并执行两部制电价的工商业及其他用电，以及电动汽车集中式充换电设施、电储能用电。平段电价按现行销售目录电价执行，峰段电价以平段电价为基础上浮 60%、谷段电价以平段电价为基础下浮 60%。政府性基金及附加、基本电费不参与浮动。到 2025 年 12 月 31 日前，免收电动汽车集中式充换电设施基本电费。

煤电一体化：2022 年 11 月 2 日，贵州省能源局下发《关于推动煤电新能源一体化发展的工作措施（征求意见稿）》，就"推动煤电新能源一体化发展"征求意见。措施主要有：

（1）原则上优先通过多能互补模式配置风光资源，在充分利用火电机组增量调节能力的基础上，建立火风光多能互补综合能源基地，实现一体化发展。

（2）煤电企业与新能源企业可通过资产、资源等实施优化重组、资源整合或相互联营，形成多能互补，充分发挥资金、技术、人才等各方优势，共同开发，互利共赢。

（3）原则上应就近、打捆配置，布局相对集中，优先考虑有送出能力和调峰资源的煤电项目。推动煤电与新能源项目作为一个整体，统一送出，统一调度，提高送出通道利用率，提升新能源消纳能力。

（4）在核定年度风电光伏发电消纳能力时，可对各县（市、区、特区）煤电新能源一体化项目消纳能力优先单独核定；煤电新能源一体化项目备案后，电网接入与电力送出通道资源优先给予支持与保障。

（5）无煤电资源的风电、光伏项目必须配置 10%×2 h 储能对未纳入煤电新能源一体化、需参与市场化并网的新能源项目，按不低于新能源装机规模 10%（挂钩比例可根据实际动态调整）满足 2 h 运行要求自建或购买储能，以满足调峰需求；对新建未配储能的新能源项目，暂不考虑并网，以确保平稳供电。

源网荷储一体化：2021 年以来，国家发展改革委、国家能源局先后印发《关于推进电力源网荷储一体化和多能互补发展的指导意见》（发改能源规〔2021〕280 号）、《关于推进 2021 年度电力源网荷储一体化和多能互补发展工作的通知》等文件，指导全国各地有序推动电力源网荷储一体化和多能互补发展项目。

贵州省能源局高度重视，积极探索"一体化"项目发展路径，组织各州（市）能源局、有关电力企业报送辖区和该企业的工作方案和项目，厘清资源条件，研判电力供需形势，分析新能源消纳空间，确定发展的目标，积极推动源网荷储一体化发展。2022 年 3 月贵州省能源局《关于下达关于贵州省电力源网荷储一体化和多能互补发展项目开展前期工作计划的通知》，和平经开区增量配电网项目取得了可接入增量配电网 198 MW 新能源指标，并配套储能指标。具备了打造真正意义上独立自主的源网荷储一体化示范的条件。

新型储能：2023 年 5 月 23 日，贵州省能源局发布《贵州省新型储能项目管理暂行办法（征求意见稿）》《关于开展我省 2023 年独立储能示范项目建设的通知（征求意见稿）》，其中明确以下内容：

（1）建立"新能源+储能"机制，为确保新建风电光伏发电项目消纳，对"十四五"以来建成并网的风电、集中式光伏发电项目（即 2021 年 1 月 1 日后建成并网的项目）暂按不低于装机容量 10%的比例（时长 2 h）配置储能电站。配置储能电站可由企业自建、共建或租赁。

（2）新型储能项目参与电网调度，须遵循相关标准和规范要求完善涉网部分系统建设与配置，并网运行应服从电网统一调度管理。电网企业应建立健全新型储能项目公平参与电力运行的调度机制，建立公用调度平台，保障公平调用，做到应调尽调。电网侧新型储能项目年调度完全充放电次数应不少于 300 次。

（3）鼓励新型储能作为独立主体参与各类电力市场交易。具备技术条件、符合相关标准和要求的新型储能可作为独立储能参与电力市场，通过参与中长期交易、现货交易等市场获得收益，通过参与辅助服务市场提供调峰、调频、备用等辅助服务获得收益。

（4）鼓励试点推广不同技术路线、不同特点、不同功能的新型储能发展，结合我省新型电池材料发展延伸产业链，推动新型储能在发电侧、电网侧、用户侧应用并建立相关价格、运行等机制。实行容量奖励。示范项目可按装机容量的 1.4 倍向风电、光伏发电项目提供租赁服务。示范项目的年容量租赁费价格由各投资主体自主协商确定（参考区间为 150~200 元/千瓦时）。

（5）强化电价政策支持。独立储能电站向电网送电的，其相应充电电量不承担输配电价和政府性基金及附加。省内电力现货市场常态化运行前，电网企业按峰时段电价与独立储能电站结算，由此产生的损益纳入峰谷分时电价损益按月由全体工商业用户分摊。加快推动独立储能电站进入电力市场，通过参与电力现货、辅助服务等方式形成储能电站放电价格。

（6）优先调度使用。独立储能电站按照能源监管部门相关要求纳入并网管理，支持其同时作为购电主体和售电主体。对按时限要求建成投入正常使用的示范项目，第一周期年调度放电利用小时不低于 600 h，并逐年递减 10%。进入"十五五"时期，坚持以市场化方式为主优化独立储能电站调度运行。

（7）加强专项资金支持。在今年能源结构调整专项资金项目申报方面给予支持，按储能容量对示范项目实行奖补，奖补标准暂定 50 元/千瓦时。

需求侧响应：2023 年 4 月 7 日发布《贵州省电力需求响应实施方案（征求意见稿）》方案中明确：

现阶段，暂由配售电公司注册为负荷聚集商，聚合其零售用户的需求响应资源。负荷聚集商聚合的单个虚拟电厂响应能力不低于 0.1 万千瓦，单个需求响应资源响应能力不低于 0.01 万千瓦，响应时长均不低于 1 h。需求响应资源经负荷聚集商聚合为虚拟电厂，以虚拟电厂为单元参与需求响应。各负荷聚集商分别按地区聚合用户侧可调节负荷、分布式电源等分类资源，形成独立虚拟电厂，实现电网能量交互。方案中未公布响应价格。

辅助服务：根据《南方区域发电厂并网运行管理实施细则（2020 年版）》第八条鼓励

储能设备、电力用户等需求侧资源参与提供辅助服务，允许第三方辅助服务提供者与上述市场主体联合或者独立提供辅助服务。根据《南方区域电化学储能电站并网运行管理及辅助服务实施细则（试行）》第二十一条储能电站根据电力调度机构指令进入充电状态的，按其提供充电调峰服务统计，对充电电量进行补偿，具体补偿标准为 0.05 万元/兆瓦时。

政策总结：贵州省今年陆续出台储能、负荷侧响应等政策，虽然响应价格等还未确定，但更应提早接触大负荷企业，提前布局零碳电厂。

3.2 服务模式

"投资主体+政府+电网"的强强联手合作模式，为项目落地注入强劲动能，实现与电网友好互助，与地方政府互利共赢。以"综合智慧能源+源网荷储一体化"优势打造绿色能源使用价格洼地；携手地方政府营造优良的营商环境助力招商引资；扩大绿色能源区域消纳比例，改善当地能源消费结构；引导地方产业规模化、集群化，拉动地方城镇化发展和农业转出人口再就业，巩固地方脱贫攻坚成果，助推地方经济高质量发展，将政策红利转化为经济红利。增量配电网为核心的"源网荷储一体化"开发模式，实现绿电就近取材，就近消纳，有效降低新能源项目开发的投资成本及运营成本，最大化提高项目收益。

4 效益分析

4.1 经济效益

建设投资：11.16 亿元。

收益率：大于国家电投基础收益率要求。

贵州和平经开区 220 kV 增量配电网于 2023 年 6 月 29 日投产，"电、热"两网 2023 年计划供电 1 亿千瓦时，供热 90 万吉焦。

国家电投遵义综合智慧能源示范项目全面建成，可实现区域供电产能 18 亿千瓦时（其中新能源供电产能 2.12 亿千瓦时/年），供热产能 120 万吨（350 万吉焦)/年。

4.2 环境效益

绿电减排：减少标准煤消耗 6.56 万吨/年，二氧化碳减排 19.94 万吨/年，氮氧化物减排 6000 吨/年，二氧化硫减排 3000 吨/年。

工业供热减排：按年供应 120 万吨蒸汽（350 万吉焦）计算，减排二氧化碳 20.4 万吨/年。

4.3 社会效益

绿电就近取材就地消纳，提高区域绿电占比，打造绿色智慧园区。发挥综合智慧能源优势，提高区域电力系统的抗风险能力，引导用户分时用能，增强需求侧响应顶峰能力，提升区域能源使用安全等级，全力做好能源保供。因地制宜规划和实施能源投资方案，带动地方全产业链发展，到 2025 年，带动当地各类产业投资不少于 5 亿元，每年增加税收 5000 万元以上。锚定"双碳"目标,引导地方能源消费结构转型、产业升级,拉动农业转移人口就业率,助推地方经济高质量发展,建设新型能源体系。

5 创新点

创新性 1:"源网荷储一体化"试点,全力打造遵义综合智慧能源示范项目。抓住国家推动源网荷储一体化试点契机,积极主动对接申报试点,获省能源局批复,取得增量配电网可接入 198 MW 新能源及配套 2 万千瓦/4 万千瓦时储能指标。享有增量配电网周边 198 MW 新能源接入权及接入审查权。使增量配电网具备了打造真正意义的独立自主的源网荷储一体化及综合智慧能源示范项目条件。新能源项目电量直接送入增量配电网,节省用电企业自电网公司购电的输配电价,进一步保障项目合理的经济收益。

创新性 2:20 km 热力管网覆盖经开区核心区域。火电余热向区域内用户集中供应热能,提高能源综合利用效率,助力火电向综合能源方向转型发展。

创新性 3:独立配电区域优势提升、再拓展。按政策享有配电区域售电独立定价权,可最大化提升配电区域分布式新能源的开发优势,有力助推地方能源消费结构升级。

6 经验体会

一是与地方政府开展招商协同。针对经开区资源禀赋情况,进一步与经开区进行招商协同达成共识,对园区规划进行调整,满足冶炼、硅锰合金、新能源材料等高载能企业行业入园要求。

二是延伸电及电循环产业。搜集电及电循环关联企业,按照自身资源优势、政策优势、价格优势等筛选潜在用户,进行落户洽谈,争取落地延伸产业链,提高能源消纳能力。

三是以商招商,形成产业链招商。深入探索产业上下游关联企业,引导园区内可相互提供产品或服务的企业,吸引相关企业落户,从而提高招商吸引力和竞争力。

7 问题与建议

综合智慧项目涉及的综合能源供应为新产业、新业态,需全方位面向社会,客户群体多样化,商业机遇市场化、高频化。

向集团公司建议:秉承以客户需求为导向,充分把握市场为宗旨,在项目投资风险、建设运营风险有效可控在控前提下,可否将项目投资开发、建设运营的管理模式合理扁平化,以加快项目资源获取、项目投资落地、建设运营见效。

国家电投遵义综合智慧能源项目,以"增量配电网+源网荷储一体化"符合国家电力体制改革方向,贴合贵州省电力"十四五"发展规划,绿电就近取材,就近消纳,有利于风、光资源较差地区锚定"双碳"目标,推动地方能源消费结构升级。

向行政主管部门建议:在维护市场良性发展,能源消费结构合理稳定转型前提下,可否给出意见,指导解决增量配电试点实施过程中,地方电网公司与增量配电试点项目业主对于配电区域内电网存量资产划分等末端问题,打通电力体制改革"最后一公里"。

专家点评：

　　该项目集合源网荷储一体化多类场景，将分布式能源、增量配电网与园区供热管网、用户负荷、储能及电动汽车等结合，构建区域综合智慧能源供能体系，有效推动了源网荷储一体化发展，推动发电企业、电网企业、政府部门多方合作，契合国家能源绿色低碳、就地消纳、协同互助、多方共赢的发展理念。

　　该项目通过源网荷储一体化发展，特别在增量配电网落地方面取得了实质性进展，为全国源网协同互动起到了标杆作用。建议总结项目成功经验，更好地在全国范围内推动。

「案例11」

永修星火工业园综合智慧能源项目

申报单位：国家电投集团江西能源销售有限公司

摘要： 永修星火工业园综合智慧能源项目是依据江西省电力系统现状和发展规划，结合国家产业政策和永修发展规划而建立的符合国家碳达峰碳中和目标的多业态项目，涵盖热电联产机组、供热蒸汽管网、光伏、储能、充换电站、碳捕捉装置、生物质、污泥掺烧等领域。该项目由江西能源销售公司作为项目实施主体，是公司探索新业态、新模式、新服务，发力"构筑新跑道、提升新价值、激发新活力、培育新动能、发挥新优势"，提升电、热、冷、汽、水的综合供应能力，提高综合智慧能源服务水平的重要体现。

1 项目概况

永修星火工业园综合智慧能源项目位于江西永修星火工业园。利用锅炉所产生的蒸汽，通过管网输送至江西永修星火工业园内各企业厂区，以效率更高的锅炉系统替代低效率的小型锅炉，在提高锅炉系统效率的同时实现了蒸汽的阶梯利用，蒸汽通过回收管道至冷凝器再次利用。由此永修星火工业园综合智慧能源项目定位成区域能源中心，既向一定的区域提供电力，又向其提供工业用蒸汽，成为该区域的能源服务中心。

该项目整体规划建设 2×220 t/h 高温高压循环流化床燃煤锅炉+ 2×25 MW 公用抽汽背压式汽轮发电机组（含脱硫脱硝除尘系统），药渣和污泥掺烧，屋顶光伏、光伏车棚、储能系统、充电桩、碳捕捉装置等配套项目。目前已投产建设 2×220 t/h 循环流化床燃煤锅炉+ 2×25 MW 背压式汽轮发电机组，主要满足星火园区稳定的蒸汽需求，同步产生的电能全额上网，进一步增加该项目收入。一期利用星火有机硅厂区闲置屋顶及空地建设分布式光伏、光伏车棚及充电桩，所产生的绿电全部供星火有机硅使用。并且根据负荷情况，增加了储能系统；同步二期利用热电联产机组对园区产生的污泥进行掺烧，不仅可以增加经济效益，还可助力实现工业园区零排放；远期规划利用两台热电联产机组的 CO_2 资源以及星火有机硅的 H_2 资源，共同推进 CO_2+H_2 制甲醇供星火有机硅再次使用，将项目打造成江西公司首个园区型综合智慧能源示范项目（图11-1）。

1.1 项目类型

项目包含新建 2×220 t/h 高温高压循环流化床燃煤锅炉+ 2×25 MW 公用抽汽背压式汽轮发电机组（含脱硫脱硝除尘系统），分步建设生物质和污泥掺烧、屋顶光伏、光伏车棚、储能系统、充换电站、碳捕捉装置等配套项目。

图 11-1　永修星火综合智慧能源项目

1.2　项目位置

项目位于江西省永修县杨家岭星火工业园内，南距永修县城、南昌市分别为 8 km、56 km，北距九江市 89 km，东距京-九铁路（北京至九龙）杨家岭车站 0.5 km。

1.3　项目投资

该项目两台热电联产机组总投资 64902 万元，光伏+充电桩系统共投资约 2300 万元，分二期建设，用户侧储能系统共投资 10050 万元，分二期建设。

1.4　供能品种及规模

永修县主要热负荷集中在开发区，热电联产项目 2024 年投产后开发区平均负荷约 200 t/h；2025 年开发区平均负荷约 240 t/h，2026 年及以后开发区平均负荷约 300 t/h。

不同蒸汽品种分别为四种：蒸汽压力 0.6 MPa 时，蒸汽温度 190~200 ℃；蒸汽压力 1 MPa 时，蒸汽温度 190~200 ℃；蒸汽压力 1.3 MPa 时，蒸汽温度 220~240 ℃；蒸汽压力 3.5 MPa 时，蒸汽温度 300~320 ℃。

光伏及充电桩：利用星火有机硅厂区建设分布式光伏+充电桩。其中一期光伏项目已投产 1.7523 MWp，采用"完全自发自用"的方式，年均发电量 163.363 万千瓦时；二期光伏规划容量 4.5 MW，目前正在可研编制阶段，拟于年底全容量投产；同时规划新建 20 根充电桩，其中一期 10 根充电桩已投产运营，二期 10 根充电桩拟于年底陆续投产运营。

用户侧储能：在星火有机硅厂区规划 21 MW/111.28 MWh 的储能系统，目前正在项目前期可研编制阶段，一期 10 MWh 储能拟于年底投产。

二期规划污泥掺烧：每台炉可掺烧 6 t/h 药渣和 2 t/h 污泥，药渣和污泥合计可替代 2 t/h 燃煤。按照锅炉年利用小时数 5105 h 计，全厂 2 台炉的药渣耗量：6126 t、污泥耗量：20420 t；节省煤耗量：20420 t。

远期规划 CCUS+园区副产氢合成甲醇：星火公司拥有 12 万吨离子膜烧碱生产线，有富余氢气可提供给捕集的 CO_2 加氢制甲醇，甲醇作为星火有机硅公司基本原材料之一，采用化学溶剂吸收法制甲醇，将实现循环经济，变废为宝，具有极其重要的意义。

1.5　项目进展情况

1.5.1　项目沿革——热电联产项目

（1）2022 年 8 月 30 日热电联产项目开始施工；

（2）2024 年 3 月 3 日 #2 锅炉点火冲管完成。

1.5.2　项目沿革——光伏、储能及充换电站项目

（1）2022 年 10 月星火一期 1.75 MW 屋顶（车棚）光伏开始建设；

（2）2023 年 4 月 30 日一期光伏项目投产；

（3）2023 年 12 月 30 日一期充电桩 10×7 kW 项目+储能项目投产；

（4）2024 年 3 月开展用户侧 21 MW/111.28 MWh 储能项目可研编制工作，分期建设，一期 2 MW/10 MWh 拟于年底投产运行；

（5）2024 年 3 月规划星火光伏二期，规模 4.5 MW，目前正在可研编制阶段，拟于年底投产。

1.5.3　项目沿革——生物及污泥掺烧项目

正在调研推进。

2　能源供应方案

2.1　负荷特点

江西永修星火工业园创建于 2000 年 6 月，属江西省"十二五"期间重点建设的十大战略型新兴产业基地之一。园区以打造氟、硅产业基地和国家级循环经济示范园区为目标，重点发展以有机硅单体及其相关联的上下游精细化工产业，是全省化工产业的重要聚集地。工业园区现有锅炉 17 台，锅炉铭牌负荷共计 426 t，5~20 t 及以上锅炉占比 41.2%，5 t 以下占比 17.6%，大部分用热企业自备的锅炉单台容量小，锅炉热效率低，原煤消耗高。

永修县政府提出了《江西永修云山经济开发区星火工业园总体规划》，建成以有机硅产业为主导的特色化工园区，形成产业特色鲜明、上下游产品配套服务完善、生态环境良好的有机硅产业集聚区。充分发挥永修有机硅产业集聚优势，促进产品向高端化转变，产业链向终端延伸，发展绿色生产与贸易，构建新型产业链，促进生产和外资外贸高质量发展，打造"低碳高效绿色发展示范区"。形成有机硅产业集群，把星火工业园打造成全球最大的有机硅产业生产基地，成为名副其实的"世界硅都"。

该项目覆盖整个工业园区的蒸汽用户，热电联产项目 2024 年投产后开发区平均负荷约 200 t/h，其中星火公司负荷约 160 t/h，开发区内其他企业负荷约 40 t/h；2025 年投产后开发区平均负荷约 240 t/h，其中星火公司负荷约 180 t/h，开发区内其他企业负荷约 60 t/h。2026 年及以后投产后开发区平均负荷约 300 t/h，其中星火公司负荷约 230 t/h，开发区内其他企业负荷约 70 t/h。

2.2 技术路线

该项目先行建设 2×220 t/h 高温高压循环流化床燃煤锅炉，配备 2×25 MW 公用抽汽背压式汽轮发电机组，含脱硫脱硝除尘系统。该机组使用煤作为燃料，由输煤皮带送入主厂房炉前煤仓，经给煤机与一二次风混合送入炉内燃烧。产生的烟气携带床料经炉顶转向，通过烟气出口，进入分离器进行气固分离；未燃尽物料沿回料器进炉膛循环再燃；干净烟气进入炉后竖井放热，烟气温度降至 140 ℃ 左右。尾部烟气经脱硝、脱硫、除尘后排入烟囱。

供热方面，该机组作为抽背式汽轮机组具有一级非调整抽汽和一级调整抽汽。其中，第一级非调整抽汽以 3.5 MPa 用汽供给用户，第二级调整抽汽供给 1.3 MPa 和 1.0 MPa 的用户，额定排汽背压减温减压到 0.6 MPa 后供用户。

一期利用项目所在厂区的资源同步建设屋顶光伏、光伏车棚、充电桩、电储能设施；二期利用热电联产机组对园区产生的污泥进行掺烧；远期规划利用两台热电联产机组的 CO_2 资源以及星火的 H_2 资源，共同推进 CO_2+H_2 制甲醇项目，制成的甲醇再供星火公司作为原材料循环使用。目前一期已建成光伏 1.7523 MWp，已投产充电桩 10 根，光储充系统 1 个；目前正在推进星火光伏二期，规模约 4.5 MW，预计年底建成投产；同步在星火厂区规划用户侧储能，规模为 21 MW/111.28 MWh，一期 2 MW/10 MWh 拟于年底投产。结合锅炉特性，目前正在调研掺烧污泥及生物质的可行性方案，并同步办理环保相关手续。

2.3 装机方案

新建 2×220 t/h 高温高压循环流化床燃煤锅炉+2×25 MW 公用抽汽背压式汽轮发电机组（含脱硫脱硝除尘系统）。

该热电联产机组主机参数：

（1）锅炉：2 台（表 11-1）。

表 11-1 锅炉参数

型式	循环流化床	布置型式	露天	锅炉效率	≥90.5%
额定蒸发量	220 t/h		额定出口蒸汽温度		540 ℃
锅炉给水温度	223.8 ℃		额定出口蒸汽压力		9.81 MPa（G）

（2）背压式汽轮机：2 台（表 11-2）。

表 11-2 背压式汽轮机参数

额定功率	25 MW	进汽压力	8.83 MPa（a）	进汽温度	535 ℃
额定进汽量	220 t/h	排汽压力	0.8 MPa（a）	额定转速	6000 r/min

注：汽机主汽阀全开（VWO）工况下的进汽量不小于汽机最大连续出力（TMCR）工况时进汽量的 1.1 倍。

（3）25 MW 发电机：2 台（表 11-3）。

表 11-3　发电机参数

型号	空冷式汽轮发电机	额定功率	25 MW
功率因数	0.8（滞后）	额定转速	3000 r/min

同步建设屋顶光伏、光伏车棚、储能系统、充电桩、生物质和污泥掺烧、碳捕捉装置等配套项目。

（1）光伏系统：规划建设光伏容量 7 MW。目前一期已投产 1.75 MW；二期规划 4.5 MW，目前正在可研编制阶段，拟于年底全容量投产。

（2）充电桩系统：在星火厂区综合办公楼前停车区域分别建设 20 套充电桩，配套光伏车棚使用。目前一期已完成 10×7 kW 建设运营，二期拟于年底投产运营。

（3）用户侧储能系统：考虑园区用户需求，计划建设 21 MW/111.28 MWh 储能项目，已开展该项目可研编制工作，一期 2 MW/10 MWh 拟于年底投产。

（4）污泥+药渣+掺烧项目：逐步调研推进，收集周边药渣+污泥等成分分析，做好"点对点"危废处理方案。预计每台炉可掺烧 6 t/h 药渣和 2 t/h 污泥，药渣和污泥合计可替代 2 t/h 燃煤。按照锅炉年利用小时数 5105 h 计，全厂 2 台炉的药渣耗量：6126 t、污泥耗量：20420 t；节省煤耗量：20420 t。

（5）CCUS+园区副产氢合成甲醇。充分利用两台热电联产机组的 CO_2 资源以及星火的 H_2 资源，共同推进 CO_2+H_2 制甲醇项目，实现星火园区 CO_2 的零排放以及 H_2 的综合利用，形成零排放的循环经济。

3　用户服务模式

3.1　用户需求分析

星火工业园现有入园企业 78 家（规模以上企业 29 家），其中投产企业 35 家，在建企业 24 家，签约拟开工企业 19 家。

工业园区现有锅炉 17 台，锅炉铭牌负荷共计 426 t，锅炉负荷量在行业上主要集中在化工行业。大部分用热企业自备的锅炉单台容量小，其生产自动化程度低，稳定性差，不能给企业生产提供稳定的汽源；锅炉热效率低，原煤消耗高；烟尘处理工艺落后，对大气环境造成了比较大的污染。大多数企业均设置煤和灰渣的露天堆放场地，对企业的内部环境也有影响。

云山经济开发区地处南方地区，夏季炎热，冬季寒冷天数较少，居民制冷基本依靠分体式空调，生活热水各自解决没有实行集中供应。

目前云山经济开发区除星火公司靠自备锅炉自供蒸汽外，其他企业主要靠江西华鸿、达昌热力有限公司和江西星火供热有限公司集中供热。

永修县主要热负荷集中在开发区，星火工业园新建 20 万吨/年有机硅单体生产的 A 项目已建成待投产，将加大工业园的用汽需求。根据《热电联产项目可行性研究技术规定》，热负荷同时率取用 0.9，预计星火工业园 2025 年热负荷用汽量平均值将达到 229.99 t/h，高峰用量达 303.66 t/h。园区用户需求稳定，具有良好的经济效益和社会效益。

3.2　政策依据

（1）国务院印发《关于加快建立健全绿色低碳循环发展经济体系的指导意见》；

（2）国家发展和改革委员会等五部委《关于印发〈热电联产管理办法〉的通知》；

（3）《江西省打赢蓝天保卫战三年行动计划（2018—2020 年）》；

（4）《江西省能源局关于同意永修县热电联产规划纳入省级电力规划的函》（赣能电力函〔2019〕60 号）；

（5）《九江市发展改革委关于下达燃煤背压热电联产项目建设规模的通知》（九发改能管字〔2019〕637 号）；

（6）《永修县热电联产规划（2019—2030 年)》；

（7）《关于永修县热电联产项目核准的批复》（九发改核准字〔2020〕22 号）。

3.3　服务模式

该项目由三家公司共同投资、建设、运营、管理和维护，主要服务于星火有机硅公司及园区周边企业，其中针对星火有机硅销售蒸汽价采用基准价+煤价联动模式；园区周边用户销售蒸汽价在星火有机硅蒸汽价格基础上增加 15 元/吨。对于星火光伏及储能，采用完全自发自用模式，星火用电采用固定折扣电价进行结算。

4　效益分析

4.1　经济效益

该项目热电联产机组投资 64902 万元，所得税后项目投资的投资回收期 10.8 年；一期星火光伏+充电桩投资 700 万元，回收年限 12 年；储能投资 10050 万元。

4.2　环境效益

该项目建成投产后，年供蒸汽量约 143 万吨，发电量约 1.83 亿千瓦时，每年可节约标准煤 8 万吨，减排二氧化碳 21 万吨。顺应江西省打赢蓝天保卫战的行动计划，并彻底解决园区分散供热、能源浪费和大气污染物排放等环境污染问题，保护和提高永修县居民的生活质量，助力"碳达峰碳中和"的实现。

4.3　社会效益

通过该项目的建设实现低碳高效，多能互补，集成优化，将星火有机硅为能源中心辐射星火工业园组成的综合智慧能源系统打造低碳高效绿色发展示范点。对地方政府来说，有效完成节能减排目标、保障能源安全与生产安全、优化招商平台、提高土地利用率、改善工业生态发展环境，促进区域循环经济发展。

（1）通过实施综合能源服务转型，有效缓解了政府对园区企业管理的压力，减少政府的支出，为政府在区域环境治理、安全管理提供了有效支持，为打造具有循环经济的"低碳高效绿色发展示范区"助力。

（2）该项目提高园区供能系统基础设施，减少了园区企业用能成本，保证了经济在持续发展中实现低碳化，带动清洁能源产业链发展，具有显著的技术扩散效应、就业效应和经济乘数效应。

（3）有效推动各类能源需求主体实现资源整合和综合能源业务的开展，有效打造"共建、共赢、共享"的综合能源服务生态园。

5　创新点

一是通过在永修星火工业园建设综合智慧能源项目，能够大幅优化园区能源结构，通过能源的有效阶梯利用，降低区域碳排放，实现循环利用，彻底解决园区分散供热和环境污染问题，大力推动园区企业的发展，缓解工业园区热负荷日益增长的需要。

二是解决园区多元固废，促进园区循环经济建设，通过高效协同处置药渣+污泥掺烧等危废，实现危废减量化、无害化、资源化。

6　经验体会

充分利用"工业园"用户资源。工业园用户较多，且电、热、冷、汽、水都可能有所需求，用能量较大，有助于发挥项目综合能源供应的优势和潜力。同时工业园企业各种生产废料（如污泥、黑渣等）可利用现有循环流化床锅炉进行燃烧处理，减少燃料消耗的同时还能赚取处理费用，且各种废料运输方便，对企业也是较大的利好。

企业自身发展的需要。发电企业不再局限于发电端，而是更深层的用户侧各类能源的应用场景，为了地方政府、工业园区和大客户形成更紧密地结合，该项目的建设除了有助于推动永修县高质量发展和云山经济开发区的整体规划发展，为整个赣江组团打造一个重要的综合能源供应基地，更加在于淘汰园区落后的产能，以更稳定、更高的热效率为园区企业服务，同时能以更大程度为园区和电网提供稳定的服务。

项目有很强借鉴意义和可复制性。项目不仅满足了大客户基本的用能需求，还根据现场情况，替代了园区企业一直饱受诟病的用能问题，项目同时规划了光、储、充等智慧元素，降低了用户的用能成本，增加项目收益。

7　问题与建议

一是由于园区是围绕有机硅产业为主导的特色化工园区，开发区企业103家，投产企业66家，规模以上企业35家。产业集聚效益交大，产品呈现向高端化转变，整体对发展绿色生产与贸易的新型产业链要求较高。

二是建议根据不同类型园区的总体规划，结合产业链上下游企业需求，制定不同的应用场景和商业模式，整体打造具有产业特点的循环经济绿色低碳产业园，同时宣传推广成功案例，提升创新成果的认可度和影响力。

三是建议加强与地方政府、能源主管部门和电网公司的沟通协调，积极争取政策，推动新兴产业项目先行先试，建立容错机制。

 专家点评：

项目新建 2×220 t/h 高温高压循环流化床燃煤锅炉+2×25 MW 公用抽汽背压式汽轮发电机组（含脱硫脱硝除尘系统），规划建设光伏容量 7 MW。目前一期已投产 1.75 MW，二期规划 4.5 MW。

该项目根据负荷特点，充分利用闲置空间建立分布式光伏、光伏车棚和充电桩并配以储能系统，同时二期对园区产生的污泥进行掺烧，远期进而规划利用热电联产机组的二氧化碳和火星有机硅的氢气资源，推动"二氧化碳+氢气"制甲醇的二次利用，特点鲜明，技术方案较为明确，创新性不错。

该项目热电联产机组投资 64902 万元，所得税后项目投资的投资回收期 10.8 年，一期星火光伏+充电桩投资 700 万元，回收年限 12 年，储能投资 10050 万元。项目建成投产后，年供蒸汽量约 143 万吨，发电量约 1.83 亿千瓦时，每年可节约标准煤 8 万吨，减排二氧化碳 21 万吨。

「案例 12」

郑州中原科技城核心起步区综合智慧能源项目

申报单位：国电投（河南）综合智慧能源有限公司

摘要： 中原科技城，位于河南省郑州市郑东新区北部龙湖片区，是河南省与郑州市在"十四五"期间集中全力打造的集数字文创、信息技术、前沿科技、生命科学、人才教育多领域核心的"城市科技带"。项目一期（核心起步区）占地约 610 亩，总建筑面积 119.5 万平方米，其中地上建筑 69.5 万平方米。该项目是国电投（河南）综合智慧能源有限公司投资 1.79 亿元打造的试点型综合智慧能源项目，中原科技城起步区利用浅层土壤源热泵+空气源热泵+单冷机组为园区提供供热、供冷及生活热水，利用屋顶布置分布式光伏及储能系统，配套建设新能源汽车充电桩。

1　项目概况

1.1　项目背景

中原科技城，位于河南省郑州市郑东新区北部龙湖片区，北至连霍高速，南临龙湖，东接龙子湖，西达中州大道，总用地面积约 16.4 平方公里。是河南省与郑州市在"十四五"期间集中全力打造的集数字文创、信息技术、前沿科技、生命科学、人才教育多领域核心的"城市科技带"。中原科技城以郑州市龙子湖高校园区智慧岛为中心，以龙湖核心示范区、科学谷-鲲鹏软件小镇拓展区完善功能定位和空间布局，形成"一体两翼"整体布局。

中原科技城一期项目位于龙湖内环、龙润西路，紧邻郑州地铁 4 号线龙湖中环北站，占地约 610 亩，设立于中原科技城—信息技术产业公园核心组团，地理区位优势明显，发展潜力极大。项目分为四个地块，规划科创企业办公园区、科技企业服务中心、国际科技文化服务中心以及头部企业办公四大园区，总建筑面积 119.5 万平方米，其中地上建筑 69.5 万平方米，地下建筑 50 万平方米。

中原科技城核心起步区项目为国电投（河南）综合智慧能源有限公司打造的试点型综合智慧能源项目，拟投资 1.79 亿元，为中原科技城核心起步区提供横向电、热、冷、水，纵向源、荷、储、用能源一体化解决方案。一是以浅层土壤源热泵+空气源热泵+单冷机组系统为能源站为建筑供冷供热，能源站设计可满足该项目 85% 的冷热负荷需求；二是利用建筑屋顶建设分布式光伏发电及储能系统，光伏总装机容量为 1.57 MWp；三是建设充电桩和综合智慧能源管理平台。

1.2　项目进展情况

中原科技城核心起步区综合智慧能源项目现处于项目建设施工阶段，项目于 2022 年 7

月开工，其中供热供冷能源站于 2023 年底已展开试运行，其他工程受制于主体工程建设逐步推进中，预计 2024 年底完工正式投入运行。

2 能源供应方案

2.1 负荷特点

郑州气候温和，年平均气温 14.3 ℃。7 月最热，月平均气温 27.3 ℃。1 月最冷，月平均气温为 -0.2 ℃。郑州属暖温带亚湿润季风气候。四季分明，雨热同期，干冷同季。随着四季更替，依次呈现春季干旱少雨，夏季炎热多雨，秋季晴朗日照长，冬季寒冷少雨雪的基本气候特征。年平均气温 14.4 ℃，7 月最热，平均 27 ℃；1 月最冷，平均 0.1 ℃；年平均降雨量 632 mm，无霜期 220 天，全年日照时间约 2400 h。

根据整体规划，中原科技城核心起步区以办公、商业为主，依据项目建筑暖通图纸和暖通计算书统计，项目负荷见表 12-1。

表 12-1 中原科技城核心起步区负荷情况表

中原科技城核心起步区 A1 地块负荷					
楼号	地上面积/m²	冷指标/W·m⁻²	热指标/W·m⁻²	冷负荷/kW	热负荷/kW
1 号	9862.24	125	95	1217.8	925.6
2 号	21962.79	125	95	2728.2	2073.5
3 号	1739.16	125	95	2154.8	1637.7
5 号	19032.11	125	95	2370.1	1801.3
6 号	17356.16	125	95	2147.7	1632.3
7 号	17474.66	125	95	2164.5	1644.9
8 号	17356.16	125	95	2147.7	1632.3
9 号	8393.11	125	95	1041	791.2
合计	113176.39			15971.8	12138.8

中原科技城核心起步区 A2 地块负荷					
楼号	地上面积/m²	冷指标/W·m⁻²	热指标/W·m⁻²	冷负荷/kW	热负荷/kW
1 号	48128	150	89	7241	4295
2、4 号	33700	130.77	82.64	4407	2785
3 号	68549	152	96.7	10421	6631
合计	156943			23666	13711

中原科技城核心起步区 A3 地块负荷					
楼号	地上面积/m²	冷指标/W·m⁻²	热指标/W·m⁻²	冷负荷/kW	热负荷/kW
1 号	22908.33	109	67	2505	1529
2 号	60632.35	108	65	6555	3917
3 号	21584.23	118	70	2552	1514

中原科技城核心起步区 A3 地块负荷					
楼号	地上面积/m²	冷指标/W·m⁻²	热指标/W·m⁻²	冷负荷/kW	热负荷/kW
4 号	66915.8	129	68	8639	4548
合计	172040.71			20251	11508
中原科技城核心起步区 A4 地块负荷					
楼号	地上面积/m²	冷指标/W·m⁻²	热指标/W·m⁻²	冷负荷/kW	热负荷/kW
1 号	19063.33	128.14	88.02	2442.29	1677.95
2 号	42052.84	129.62	92.69	5450.82	3897.88
3 号	40615.28	123.58	85.82	5019.18	3485.6
5 号	19063.33	125.42	86.53	2420.67	1649.93
6 号	42052.84	131.23	93.13	5518.83	3916.38
7 号	41195.53	125.8	87.46	5182.46	3602.96
合计	204043.15			26034.25	18230.7

2.2 技术路线

综合能源站利用中原科技城核心起步区周边可利用清洁资源,合理分配 4 个地块能源需求。拟采用"浅层土壤源热泵+空气源热泵+单冷机组系统"为能源站为建筑供冷供热。浅层土壤源热泵是利用了地球岩土体所储藏的太阳能资源作为冷热源,进行能量转换的空调供暖系统。地表土壤和水体不仅是一个巨大的太阳能集热器,收集了 47% 的太阳辐射能量,比人类每年利用能量的 500 倍还多,而且是一个巨大的动态能量平衡系统,地表的土壤和水体自然地保持能量接受和发散的相对的均衡,这使得利用储存于其中的近乎无限的太阳能或地能成为可能。浅层土壤源热泵是利用了地球表面浅层地热资源作为冷热源,进行能量交换的采暖空调系统。地表浅层地热资源量大面广,无处不在,它是一种清洁的可再生能源。因此,利用浅层地热的地源热泵,是一种可持续发展的"绿色装置"。

单冷机组为常用供冷设备,相较于传统空调和多联机系统,制冷效率高,能耗低,非常适用于大能耗系统。中原科技城均为商业供能使用,整体建筑结构呈现"冷负荷大、热负荷小"的整体情况,由于打井区域限制,浅层土壤源热泵机组只能满足 30% 热负荷和 20% 冷负荷,剩余冷负荷由单冷机组承担,剩余热负荷由空气源热泵承担,单冷机组整体 COP 高于空气源热泵,属于良好的冷源。

依据中原科技城核心起步区整体规划和功能分区,拟建设能源站 2 座分别供应 A1A2、A3A4 区域,建设 2300 孔浅层土壤源地热井;根据中原科技城核心起步区"启动区的芯片·人才创新之谷"的设计理念,按照 A1~A4 地块建筑物用途、性质以及特点,充分利用构建筑限制楼顶,在不影响整体外观及内部视觉效果的前提下,布置分布式屋顶光伏发电系统;按照项目停车位总数按照配比分别配置快、慢充电桩;整体提升核心起步区科技程度。

2.3 装机方案

综合能源站充分利用土壤资源,以浅层土壤源热泵为核心,空气源热泵为调峰能源,单

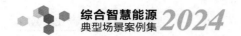

冷机组为夏季补充冷源。充分利用清洁能源，降低碳排放。设备选型见表12-2～表12-5。

表 12-2　地源热泵机组技术参数

机组名称	离心式水源热泵机组	能效规格型号	19XR-7474E455MHE5ACX221296005	
制造厂家	上海一冷开利空调设备有限公司			
机组型号	19XR-7474E455MHE5A		名义工况	用户工况
出厂编号	221205330	制冷量/制冰制冷量	4400.0/—	4400.0/—
出场日期	2023 年 1 月	制热量	4400.0	4500.0
制冷工质	R123a	输入功率（制冷/制冰）	834.3/—	849.4/—
制冷计量/kg	1271	输入功率（制热）	875.3	968.1
机组质量/kg	17071	性能系数（制冷/制冰）	5.27/—	5.18/—
机组配用电源	10000 V-3Ph-50 Hz	性能系数（制热）	5.02	4.65
长×宽×高/mm	5061×2442×2923	冷水出口温度（制冷/制冰）	7.00/—	6.00/—
依据标准	GB/T 19409—2013	冷却水进口温度（制冷/制冰）	25.00/—	25.00/—
综合部分负荷性能系数（IPLV）		冷水进口温度（制热）	10.00	10.00
		热水出口温度（制热）	45.00	50.00
		全年综合性能系数	5.16	

表 12-3　单冷机组技术参数

机组名称	离心式冷水机组	能效规格型号	19XR-878850EMHH5ACX2212960	
制造厂家	上海一冷开利空调设备有限公司			
机组型号	19XR-878850EMHH5A		名义工况	用户工况
出厂编号	221205330	制冷量/制冰制冷量	5540.0/—	5540.0/—
出场日期	2022 年 12 月	制热量	—	—
制冷工质	P134a	输入功率（制冷/制冰）	873.6/—	975.1/—
制冷计量/kg	1420	输入功率（制热）	—	—
机组质量/kg	20140	性能系数（制冷/制冰）	6.34/—	5.68/—
机组配用电源	10000 V-3Ph-50 Hz	性能系数（制热）	—	—
长×宽×高/mm	5731×2712×3029	冷水出口温度（制冷/制冰）	7.00/—	6.00/—
依据标准	GB/T 18430.1—2007	冷却水进口温度（制冷/制冰）	30.00/—	32.00/—
综合部分负荷性能系数（IPLV）	6.63	冷水进口温度（制热）		

表 12-4　低温空气源热泵机组技术参数

产品名称	低温空气源热泵机组	生产厂家	浙江陆博能源科技有限公司
名义制冷量	150 kW	制冷剂名称	R410A
名义制热量	155 kW	制冷剂重铸量	13.5 kg×2
名义制冷额定功率	48.4 kW	防水等级	IPX4
名义制热额定功率	45.4 kW	防触电保护类别	I 类
名义制冷额定电流	91.9 A	机组净质量	1200 kg
名义制热额定电流	86.2 A	机组尺寸	2340(L)×1180(W)×2300(H) mm
最大运行电流	140 A	制造日期	2022 年 11 月
额定电压/频率	380 3 N~/50 Hz	出厂编号	A2110BM153
水流量	22.4 m³/h		

表 12-5　单晶光伏组件性能参数

序号	项目	内容
1	型式	单晶硅光伏组件
2	型号	545Wp
3	尺寸结构	2256 mm×1133 mm×35 mm

中原科技城核心起步区屋顶考虑到部分空气源热泵主机及其他设备安装用地，暂按总可利用面积 7408 m² 敷设光伏发电组件，总装机容量为 1.58 MWp，铺设 545Wp 单晶组件 2898 块，10 块为一串，组件经串并联后接入组串式逆变器，经逆变器将 600 V 直流变为 400 V 交流电后经并网箱汇流，就近接入建筑配电箱母线 400 V 侧，采用"自发自用，余量上网"模式。

3　用户服务模式

3.1　用户需求分析

中原科技城的建设是河南省与郑州市落实以科技创新驱动高质量推动发展的具体行动，是郑东新生态最好、价值最高、公共服务最优的园区，园区建成后有强烈的用电、用冷、用热需求。为积极响应国家碳达峰碳中和目标、河南省推进碳达峰碳中和工作推进要求，业主单位决心将园区打造成为零碳节能示范园区。园区用户性质为公用建筑，属于工商业用户。

3.2　政策依据

习近平主席在第七十五届联合国大会一般性辩论上表示，"中国将提高国家自主贡献力度，采取更加有力的政策和措施，二氧化碳排放力争于 2030 年前达到峰值，努力争取 2060 年前实现碳中和"。

2021 年两会政府工作报告要求优化产业结构和能源结构，大力发展新能源，促进新型节能环保技术、装备和产品研发应用，培育壮大节能环保产业，推动资源节约。

河南省委书记楼阳生于 2021 年 6 月 30 日主持召开省碳达峰碳中和工作领导小组第一次会议，会议审议通过了《河南省推进碳达峰碳中和工作方案》，要求提升全省能源安全绿色保障水平，加快绿色低碳技术研发推广和相关产业布局，聚焦新兴产业、未来产业，谋划实施一批重大项目，大力推进产业转型升级；着眼长远、立足实际细化实化行动方案，推动现有产业、队伍、技术、设备持续发挥效益，加快研究实施一批重大事项、重大举措、重大行动，确保碳达峰碳中和工作有抓手、有路径、有政策、见实效。

3.3 服务模式

该公司负责中原科技城核心起步区综合能源站、分布式光伏系统和充电桩的投资、建设和运营。通过 BOOT 能源合同管理模式进行服务，收取能源使用费的方式获取盈利。屋顶光伏采用优惠电价的方式向中原科技城销售光伏发电，光伏电价高于平价上网电价，有较大利润空间。

4 效益分析

4.1 经济效益

收费标准：供热价格依据郑州市市政供热标准 0.28 元/(平方米·天) 执行（如遇价格变动依照《郑州市城市供热与用热管理办法》及郑州市物价局相关文件规定执行）；在基础电价与一般工商业电价相同的情况下，用能价格不高于用户自建供能系统、自行运营成本。

项目整体全投资财务内部收益率为 7.61%，资本金内部收益率为 11.05%，投资回收期（所得税后）12.24 年。

4.2 环境效益

相较于集中供热+多联机制冷方案，每年可节约标准煤 9113 t，减少二氧化硫排放 77 t，减少氮氧化物排放 67 t，减少烟尘排放 26.7 t，减少灰渣排放 2739 t，减少二氧化碳排放 23878 t。

按光伏发电量计算，平均每年可节约标准煤约 510 t，减排二氧化碳 1391 t，环境效益十分显著。

4.3 社会效益

采用浅层土壤源热泵+空气源热泵+单冷机组系统为能源站为建筑供冷、供热的方式综合能效比可达 3.5，传统空调供能能效比为 2.0；利用了土壤中的可再生热量，实现节能降碳；用户用能价格与市政用能价格相同。利用清洁能源供热减少了市政集中供热的压力，减少了相关燃料的消耗，为郑东新区节能减排、绿色发展作出了一定贡献。

5 创新点

该项目采用浅层土壤源热泵+空气源热泵+单冷机组多种能源耦合的方式为进行供冷供

热，利用空闲屋顶布置了分布式光伏，配套建设充电桩等辅助设施，为园区增添了现代感、科技感。合理配置多种供能方式，充分利用转化效率较高的浅层土壤源热泵，实现节能降碳；实现项目可以梯次实施，伴随中原科技城能源入住率增长，灵活增加空气源热泵建设数量。

6 经验体会

通过中原科技城项目前期开发、方案初设、建设、试运行等，为我公司开展综合智慧能源项目提供了良好经验，探索了综合智能能源市场化开发、建设、运行经验，了解了多种能源耦合利用的技术路线，并通过解决建设、试运行过程中遇到的各种问题，为未来综合智慧能源项目开发积累了一定经验。

7 问题与建议

政策方面，希望政府对使用清洁能源供能项目出具划拨供热配套费的详细指导文件。

综合智慧能源项目涉及专业多，市场化程度高，在取得项目开发权后，如何稳定实现项目落地建设和在运营过程中如何保障功能系统达到设计能效比。建议公司对综合智慧能源项目设计和运维详细讨论，尽可能考虑可预见问题，并给予指导方案，发布相关规程。

专家点评：

该项目采用的浅层土壤源热泵、空气源热泵、单冷机组多种能源耦合的方式进行供冷供热，充分挖掘和利用了土壤中的太阳能辐射能量。以浅层土壤源热泵为核心，空气源热泵为调峰能源，单冷机组为夏季补充冷源，而且充分利用空间资源，布置了分布式屋顶光伏发电系统，并按照车位配置了充电桩，技术方案合理，用户需求分析明确。多种清洁能源的利用促进了低碳园区的构建，节能减排效果较好，符合"十四五"规划要求。

该项目能够自发自用，利用余量上网，经济效益和商业模式值得推广。同时，与传统空调2.0的能效比相比，该项目为建筑供冷、供热的综合能效比达到了3.5，项目整体全投资财务内部收益率为7.61%，资本金内部收益率为11.05%，投资回收期（所得税后）12.24年。项目投资建设规模较大，商业模式较为成熟。

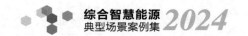

「案例 13」

天津棉3创意街区综合智慧能源项目

申报单位：天津绿动未来能源管理有限公司

摘要：国家电投天津棉3创意街区综合智慧能源项目（以下简称"该项目"）融合了屋顶分布式光伏、锂电池储能、电动汽车充电桩和空气源热泵为一体的多能服务技术，实现了光储充一体化微电网综合能源高效利用以及远程大数据平台监控，结合园区现有能源需求，提供全方位的能源供应服务，每年可增加116.91万千瓦时绿电供应，减少二氧化碳排放约1129.06 t，有效实现高比例新能源就地消纳以及用户用能成本的降低，示范效果显著。

1 项目概况

1.1 项目背景

该项目位于天津市河东区海河东路国泰桥南侧200 m，项目整体包括"源网荷储用"5种元素，分别对应1.2 MWp屋顶分布式光伏、300W垂直轴微型风力发电机组、园区微电网、地上地下32台充电桩、200 kWh配套储能以及用于满足国家电投集团资产管理有限公司自有办公楼冷热需求的热泵机组（2×130 kW风冷热泵、4×140 kW低温空气源热泵、1×56 kW多联机）和园区日常办公用电，同时该项目依托公司具有自主知识产权的"绿动云端"大数据平台就地部署能量管理系统，对能源的产生、储存和消耗情况进行实时监测、运行分析和优化控制。

1.2 项目进展情况

该项目2018年3月开工，2018年6月投产，目前运行良好，效果图见图13-1。

2 能源供应方案

2.1 负荷特点

棉3创意街区是由过去棉纺三厂旧址改造而成，发展定位为"文化+科技""办公+时尚"。自2015年投运并启动招商以来，目前已入驻企业70余家，聚集了一大批设计企业、广告公司、摄像机构、金融企业和艺术展览机构等，主要用电负荷为办公设备、照明及空调等，年用电量约300万度电以上且集中在光伏发电时段，光伏所发电力在满足公司自有办公楼用电需求的基础上，可全部被消纳。其中，公司自有办公楼建筑面积约5700 m²，末端采

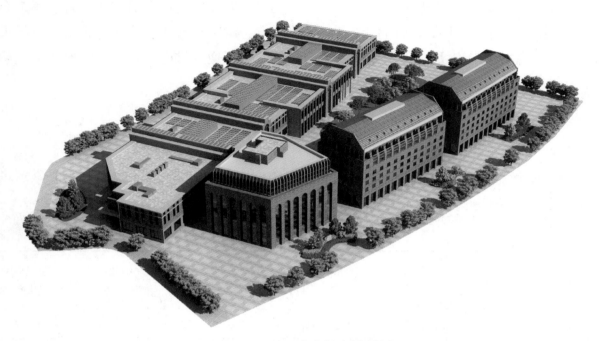

图 13-1　项目建成投产效果图

用"地板辐射采暖+风机盘管"，热负荷 60 W/m²、冷负荷 100 W/m²，年均耗电量约 60 万度电。

2.2　技术路线

该项目按照"市电补充、削峰填谷、功率补偿、多能互补、梯级利用、智能控制"的原则进行设计，利用园区建筑物屋顶和地上地下停车场分别建设 1 套风光储充系统和 1 套用于满足自有办公楼冷热需求的空气源热泵系统，同时搭建 1 套智慧管控平台，实现对整个能源系统的动态可视化监视，通过合理利用峰谷电价和储能装置的调节能力，使能源系统在经济、节能、高效等多种模式下运行，最大限度降低用户成本。具体技术路线见图 13-2。

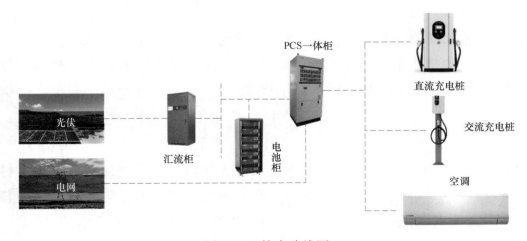

图 13-2　技术路线图

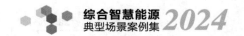

鉴于该项目所在园区为老旧厂房改造，通过光伏发电和储能增容的方式可有效解决充电设施扩容问题。当白天日照充足时优先利用光伏供电，满足日常办公及充电需求；当阴天等情况光伏系统输出功率不足时，利用储能系统对负载进行逆变供电，若仍无法保障负载功率需求，由市电与储能系统并行输出，以增加电网的带载能力。

2.3 装机方案

2.3.1 光伏发电系统

该项目光伏组件采用 295 Wp 单晶硅组件，固定安装于园区 2#、3#楼及地上停车场车棚，各屋顶安装信息见表 13-1。

表 13-1 各屋顶安装信息

房屋编号	面积/m²	屋面类型	组件安装方式	组件安装角度		组件数量/块	装机容量/kWp
				方位角/(°)	倾斜角/(°)		
2-1 号北区	6870.3	预制板	平铺	0	23	1549	449.21
2-1 号南区	3979.5	预制板	平铺	0	26	1070	310.30
3-1 号	6631.9	水泥	平铺	45	3	1416	382.32
地上停车场	154	—	平铺	90	5	81	23.49
总计	17635.7	—	—	—	—	—	1165.32

为降低直流线缆损耗，提高光伏发电系统的综合效率，该项目采用"分块发电、分块逆变"的集中分区并网方案，每个发电单元的电池组件采用串并联的方式组成多个太阳能电池阵列。太阳能电池阵列输入光伏方阵组串式逆变器后，经交流汇流箱就近并入厂区原有400 V 侧；组串式逆变器输出 0.4 kV。具体接入如下：2#楼南区和北区屋顶以及 3-1#楼屋顶所建光伏发电设备通过 37 台 36 kW 组串式逆变器逆变为 0.4 kV 交流电后，经 7 台 6 汇 1 交流汇流箱汇流接入厂区 4 号配电室 2 号 2000 kVA 变压器 0.4 kV 侧。

2.3.2 储能系统

为提高项目整体自发自用比例，结合各区域光伏装机容量，该项目地上停车场部分安装 1 台 50 kWh 储能电池，配置 1 台 PWS1-50K 储能变流器；在 7 号楼地下停车场部分安装 1 台 150 kWh 储能电池，配置 1 台 PSW-50K 储能变流器和 1 台 PWS-100K 储能变流器。

2.3.3 充电桩系统

该项目充电桩设计分 3 个站点建设，分别为街区内地下公共停车场、地上停车场和7 号楼地下停车场，总计配置 2 台功率 45 kW 直流充电桩、4 台功率 60 kW 直流充电桩和 26 台 7 kW 交流充电桩，总计设置 32 个乘用车停车位，为电动乘用车提供充电服务（表 13-2）。

表 13-2　充电桩情况

序号	停车区域	充电桩配置情况	可服务电动乘用车数量
1	地下公共停车场站点	2×45 kW 直流充电桩 11×7 kW 交流充电桩	13
2	地上停车场站点	3×60 kW 直流充电桩 6×7 kW 交流充电桩	9
3	7 号楼地下停车场站点	1×60 kW 直流充电桩 9×7 kW 交流充电桩	10

2.3.4　空气源热泵系统

公司自有办公楼共 5 层，建筑面积约 5700 m²，整体采用分层分室温度控制的设计原则，由空气源热泵进行供暖和制冷（表 13-3）。

表 13-3　供暖和制冷情况

序号	设备名称	设备参数	型号
1	风冷热泵模块机组	2×130 kW	LSQWRF130M/AN1-H1
2	低温空气源热泵机组	4×140 kW	DN-Y1400/NSN1-H
3	多联式空调机	1×56 kW	GMV-560W/A

3　用户服务模式

3.1　用户需求分析

该项目能源用户主要为园区已入驻企业，均为工商业用户，用能需求以日常办公、照明和空调为主。

3.2　政策依据

（1）国家发展改革委关于发挥价格杠杆作用促进光伏产业健康发展的通知（发改价格〔2013〕1638 号）。

1）对分布式光伏发电实行按照全电量补贴的政策，电价补贴标准为每千瓦时 0.42 元（含税，下同），通过可再生能源发展基金予以支付，由电网企业转付；其中，分布式光伏发电系统自用有余上网的电量，由电网企业按照当地燃煤机组标杆上网电价收购。

2）对分布式光伏发电系统自用电量免收随电价征收的各类基金附加，以及系统备用容量费和其他相关并网服务费。

（2）《市发展改革委关于电动汽车用电价格政策和充换电服务费有关问题通知》（津发改价管〔2015〕490 号）第三条"充换电服务费标准"。

1）电动公交车充电服务费为每千瓦时 0.60 元；

2）电动公交车充换电服务费为每千瓦时 0.80 元；

3）其他电动车充换电服务费为每千瓦时 1.0。

电动汽车充换电服务费实行政府指导价管理，经营企业可在不超过上述标准前提下，制定具体收费标准。

（3）市发展改革委市财政市科委关于下达2014年新能源汽车充电基础设施建设补助资金计划（第一批）的通知（津发改工业〔2016〕922 号）。

充电基础设施建设方面，公共充电桩按设备功率进行补贴，其中快充桩 600 元/千瓦，慢充桩 250 元/千瓦。为促进充电设施的互联互通，方便使用，对于关联微信、支付宝等公共支付方式的设备，每台额外补贴 200 元。

3.3 服务模式

该项目由国家电投集团天津绿动未来新能源投资有限公司全资建设，2017 年 8 月公司与园区运营方和主要用电方"天津新岸创意产业投资有限公司"签署项目合同能源管理协议，锁定电费交易价格以及建筑物租赁使用年限。其中，项目自发自用部分销售电价为 0.8 元/千瓦时，如遇国网电价下调则将下调部分的 30%作为降价标准；余电上网部分执行天津市燃煤机组标杆上网电价 0.3655 元/千瓦时（津发改价管〔2017〕525 号关于合理调整电价结构有关事项的通知）；可获得国家可再生能源发展基金补贴 0.42 元/千瓦时。

公司与北京首智行科技有限公司、北京一度用车信息科技有限公司、北京恒誉新能源汽车租赁有限公司等新能源汽车分时租赁运营共公司、杭州优行科技有限公司（曹操专车）等网约车运营平台公司以及天津良好投资发展有限公司等新能源汽车租赁公司签署《棉三创意街区充电桩群充电业务合作框架协议》，为上述企业相关新能源车辆提供充电服务，充电服务费（含电费）收费标准不高于 1.7 元/千瓦时。

4 效益分析

4.1 经济效益

该项目动态投资总额 968.54 万元，资本金按 20%考虑，其余为银行贷款。经营期内全投资财务内部收益率（税后）为 7.28%，资本金财务内部收益率为 13.82%，项目投资回收期（税后）为 9.62 年。投产至今逐年利润总额（万元）分别为 4.64、6.01、8.04、11.67、18.77，项目收益情况良好。

该项目所在园区执行单一电价标准，实际市政公网购电价格为 1.31 元/千瓦时，项目建成后，用户购电成本可下降约 0.5 元/千瓦时，按照当地太阳能资源情况，项目年平均发电量为 116.91 万千瓦时，预计每年可节省用电成本 58.46 万元，节能效果明显。

4.2 环境效益

该项目全寿命周期内节能减排量见表 13-4。

表 13-4 项目全寿命周期内节能减排量

减排项目	减排量/kg·(kWh)$^{-1}$	年均量/t	25 年总量/t
标准煤	0.3	362.65	9066.25
二氧化碳	0.934	1129.06	28226.50
二氧化硫	0.028	33.85	846.25
灰渣	0.078	94.29	2357.25
粉尘	0.0045	5.44	136.00
氮氧化物	0.014	16.92	423.00

4.3 社会效益

该项目充分发挥分布式光伏绿色环保无污染的优势，实现了光伏发电、储能及充电桩的微电网系统应用，配套智慧能源管控平台，有效提升了园区清洁能源消纳比例，系统解决了入驻企业的用能需求，为打造特色园区、塑造产业园品牌进行了有益探索。

5 创新点

该项目结合棉 3 创意街区用能特点以及周边公共交通配套不完善、新能源汽车充电需求较为迫切等情况，创造性提出"光伏+储能+充电桩+空气源热泵"一体化用能解决方案，符合国家能源梯级利用和就地消纳的导向，对于促进园区电源结构调整、降低用户用能成本、践行绿色低碳办公理念等具有示范意义。

6 经验体会

综合智慧能源项目涉及冷、热、电、气、水等不同能源品种供应，是一个相对复杂的系统工程，需要更多地运用综合思维开展项目的方案设计、合作模式搭建、工程建设与运维服务。同时，项目围绕客户需求开展能源服务，服务模式上应坚持"以客户为中心"，致力于同客户建立紧密、长期的互动关系，通过提高客户满意度、增强客户黏性，提供最优的综合能源解决方案。

7 问题与建议

随着电力现货市场、碳交易市场进展不断加快，需要加快建立健全有利于综合智慧能源产业发展的价格形成机制与调节机制，建议行业协会充分调研当前业务普遍开展情况及项目运行情况，制定技术标准、运行标准等标准规范和评价体系，推动共性关键技术与商业模式创新研究，提升不同应用场景下综合智慧能源项目的盈利能力。

专家点评：

　　该项目融合了屋顶分布式光伏、锂电池储能、电动汽车充电桩和空气源热泵为一体的多能服务技术，实现了光储充一体化微电网综合能源高效利用以及远程大数据平台监控，每年可增加 116.91 万千瓦时绿电供应，减少二氧化碳排放约 1129.06 t，可以有效降低用户成本以及减少二氧化碳排放。技术方案可行。

　　"光伏+储能+充电桩+空气源热泵"一体化用能，商业模式较为成熟。在社会效益方面，光储充用方案符合国家能源梯级利用和就地消纳导向，切实解决了入驻企业的用能需求。在环境效益方面，为打造低碳园区进行了探索和示范。

「案例 14」

南昌理工学院综合智慧能源项目

申报单位：国家电投集团江西电力有限公司新昌发电分公司

摘要： 国家电投坚持以党的二十大精神为指引，全面贯彻落实习近平总书记重要指示精神，创新性发展用户侧综合智慧能源产业，综合智慧能源关键技术可对不同能源形式进行互补协同，构建多类互联网络，并将能源与用户侧深度融合，通过集中智能控制平台，实现横向多种能源、纵向"源-网-荷-储-用"协调互动，有效提高供能可靠性和安全性，助力"双碳"目标实现。国家电投南昌理工学院综合智慧能源项目是国家电投江西公司与高校进一步深化校企合作，携手推进产学研深度融合、探索绿色校园建设的重要举措。

1 项目概况

1.1 项目背景

该项目建设地点位于江西省南昌市南昌理工学院（英雄校区）校区内，项目总规划光伏装机容量 4.4 MW，占地面积合计约 6 万平方米，采用"自发自用，余电上网"模式。配套建设光储充一体化光伏车棚、光伏观光长廊、玻璃阳光房、空气源热水泵及太阳能路灯和太阳能座椅等，并接入了国家电投天枢云智慧能源管控平台。通过在南昌理工学院（英雄校区）内建设光伏电站、微电网、配套综合智慧能源系统，将校园打造为示范性"零碳校园"（图 14-1）。与传统火电项目相比，该项目 25 年内年均上网发电量约为 430 万千瓦时，25 年寿命周期内累计上网发电量约为 10800 万千瓦时。同时，年节约标准煤 1300 t，有效减少燃煤所造成的多种有害气体的排放，有助于改善当地的大气环境，促进节能减排工作。

1.2 项目进展情况

项目于 2023 年 7 月全容量投产运行。

2 能源供应方案

2.1 能源供应方案分析

2.1.1 消纳分析

根据南昌理工学院历年电量清单统计，2021 年 6 月—2022 年 5 月，学校用电总量为 2574.4070 万千瓦时，最大用电月份为 9 月，用电量为 379.966 万千瓦时；最小用电月份

图 14-1 校园农业园阳光房

为 1 月，用电量为 97.88 万千瓦时。学校从 9 月开学，又逢夏季高温天气，夏季热负荷较大，用电量达到最大；10—11 月，随着天气逐渐转凉，用电量也缓慢降低；12 月，冬季冷负荷较大，因此用电量会有所上升；1—2 月，学校放寒假，因此负荷会下降到最低点；3 月开学至 6 月，学校用电量保持平稳上升；7 月和 8 月，学校放暑假，用电量又会有所降低。

2.1.2 负荷分析

根据统计南昌理工学院 2021 年 6 月—2022 年 5 月的日负荷数据，每 0.5 h 计一次负荷数据，得出校园 2021 年 6 月—2022 年 5 月用电情况见图 14-2。

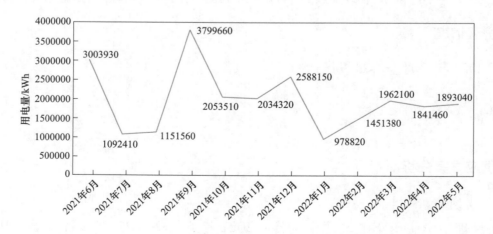

图 14-2 校园 2021 年 6 月—2022 年 5 月用电情况图

根据南昌理工学院用电日负荷曲线可以看出，学校用电负荷在凌晨 5 点至 6 点达到最低点；早上 7 点之后，学生开始起床上课，用电负荷也开始逐步上升；至下午 1 点达到最大；之后到晚上 10 点期间都处于平稳状态；晚上 11 点之后，学生逐步熄灯休息，用电负荷逐步下降。根据以上分析可得，学校用电负荷高峰期是在早上 8 点至晚上 11 点。

根据南昌理工学院用电日负荷曲线及学校光伏发电曲线可以看出，光伏发电时间段在早上的 7 点至晚上 7 点期间，至下午 1 点达到最大值；学校用电负荷较高的时间段在早上 7 点至晚上 11 点；学校 2021 年 8—12 月每月的典型日负荷曲线都在学校光伏发电曲线之上，只有 7 月和 8 月学校放假时短时间负荷会略低于光伏发电负荷。因此，无论是从用电和发电时间段的吻合程度，还是从用电和发电的负荷大小上看，学校光伏发电负荷几乎是可以被全消纳的，综合消纳率不低于 90%。

南昌理工学院年度最大用电月份为 9 月，用电量为 379.966 万千瓦时；最小用电月份为 1 月，用电量为 97.88 万千瓦时。

光伏电站年均发电量约为 430.6 万千瓦时，占学校年用电量的 16.7%；南昌市最低峰值日照时数的月份为 1 月，1 月峰值日照时数为 2.29 h，计算 1 月光伏发电电量为 24.17 万千瓦时，占学校 1 月用电量的 24.7%；南昌市最高峰值日照时数的月份为 7 月，7 月峰值日照时数为 5.07 h，计算 7 月光伏发电电量为 45.5 万千瓦时，占学校 7 月用电量（109.24 万千瓦时）的 41.65%。因此，从电量的角度分析，该项目至少 90% 发电量能够被校园消纳。

2.1.3 充电桩市场分析

充电桩市场正面临着前所未有的发展机遇，这主要得益于新能源汽车产业的快速发展和政策支持的加强。首先是近年来，随着新能源汽车保有量的持续上升，充电桩市场规模也呈现出快速增长的态势。根据中商产业研究院发布的数据，2022 年中国充电桩市场规模达到 372 亿元，同比增长 69.1%。预计到 2024 年，市场规模将进一步扩大至 517 亿元。校园现有的停车场均为露天停车场，在高温天气中，车主的驾驶体验极差，其次，据初步统计，校园有近 3 万余名在校师生，电动汽车约有 300 辆，电动自行车约 6000 辆。光储充一体化车棚的建设将为师生提供充电需求保障的同时还提升了校园生活的舒适度和便利性。

2.1.4 热水供应分析

大学校园内的热水供应通常集中在食堂、学生宿舍、教学楼、公共浴室等区域，这些区域的人员密度高，热水需求量大。其次大学师生在校园内的生活和学习具有相对稳定性，因此热水供应市场也呈现出一定的稳定性。目前，大学热水供应市场主要由学校后勤部门或第三方服务商提供。学校后勤部门通常负责热水设备的采购、安装和维护，而第三方服务商则通过提供热水供应服务来收取费用。然而，由于设备老化、管理不善等原因，部分学校的热水供应存在不稳定、水质差等问题，这也为学生生活带来了一定的不便。因此大学热水供应系统迫切需要新技术的植入和改造，该市场具有广阔的市场前景和巨大的发展潜力。

2.2 技术路线

2.2.1 校园光伏系统设计

该项目太阳能电池板采用固定式设计。该项目光伏组件混凝土屋面按 9° 倾角铺设，彩钢瓦、琉璃瓦屋面沿屋面铺设；部分光伏组件沿屋面铺设，采用 BIPV 模式。

每个光伏子方阵分成若干个光伏子阵列，每个光伏子阵列20块组件组成，采用2×10竖拼布置或者1×20竖拼布置；组件阵列前后左右500 mm间距可作为检修通道；BIPV模式每个光伏子阵列由屋顶采光带或屋脊隔开，光伏组件采用竖拼方式布置；组件阵列前后左右间距采用标准装饰组件填充，可作为检修通道。

该项目以380 V低压接入装机容量4.4 MWp，以16个380 V并网点。各校内屋顶的组件经串联升压、并联汇流后接入组串式逆变器，逆变后电压380 V，采用380 V并网的，经并网柜后接入箱变低压侧。

2.2.2　校园光储充微电网系统

电动汽车能够实现零排放，且噪声低、能效高，推广应用电动汽车可减少城市大气污染及噪声污染，对改善地区能源消费结构，改善城市空气质量，促进生态城市建设具有明显成效。因此，电动汽车的推广具有明显的社会效益及环境效益。

充电站按照功能可以划分为四个子模块：配电系统、充电系统、电池调度系统、充电站监控系统。充电站给汽车充电一般分为三种方式：普通充电、快速充电、电池更换。普通充电多为交流充电，可以使用220 V或380 V电压。快速充电多为直流充电。充电站主要设备包括充电机、充电桩、有源滤波装置、电能监控系统。该项目在校园内目前规划了若干个停车位，考虑国家政策导向及长期使用，综合考虑电动汽车用户充电效率和远期需求，该方案根据应用场景，在学校广场公共停车位建设1台120 kW直流充电桩+6台7 kW交流充电桩系统，在侧面同时新建一套电动自行车充电桩系统，接入该项目光储充微网系统（图14-3）。

图14-3　校园光储充微电网系统

2.2.3　智慧能源配套系统

无论是现在还是将来，太阳能都拥有广阔的市场前景。潜力无限的太阳能是一种清洁、高效而且可持续的可再生能源。利用光伏系统为路灯供电是一种经济有效的节能方式。

2.2.3.1　太阳能路灯

（1）市电照明路灯安装复杂：市电照明路灯工程中有复杂的作业程序，首先要铺设电缆，这里就需要进行电缆沟的开挖、铺设暗管、管穿线、回填等大量基础工程。然后进行长时间的安装调试，如任何一条线路有问题，则要大面积返工。而且地势和线路要求复杂、人工和辅助材料成本高昂。太阳能路灯安装简便。太阳能路灯安装时，不用铺设复杂的线路，只要做一个水泥基座，然后用不锈钢螺丝固定就可。

（2）市电照明路灯电费高昂：市电照明路灯工作中需要支付固定高昂的电费，并且需要长期不间断对线路和其他配置进行维护或更换，维护成本逐年递增。太阳能路灯免电费，太阳能路灯是一次性投入，无任何维护成本，长期受益。

（3）综上对比所述，太阳能路灯具有安全无隐患、节能无消耗、绿色环保、安装简便、自动控制免维护等特性。

2.2.3.2　太阳能座椅

光伏智慧座椅依托太阳能发电系统、储能系统、智能控制系统，实现电力自发自用、设备离网运行，具有绿电供应、智能控制、无线充电、便于移动等特点，使用起来方便、安全、高效。

座椅的外观时尚、简约，线条流畅，符合现代审美。同时，座椅的材质选用环保材料，经过特殊处理，具有良好的耐用性和防水性能，即使在恶劣的户外环境下也能保持良好的使用效果。

2.2.3.3　空气源热水泵

考虑到学校食堂节能问题，空气源热泵作为节能环保的典型代表，有着独特的特点。和其他能源相比空气源热泵有着很多的优点，如节能环保、不占用室内面积等，适合于大型建筑中央空调供暖系统，具体优点如下：

（1）适用范围广。适用温度范围在 $-7\sim40$ ℃，并且一年四季全天候使用，不受阴、雨、雪等恶劣天气和冬季夜晚的影响，都可正常使用。可连续加热，与传统太阳能储水式相比，热泵产品可连续加热，持续不断供热水，满足用户需求，适合各类团体热水工程使用，可实现无人值守，全自动运行，集中供应热水配有水温、水位显示。

（2）运行成本低。节能效果突出，投资回报期短，空气源热泵可节省 70% 的能源；与燃气、电和电辅助加热的太阳能热水器相比，全年费用最低，比太阳能热水器（带辅助电加热）还要省，是燃气热水器的 1/3 左右、电热水器的 1/4 左右。短期可收回投资。每耗电 $1\,kW$ 平均可以产生 $4\,kW$ 的热能，同等耗电量比电热水锅炉多制热水 3 倍左右。

（3）环保型产品。无任何污染，无任何燃烧外排物，不会对人体造成损害，具有良好的社会效益。

（4）性能稳定，不受环境影响。产品一年四季全天候运行，不受夜晚、阴天、下雨及下雪等恶劣天气的影响，可以实现全年 365 天，全天 $24\,h$ 制热水。

（5）高效便捷。空气能热泵占地空间很小，外形与空调室外机相似，可直接接入保温水箱或与供暖管网连接，适合于大中城市的高层建筑，对于大型中央供热问题，是最好的选择。不需要太阳能集热板，减少占地面积 95%，与太阳能热水设备配套使用可以减少太阳能集热器的面积 50%，节省大量太阳能集热器占地面积，减少蓄热水水箱的容积。

2.3 装机方案

南昌理工学院 4.4 MW 综合智慧能源项目建设方案见表 14-1。

表 14-1 南昌理工学院 **4.4 MW** 综合智慧能源项目建设方案

编号	项目
一、光伏电站	
1	BIPV 光伏组件
2	光伏休闲长廊
3	停车场光储充车棚（微电网）
4	校园驾校光伏车棚
5	彩钢瓦及琉璃瓦光伏组件
6	混凝土屋面光伏组件
二、光储充微电网	
1	120 kW 充电桩
2	7 kW 充电桩
3	电动自行车充电桩系统
4	5 kW/20 kWh 锂电池
5	EMS 能量管理系统
6	储能其他设备
三、智慧能源配套设备	
1	太阳能路灯
2	太阳能座椅
3	空气源热泵
4	电动自行车充电桩系统
5	校园能源监控平台
6	校园综合智慧能源展示屏

3 用户服务模式

3.1 用户需求分析

南昌理工学院占地面积 3000 余亩，校舍建筑面积 90 余万平方米。现有在校师生三万余人，是经教育部批准设置的本科高校，1999 年 5 月创建，是全国示范性民办高校，国防教育特色鲜明，军魂育人成效显著。学校位于江西省英雄城市——南昌，以"航天科教，兴我中华"为办学宗旨，秉承"科学、求实、厚德、创新"的校训，立足江西，面向全球，着眼社会产业结构发展，关注社会人才需求，为国家经济社会发展培养高素质应用创新型人才。

用户性质：校园园区；

用户能源类型：电、水。

3.2 政策依据

我国相继印发了《国民经济和社会发展第十四个五年规划和 2035 年远景目标纲要》《中共中央 国务院关于完整准确全面贯彻新发展理念做好碳达峰碳中和工作的意见》《国务院关于印发 2030 年前碳达峰行动方案的通知》（国发〔2021〕23 号）等多个重要文件，这些政策都明确了风光等新能源近、中、长远期都要通过集中式和分布式并举发展的路径。党的二十大报告中也提出要加快规划建设新型能源体系，各类分布式能源，尤其是分布式光伏在新型能源体系、新型电力系统中必将是重要的角色之一，这些都为未来分布式光伏发展提供了有力保障。

2022 年 10 月 26 日教育部印发《绿色低碳发展国民教育体系建设实施方案》，明确到 2025 年，绿色低碳生活理念与绿色低碳发展规范在大中小学普及传播，绿色低碳理念进入大中小学教育体系；有关高校初步构建起碳达峰碳中和相关学科专业体系，科技创新能力和创新人才培养水平明显提升。到 2030 年，实现学生绿色低碳生活方式及行为习惯的系统养成与发展，形成较为完善的多层次绿色低碳理念育人体系并贯通青少年成长全过程，形成一批具有国际影响力和权威性的碳达峰碳中和一流学科专业和研究机构。同时提出，将绿色低碳发展融入教育教学，以绿色低碳发展引领提升教育服务贡献力，将绿色低碳发展融入校园建设，为实现碳达峰碳中和目标奠定坚实思想和行动基础。

3.3 服务模式

"天枢一号"通过用能分析，优化项目运行方式，提高能源使用效率等，从而获取相关收益。平台主要功能如下："天枢一号"集成智慧能源监视、预测、调控、分析和服务等功能于一体，可实现区域内各种能源生产系统、储能系统、能源管网以及用能设备的智能调控和设备维护，并为用户提供智能、高效的用能服务。智能预测功能模块基于历史数据和气象信息，利用多种神经网络算法和大数据分析给出区域未来可用的能源出力情况和负荷数据，预测精度可达到 90% 以上。智能监测模块可以对综合能源系统实行全方位实时监视，实现故障在线诊断和综合智能报警，实时跟踪、分析能源网络运行变化，达到多能流监视的目的。智能调度模块支持用户选择经济、节能、环保单一目标或多目标协同优化，帮助用户制定最优运行计划，实现综合效益指标最优化。能效分析模块可以计算系统的关键能效指标，如综合能源利用率、一次能效、可再生能源利用率、成本节约率、度电成本等，帮助用户挖掘节能潜力。节点能价模块可以提供能源网络任一节点的能源生产和能源输送成本，帮助能源服务商制定售能价格。

节能效益分享模式分析：通过与校方签订能源管理合同，采用节能分享和运行服务相结合的合同能源管理模式实施，该司于校方屋顶和校园基础设施投资、建设、拥有和运营、管理该综合智慧能源项目，并向校方提供电能及相关节能服务，校方向该司支付能源费用，双方共同分享节能效益。

4 效益分析

4.1 经济效益

该项目规划设计 25 年内年均上网发电量约为 430 万千瓦时，25 年寿命周期内累计上网发电量约为 10800 万千瓦时。根据投产运营后的实际数据分析，该项目自发自用比例超过90%，项目回收周期 11.14 年。

充电桩项目具有显著的经济效益。随着电动汽车的普及，充电需求不断增加，为充电桩市场带来了巨大的商机。据统计分析，校园内现有近 300 辆电动汽车，近 6000 辆电动自行车，且未来电动车规模将持续扩大。对于校方和投资者而言，都可以带来可观的收益分享。

智慧能源管控平台根据南昌理工学院的需求和习惯进行智能调节和优化，进一步提高能源利用效率，降低能源消耗和生产成本，从而提高能源经济效益通过电价折扣、充电桩收益分享、热水供应等节能效益分享模式，有效地降低了学校用能成本，优化了校园用能结构。

4.2 环境效益

该项目 25 年内年均上网发电量约为 430 万千瓦时，25 年寿命周期内累计上网发电量约为 10800 万千瓦时。同时，年节约标准煤 1300 t，相应每年可减少燃煤所造成的多种有害气体的排放，其中二氧化硫（SO_2）26.7 t，氮氧化合物（NO_x）9.04 t，减轻排放温室效应气体二氧化碳（CO_2）3505.97 t，有助于改善当地的大气环境，促进节能减排工作。

该项目的土地需求较小，且其设施占地面积也较小，通过合理的规划和布局，在校园闲置屋顶及场地规划建设综合智慧能源配套设施，还可以促进土地的复合利用，提高土地的使用效率。

4.3 社会效益

该项目主要采用绿色能源-太阳能，并在设计中采用先进可行的节电、节水及节约原材料的措施，能源和资源利用合理，设计中严格贯彻了节能、环保的指导思想，在技术方案、设备和材料选择、建筑结构等方面，充分考虑了节能的要求，减少了线路投资，节约了土地资源。该项目各项设计指标达到国内先进水平，为光伏电站长期经济高效运行奠定了基础，符合国家的产业政策，符合可持续发展战略，节能、节水、环保要求。

综合智慧能源项目的投资建设，带动了综合智慧能源全生态链产业的发展，如综合智慧能源设备的生产、安装和运维等，为社会创造了大量的就业机会。同时，综合智慧能源项目的推广也促进了校园基础设施的改善，提高了校园影响力和竞争力，为校园开辟了新的亮点，丰富了校园产业元素。

该项目主要使用的能源是太阳能，它是一种清洁的可再生能源，太阳能不会产生大气、水污染问题和废渣堆放问题，能有效地推动"碳达峰碳中和"目标的实现。

5 创新点

项目在充分评估学校用能需求和现场实际情况，综合智慧能源各元素布局丰富、合理并且适用。光伏和综合智慧能源场景布置实现了"应做尽做"，首创"两轮充电+综合智慧能源展示"，增加了学生用户黏性，将校园用能情况直观展现给师生，同时实现向平台导流用户。一方面优化了校园用能结构、提高能源利用效率、降低能源消耗，另一方面将零碳理念融入学校教育及技术创新体系。

在校园中，综合智慧能源系统能够实现对能源的精细化管理和利用，提供能源一体化解决方案，满足校园内各种能源需求。通过多能互补解决方案，结合光伏发电设备、充电桩设备、空气源热泵等技术，可以实现高品质的能源供应，同时实现能源的节约和高效利用。

国家电投自主研发的"天枢一号"综合智慧能源管控与服务平台，集成智慧能源监视、预测、调控、分析和服务等功能于一体，广泛适用于居民、商业、工业以及各类园区等多种能源应用场景。

项目商业模型有很大的推广性，通过与校方签订屋顶租赁合同和能源管理协议，双方分配由项目带来的节能效益，且校方以享受电费折扣和提高校园用能效率的方式分享能源效益，确保了项目全寿命周期稳定和优质运营，同时也为校园带来了新的发展模式。

项目将大幅提升校园"零碳转型、能源转型、数字化转型"三元转型核心能力，通过"能源流、碳流、信息流与价值流"四流融合推动零碳校园的智慧能源体系建设的发展路径。

6 经验体会

在"碳中和"政策的背景下，我国政府出台了能源消耗总量和强度的"能耗双控"政策，这使得综合智慧能源服务的价值得到凸显。

综合规划至关重要。校园综合智慧能源建设不是一项简单的工程，而是需要综合考虑能源需求、环境保护、经济效益等多方面因素的系统工程。因此，在启动项目之初，进行了深入的调研和规划，确保建设方案既符合校园实际，又能满足未来发展的需求，同时又是综合智慧能源发展的主要趋势。

技术创新是核心动力。在智慧能源建设中，积极引进和应用新技术、新设备，如智能电表、光伏发电、储能系统、空气源热泵等，通过技术创新提升能源利用效率，降低能耗成本。同时，也注重与科研机构和企业的合作，制定适用于校园的智慧能源最佳解决方案。

持续运营与维护是关键保障。智慧能源系统建设完成后，持续的运营与维护至关重要。建立了完善的运营管理体系，定期对设备进行巡检和维护，确保系统的稳定运行。同时，也注重数据的收集和分析，通过数据分析优化系统运行，提高能源利用效率。

校园良好的绿色能源文化得到推广，一是技术路线可复制，通过建设光伏发电系统、光储充一体化车棚、光伏长廊、光伏座椅及路灯，并接入天枢一号系统，配套建设智慧能源管控平台展示大屏，将校园用能情况直观地展现给师生；二是"零碳"理念可推广，将"零碳"理念融入学校教育及技术创新体系，推动碳中和有关人才培养和科技创新，实现校园可持续发展，建立多能互补、高效传输利用的能源供应系统，优化校园用能结构，提高能源利用效率、降低能源消耗是学校积极响应国家双碳政策、推动"零碳"校园建设的重要举措。

7 问题与建议

问题1：校园使用的能源种类多：包括电、水（日常用水生活热水、直饮水等）、燃气或燃油、蒸汽、集中供冷、集中供热等。同时缺乏有效的能源监管手段，无法实时监测能源使用情况。

建议：建设智能化的综合智慧能源管理系统，将校园用能进行管理和展示，在提高能源利用效率、降低运营成本的同时，也是培养学生节能意识和责任感、符合"双碳"目标的重要措施。通过智慧能源管理系统的建设和应用，学校也可以更好地履行社会责任，推动"双碳"目标落地。

问题2：高校和企业在综合智慧能源领域合作的现象越来越普遍但合作深度还不够，缺乏实质性的互动和深度融合，无法真正发挥高校和企业各自的优势，不利于综合智慧能源产业跨行业的协同发展。

建议：高校和企业携手合作，资源共享，优势互补，实现双赢，将产学研学科链、创新链和产业链进行深度融合。同时校企合作达成的发展模式将成为综合能源服务领域相关学科前沿问题研究和科技成果转移转化的重要平台，帮助构筑联结学校与企业、学校与城市的桥梁，为其他领域产教融合的探索形成可复制可推广的制度性的成果，推动综合能源服务新业态发展。

专家点评：

项目总规划光伏装机容量 4.4 MW，占地面积合计约 6 万平方米采用"自发自用，余电上网"模式。配套建设光储充一体化光伏车棚光伏观光长廊、玻璃阳光房、空气源热水泵及太阳能路灯和太阳能座椅等，并接入了国家电投天枢云智慧能源管控平台。"天枢一号"集成智慧能源监视、预测、调控、分析和服务等功能于一体，可实现区域内各种能源生产系统、储能系统、能源管网以及用能设备的智能调控和设备维护，并为校区内用户提供智能、高效的用能服务。

「案例 15」

苏州市综合智慧零碳电厂项目

申报单位：国电投零碳能源（苏州）有限公司

上海发电设备成套设计研究院有限责任公司

摘要： 苏州市综合智慧零碳电厂项目是国家电投集团在江苏省开展的首座直接接受省级电网调度且成功执行的市级综合智慧零碳电厂项目。平台运行一年聚合总容量达 914.4 MW，具备调节能力 232.76 MW，可支撑零碳电厂对外供应年发绿电量约 6818 万千瓦时，减少 CO_2 排放约 6 万吨，可补充苏州市约 10% 的电力缺口。项目以智慧系统作为运算核心，实现了动态监测资源、多维度负荷预测、跨域度优化调控和多元化电力交易等特色功能，构建了对分布式光伏、储能、光储一体化以及用户侧可调负荷等 300 多个用户管控，形成了零碳电厂参与需求响应、辅助服务和调度调频调控等商业模式。通过与苏州地区电网调度和江苏省调（Ⅰ区）数据打通，具备"主网、配网、微网"三级协同实时调度能力，可为区域电力系统提供可靠的灵活调节，并保障区域能源供应安全，促进新能源充分消纳，推动区域产业结构与用能行为良性发展。该项目通过绿色低碳综合智慧能源技术创新应用实践，2023 年 12 月获得迪拜举办的《联合国气候变化框架公约》第 28 次缔约方大会（简称 COP28）"能源转型变革者"奖项。

1 项目概况

1.1 项目背景

苏州市作为江苏省第一大经济体，电力市场需求量庞大，全市用电负荷逐年升高，已经连续七年夏季用电负荷突破 1 亿千瓦，显著的区域能源保供压力与电力供需不平衡现象为苏州市综合智慧零碳电厂的建设提供了契机。

该项目建设于江苏省苏州市吴江区，投资 8644 万元，属于综合智慧能源项目（包含产业园区、用户侧聚合、智慧平台等），供能品种主要为电力。项目平台下已接入总容量（自建+聚合）914 MW，其中可调负荷 232.76 MW。项目供能包括光伏发电、储能充放电、充换电站、用户侧负荷调节，开展电网需求响应并可提供辅助服务，实现源、荷、储、用的综合智慧能源服务功能。

"综合智慧零碳电厂"，综合是基座：它集"源网荷储"于一体，是聚合大量分布式光伏、储能及用户侧可调负荷的综合能源体；智慧是灵魂：它通过智慧系统多维寻优、动态匹配，实现海量分散资源协调控制、互通互济、灵活调度；零碳是价值：它聚合资源均为清洁能源，生产过程绿色低碳，推动可持续发展；电厂是本色：它以发电为主营业务，聚焦区域平衡调度的用户侧能源系统，促进终端用户就近、就地消纳绿色电力，聚合可控资源池为电网提供响应需求和精细化辅助调节服务。

1.2 项目进展情况

苏州综合智慧零碳电厂于 2022 年 11 月开工，首期自建 16 个变电所内 1.13 MW 屋顶分布式光伏和 0.315 MW/1.44 MWh 铅炭储能，同步聚合用户侧可调负荷资源和苏南在运行光伏及储能，并建设智慧系统平台进行统一调控，于 2022 年 12 月 29 日投入试运行。苏州市综合智慧零碳电厂主界面及试运行仪式见图 15-1，吴江供电公司仓库屋顶光伏及铅炭储能见图 15-2。

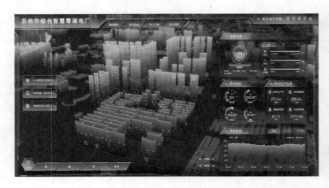

图 15-1　苏州市综合智慧零碳电厂主界面及试运行仪式

图 15-2　吴江供电公司仓库屋顶光伏及铅炭储能

2023 年二期陆续并网吴江震泽独立新型储能 12.9 MW/25.8 MWh，用户侧储能 100 kW/230 kWh+ 100 kW/230 kWh + 600 kW/1380 kWh，聚合 300 多用户和电源点，累计接入总容量 914 MW，其中可调负荷 232.76 MW，苏州市综合智慧零碳电厂震泽独立新型储能和用户侧储能见图 15-3。

2　能源供应方案

2.1　负荷特点

苏州市是用能大市、资源小市，境内几乎没有煤炭、石油、天然气等资源，典型的大受端电网格局长期存在。支撑性电源方面，随着"双碳"目标加快推进，该地火电由支撑性电源向调节性电源转型，在"十四五"期间增加 400 万煤电机组后，"十五五"期间暂时没有火电机组建设规划。清洁能源方面，苏州地区没有发展水电的地势条件和大规模

图 15-3　苏州市综合智慧零碳电厂震泽独立新型储能和用户侧储能

集中式光伏、风电的土地资源，主要以用户侧分布式风、光等新能源为主。区外来电方面，苏州现有"一交两直"特高压区外来电落地能力约 1800 万千瓦，在迎峰度夏期间接近满负荷运行。

同时苏州市营商环境优秀、政策利好，生产型企业、高新技术企业众多，作为江苏省第一大经济体，电力市场需求量庞大，全市用电负荷逐年升高，已经连续七年夏季用电负荷突破 1 亿千瓦，显著的区域能源保供压力与电力供需不平衡问题亟待解决。

2.2　技术路线

该项目建设分布式光伏、分布式储能、独立储能、充换电站，聚合用户侧负荷，并运用虚拟电厂技术将区域内各类分布式能源、客户末端负荷，利用市场化手段聚合起来，构建可调负荷资源池，实现源网荷储互动、多能互补，积极参与电力响应、辅助服务、绿电交易等市场，引导企业主动参与负荷管理，深挖潜能，根据电力缺口对客户端的可调负荷以虚拟电厂控制中心发出调度指令，削峰填谷，在解决用电缺口的同时，提升电网系统稳定、电力平衡和调节能力，确保经济社会平稳有序运行。

面向电力市场的虚拟电厂平台是一个以分布式光伏、分布式储能以及用户侧可调负荷为基础，融合了"5G+"物联网、工业互联网、人工智能、协同控制、运营优化等技术的能源数智化基础设施，具备"源储荷"资源池特性分析、用户侧负荷预测、现货市场交易价格预测、虚拟电厂负荷优化调控、电力市场化虚拟电厂平台设计"等创新技术，构建了基于用户画像的多联级资源池、基于组合策略的广域度直控和基于"多模通信+智慧监盘"的电力市场化交易等平台特色，形成了虚拟电厂参与需求响应、短期辅助服务、中长期辅助服务、调度调控调频和电力现货等商业运营模式，能够为局域电网提供灵活性调节服务、补充电力缺口，促进电力供需自平衡和新能源高比例消纳，提升社会综合效益。

2.3　装机方案

项目实现资源接入总容量达到 914 MW，其中可调负荷 232.76 MW。其中聚合各类资源及电源点包括分布式光伏 66.039 MW，分布式储能 22.109 MW/105.080 MWh，独立储能 12.9 MW/25.8 MWh，充换电站 2.497 MW，工商业负荷 810.058 MW。

3 用户服务模式

3.1 用户需求分析

近年来，随着苏州用电负荷进一步攀升，最高用电负荷屡创新高，"冬夏硬缺口，春秋紧平衡、局部时段小幅缺口"已成为苏州电网常态。

苏州市用户基数大、企业素质优、规上企业多等特点，在优化能源结构、推动能源绿色高效利用等方面也具备较好基础，企业有较强的转型意愿和经济实力。例如钢铁等高耗能行业亟需通过提高能效、参与市场购电等方式降低用能成本；电子等高精行业需要通过配置储能等方式提高电能质量；外贸行业需要通过碳认证、碳交易等方式拓展欧美市场。为项目的推进带来了充沛的可调节负荷资源总量、齐全的可调节负荷种类和潜在的新能源产销者，也为电力市场交易机制创新创造了良好氛围。

在该地电源稳发满发、区外来电顶格输入的情况下，该项目通过新建光伏储能等能源设备解决区域部分电力缺口问题，为电网下工商业、居民等多类型用户提供能源保障；并通过上层智慧系统平台，将接入的光伏、储能、充电桩及工商业负荷进行统一调配，在电力市场交易机制下，用经济手段引导用户主动参与电力平衡调节，提高苏州电力可用资源、提升供电保障能力。

3.2 政策依据

苏州政策环境好，今年和目前不断出台需求响应实施细则、全国补贴力度最大的光储补贴政策和全省首个"整市光伏"推广等一系列政策，表明政府和电网等各方面支持建设综合智慧零碳电厂，极大地增加了投资方投资意愿、用户自建光伏和储能的意愿。主要政策依据包括《江苏省电力需求响应实施细则（修订版）》（苏经信电力 2018〔477〕号）；《江苏电力市场用户可调负荷参与辅助服务市场交易规则（试行）》（苏监能市场 2020〔110〕号）；2021 年 11 月 22 日《苏州市吴江区分布式光伏规模化开发实施方案》；2022 年 6 月 24 日《省发展改革委等关于印发进一步推进电能替代工作实施方案的通知》；2023 年 8 月 22 日《加快推动我省（江苏）新型储能项目高质量发展的若干措施》；苏州市《新能源产业创新集群行动计划（2023—2025)》等一系列文件。

3.3 服务模式

项目由国家电投集团江苏电力有限公司无锡苏州分公司投资，上海发电设备成套设计研究院有限责任公司总承包，国家电网江苏电力和苏州供电局深度参与，联合民营企业联合打造苏州市综合智慧零碳电厂，形成各方互补，利益共享，服务社会，为构建我国新型电力系统贡献力量。

投资主体通过智慧平台统一调度接入的负荷，参加电网需求响应并提供辅助服务，获取相关补贴费用。同时，企业通过参与电力需求响应、短期及中长期可调负荷辅助服务市场中标结果获得协议约定的收益分享比例；光伏项目采用"自发自用，余电上网"模式；储能项目采用"峰谷套利"、优化调用、容量租赁、顶峰费用等组合模式方式；充电桩采用"充电电费+服务费"模式。

4 效益分析

4.1 经济效益

其与传统电厂不同，苏州综合智慧零碳电厂项目是以国家电投智慧控制系统作为智慧管控平台，将分散的新能源、储能及可调负荷聚合起来，通过智能、精准的优化调度与控制，实现"源、储、荷"协同运行，为电网提供稳定、灵活、高效的调节服务，为用户带去经济、低碳、节能的用能体验，在电力市场运行机制下可获得良好的投资收益。

2023年7月24日和25日参与江苏省电力交易中心组织的中长期可调负荷辅助市场服务，累计削减电量123.64 MWh，获得收益18.546万元。

2023年8月11日省间绿电交易出清（山西送上海江苏浙江）成交7 MWh电量，打通了省间绿电交易通道。

2023年8月15日国网江苏调度控制中心调峰直调指令，上午10时至11时，削峰负荷1400 kW。苏州综合智慧零碳电厂积极响应，组织聚合客户积极参与，最终削峰负荷1873 kW，实现零碳电厂（虚拟电厂）国内首次调度直调。

2023年8月23日AGC调频直调，该次调频整个调频测试持续40分钟，累计调频里程29.1 MW，实现AGC指令的秒级响应和跟踪。

除苏州市外，先后已在江苏、湖北、广东等地完成2282 MW规模建设，平均可调负荷593 MW，参与市场化需求响应调节电量约656万千瓦时、参与方各方累计收益合计约3千万元。

4.2 环境效益

通过在不新建传统电站基础上，目前平台聚合总容量达914.4 MW，具备调节能力232.76 MW，在运行规模相当于一座30万千瓦火电机组提供的调节能力，可支撑零碳电厂对外供应年发绿电量约6818万千瓦时（相当于3万户家庭的1年用电需求），减少标准煤消耗2.08万吨、减少CO_2排放约5.67万吨（相当于种植315万棵树木的固碳能力），可补充苏州市约10%的电力缺口。远期规划扩建预计年生产绿电2.8亿千瓦时、减少标准煤消耗8.5万吨、减排二氧化碳24万吨，能够弥补苏州42.7%电力缺口。

4.3 社会效益

"综合智慧零碳电厂"用先进的智慧系统聚合多种样态的能源要素，加上灵活的自我调节能力构建出对内协调平衡、对外与电网友好互助的新型能源生产与消费聚合体，实现分布式新能源的就地消纳、就近使用，助力电力保供和构建新型电力系统。

站在政府侧，增强了保供应能力、保安全手段、加快绿色发展，带动当地税收和就业。站在用户侧，提供用电保障、降低用电成本、起到备用电源、提高绿电指标作用。站在电网侧，提高输配电网利用效率及减少公共投资，远期规划零碳电厂仅需约 8 亿投资成本便实现相当于投资 90 亿元新建三台 600 MW 火电机组的负荷出力，约等同于为电网减少三个 110 kV 升压站，数个 35 kV 及 10 kV 开闭所，300 公里的输配网建设，减少电网侧因增容而需要的投资将近 9 亿。同时，电网通过零碳电厂在现有电力体系下进一步精细化管理负荷末端，提升用户与电网沟通的自主性和客户黏性，有利于提高企业经营生产效率。

综合智慧零碳电厂为电力系统提供可靠的灵活调节，保障了区域能源供应安全并且促进新能源消纳，为电网公司、用户、售电公司等不同主体都带来增量收益。

苏州市综合智慧零碳电厂也得到了国际组织和政府、行业的广泛认可。苏州综合智慧零碳电厂先后入选了 2023 年国家电投集团新兴产业标杆项目库及数字化绿色化协同转型发展优秀案例（中央网信办、中国互联网发展基金会），《联合国气候变化框架公约》第 28 次缔约方大会（简称 COP28）"能源转型变革者"奖项（图 15-4）。28 届联合国气候变化大会 COP28 于 2023 年 11 月 30 日至 12 月 12 日在阿联酋迪拜世博城举办，面向全球征集"能源转型变革者"典型项目，全球累计申报项目 2000 余个。苏州综合智慧零碳电厂项目在激烈竞争中脱颖而出，成为全球 28 个入选项目之一，中国 5 个入选项目之一。

图 15-4　项目获得联合国 COP28 "能源转型变革者"奖项

5　创新点

在技术创新方面，智慧系统以苏州市综合智慧零碳电厂资源场景为基础，以上海成套院虚拟电厂技术为核心，创新研发了多元化用户负荷特性分析、户号级高精度负荷预测技术、电力现货价差预测与价差判断、用户侧负荷优化调度与控制以及智慧系统平台研建等多项关键技术。

与负荷侧的虚拟电厂不同，综合智慧零碳电厂是集"源网荷储"于一体，较之于虚拟电厂，它能吸纳更多品类的能源，如生物质等非电类资源，通过"天枢一号"智慧系统，以更高参数的响应特性，进行精确负荷预测，匹配最佳资源，对供给侧和需求侧进行动态匹配，进而支持电网的稳定、灵活和高效运行。

在商业模式运营方面，智慧系统结合苏州区域不同类型的客户资源禀赋、市场需求以及政策导向，通过市场与技术手段相结合的方式，创新开展需求响应、短期辅助服务、中长期辅助服务和调度调控等商业模式实践。项目申请到中长期（用户侧灵活资源）交易试点；联合国网苏州供电公司、江苏省电力交易中心，向北京电力交易中心申请到苏州作为中长期可调负荷参与辅助服务试点城市，并参与江苏省市场准入标准、程序和交易规则制定。

创新示范以苏州为试点，2023 年后半年迅速在江苏其他六个地市复制推广，已在江苏省内陆续成立了 6 家零碳能源公司，全力以赴推动综合智慧零碳电厂项目顺利建设完成，逐步深耕江苏全域，最终形成苏西北、苏中北、苏东南、苏南 4 个较大规模的综合智慧零碳电厂群，开发建设具有现货交易、碳足迹管理、绿电交易辅助决策功能的系统，进一步增强综合智慧零碳电厂功能，为地方加快构建新型电力系统，为江苏新质生产力发展贡献力量。

6 经验体会

由苏州市综合智慧零碳电厂项目的实践经验来看，面向电力市场的虚拟电厂平台建设与运营要充分结合建设区域政策发展趋势、市场资源特性和能源供需关系，依托关键技术和平台特色功能，快速推进零碳电厂在该地落地，促进商业运营模式在各区域的复制与推广。后续，面向电力市场的零碳电厂将进一步结合以下四方面深入开展与推广。

（1）与政府寻求引导性政策与激励机制出台，并充分结合虚拟电厂建设区域的资源特性、产业优势与运营模式等市场信息，通过智慧系统针对性推动优质分布式绿电资源、用户侧资源并网运行，助力零碳电厂构建"源储荷储"一体化生态，为商业模式创新提供发展基础。

（2）与电网合作推进各省市域电力市场需求响应、辅助服务、电力现货等相关政策突破与试行，并深度挖掘区域灵活性负荷资源，挖掘可调空间以及潜在的商业合作模式，为零碳电厂参与市场交易提供稳固的资源池。

（3）与区域本地化公司协作，加强与多方机构信息互通，积极探索灵活性资源的商业模式创新与可持续性发展，通过引导用户参与市场化交易，提升用户市场化增量收益，建立长期合作关系，增强企业与用户的黏性，进而实现零碳电厂示范性建设与模式复制推广。

（4）零碳电厂对提升新能源消纳及电力保供能力、推动新型电力系统建设具有重要意义。其中用户侧综合智慧零碳电厂运用虚拟电厂技术，将客户末端负荷、分布式能源等，以市场化手段聚合起来，构建可调负荷资源池，直接接受电网调度，在供给侧、需求侧两端发力，积极探索参与响应服务、辅助服务、电力现货、绿电交易等市场模式。根据电力缺口，对客户端的可调负荷执行调度指令，灵活快速响应，实现区域电力平衡、电网稳定，保障电网安全，助力新型电力系统体系建设。

7 问题与建议

零碳电厂基于虚拟电厂技术，结合"源网荷储"一体化运行，采用"一建两聚合"模式，即自建与聚合负荷和电源点，对提升新能源消纳及电力保供能力、推动新型电力系统建

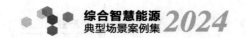

设具有重要意义。而我国零碳电厂应用还处于发展初期，出台专项政策，明确零碳电厂的功能定位、发展路线和商业模式，是其从虚走向实的关键，也是"双碳"目标下确保电力系统安全稳健运行的关键。只有建立了可行的商业模式，零碳电厂才能规模化推广，项目收益的多样化是零碳电厂实现长远发展的基础，希望政府、电网、行业出台相关支持政策、细则和行业标准，强化零碳电厂主体市场地位。

7.1 电网调度支持

目前，还缺乏统一的建设标准和明确的并网调度规程。当前各类资源主体通过自有平台开放接口或者安装采集控制设备等方式接入虚拟电厂，数据交互存在壁垒，难以建立多系统贯通的信息安全防护体系。大部分省份能源主管机构未出台适用于零碳电厂的并网调度协议模板，缺乏并网接入规范、调节能力要求、数据交互要求、补偿考核方式和计量结算要求等并网调度细则。

7.2 商业模式创新支持

建议探索建立相关激励机制，扩大零碳电厂收益渠道，促进商业模式创新，加快推动零碳电厂常态化参与调峰调频等辅助服务市场，优先调度零碳电厂可调资源，并确保每年一定的调用频次，推动零碳电厂以灵活方式参与中长期、现货各类市场化交易，充分激发零碳电厂自身活力，提升零碳电厂在市场中的生命力和竞争力。

附件：用户、容量和可调负荷的构成情况

（1）聚合资源与可调负荷汇总表见表 15-1，其中用户负荷侧、储能、源侧情况见表 15-2~表 15-4。

表 15-1　聚合资源与可调负荷汇总表

序号	类型	可调负荷/kW	聚合负荷/kW
1	用户负荷侧	199283.65	813355
2	储能	39009	39009
3	源侧	—	66039
	合计	238292.65	918403

表 15-2　用户负荷侧情况

序号	用户名称	可调负荷/kW	装机量/kW
1	吴江亚太化纺有限公司	10000	19270
2	上海机床铸造一厂（苏州）有限公司	9000	14784
3	吴江市明港道桥工程有限公司	1000	12008
4	吴江京奕特种纤维有限公司	8824	13866
5	江苏鸿展新材料科技有限公司	800	4787
6	江苏鸿展新材料科技有限公司	1400	4477
7	江苏鸿展新材料科技有限公司	1300	2769
8	苏州京正新材料科技有限公司	7265	11270

序号	用户名称	可调负荷/kW	装机量/kW
9	苏州天山水泥有限公司	8000	9484
10	苏州东吴水泥有限公司	6000	15771
11	江苏富威科技股份有限公司	0	6766
12	吴江市隆鑫电梯部件有限公司	0	6697
13	江苏永鼎股份有限公司	559.5	4782
14	江苏永鼎股份有限公司	559.5	8694
15	吴江市盛泽永康达喷织厂	2000	6759
16	博众精工科技股份有限公司	537	3913
17	博众精工科技股份有限公司	537	2142
18	博众精工科技股份有限公司	537	1633
19	博众精工科技股份有限公司	537	1156
20	博众精工科技股份有限公司	537	193
21	吴江市恒生纱业有限公司	1000	8113
22	江苏恒宇纺织集团有限公司	2000	7511
23	苏州震纶棉纺有限公司	200	4501
24	苏州震纶棉纺有限公司	200	4069
25	吴江市华茂机械制造有限公司	0	8914
26	苏州生生源纱业有限公司	2000	7948
27	吴江嘉嘉福喷气织品有限公司	317	4069
28	吴江嘉嘉福喷气织品有限公司	317	3370
29	吴江精美峰实业有限公司	480	7047
30	苏州震纶生物质纤维有限公司	800	6481
31	苏州华兆林纺织有限公司	320	11755
32	苏州华兆林纺织有限公司	720	4889
33	苏州辉荣合升机械制造有限公司	405	6912
34	吴江欣达丝绸喷织厂	5000	4907
35	大联新材料（苏州）有限公司	238	4350
36	吴江昊磊纺织有限公司	500	4590
37	苏州世缘纺织有限公司	400	4915
38	苏州欧倍德纺织印染有限公司	223.5	2767
39	吴江华联丝绸喷织厂	214.5	3967
40	苏州市贝田纺织有限公司	217.5	5183
41	吴江市腾虹丝绸涂层厂	3000	3862
42	苏州展慕纺织科技有限公司	3000	4152
43	苏州展瑞纺织科技有限公司	3000	4635
44	吴江联华染整有限公司	260	1552

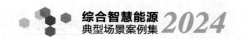

序号	用户名称	可调负荷/kW	装机量/kW
45	吴江联华染整有限公司	120	2607
46	吴江佰陆染织有限公司	800	3958
47	江苏聚杰微纤科技集团股份有限公司	190	489
48	江苏聚杰微纤染整有限公司	1000	3356
49	苏州亿迈化纤有限公司	1500	5088
50	苏州东方铝业有限公司	2900	2341
51	苏州东方铝业有限公司	1000	2272
52	吴江市汇源纺织有限公司	182.5	4377
53	吴江市汇源纺织有限公司	182.5	4690
54	苏州旭森源纱业有限公司	1000	4359
55	苏州中耀科技有限公司	300	2190
56	越事高（苏州）纺织高科有限公司	169	3705
57	吴江创新印染厂	3000	3728
58	苏州安昌织造有限公司	500	4029
59	苏州翔楼新材料股份有限公司	1500	4795
60	苏州环亚实业有限公司	600	2693
61	苏州蓝凯纺织有限公司	160	3594
62	吴江市震洲喷气织造厂	135	1681
63	吴江市震洲喷气织造厂	135	1081
64	吴江世佳纺织涂层有限公司	1500	2866
65	德尔未来科技控股集团股份有限公司	400	2200
66	德尔未来科技控股集团股份有限公司	1200	1800
67	吴江南华喷织有限公司	157	2413
68	吴江吴月齿轮制造有限责任公司	200	2824
69	吴江吴月齿轮制造有限责任公司	100	1400
70	大昌汽车部件（苏州）有限公司	660	3182
71	吴江市黎里印染有限公司	145	2905
72	苏州华昌带箔有限公司	500	1657
73	江苏省阿林实业有限公司	140	2754
74	江苏众华家纺有限公司	1000	3127
75	苏州欣丝澜纺织科技有限公司	500	3134
76	吴江港申纺织印染有限公司	1000	2914
77	吴江市金利达特阔布业织造厂	100	1000
78	吴江市金利达特阔布业织造厂	1500	2060
79	吴江吴伊时装面料有限公司	1200	2931
80	佳施加德士（苏州）塑料有限公司	2000	2977

序号	用户名称	可调负荷/kW	装机量/kW
81	苏州海顺包装材料有限公司	1400	3098
82	吴江市横扇漂染有限公司	124.5	3010
83	吴江市乐图思家纺有限公司	2000	2906
84	慧宇喷织（苏州）有限公司	157	3428
85	吴江市全盛织造厂	124	2656
86	苏州新翊橡塑发展有限公司	1300	2813
87	吴江市新申铝业科技发展有限公司	181.5	3535
88	苏州金世装备制造股份有限公司	120	2224
89	吴江市大龙喷织有限公司	500	2968
90	江苏海岸药业有限公司	165.75	3032
91	吴江市新东海岸纺织品有限公司	146	3157
92	吴江市岐海铸造有限公司	1200	2250
93	吴江市华东毛纺织染有限公司	112.5	3038
94	吴江市永前纺织印染有限公司	700	2283
95	吴江市胜信纺织品有限公司	800	1900
96	盛帆半导体（苏州）有限公司	800	3183
97	力索兰特（苏州）绝热材料有限公司	800	2990
98	吴江市盛泽鸿业织造有限公司	200	10000
99	苏州市永染纺织整理有限公司	700	2342
100	苏州市盛泽峰达织造厂	2000	2154
101	苏州市博鼎新型建材有限公司	147.75	2078
102	苏州冠通纺织有限公司	98.5	2450
103	吴江市桔园丝绸织造厂	300	1988
104	吴江新力大塑胶有限公司	280	1943
105	吴江市富成芳针纺有限公司	285	1142
106	苏州华美达纺织有限公司	285	1939
107	吴江市友邦纺织品有限公司	285	2048
108	苏州昆仑化纤有限公司	270	1992
109	宏圳精密模具（吴江）有限公司	280	2226
110	苏州市古龙纺织有限公司	270	1479
111	吴江市盛泽腾达丝织厂	114	2648
112	苏州意诺工业皮带有限公司	270	2757
113	苏州淞洛化纤科技有限公司	270	2989
114	苏州中奥铝业科技有限公司	1000	2923
115	苏州业隆纺织有限公司	90	2249
116	吴江市橡塑改性材料厂	450	2780

序号	用户名称	可调负荷/kW	装机量/kW
117	三进光电（苏州）有限公司	130	1930
118	三进光电（苏州）有限公司	150	1530
119	苏州克莱韦尔纺织品有限公司	89	2446
120	吴江光华玻璃厂	400.2	1261
121	吴江市民益纺织有限公司	1280	2084
122	苏州国远新纤纺织科技有限公司	85	1979
123	苏州豪辉纺织有限公司	85	2250
124	吴江市沁程纺织有限公司	85	1347
125	吴江市全顺纺织有限责任公司	84.5	1704
126	苏州科德软体电路板有限公司	1300	481
127	吴江太阳雨纺织有限公司	83.5	1957
128	吴江市鹿鸣纺织有限公司	82.5	1851
129	苏州郅程纺织有限公司	240	1707
130	苏州新民纺织有限公司	74	3094
131	苏州宇泽纺织有限公司	73.5	5902
132	吴江市宏悦纺织有限公司	240	1799
133	吴江市成华盛纺织有限公司	240	2725
134	吴江大西洋纺织有限公司	63.75	1217
135	吴江市七都镇家得利地板厂	230	1747
136	苏州仿绒卫士纺织科技有限公司	230	1623
137	江苏凯伦建材股份有限公司	400	1688
138	苏州晶丝奇新材料科技有限公司	176.5	1736
139	吴江市永亨铝业有限公司	330	1583
140	江苏易可纺家纺有限公司	75	1798
141	苏州市吴江神州双金属线缆有限公司	112.5	1652
142	苏州莱美达纺织有限公司	75	1580
143	苏州市吴江新宇电工材料有限公司	111.75	1403
144	苏州雨维斯纺织纤维有限公司	74.25	1640
145	苏州丽达纺织有限公司	500	756
146	台洋纺织（苏州）有限公司	73	1735
147	苏州瑞翔铜业有限公司	500	1616
148	苏州志铭精密金属有限公司	308	1658
149	苏州展飞纺织科技有限公司	70	1657
150	江苏省苏州市吴江区盛泽镇庄平村（村民委员会）	240	1544
151	橡技工业（苏州）有限公司	1375	1745
152	苏州捷威纺织有限公司	68	1840

序号	用户名称	可调负荷/kW	装机量/kW
153	吴江市万事达纺织有限公司	68	805
154	吴江天诚新型墙体建材有限公司	1000	1775
155	吴江市泰发喷织厂	1000	1354
156	苏州市瑶合织造有限公司	67.5	1341
157	江苏福丝特家纺有限公司	300	3985
158	吴江市凯源纺织有限公司	66.75	1466
159	苏州齐贤纺织有限公司	66.5	2014
160	苏州华鋐汽车科技有限公司	99.75	1795
161	吴江瑞威实业有限公司	3000	2321
162	苏州中信科技股份有限公司	500	1540
163	苏州通久泰家具有限公司（中屹工业园）	99	1478
164	苏州信宇达纺织科技有限公司	43	822
165	吴江鑫隆锦绣喷气织造有限公司	200	1482
166	苏州世涛纺织科技有限公司	65	1644
167	苏州优拓实业有限公司	65	1465
168	吴江市海鑫特种金属有限公司	280.5	1203
169	吴江昌盛铜业有限公司	400	1248
170	绣轩纺织科技（苏州）有限公司	61	1508
171	吴江市强东喷织厂	500	1133
172	吴江市凯越纺织有限公司	300	1412
173	吴江昌源纺织有限公司	180	1022
174	江苏良德创新科技有限公司	200	1490
175	吴江超翔织造有限公司	58.5	1541
176	苏州欧圣电气股份有限公司	87	1842
177	吴江越泽经编纺织有限公司	57.5	1530
178	吴江市华丽纺织厂	57.5	1498
179	吴江中中纺织有限责任公司	57.5	1296
180	吴江市隆泰喷织厂	57.5	1183
181	苏州市赛裕织造有限公司	57.5	1213
182	苏州史泰诺科技股份有限公司	85.5	1218
183	吴江市鑫汇达丝绸有限公司	56.5	1522
184	吴江市民大纺织品有限公司	56.5	980
185	江苏安信伟光木材有限公司	82.5	2270
186	吴江际高纺织企业有限公司	55	1129
187	吴江市黎里腾龙喷织厂	55	1149
188	吴江市云飞化纤织造厂	54.5	1713

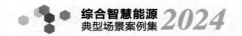
序号	用户名称	可调负荷/kW	装机量/kW
189	苏州市沃伽电缆有限公司	81	1254
190	吴江市鸿富喷织厂	53	1205
191	吴江市亚邦纺织有限公司	52.5	1898
192	吴江市奇立纺织品有限公司	52.5	988
193	苏州荣盛电工材料有限公司	78	1084
194	吴江市利伟喷织厂	50.5	1124
195	吴江市威克喷织厂	50	2421
196	吴江市威克喷织厂	50	2725
197	苏州金瑞环保资源综合利用有限公司	1500	1339
198	苏州恒舜达织造有限公司	50	953
199	吴江市昌久纺织有限公司	500	770
200	吴江市圣达喷织厂	50	1563
201	苏州市富同石英科技有限公司	600	1056
202	苏州南达金属科技有限公司	302.5	643
203	苏州墨海物联网科技有限公司	2000	1135
204	吴江市忠晴喷丝织造厂	45	1177
205	吴江明珠纺织有限公司	600	1385
206	南阳防爆（苏州）特种装备有限公司	51	1051
207	江苏邑誉兴纤维科技有限公司	29	870
208	苏州慧海物联网科技有限公司	1000	664
209	江苏润邦工业装备有限公司	50	994
210	信昌电子（苏州）有限公司	32.625	493
211	苏州容致金属科技有限公司	24	497
212	太仓润禾码头有限公司	20	268
213	礼德滤材科技（苏州）有限责任公司	300	399
214	江苏永方轨道科技有限公司	350	544
215	江苏兴齐智能输电科技有限公司	50	0
216	吴江市康宇金属制品有限公司	50	32
217	苏州齐天电力有限公司	40	241
218	苏州兴齐钢结构工程有限公司	40	424
219	吴江乔联电子制品有限公司	200	183
220	苏州亿开电气科技有限公司	70.5	1523
221	吴江金明纺织有限公司	1500	4331
222	吴江市华友纺织有限公司	52	1628
223	吴江市隆兴铜业有限公司	215.6	1077
224	江苏诺贝尔塑业股份有限公司	102.35	1777

序号	用户名称	可调负荷/kW	装机量/kW
225	吴江鼎立复合材料有限公司	87.75	1282
226	吴江振兴实业有限公司	15	359
227	苏州冠洁生活制品有限公司	400	510
228	苏州欧菲尔智能科技有限公司	400	1027
229	吴江市金丰木门厂	42	729
230	苏州市神越铜业有限公司	349.8	630
231	苏州凯洋电工材料有限公司	500	2200
232	吴江沃尔通市政工程设施有限公司	51	1556
233	吴江市华龙通信电缆厂	45.75	768
234	江苏莱德建材股份有限公司	127.65	827
235	吴江市胜利复合材料厂	200	818
236	苏州卓宝科技有限公司	100	785
237	吴江市亨都铝合金型材厂	136.4	731
238	苏州华成照明科技有限公司	16.5	1300
239	吴江市懿晨复合材料有限公司	165	2139
240	吴江丰顺铜业有限公司	301.4	1504
241	惠达（苏州）管业科技有限公司	64.5	1500
242	克莱斯电梯（中国）有限公司	16.875	780
243	吴江联强纺织有限公司	32	1500
244	利马新材料（苏州）有限公司	32.25	593
245	苏州华鼎线缆厂	600	1300
246	苏州景尚春纺织有限公司	4000	5702
247	吴江市俊达织造有限责任公司	165.25	0
248	吴江嘉盛达纺织品有限公司	490	626
249	吴江市德华纺织有限公司	400	557
250	苏州飞睿纺织有限公司	500	10000
251	苏州飞睿纺织有限公司	500	6000
252	吴江龙安安全玻璃有限公司	2000	0
253	吴江旺申纺织厂	117	2335
254	吴江市多邦纺织品整理有限公司	500	2688
255	吴江顶邦纺织有限公司	400	1621
256	苏州锦珂塑胶科技有限公司	1600	1759
257	吴江市方达纺织品有限公司	800	0
258	吴江市源泉丝绸有限公司	1000	905
259	苏州文俊纺织科技有限公司	1100	780
260	吴江市通源丝绸织造整理厂	1000	673

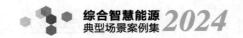

序号	用户名称	可调负荷/kW	装机量/kW
261	苏州志邦纺织科技有限公司	2000	0
262	法兰泰克重工股份有限公司	1000	1342
263	吴江市鑫展红化纤有限公司	400	886
264	苏州经弹纺织有限公司	1440	1319
265	吴江易双隆纺织有限公司	400	303
266	吴江市勤建织造有限公司	400	433
267	吴江顺源化纤织造有限公司	400	1346
268	江苏东亮纺织科技有限公司	400	0
269	苏州嘉吉电子有限公司	400	0
270	苏州陆和电子有限公司	400	1401
271	南京蔚来能源有限公司	50	300
272	南京蔚来能源有限公司	50	0
273	南京蔚来能源有限公司	50	0
274	南京蔚来能源有限公司	50	0
275	南京蔚来能源有限公司	50	0
276	南京蔚来能源有限公司	50	0
277	南京蔚来能源有限公司	50	0
278	南京蔚来能源有限公司	50	0
279	南京蔚来能源有限公司	50	0
280	南京蔚来能源有限公司	50	0
281	南京蔚来能源有限公司	50	0
282	南京蔚来能源有限公司	50	0
283	南京蔚来能源有限公司	50	0
284	南京蔚来能源有限公司	50	0
285	南京蔚来能源有限公司	50	0
286	江苏申源集团有限公司	2500	17480
287	江苏申源集团有限公司	6000	18243
288	亨新电子工业（常熟）有限公司	300	9245
289	江苏瑞祥化工有限公司	3000	55093
290	吴江新民高纤有限公司	74	0
291	吴江市盛泽鸿业织造有限公司	130	800
292	吴江市万事达纺织有限公司	68	500
293	江苏联坤电子科技有限公司	1390	2060
294	苏州贝得科技有限公司	—	100
295	徐州德龙金属科技有限公司	—	0
296	亨通集团 88 号西门充电站	—	162

序号	用户名称	可调负荷/kW	装机量/kW
297	亨通集团东门充电站	—	35
298	重卡"智慧新"华清大桥南站	—	2000
	合计	199283.65	813355

表 15-3　储能情况

序号	储能名称	装机量/kW	容量/kWh
1	京奕 001	100	230
2	京奕 002	100	230
3	京奕 101	200	460
4	京奕 102	200	460
5	兴齐 001	100	230
6	贝得 001	100	230
7	国家电投震泽独立新型储能	12900	25800
8	江苏申源集团有限公司储能	9900	54000
9	吴江亚太化纺有限公司储能	4000	9200
10	中达电子（江苏）有限公司	3000	15552
11	苏州江兴西路仓库储能	315	1500
12	张家港海螺新能源有限公司储能电站	8000	32000
13	KOYOE 光储系统	25	50
14	水墨江南 79 幢光储系统	9	18
15	海东青 5 号光储系统	40	80
16	新世电子光储系统	10	20
17	东湖大郡一期西区 55-1101	10	20
	合计	39009	140080

表 15-4　源侧情况

序号	名称	装机量/MW
1	110 kV 变电站光伏-大龙变光伏	0
2	110 kV 变电站光伏-坛丘变光伏	0
3	常熟光伏发电有限公司光伏	0
4	张家港协鑫光伏电力有限公司协鑫圣汇光伏电厂	0
5	110 kV 变电站光伏-新和变光伏	0.015
6	110 kV 变电站光伏-浦南变光伏	0.015
7	110 kV 变电站光伏-大榭变光伏	0.03

序号	名称	装机量/MW
8	110 kV 变电站光伏-屯村变光伏	0.04
9	110 kV 变电站光伏-塔桥变光伏	0.041
10	110 kV 变电站光伏-横扇变光伏	0.044
11	110 kV 变电站光伏-坛北变光伏	0.048
12	110 kV 变电站光伏-北旺变光伏	0.052
13	110 kV 变电站光伏-菀湖变光伏	0.052
14	110 kV 变电站光伏-金庄变光伏	0.052
15	110 kV 变电站光伏-杨墅变光伏	0.061
16	110 kV 变电站光伏-长安变光伏	0.066
17	110 kV 变电站光伏-九里变光伏	0.096
18	苏州工业园区鼎裕太阳能电力有限公司	0.2
19	苏州江兴西路仓库光伏	0.37
20	苏州和旭东山光伏电厂	1.17
21	吴中富民工业区	1.828
22	苏州吴中城投浦庄工业园	1.86
23	苏州鑫语分布式能源开发有限公司	2
24	苏州和旭产业园光伏电厂	2.238
25	江苏锦好新能源有限公司	2.5
26	张家港协鑫中船光伏电厂	2.7
27	阿特斯（中国）投资有限公司	2.76
28	苏州富骊康新能源有限责任公司	3
29	苏州华东镀膜玻璃有限公司屋顶光伏	3.247
30	苏州达泰新能源科技有限公司	3.984
31	张家港鑫隆光伏电厂	37.57
	合计	66.039

（2）年对外可供应绿电电量约 6818 万千瓦时。依据如下：

该项目光伏聚合 66.039 MW，根据苏州当地光伏发电年利用小时数为 1033 h，得出年对外可供应绿电电量约 6818 万千瓦时。

（3）与用户间的商业合作模式。该项目商业合作模式以电力交易为基础，根据电网需求响应，辅助服务及现货交易等，其中需求响应投资方和用户按 1∶9 进行分红项目需求响应收益。

专家点评：

项目具备"主网、配网、微网"三级协同实时调度能力，是省级电网直接调度的市级综合智慧零碳电厂，构建起300多个用户的高载能工业负荷、可中断工商业负荷等可调负荷资源池，聚合总容量达914.4 MW，具备调节能力232.76 MW，规模较大。

项目成功实现了国内首次虚拟电厂的省网调峰直调、AGC调频直调。具有动态监测资源、多维度负荷预测、跨域度优化调控和多元化电力交易等项目特色功能。已实际开展了虚拟电厂参与需求响应、短期辅助服务、中长期辅助服务和调度调峰调频等电力交易业务，已助力苏州区域电网累计削峰电量123.64 MWh，参与了山西送华东省间绿电交易。

项目在技术创新方面，研发了多元化用户负荷特性分析、户号级高精度负荷预测技术、电力现货价差预测与价差判断、用户侧负荷优化调度与控制以及研建智慧系统平台等多项关键技术。

项目在商业模式创新方面，推动苏州成为北京电力交易中心中长期可调负荷参与辅助服务的试点城市，建议积极参加电力市场交易不断优化项目共享机制和可持续的商业模式。

项目的创新实践，在行业内有示范意义和推广价值。

案例 16

郑州金岱智慧产业园综合智慧能源项目

申报单位：国电投（河南）综合智慧能源有限公司

摘要： 金岱智慧产业园位于河南省郑州市管城回族区，是郑州 32 个核心板块之一，是城市"中优、南动、外联"的重要阵地，将与小李庄联动，构建服务于经开区、航空港区制造业的郑州三大产业创新板块之一；借助经开区、航空港区雄厚的制造业基础，积极谋划科技创新、新兴产业，融入区域产业分工作为主城区未来重要的产业创新增量空间，实现战略协同。项目为金岱智慧产业园部分建筑供能，供能面积 8.38 万平方米。该项目是国电投（河南）综合智慧能源有限公司投资 3340 万元打造的试点型综合智慧能源项目，利用浅层土壤源热泵+空气源热泵+单冷机组为园区提供供热、供冷，利用屋顶布置分布式光伏及储能系统，配套建设能源站管控系统。

1 项目概况

1.1 项目背景

金岱科创城以"智能建筑科技"和"数字经济"产业为主导，致力于建设"郑州东南经济增长极，中原地区制造协同创新引领示范区"；咫尺之遥的郑州南站枢纽产业园区以区域产业服务中心、时尚消费体验中心和青创小镇为核心发展轴线，打造"郑南枢纽、智造之心"。

金岱智慧产业园项目投产后，将引入"专精特新"企业，聚焦智能制造和新一代信息技术两大主导产业，打造成为管城科技创新的新引擎，对区域经济发展提供有力支撑，为国家中心城市建设、打造更高水平的国家高质量发展区域增长极塑造新优势。规划有独栋研发、独栋厂房、分层厂房、产业大厦多种业态，可满足企业全生命周期需求。致力打造以科技创新驱动产业发展，以人才建设带动产业升级，以优化服务激发产业活力，致力于搭建集产业研究、规划设计、招商管理、产业运营为一体的全国领先的综合性产业发展平台。金岱智慧产业园项目一期总建筑面积约 28.1 万平方米，金岱智慧产业园综合智慧能源项目主要为研发用房及配套用房供能，供能面积 8.38 万平方米。

金岱智慧产业园综合智慧能源项目为国电投（河南）综合智慧能源有限公司打造的试点型综合智慧能源项目，拟投资 3340 亿元，为金岱智慧产业园提供横向电、热、冷、水，纵向源、荷、储、用能源一体化解决方案。一是以浅层土壤源热泵+空气源热泵+单冷机组系统为能源站为建筑供冷供热，能源站设计可满足该项目 85% 的冷热负荷需求；二是利用建筑屋顶建设分布式光伏发电系统，光伏总装机容量为 1.36 MWp；三是建设综合智慧能源管理平台。

1.2 项目进展情况

金岱智慧产业园综合智慧能源项目现处于项目建设施工阶段，项目于 2022 年 9 月开工，工程受制于主体工程建设逐步推进中，预计 2024 年底完工正式投入运行。

2 能源供应方案

2.1 负荷特点

郑州气候温和，年平均气温 14.3 ℃。7 月最热，月平均气温 27.3 ℃。1 月最冷，月平均气温为−0.2 ℃。郑州属暖温带亚湿润季风气候。四季分明，雨热同期，干冷同季。随着四季更替，依次呈现春季干旱少雨，夏季炎热多雨，秋季晴朗日照长，冬季寒冷少雨雪的基本气候特征。年平均气温 14.4 ℃，7 月最热，平均 27 ℃；1 月最冷，平均 0.1 ℃；年平均降雨量 632 mm，无霜期 220 天，全年日照时间约 2400 h。

依据金岱智慧产业园整体规划，供能部分以办公、商业为主，辅以项目建筑暖通图纸和暖通计算书统计，项目负荷见表 16-1。

表 16-1　金岱智慧产业园负荷情况表

地块	建筑物名称	空调冷负荷/kW	空调热负荷/kW
西地块	A-1、A-2、A-3	2706.66	2165.33
	B-1、B-2、B-3	2708.65	2166.92
	小计	5415.31	4332.25
东地块	C-1	2482.22	1942.58
	D-1、D-3	3078.24	2462.59
	小计	5506.46	4405.17
总计		10060.22	8048.18
指标		120 W/m²	96 W/m²

2.2 技术路线

综合能源站利用金岱智慧产业园周边可利用清洁资源，合理分配能源需求。拟采用"浅层土壤源热泵+空气源热泵+单冷机组系统"为能源站为建筑供冷供热。浅层土壤源热泵是利用了地球岩土体所储藏的太阳能资源作为冷热源，进行能量转换的空调供暖系统。地表土壤和水体不仅是一个巨大的太阳能集热器，收集了 47% 的太阳辐射能量，比人类每年利用能量的 500 倍还多，而且是一个巨大的动态能量平衡系统，地表的土壤和水体自然地保持能量接受和发散的相对的均衡，这使得利用储存于其中的近乎无限的太阳能或地能成为可能。浅层土壤源热泵是利用了地球表面浅层地热资源作为冷热源，进行能量交换的采暖空调系统。地表浅层地热资源量大面广，无处不在，它是一种清洁的可再生能源。因此，利用浅层地热的地源热泵，是一种可持续发展的"绿色装置"。

单冷机组为常用供冷设备，相较于传统空调和多联机系统，制冷效率高，能耗低，非常适用于大能耗系统。中原科技城均为商业供能使用，整体建筑结构呈现"冷负荷大、热负荷小"的整体情况，由于打井区域限制，浅层土壤源热泵机组只能满足30%热负荷和20%冷负荷，剩余冷负荷由单冷机组承担，剩余热负荷由空气源热泵承担，单冷机组整体COP高于空气源热泵，属于良好的冷源。

依据金岱智慧产业园整体规划和功能分区，拟建设1座能源站，建设621孔浅层土壤源地热井；按照地块建筑物用途、性质以及特点，充分利用构建筑限制楼顶，在不影响整体外观及内部视觉效果的前提下，布置分布式屋顶光伏发电系统，整体提升核心起步区科技程度。

2.3 装机方案

能源站充分利用土壤资源，以浅层土壤源热泵为核心，空气源热泵为调峰能源，单冷机组为夏季补充冷源。充分利用清洁能源，降低碳排放。设备选型见表16-2和表16-3。

表 16-2 螺杆式水源热泵机组

机组名称	螺杆式水源热泵机组	能效规格型号	61XW700A2
制造厂家	上海一冷开利空调设备有限公司		
机组型号	61XW700A2		名义工况
出厂编号	230100087	制冷量/制冰制冷量	2554 kW
出场日期	2023.1	制热量	2646 kW
制冷工质	环保冷媒 R134a	输入功率（制冷/制冰）	458.8 kW
制冷剂质量/kg	110/120/110/120 kg	输入功率（制热）	620.8 kW
机组质量（kg）	12846 kg	性能系数（制冷/制冰）	5.57
机组配用电源	380 V/50 Hz/3Ph	性能系数（制热）	4.26
长×宽×高/mm	5251×2761×2013	冷水出口温度（制冷/制冰）	7.00 ℃
依据标准	GB/T 19409—2013	冷却水进口温度（制冷/制冰）	25.00 ℃
综合部分负荷性能系数（IPLV）	—	冷水进口温度（制热）	10.00 ℃
		热水出口温度（制热）	47.00 ℃
		全年综合性能系数	5.81

表 16-3 螺杆式水冷冷水机组

机组名称	螺杆式水冷冷水机组	能效规格型号	30XW1762P
制造厂家	上海一冷开利空调设备有限公司		
机组型号	30XW1762P		名义工况
出厂编号	230100084	制冷量/制冰制冷量	1769.0 kW
出场日期	2023 年 1 月	制热量	—
制冷工质	环保冷媒 R134a	输入功率（制冷/制冰）	299.8 kW

制冷剂质量/kg	250 kg/250 kg	输入功率（制热）	—
机组质量/kg	10948 kg	性能系数（制冷/制冰）	5.90
机组配用电源	380 V/50 Hz/3Ph	性能系数（制热）	—
长×宽×高/mm	4809×2160×1586	冷水出口温度（制冷/制冰）	7.00 ℃
依据标准	GB/T 18430.1—2007	冷却水进口温度（制冷/制冰）	32.00 ℃
综合部分负荷性能系数（IPLV）	7.45	冷水进口温度（制热）	—
		热水出口温度（制热）	—
		全年综合性能系数	—

金岱智慧产业园屋顶考虑到部分空气源热泵主机及其他设备安装用地，暂按总可利用面积 13324 m² 敷设光伏发电组件，总装机容量为 1.36 MWp，铺设 540 Wp 单晶组件 2520 块，10 块为一串，组件经串并联后接入组串式逆变器，经逆变器将 600 V 直流变为 400 V 交流电后经并网箱汇流，就近接入建筑配电箱母线 400 V 侧，采用"自发自用，余量上网"模式。

3 用户服务模式

3.1 用户需求分析

金岱智慧产业园是郑州 32 个核心板块之一，是城市"中优、南动、外联"的重要阵地，将与小李庄联动，构建服务于经开区、航空港区制造业的郑州三大产业创新板块之一，园区建成后有强烈的用电、用冷、用热需求。为积极响应国家碳达峰碳中和目标、河南省推进碳达峰碳中和工作推进要求，业主单位决心将园区打造成为零碳节能示范园区。园区用户性质为公用建筑，属于工商业用户。

3.2 政策依据

习近平主席在第七十五届联合国大会一般性辩论上表示，"中国将提高国家自主贡献力度，采取更加有力的政策和措施，二氧化碳排放力争于 2030 年前达到峰值，努力争取 2060 年前实现碳中和"。

2021 年两会政府工作报告要求优化产业结构和能源结构，大力发展新能源，促进新型节能环保技术、装备和产品研发应用，培育壮大节能环保产业，推动资源节约。

河南省委书记楼阳生于 2021 年 6 月 30 日主持召开省碳达峰碳中和工作领导小组第一次会议，会议审议通过了《河南省推进碳达峰碳中和工作方案》，要求提升全省能源安全绿色保障水平，加快绿色低碳技术研发推广和相关产业布局，聚焦新兴产业、未来产业，谋划实施一批重大项目，大力推进产业转型升级；着眼长远、立足实际细化实化行动方案，推动现有产业、队伍、技术、设备持续发挥效益，加快研究实施一批重大事项、重大举措、重大行动，确保碳达峰碳中和工作有抓手、有路径、有政策、见实效。

2021 年 12 月 31 日，河南省人民政府发布《关于印发河南省"十四五"现代能源体系和碳达峰碳中和规划的通知》，指出要因地制宜开发地热能，加强地热资源调查评价，提高地热资源开发利用量，完善地热能开发利用方式。按照合理开发、有序推动、取能不取水的原则，大力发展中深层地热供暖，实施黄河滩区居民搬迁安置点及已勘查出的地热资源有利区域地热供暖示范工程。积极推动浅层地热能、土壤源、地表水源热泵供暖制冷，利用污水处理厂中水发展水源热泵。

3.3 服务模式

该公司负责金岱智慧产业园综合能源站、分布式光伏系统和能源站管控平台的投资、建设和运营。通过 BOOT 能源合同管理模式进行服务，收取能源使用费的方式获取盈利。屋顶光伏采用优惠电价的方式向园区销售光伏发电，光伏电价高于平价上网电价，有较大利润空间。

4 效益分析

4.1 经济效益

收费标准：供热价格依据郑州市市政供热标准 0.28 元/（平方米·天）执行（如遇价格变动依照《郑州市城市供热与用热管理办法》及郑州市物价局相关文件规定执行）；供冷价格为 0.33 元/（平方米·天）；光伏销售电价（不含税）：0.52 元/千瓦时，在基础电价与一般工商业电价相同的情况下，用能价格不高于用户自建供能系统、自行运营成本。

项目整体全投资财务内部收益率为 5%，资本金内部收益率为 10.31%，投资回收期（所得税后）14.15 年。

4.2 环境效益

相较于"普通制冷空调+集中供热"供能，每年可节约标准煤 404.1 t，减少二氧化碳排放 1102.7 t，减少二氧化硫排放 30.3 t，减少氮氧化物排放 15.4 t。

按光伏发电量计算，平均每年可节约标准煤约 404.7 t，减排二氧化碳 1104 t，环境效益十分显著。

4.3 社会效益

采用浅层土壤源热泵+空气源热泵+单冷机组系统为能源站为建筑供冷、供热的方式综合能效比可达 3.5，传统空调供能能效比为 2.0；利用了土壤中的可再生热量，实现节能降碳；用户用能价格与市政用能价格相同。利用清洁能源供热减少了市政集中供热的压力，减少了相关燃料的消耗，为管城回族区节能减排、绿色发展作出了一定贡献。

5 创新点

该项目采用浅层土壤源热泵+空气源热泵+单冷机组多种能源耦合的方式为进行供冷供热，利用空闲屋顶布置了分布式光伏，为园区增添了现代感、科技感。合理配置多种供能方式，充分利用转化效率较高的浅层土壤源热泵，实现节能降碳；实现项目可以梯次实施，伴随金岱智慧产业园入住率增长，灵活增加空气源热泵建设数量。

6 经验体会

通过金岱智慧产业园项目前期开发、方案初设、建设、试运行等，为该公司开展综合智慧能源项目提供了良好经验，探索了综合智能能源市场化开发、建设、运行经验，了解了多种能源耦合利用的技术路线，并通过解决建设、试运行过程中遇到的各种问题，为未来综合智慧能源项目开发积累了一定经验。

7 问题与建议

因项目为新建项目，受制于业主方招商情况，用能率可能达不到预期水平；在低负荷工况时如何在项目运营过程中使系统达到设计能效比，是一个比较值得深入研究的问题。

专家点评：

该项目利用浅层土壤源热泵空气源热泵+单冷机组为园区提供供热、供冷，利用屋顶布置分布式光伏及储能系统，配套建设了能源站管控系统，充分利用了浅层土壤的热资源，构建能量交换的采暖空调系统，是一种绿色可持续发展的商业模式。整体项目构建和实施按照产业园的整体规划和功能分区，技术方案较为详细。通过 BOOT 能源合同管理模式进行服务，收取能源使用费的方式获取盈利。屋顶光伏采用优惠电价的方式向园区销售绿电，光伏电价高于平价上网电价，有较大利润空间。但与其他项目相比，该项目整体投资回收期较长，长远经济效益和模式推广有待优化。

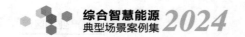
「案例 17」

灵璧轴承产业园综合智慧零碳电厂项目

申报单位：山东电力工程咨询院有限公司

摘要：该项目为综合智慧零碳电厂项目，以分布式光伏为主，并根据项目所在园区的用能特性和需求，与微风发电、用户侧储能、光伏车棚、充电桩、可调用户负荷等相结合，以三网融合数字化智慧平台连接，形成包括源、网、荷、储各要素在内的综合智慧能源应用场景。零碳电厂不仅能够提供绿色电力供应，还能通过负荷聚合调节，实现最大限度的调峰保供。

1 项目概况

1.1 项目背景

综合智慧零碳电厂将分布式电源、可控负荷和分布式储能设施、电动汽车充电桩等通过物联网有机结合，通过智慧控制系统，实现对各类分布式能源和负荷的整合调控，作为一个特殊电厂参与电力市场和电网运行，可快速有效地缓解供电压力。

灵璧县轴承产业园综合智慧零碳电厂项目是国家电投集团积极践行国家"双碳"目标、着力打造的清洁低碳能源体系、实现向用户侧转型发展的示范工程。该项目是安徽省内综合智慧零碳电厂的先行先试区域，项目的建成，不仅能够提供绿色电力供应，优化企业用能结构，引导企业用能习惯，降低企业用能成本，还能通过负荷聚合调节，提升地方电网用电高峰期的电力供应保障能力，同时还将在协同产业增长、带动产业落地，助力能源基础设施数字化进程等方面发挥积极作用。

1.2 项目进展情况

项目已竣工投产，项目里程碑节点如下：

开工时间：2023 年 3 月 18 日；

首个厂房安装完成时间：2023 年 3 月 28 日；

光伏车棚并网：2023 年 4 月 20 日；

首个厂房并网时间：2023 年 4 月 30 日；

全容量并网时间：2023 年 6 月 30 日。

2 能源供应方案

2.1 负荷特点

园区内主要为轴承加工类企业，用电量大，用电规律，一般都集中在白天用电，符合光伏发电时间段。屋顶分布式电站采用自发自用、余电上网的运行模式。同时，部分企业有峰时用电需求，该项目选择具有代表性企业，建设用户侧储能，降低企业峰时用电成本。

2.2 技术路线

该项目以分布式屋顶光伏作为电源供给，同时建设用户侧储能、光储充车棚进行示范，采用智慧控制系统管控平台作为数字化基础设施，以能源管理为核心，助力新能源就地消纳，提高绿电占比。

2.3 装机方案

该项目位于安徽省宿州市灵璧县经济开发区，对轴承产业园二期、三期、四期的园区进行开发建设，建设内容主要包括：屋顶光伏发电、光伏车棚、充电桩、用户侧储能。建设规模：光伏发电容量21.48795 MW，光伏车棚1座（发电容量99 kW）；光伏车棚储能100 kW/200 kWh；120 kW双枪快充桩3台；用户侧储能100 kW/200 kWh。采用分块发电、分散就近并网的形式。项目总体鸟瞰图见图17-1，光储充车棚见图17-2。

图 17-1 项目总体鸟瞰图

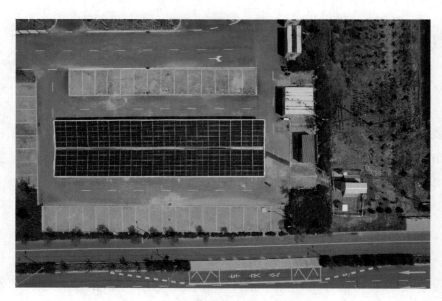

图 17-2　光储充车棚

3　用户服务模式

3.1　用户需求分析

轴承产业园签约入驻企业共计 28 家，二、三两期入驻企业 21 家，处于正常生产运营状态；四期签约入驻 7 家企业。全年用电量统计为 3965 万千瓦时，用电均价 0.856 元/千瓦时，多数企业用能基本均发生在白天。

该项目设计年均发电量约 2194.68 万千瓦时，按用能数据判断消纳比例可达 80% 以上，考虑到节假日及企业的用能波动等风险，屋顶分布式光伏发电，自发自用的消纳比例约为 66%。

3.2　政策依据

电价政策：安徽省发展改革委、安徽省能源局分别于 2021 年 10 月 13 日印发了《关于工商业用户试行季节性尖峰电价和需求响应补偿电价的通知》、2022 年 1 月 28 日下发了《关于完善工商业峰谷分时电价政策有关事项的通知》规定："工商业及其他用电"类别的用户，平段用电价格（购电价格+输配电价+政府性基金附加+新增损益及辅助服务费）扣除政府性基金附加、新增损益及辅助服务费后，低谷电价下浮 58.8%，每年季节性高峰期间（1 月、7 月、8 月、9 月、12 月）高峰电价上浮 81.3%，其他月份高峰电价上浮 71%。

储能政策：2022 年 8 月 18 日安徽省能源局关于印发《安徽省新型储能发展规划（2022—2025 年）》的通知，到 2025 年，实现新型储能从商业化初期向规模化发展转变，全省新型储能装机规模达到 300 万千瓦以上。灵活开展用户侧储能建设，实现用户侧新型储能灵活多样发展，探索储能融合发展新场景，提升负荷响应能力，拓展新型储能应用领域和应用模式；明确新型储能电站的独立市场主体地位；加快推动独立储能参与电力市场配合电网调峰，通过市场发现价格。

需求侧响应政策：2022 年 1 月 18 日，安徽省能源局发布了《安徽省电力需求响应实施方案（试行）》。核心要点是明确了用户和负荷聚合商代理参与的准入条件，以及计算响应效果的依据。今年，安徽省已经连续开展数十次需求响应，试点具备条件。

3.3 服务模式

2023 年 1 月 18 日，甘肃中电投新能源发电有限责任公司，中标灵璧县轴承产业园屋面光伏项目。市场化占股比例承诺：承诺分配灵璧工业投资发展有限公司市场化占股比例 30%；电价优惠：安徽省发展改革委关于工商业电力用户分时电价最新标准的 64%。

光伏车棚储能，按照每天两充两放测算：在电力谷价时段（23 点至 8 点）第一次充电，在早高峰时段（9 点至 12 点）第一次放电；在电力平价时段（12 点至 16 点）第二次充电，利用光伏发电直接充电，占比按 60% 考虑，利用平价市电充电，占比按 40% 考虑，在晚高峰时段（17 点至 20 点）第二次放电。储能年利用天数按 300 天。

用户侧储能，按照每天一充一放测算：在电力谷价时段（23 点至 8 点）进行充电，在早高峰时段（9 点至 12 点）放电，储能年利用天数按 250 天。

充电桩（120 kW 双枪共 3 台）利用率约为 10%，按一天充电 2.4 h，充电手续费为 0.5 元/千瓦时。

4 效益分析

4.1 经济效益

项目投资回报水平及与当地水平的比较（全寿命周期、投产后三年、截至当前），投资回收期，用户用能成本及与当地水平的比较。

该项目运营期为 25 年，基于电价为 0.4778 元/千瓦时进行经济效益分析测算，项目全投资财务内部收益率税前 6.82%，项目资本金财务内部收益率 9.85%。经效益分析测算，该项目利息备付率、偿债备付率均大于 1，表明该项目能够利用息税前利润保障利息的偿付，有较强的偿债能力。从项目财务计划现金流量表可见，还款期间，累计盈余资金均为正值；除还款末期部分年份外，净现金流量均为正值，有足够的净现金流量维持项目正常运营，财务生存能力良好。项目情况见表 17-1。

表 17-1 项目情况

序号	项目	单位	数值
1	装机容量	MW	21.49
2	年上网电量	MWh	21957.85
3	项目总投资	万元	10003.44
4	建设期利息	万元	68.97
5	流动资金	万元	64.47

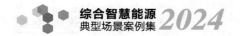
序号	项目	单位	数值
6	销售收入总额（不含增值税）	万元	23296.24
7	总成本费用	万元	15743.54
8	销售税金附加总额	万元	201.04
9	发电利润总额	万元	7351.66
10	经营期平均电价（不含增值税）	元/千瓦时	0.4228
11	经营期平均电价（含增值税）	元/千瓦时	0.4778
12	项目投资回收期（所得税前）	年	12.14
13	项目投资回收期（所得税后）	年	12.98
14	项目投资财务内部收益率（所得税前）	%	6.82
15	项目投资财务内部收益率（所得税后）	%	5.9
16	项目投资财务净现值（所得税前）	万元	665.5
17	项目投资财务净现值（所得税后）	万元	569.35
18	资本金财务内部收益率	%	9.85
19	资本金财务净现值	万元	1072.99
20	总投资收益率（ROI）	%	3.86
21	投资利税率	%	3.04
22	项目资本金净利润率（ROE）	%	11.24
23	资产负债率（最大值）	%	80.48
24	盈亏平衡点（生产能力利用率）	%	68.42
25	盈亏平衡点（年产量）	MWh	15022.92
26	度电成本（LCOE）	元/千瓦时	0.3774

4.2　环境效益

该项目建成后，实现绿电装机容量 21.5 MW，每年节省标准煤 6883 t；减少大气污染物排放：减少 CO_2 排放 1.88 万吨，减少 SO_2 排放 3.61 t，减少 NO_x 排放 4.04 t。

4.3　社会效益

项目建成后，每年平均可为电网提供绿色电力 2257.5 万千瓦时绿电；实现午高峰时段顶峰能力 7.7 MW，晚高峰顶峰能力 0.2 MW；实现调峰能力 0.4 MW；园区企业用户的用电成本明显降低，助力企业发展，增加当地政府税收、解决部分居民就业。

5　经验体会

通过灵璧轴承产业园项目的实施，总结工商业园区类似项目的典型技术方案和收益边界条件，为后续项目快速开发，快速制定方案提供可复制推广的标准参考。与当地工投公司合资成立平台公司，有助于资源获取，项目顺利落地，互利共赢。

6 问题与建议

问题：

（1）对部分企业变压器投运时间把握不好，以致在项目建设过程中，出现部分厂房不具备接入条件的情况。

（2）对园区分布式光伏可接入容量，调研不充分，以致总体装机规模低于可研设计容量，需待供电公司对上级变压器扩容后再行建设。

建议：

与当地电网公司充分沟通，在项目实施前，落实接入容量和接入方式。

专家点评：

项目为综合智慧零碳电厂，分布式光伏与微风发电、用户侧储能、充电桩、可调用户负荷等相结合，通过三网融合数字化智慧平台形成源、网、荷、储各要素在内的综合智慧能源应用场景。

项目建成后，绿电装机 21.5 MW，每年可节省标准煤 6883 t，减少二氧化碳排放 1.88 万吨，减少 SO_2 排放 3.61 t，减少 NO_x 排放 4.04 t。

项目的零碳电厂建成后，每年可为提供绿色电力 2257.5 万千瓦时，实现午段顶峰能力 7.7 MW、晚段顶峰能力 0.2 MW、调峰能力 0.4 MW。

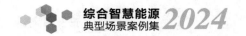
「案例 18」

火电协同污泥处理中心项目

申报单位：国能（福州）热电有限公司

摘要：福州市周边污水处理厂产生的污泥一般采用有机堆肥、制砖或者是进行填埋等方式处理，但是污泥填埋会对周围环境及地下水带来较大污染隐患，有机堆肥和制砖也存在一定的处置风险。随着国家环保政策的收紧，且近年来各地频繁发生的非法倾倒污泥事件，也促使业界不断探索高效、无害处置污泥技术，逐步倾向于电厂燃煤耦合污泥掺烧技术进行处置。经市场调研，福州地区在运的电厂污泥掺烧项目产能有限，无法满足福州市周边日益增长的污泥处理需求，具有较大的燃煤耦合污泥掺烧的处置需求市场空间。

1 项目概况

1.1 项目背景

国能（福州）热电有限公司成立于 2004 年 4 月，地处福建省海峡西岸经济区中部枢纽福州南翼，一期 2×600 MW 超临界全烟气脱硫脱硝燃煤机组分别于 2007 年 7 月、10 月投产，配套建有十万吨级卸煤码头。2009 年 7 月，被福建省发展改革委确认为江阴工业集中区集中供热热源点，2010 年实现对外供热，一号机组于 2021 年 1 月 13 日经福建省工信厅核验为热电联产机组，二号机组计划于 2023 年 9 月完成热电联产核验。二期 2×660 MW 超超临界热电联产机组于 2022 年 5 月 6 日通过福建省发展改革委核准，目前已通过集团投资决策，完成初步设计审查，正在开展五通一平、桩基施工，计划 2025 年建成投产，正全力向建设成为集团乃至国内一流的大型综合能源应用示范基地迈进。

1.2 项目进展情况

依托国能（福州）热电有限公司一期 2×600 MW 超临界燃煤发电机组，以及超低排放的环保设施。污泥直掺焚烧项目于 2021 年开工，整理场地，2022 年 5 月取得环评批复，5 月中旬开展基坑开挖正式进入建设期，于 2022 年 12 月底进泥试验，目前项目投产日均处理 50~60 t 污泥，日最大处置总量已达到 90 吨/天。设计总处理规模为 250 吨/天，一套用以处理含水率约 80% 的污泥，另一套用以处理含水率约 60% 的污泥。该项目于 2023 年 3 月开展环保竣工验收检测，通过了 30%、60%、100% 各出力工况下的污泥掺烧试验，各项数据满足运行要求，2023 年 4 月底完成项目竣工环保验收正式进入商业运行。

2 能源供应方案

2.1 负荷特点

利用生化污泥具有一定热值的特性，通过与电厂原煤进行直接掺混，转运送至锅炉掺烧后，使污泥中有机物快速、全部碳化，最大限度地减少污泥体积，同时能够将污泥中的能量转换为电能或者热能，回收能量，变废为宝，实现污泥的稳定化、无害化、减量化和资源化处理。

2.2 技术路线

该项目在电厂输煤栈桥转运站旁建设两套污泥接卸、存储及供应系统，并配套建设除臭、冲洗及输煤皮带侧布料系统等；新建一个污泥卸料地坑，设湿污泥、半干污泥两个卸料仓，全地下布置，总容积约为 290 m³。含水率 80% 的湿污泥经过污泥螺杆泵、管道、卸泥装置送至皮带；含水率 60% 的半干污泥经过铺底螺旋输送机、双轴螺旋输送机、"Z" 字形刮板机、刮板机以及双向螺旋送至皮带。设置远程控制系统，根据煤源信号实行上泥操作，通过皮带使污泥与原煤均匀掺混，经转运后送至锅炉掺烧。湿污泥直掺系统图见图 18-1，半干污泥直掺系统图见图 18-2。

2.3 装机方案

处置规模 250 t/d 的直掺生产线，包含一条含水率 80% 污泥直掺系统和一条含水率 0~60% 污泥直掺系统，选址于电厂输煤栈桥 6/7 号转运站之间，新建污泥卸料地坑，地坑内设两个污泥卸料仓，分别接卸两种含水率不同的污泥，通过独立的出料输送设备将污泥输送至皮带处，与原煤均匀掺混，经转运后送至锅炉掺烧。

3 用户服务模式

3.1 用户需求分析

目前，福州市周边污水处理厂产生的污泥一般用做有机堆肥、制砖或者进行填埋等方式处理，江阴镇园区内产生的一般工业固废多用于制砖或者水泥窑焚烧处置。但是污泥填埋会对周围环境及地下水存在较大污染隐患，有机堆肥和制砖也存在一定的处置风险。

3.2 政策依据

2011 年，国家发展改革委和住建部联合下发的《关于进一步加强污泥处理处置工作组织实施示范项目的通知》要求各地有关部门高度重视污泥处理处置工作，以"资源化、无害

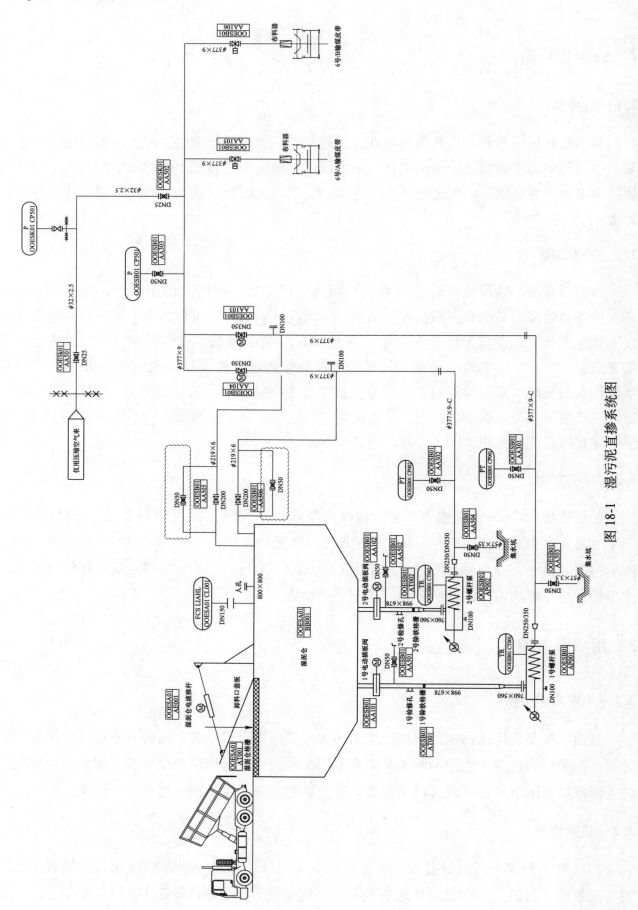

图 18-1 湿污泥直掺系统图

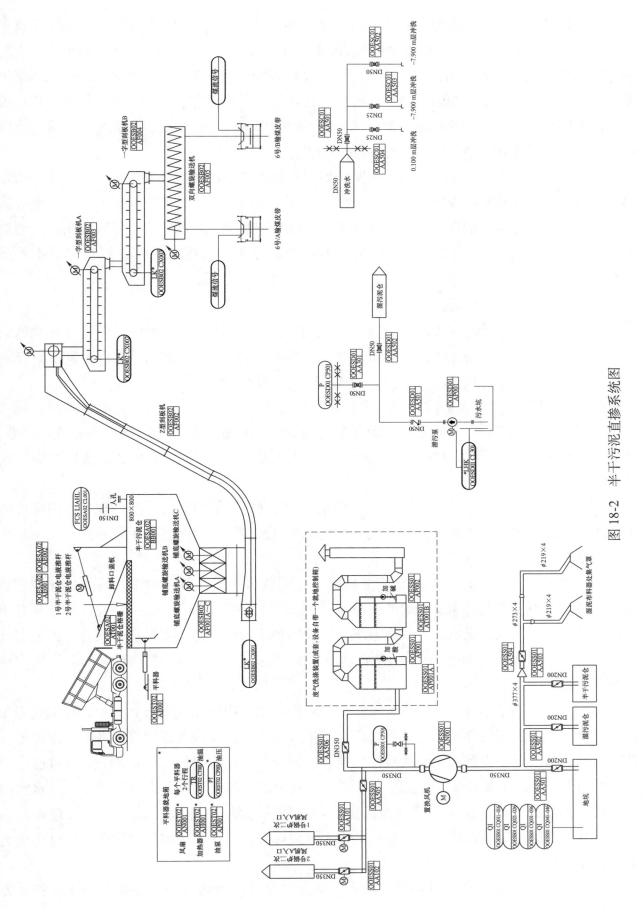

图 18-2　半干污泥直掺系统图

化、节能降耗和低碳环保相结合"为基本原则,研究制定适合该地区的污泥处理处置技术路线。2012 年公布的《全国地下水污染防治规划(2011—2020)》规定,未经稳定化且含水率超过 60%的城镇污水厂污泥不得进入生活垃圾填埋场。近年来各地频繁发生的非法倾倒污泥事件,也促使人们不断探索高效、无害处置污泥技术。据了解,华能福州电厂也正在建设污泥掺烧项目,由于该项目产能有限,无法满足福州市周边日益增长的污泥处理需求,目前福州市的市政污泥和一般工业固废仍需外送处置。

对福州市污泥集中处置,可以大大减小污水处理厂脱水污泥对环境的影响。因此,结合福州公司 2 台 600 MW 燃煤机组的综合能源平台建设契机,该项目依托福州公司高效燃煤发电系统,以及超低排放的环保设施,建成两套污泥直掺焚烧系统能够有效解决福州市及周边生活污水处理厂污泥和一般工业固废无害化处置能力现有问题以及处置规模日益不足的问题。

3.2.1 国家层面政策支持

(1)2014 年,国家发展改革委等七部委发布《关于促进生产过程协同资源化处理城市及产业废弃物工作的意见》(发改环资〔2014〕884 号),支持在水泥、电力、钢铁等行业培育一批协同处理废弃物的示范企业,建成 60 个左右示范项目。

(2)2015 年 4 月,国务院发布《水污染防治行动计划》(水十条),明确水处理设施产生的污泥应进行稳定化、无害化和资源化处理处置,禁止处理处置不达标的污泥进入耕地。非法污泥堆放点一律予以取缔。2020 年底前地级及以上城市污泥无害化处理处置应达到90%以上。

(3)《城镇污水处理厂污泥处理技术指南》中明确:节能降耗是污泥处理处置应考虑的重要因素,鼓励利用污泥厌氧消化过程中产生的沼气热能、垃圾和污泥焚烧余热、发电厂余热或其他余热作为污泥处理处置的热源。

(4)2017 年 11 月 27 日,国家能源局和生态环境部共同发布《关于开展燃煤耦合生物质发电技改试点工作的通知》(国能发电力〔2017〕75 号),组织在 36 个重点城市及有重大需求地区,依托现役煤电高效发电系统和污染物集中治理设施,布局燃煤耦合污泥发电技改项目,构筑城乡生态环保平台,兜底消纳生活垃圾以及污水处理厂水体污泥等生物质资源。

(5)2018 年 1 月 1 日,《中华人民共和国水污染防治法》正式施行。其中,污泥处理受到高度重视。随着环保部将污泥妥善处理处置纳入污水总量减排考核,将促进综合建设投入低、运营效果稳定、资源利用高的技术发展,污泥处理市场有望迎来高速增长,政策已经由"重水轻泥"向"泥水并重"转变,驱动了污泥处置的资源化与无害化进程。随着《水污染防治法》的修订,地方政府对提升和保证水环境质量的需求会愈加明确,一方面现有污水厂陆续开始升级改造,以适应更高标准的出水水质标准,另一方面水环境综合治理也会成为市场主流需求。

(6)2019 年 5 月,生态环境部与发展改革委发布《城镇污水处理提质增效三年行动方案（2019—2021 年）》，要求地方各级人民政府尽快将污水处理费收费标准调整到位，原则上应当补偿污水处理和污泥处理处置设施政策运营成本并合理盈利。

（7）2020 年 7 月，国家发展改革委与住建部联合印发《城镇生活污水处理设施补短板强弱项实施方案》（发改环资〔2020〕1234 号），明确提出要推进污泥无害化处置和资源化利用。在污泥浓缩、调理和脱水等减量化处理基础上，根据污泥产生量和泥质，结合该地经济社会发展水平，选择适宜的处置技术路线。污泥处理处置设施要纳入该地污水处理设施建设规划，县级及以上城市要全面推进设施能力建设，县城和建制镇可统筹考虑集中处置。限制未经脱水 处理达标的污泥在垃圾填埋场填埋，东部地区地级及以上城市、中西部地区大中型城市加快压减污泥填埋规模。在土地资源紧缺的大中型城市鼓励采用"生物质利用+焚烧"处置模式。将垃圾焚烧发电厂、燃煤电厂、水泥窑等协同处置方式作为污泥处置的补充。推广将生活污泥焚烧灰渣作为建材原料加以利用。鼓励采用厌氧消化、好氧发酵等方式处理污泥，经无害化处理满足相关标准后，用于土地改良、荒地造林、苗木抚育、园林绿化和农业利用。

（8）2021 年 6 月 11 日，国家发展改革委与住房城乡建设部联合发布《"十四五"城镇污水处理及资源化利用发展规划》明确，到 2025 年，基本消除城市建成区生活污水直排口和收集处理设施空白区，全国城市生活污水集中收集率力争达到 70% 以上；城市和县城污水处理能力基本满足经济社会发展需要，县城污水处理率达到 95% 以上；水环境敏感地区污水处理基本达到一级 A 排放标准；全国地级及以上缺水城市再生水利用率达到 25% 以上，京津冀地区达到 35% 以上，黄河流域中下游地级及以上缺水城市力争达到 30%；城市污泥无害化处置率达到 90% 以上。

（9）国家发展改革委、国家能源局《关于印发电力发展"十三五"规划的通知》（发改能源〔2016〕2321 号文）要求，开展燃煤与生物质耦合发电的示范与应用。在京津冀、长三角、珠三角布局一批燃煤与污泥耦合发电示范项目。

3.2.2 地方政府层面政策

福建：2021 年 6 月 17 日，福建省人民政府办公厅印发《福建省农村生活污水提升治理五年行动计划（2021—2025 年）》。鼓励以县为单位探索污泥处置模式，合理布局污泥集中收集处置中心，开展污泥与秸秆综合利用等。《福建省水污染防治条例》，自 2021 年 11 月 1 日起施行。要求污水处理单位或者污泥处理处置单位应当安全处理污泥，保证处理处置后的污泥符合国家有关标准，并对去向、用途、用量等进行跟踪、记录，防止二次污染。

3.3 服务模式

自主投资，收益共享。龙源环保与福州公司采用 BOO 合作模式，龙源环保投资、建设、运营、检修、维护，福州公司提供建设场地，以及电、气、水等。按照污泥处置费用按照 230 元/吨进行测算，福州公司享受收益 85 元/吨泥，龙源环保享受收益为 115 元/吨泥，剩余 30 元/吨泥的收益为龙源环保运维检修费用。

4 效益分析

4.1 经济效益

该项目通过燃煤耦合污泥掺烧，预计可实现年产值超过 1700 万元，有利于企业开源创收，为国能（福州）热电有限公司建设综合能源应用示范基地打下了坚实基础，同时在一定程度上改善了区域投资环境，带动相关行业的发展，加快城镇信息化、工业化的进程，推进产业结构的进一步优化调整，促进地区经济发展，具有较好的经济效益。投资回收期约为7 年。

4.2 环境效益

在环保社会效益方面，该项目可实现污泥的稳定化、无害化、减量化和资源化处理，缓解城市污泥环保处置的压力，避免了污泥直接排放对环境质量及人体健康造成危害影响，而且能够缓解污泥填埋的土地利用空间紧张的问题。

4.3 社会效益

在节能减排方面，该项目稳定运营期间，电厂用煤量减少 2851 t/年，二氧化碳排放量减少 8472 t CO_2/年，可替代部分燃煤量与污泥填埋的高碳排放，一定程度上实现碳减排，对国家实现"碳达峰"目标有积极作用。

5 创新点

（1）焚烧可以使剩余污泥的体积减少到最小化，因而最终需要处置的物质很少，焚烧灰可制成有用的产品，是相对比较安全的污泥处置方式；

（2）焚烧处理污泥处理速度快，不需要长期储存；

（3）污泥可就地焚烧，不需要长距离运输；

（4）可以回收能量；

（5）能够使有机物全部碳化，杀死病原体。

6 经验体会

运行较为稳定，对锅炉影响较小，排放合格。

7 问题与建议

建立良好的污泥处置运行机制、优化运行模式，确保政府支持，企业参与，落实有关污泥处置费用及电价补贴政策；

地方政府加强对污染源的管理，确保污泥来料质量，保证污泥处置系统稳定高效运行；

电厂加强对污泥处置装置及燃煤锅炉的协同运行管理，确保发电锅炉的安全运行。

专家点评：

项目技术方案比较单一，热电厂燃煤直接掺烧污泥。2×600 MW 煤机组耦合处置 250 吨/日的污泥，含水率 80% 和 0~60% 的两种污泥接入电厂输煤栈桥转运站，直接将污泥送至输煤皮带上，与原煤掺混送至锅炉。

燃煤掺烧污水处理厂污泥实现了无害处置，耦合焚烧污泥处理速度快，也实现了能量回收。项目掺烧污泥，电厂年创收超过 1700 万元。

项目实现污泥的稳定化、无害化、减量化和资源化处理，缓解城市污泥环保处置的压力，减少了相关焚烧处置设施的投资建设，解决了污泥填埋的用地问题。

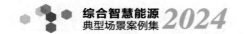

「**案例 19**」

天生港"五位一体"综合能源供应的用户侧响应示范项目

申报单位：南通天生港发电有限公司

摘要： 为促进龙源电力天生港公司（以下简称"天生港公司"）2台330 MW机组转型升级发展，不断提升清洁高效高质量发展水平，提高核心竞争力，推进传统煤电企业成为环境友好型绿色煤电企业，天生港公司统筹谋划，深挖机组潜能，通过能源管理模式对周边企业进行多能联供。经过多年不断摸索积累，已成功为上市公司中集安瑞环科技股份有限公司打造了供热、供气、供电、充电桩运营、售电"五位一体"的综合能源服务体系，并通过新一代信息技术-物联网技术为中集安瑞环提供有序用能、节能的综合能源管理服务。基于"五位一体"的能源供应体系，天生港公司不仅为中集安瑞环节能降耗带来了显著成效，更通过将用户侧负荷变为可调负荷，将能源供应作为负荷管理的前置手段和柔性措施，形成需求响应能力，通过参与需求响应，主动移峰填谷，减小峰谷差，促进电网安全稳定运行，为天生港公司取得了良好的经济效益，更对电网安全、区域节能减排、用能水平提升起到了积极的示范作用。

1 项目概况

1.1 项目背景

天生港公司"五位一体"综合能源供应的用户侧响应示范项目注重节能降耗、能源品质、技术创新与突破，通过多能联供与大数据相结合，优化配置综合能源资源，在用户侧形成可调可控负荷、节约用电、电能替代、绿色用电、有序用电，推动电力系统安全降碳、提效降耗。提升能源利用效率，实现了能源的智能化管理和优化调度。

该项目位于江苏省南通市，南通地处中国东部沿海区，属北亚热带湿润性气候区，季风影响明显，四季分明，气候温和，光照充足，雨水充沛，无霜期长。

天生港公司在南通城港路159号中集安瑞环科技股份有限公司厂区内已投资建设光伏、充电桩、压缩空气、供热、售电等综合能源项目，并通过新一代信息技术-物联网技术实现了可视化管理及用户侧响应能力。

1.2 项目进展情况

该示范项目各多能互补进展情况详见表19-1。

表 19-1　示范项目各多能互补进展情况

服务类型	当前进度	开工时间	投运时间
光伏	已完工	2023 年 8 月	2023 年 12 月
充电桩	已完工	2023 年 8 月	2023 年 12 月
压缩空气	已完工	2021 年 5 月	2021 年 11 月
供热	已完工	2021 年 5 月	2021 年 11 月
售电	长期实施中		

2　能源供应方案

2.1　负荷特点

中集安瑞环科技股份有限公司年用电量约 2300 万千瓦时，年用气量约 8800 万立方米（标况），年用热量约 1.8 万吨。

2.2　技术路线

2.2.1　"五位一体"能源供应体系

2.2.1.1　光伏部分

项目共分为彩钢瓦屋顶、混凝土屋顶以及光伏车棚 3 个区域，总装机容量 694.96 kWp，其中彩钢瓦屋顶容量共 389.76 kWp，混凝土屋顶容量共 43.12 kWp，光伏车棚容量共 262.08 kWp。

为充分利用场地面积，光伏项目选择隆基 560 Wp 高效单晶硅光伏组件，为提高发电效率，选用 4 台 110 KTL、3 台 40 KTL 以及 1 台 30 KTL 华为组串式逆变器，均为国内一线品牌。

光伏组件所发电量通过逆变器逆变成交流电，后通过光伏并网柜接入厂区 400 V 母线，该光伏项目所发电量消纳方式为"自发自用，余电上网"。

2.2.1.2　充电桩部分

充电桩位于投建的光伏车棚下，因厂区为封闭模式无外部车辆进入，车流量较少，所以选用 2 台 7 kW 交流充电桩以及 1 台 60 kW 一体式直流单枪充电桩即可满足基本需求，充电桩通过附近的办公楼内部配电间进行取电。

2.2.1.3　压缩空气部分

通过前期对中集安瑞环周边用气户统计调查，区域内约有约 1372 Nm^3/min 的供气需求，其中中集安瑞环有 140 Nm^3/min 用气量。天生港公司共投建 4 台电动空压机、1 台蒸汽拖动空压机，供应的压缩空气压力大于 0.8 MPa、温度常温，露点温度 ≤ −40 ℃，含油量 ≤ 0.005 mg/m^3。

整套压缩空气站主要设备采用汽驱离心式压缩机，电动离心式空压机做备用，吸附式干燥机，土建主厂房采用框架结构，内设行车，配电间等功能间采用砖混结构。离心式压缩机大功率用电设备采用 2 路 6 KV 高压电。冷却水采用厂内闭式冷却水系统，不足部分采用新建冷却水系统。对外供气主管管径为 DN600、DN500、DN400，沿着围墙敷设，接用户用气管道，主要采用管墩敷设，低支架。主要供应中集安瑞环及周边企业。

2.2.1.4 供热部分

天生港公司 2 台 330 MW 机组做工后产生的低品质蒸汽通过已建成的供热管网输送至用汽户，出口压力约 1.1 MPa，中集安瑞环使用压力约 0.75~0.9 MPa，实现了能源梯级利用。

2.2.1.5 售电部分

通过与中集安瑞环谈判，签订《代理购售电合同》，通过建立代理购电机制，一方面不会影响中集安瑞环的用电方式，确保中集安瑞环在无能力无条件进入市场的情况下由天生港公司代理购电，另一方面能够通过实时感受市场价格波动信号，合理调整用电行为。

2.2.2 用户侧响应体系

通过压缩空气、供热、充电桩、光伏系统，可以在电网需要实时需求响应时，调整中集安瑞环的生产方式。在电网需要"填谷"响应时，提前与中集安瑞环沟通，可通过停止供应压缩空气、供热、关闭光伏逆变器、减免充电桩服务费等方式，开启中集安瑞环所有自有备用机组，提升自身用电负荷；当电网需要"削峰"响应时，天生港公司将通过全力保供中集安瑞环的压缩空气、供热、光伏供电，提高充电桩服务费等手段，最大限度地减少中集安瑞环的自用电。通过参与电网需求响应，不仅能对电网安全起到良好的调节作用，也可为天生港公司和中集安瑞环带来额外的需求响应补贴，通过分成的方式实现"三赢"。

2.3 装机方案

各类型供能设备的装机方案详见表 19-2。

表 19-2 各类型供能设备的装机方案

服务类型	设备清单
光伏	装机容量 694.96 kWp，1241 块隆基 560W 单晶组件，4 台 110 KTL、3 台 40 KTL 以及 1 台 30 KTL 华为组串式逆变器，4 台并网柜
充电桩	60 kW+2×7 kW 一体式充电桩
压缩空气	供气站 1 号、2 号电动空压机，型号 JE2900，最大压力 0.9 MPa，排气量 430 Nm³/min；供气站 3 号、4 号电动空压机，型号 JE1750，最大压力 0.9 MPa，排气量 250 Nm³/min；汽动空压机 1 台，型号 JE60000，最大压力 0.9 MPa，排气量 850 Nm³/min，干燥机 5 台，型号 SBYZL-380 Nm³/min，工作压力 0.9 MPa，干燥剂，三氧化二铝
供热	2×330 MW 煤电机组及约 4 km 管道
物联网	智能化综合能源管理系统：LED 智慧大屏

3 用户服务模式

3.1 用户需求分析

中集安瑞环位于南通市城港路工商业集中区，能源消费类型主要为电力、蒸汽、压缩空气等。

为满足中集安瑞环的用能需求，实现节能降本降耗，积极响应"碳达峰碳中和"号召，通过加强新能源及能源梯级利用比例，天生港公司通过建立光、充、热、气、电"五位一体"的综合能源供应系统，将中集安瑞环打造成绿色、低碳、智慧的低能耗示范企业。在此基础上，通过参与电网需求侧响应，双方都能获取到额外的响应补贴。

3.2 政策依据

"十四五"时期，我国生态文明建设进入了以降碳为重点战略方向、推动减污降碳协同增效、实现生态环境质量改善由量变到质变的关键时期。2020 年 9 月，习近平主席在第七十五届联合国大会一般性辩论上发表重要讲话，宣布了中国的碳达峰碳中和目标。2021 年 2 月国务院发布的《中共中央 国务院关于完整准确全面贯彻新发展理念做好碳达峰碳中和工作的意见》要求到 2025 年，重点行业能源利用效率大幅提升，到 2030 年，经济社会发展全面绿色转型取得显著成效，重点耗能行业能源利用效率达到国际先进水平。

江苏省 2020 年 9 月发布的《省发展改革委关于进一步促进煤电企业优化升级高质量发展的指导意见》，要求构建新型绿色煤电企业，鼓励有条件的煤电企业在对外供热的同时，拓展供冷、供压缩空气、供除盐水和中水回用等方式，为周边工业企业提供用能诊断、设备运维等综合能源服务。煤电企业应"转型升级、做精存量"，鼓励煤电企业由单纯发电业务向"发电+"的综合能源服务型企业转变。

江苏省建筑屋顶资源丰富、分布广泛，推动屋顶分布式光伏发电开发潜力巨大。2022 年 6 月发布的《江苏省"十四五"可再生能源发展专项规划》，要求全力推进分布式光伏发电，开展整县（市、区）屋顶分布式光伏开发试点，重点在各类经济开发区、工业园区、机关学校等公共建筑屋顶整体规模化推进分布式光伏发电建设，鼓励建设和发展与建筑一体化的分布式光伏发电系统。

2023 年 9 月，国家发展改革委、工业和信息化部、财政部、住房城乡建设部、国务院国资委、国家能源局等多部门印发《电力需求侧管理办法（2023 年版）》。《办法》提到，提升需求响应能力。到 2030 年，形成规模化的实时需求响应能力，结合辅助服务市场、电能量市场交易可实现电网区域内需求侧资源共享互济。

2024 年 4 月 23 日，江苏省发展改革委研究起草了《江苏省电力需求响应实施细则（修订征求意见稿）》，鼓励电力用户、负荷聚合商、虚拟电厂等参与需求侧响应，保障电力系统稳定运行。

3.3 服务模式

3.3.1 投资方式

该项目的资金来源为天生港公司自筹。其中供热管道、压缩空气管道及设备由南通天生港发电有限公司投资；光伏、充电桩、物联网由南通天生港发电有限公司控股的南通天电智慧能源有限公司投资，并提供需求侧响应服务；售电由南通天生港发电有限公司控股的南通天电新兴能源有限公司负责提供服务。

3.3.2 价格政策

3.3.2.1 能源供应体系

（1）光伏部分。分布式光伏项目装机容量 694.96 kWp，采用自发自用、余电上网的经营模式，光伏发电主要用于生产用电，自发自用电价为前十年 0.59 元/千瓦时，后十五年 0.47 元/千瓦时，余电上网电价为 0.391 元/千瓦时。

（2）压缩空气。每年供给中集安瑞环供气量约 8800 万立方米（标况），价格根据煤炭价格浮动，目前气价为 0.0829 元/万立方米（标况）。

（3）供热。每年供给中集安瑞环供汽量约 18000 t，价格因与煤炭价格挂钩，由国家发展改革委物价处规定售汽价格，在 200～280 元/吨之间浮动，目前价格为 242.55 元/吨。

（4）售电。代理售电价格每年根据市场价格浮动，目前售电价格为 0.447 元/千瓦时。

（5）充电桩。停车场充电桩用电，充电桩分时段收取服务费，服务费 0.25 元/千瓦时。

3.3.2.2 用户侧响应体系

通过与中集安瑞环的良好协商，天生港公司将作为负荷聚合商，在电网需要实时需求响应时，与中集安瑞环提前沟通，适时调整中集安瑞环的生产运营方式，所得需求响应补贴双方拟定为 6/4 分成。

3.3.3 收费模式

通过合同能源管理模式，光伏、供热、售电、压缩空气均通过固定单价收取费用，充电桩采用收取服务费方式获取收益。

3.3.4 经营方式

采用自主经营模式。分布式光伏项目、充电桩、压缩空气、需求侧响应业务由南通天生港发电有限公司控股的南通天电智慧能源有限公司运营，供热、售电业务由南通天生港发电有限公司控股的南通天电新兴能源有限公司进行运营。

4 效益分析

4.1 经济效益

各类型项目收益情况详见表 19-3。

表 19-3 各类型项目收益情况

服务类型	投资回报率/%	全寿命周期/年	投资回收周期/年	用户用能成本
光伏	15.53	25	6.8	0.57 元/千瓦时
充电桩	12.39	8	6.4	约 0.97 元/千瓦时
压缩空气	20.27	25	6.1	0.0829 元/立方米（标况）
供热	11.31	30	10.6	约 242.55 元/吨

4.2 环境效益

（1）光伏发电部分。用能为太阳能，属于可再生能源，排放为 0，相较于 100 万机组发电煤耗，可减少 300 g 标准煤/kWh，每年可减排标准煤 219 t。

（2）供热部分。通过蒸汽梯级利用进行集中供热，每年可减少中集安瑞环煤耗 2532 t。

（3）压缩空气部分。通过蒸汽梯级利用驱动汽动空压机，每年可减少中集安瑞环煤耗 510.4 t。

4.3 社会效益

中集安瑞环专业从事化学品物流装备、化工工程装备、承压零部件等的生产，是一家传统的工业企业，在与天生港公司合作前的生产工艺过程中均采用传统化石能源。通过天生港公司的量身定制"五位一体"智慧能源方案，大大降低了中集安瑞环对传统能源的依赖。清洁能源的应用与能源的梯级利用不仅减少了中集安瑞环的碳排放，实现节能减排的社会效益，还卓有成效地改善了当地的大气环境。

通过供热、供气、供电、售电业务的开展，每年可为中集安瑞环提供约 1.8 万吨蒸汽、8800 万立方米（标况）压缩空气、73 万千瓦时绿电、2300 万千瓦时售电，每年共可以减少中集安瑞环煤耗 3261.4 t；通过新一代信息技术-物理网技术为中集安瑞环提供有序用能管理，异常用能分析；通过充电桩为中集安瑞环内员工提供电车充电服务。不仅极为可观地降低了中集安瑞环的用能成本，提高了员工的幸福感，更使得中集安瑞环成为了所在地首个"低碳转型"企业。

5 创新点

一是通过供需两侧的联合调度，构建高效灵活的电能管理策略。综合能源集中协同供应是实现负荷高效管理的"硬核底座"。全面考虑用户用能时空特性，如分时性或季度性、可中断负荷、工业用户生产行为的清洁性等因素，通过整合压缩空气、热、电等多种能源供应形式，将不同的能源品种按照系统最优生产比例进行打包进行集中供应，实现能源互补和高效利用。由单一主体对多种能源的集中调度和设备管理，规避多个供应主体间的商务摩擦和协调成本，提高供应效率和响应速度。在电网需求波动时，以压缩空气折电量、充电桩、光伏电站为可调负荷资源池，通过灵活切换压缩空气供应方式、启停光伏电站及充电桩等实时调整不同能源的供应比例，相较于通过电负荷预测、用户自发进行可调负荷，更有利于形成并实现大容量可调负荷的"快上快下"。

二是天生港公司积极践行绿色低碳发展理念，通过光伏进行清洁电能供应，提高了清洁能源应用比例，推动中集安瑞环由传统的工业制造型企业向绿色低碳型企业转型。

三是天生港公司深挖现有 2×330 MW 机组潜力，通过机组做功后的供热蒸汽驱动汽动空气压缩机，以我为主、中集安瑞环自有电动空压机为辅共同供应压缩空气，显性减少了中集安瑞环的生产成本、人员成本、运维成本，增强了中集安瑞环的行业竞争力。此举不但降低了企业成本，是能源梯级利用优势的体现，更降低了区域总体能耗总量。

四是为支持有序用能管理，异常用能分析，采用了新一代信息技术-物联网技术，采集器通过 ModbusTCP 及 MQTT 等方式与热、电、气表实现通信，实现对数据实时采集，结合 3D 可视化技术，直观、全面地反映系统运行状态，提高了突发事件的响应能力。

五是通过综合能源系统和信息技术-物联网技术相结合，不同于单一的能源供应，物联网技术的糅合有效地将"各自为战"成功地转变为"协同作战"，最终实现了用户侧响应这一目标。

六是为响应并倡导"绿色出行"理念，在中集安瑞环厂区停车位配置了充电桩，充电桩白天用电均为光伏提供的绿电，不仅解决了员工电车充电难问题，更减少了出行碳排放。

6　经验体会

作为南通西门户"地标"，具有百年历史的天生港公司深入贯彻落实"四个革命、一个合作"能源安全新战略，统筹推进煤电清洁高效发展，积极打造"以电为中心、辐射周边"的"发电+"综合能源供应体。该项目依托自身区域优势，延伸产业链和价值链，做好"优"和"扩"两篇文章，通过向区域用户供电、供热、供气等多联供，成功拓展能源综合利用空间，积极拓展可调负荷辅助电力辅助服务市场。作为买方，中集安瑞环做出了一本省心、省钱、省力的成本账，作为卖方，天生港公司做出了一本稳中有进、有中出新的收入账，携手打造企企合作典范，谱写共赢发展篇章。

7　问题与建议

一是缺乏各层面规划，政策支持有待完善。国家层面及地方层面目前的支持政策多是针对综合能源服务的某块单项业务，缺乏对整体业务的规划引导。

二是存在行业壁垒，体制机制改革有待深入。综合能源服务涉及电、热、气、水等，从规划设计、立项到施工建设往往需要不同部门审批，有时候会产生冲突，协调成本大，耗时耗力。

三是标准体系不健全，商业模式不成熟。综合能源服务相关的技术标准、服务标准、管理标准等规范体系尚不完善。

专家点评：

项目通过能源管理模式为用户打造了供热、供气、供电、充电桩运营、售电"五位一体"的综合能源服务体系，为其提供有序用能和节能的综合能源管理服务。

项目通过供需联合调度，将压缩空气、热、电等多种能源品种按照系统最优方式进行打包供应。采用物联网技术，热、电、气表互联通信，实现数据实时采集，将"各自为战"有效转变为"协同作战"，提高了突发事件的响应能力。

项目通过 2×330 MW 机组做功后的蒸汽驱动空压机，替代用户电动空压机为供应压缩空气，显性减少用气成本，增强了能源梯级利用优势。

项目依据用户侧的可调负荷，形成需求响应能力，通过参与需求响应取得了良好的经济效益，在用户侧综合能源服务、供用协同方面起到了积极的示范作用。

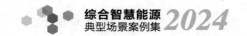

案例 20

矿井水处理"煤矿与煤电联营"综合能源项目

申报单位：国网能源和丰煤电有限公司

摘要：煤矿水处理"煤矿与煤电联营"综合能源项目采用软化系统+双介质过滤器+超滤+一级反渗透系统；其中软化系统采用结晶造粒工艺，一级反渗透采用倒向反渗透技术，两项工艺均为国内先进专利技术。建造完成后，一方面可减少水库用水量，节约水资源；另一方面减少煤矿外排水量，降低矿井水外排环保风险。

1 项目概况

1.1 项目背景

大中型煤矿开采过程中会产生大量的矿井水，这些水往往具有水量大、悬浮物高、硬度高、含盐量高等特点。矿井水中普遍含有以煤屑、岩粉为主的悬浮物，含盐量基本在 $1000\sim4000$ mg/L，少量矿井的矿井水含盐量达 5000 mg/L 以上。矿井水的含盐量主要来源于 Ca^{2+}、Mg^{2+}、Na^+、K^+、SO_4^{2-}、HCO_3^-、Cl^- 等离子，尤其是 Ca^{2+}、Na^+、SO_4^{2-} 含量较高。因此矿井水直接排放不仅浪费了大量宝贵的水资源，而且还会对周围环境造成污染，同时极大制约煤矿企业的正常生产。目前国内已工程实施的矿井水处理工艺主要有：混凝澄清+过滤、预处理+超滤+反渗透、预处理+超滤+纳滤等。但这些工艺系统预处理效果不稳定，膜污染现象突出，废水资源化利用程度不高，不能实现真正意义上的零排放。

国家对煤矿矿井水资源化利用高度重视，2020 年 11 月生态环境部、国家发展改革委、国家能源局联合发表的《关于进一步加强煤炭资源开发环境影响评价管理的通知》中指出，矿井水应优先用于项目建设生产，并鼓励多途径利用多余矿井水。根据《煤炭工业"十四五"高质量发展指导意见》，到 2025 年我国煤矿矿井水利用与达标排放率需达到 100%。可以说这些政策的提出均对矿井水的处理提出了更高的要求。此外，智慧矿山的提出也使得煤矿智能化成为了煤炭工业发展的重点，其中要求矿井水处理做到"有人巡检，无人值守"。

1.2 项目进展情况

和丰电厂煤矿矿井水初步回收利用改造项目于 2018 年启动，2019 年 1 月完成项目可研收口，2019 年 12 月完成项目投资决策，2020 年 1 月完成最终方案设计。受疫情影响，项目于 2022 年 4 月 10 日正式开工，2022 年 2 月完成设备及系统安装，2023 年 2 月完成系统调试，投入运行。

2 能源供应方案

2.1 负荷特点

和丰电厂及沙吉海煤矿现有生产及生活用水均取自加音塔拉水库，通过一、二级泵站进行供给，总用水量约 3300 吨/天，年用水量约 130 万吨（根据发电量不同稍有变化）。沙吉海煤矿矿井水平均涌水量为 290 m^3/h，瞬时最大涌水量为 m^3/h，煤矿处理后部分外排。

2.2 技术路线

2.2.1 矿井水固体处理单元

矿井水预处理单元工艺流程图见图 20-1。

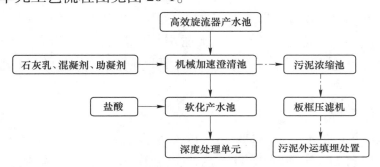

图 20-1 矿井水预处理单元工艺流程图

矿井水处理工艺使用高效旋流法先去除悬浮物。经过高效旋流器处理后水中 SS 达到 30 mg/L 的设计要求，但是硬度及总盐无法去除，不能达到工业用水及生活用水水质标准，也不符合电厂既有锅炉水处理间的进水水质要求，直接使用会造成设备，管道腐蚀及反渗透膜组件大量结垢，产生事故风险，因此需增加水质软化处理系统降低矿井水硬度以及深度处理系统降低总盐量。

矿井水经高效旋流器实现煤尘颗粒与水的分离后，产水进入产水池，经提升水泵提升至电厂区内新建的两座处理能力 200 m^3/h 的机械搅拌澄清池，在池内一次反应室投加石灰生产碳酸钙和氢氧化镁絮体，在二次反应室投加聚铁及 PAM，水体中产生的大颗粒絮体在分离室完成分离沉淀，出水流入新建的产水池，通过产水提升泵泵入电厂深度处理单元。

机械搅拌澄清池排出的钙镁沉淀物进入电厂既有的工业废水处理站污泥脱水间，污泥脱水间需要增加板框压滤机；浓缩后的污泥经螺杆泵打至新增的板框压滤机，经脱水处理后的泥饼外运。压滤液回流至煤矿新建矿井水处理站的调节池内，准备进入软化系统+双介质过滤器+超滤+一级反渗透系统；其中软化系统采用结晶造粒工艺，一级反渗透采用倒向反渗透技术，两项工艺均为国内先进专利技术。

2.2.2 软化处理系统

矿井水通过煤矿在建矿井水处理站内高效旋流器处理后，虽然悬浮物达到标准，但是硬度及可溶性总固体（TDS）依然较高，无法直接进入后续深度处理单元，需要增加软化工艺降低硬度。根据该项目矿井水的检测报告，水中总硬度 1140.9 mg/L，永久硬度为 618 mg/L，暂时硬度为 387.8 mg/L，总碱度为 387.8 mg/L。

电厂使用化学结晶造粒流化床软化工艺，采用的设备称为：结晶造粒流化床。优点包括：（1）高负荷，大流量。化学结晶造粒流化床上升负荷可达 60~100 m/h，单台直径 1600 mm 设备处理水量可以达到 200 m³/h；（2）软化效率较高，钙离子去除效率达到 90% 左右；（3）化学结晶造粒流化床晶种采用定时投加，排除颗粒定时排放，完全实现自动化；（4）设备无需再生，可不间断持续运行；无需太多人工操作；（5）无废水和污泥的产生（$CaCO_3$ 纯度正常可达到 90% 以上）；（6）药剂投加量小，成本低；（7）设备组成较少，占地面积小，安装维护较简单。

为去除化学结晶造粒流化床工艺中所产生的 $CaCO_3$ 晶体，电厂采用造粒流化床高速固液分离系统，该技术可以广泛用于多种条件下的低温低浊/高浊/高藻水质处理，可适用悬浮物 SS 在 10~20000 mg/L 范围内高浊和低温低浊的水质，辅助投加石英砂、活性炭能有效除去 30%~50% 的 COD。造粒流化床高速固液分离技术工艺优点包括：（1）工艺流程短，效率高；（2）污泥含水率低，易处理；（3）水质适用范围广，抗冲击能力强；（4）去除率高、出水稳定；（5）设备占地面积小，附属设备少，可实现自动化操作与运行，维护运营管理简单。

2.2.3 深度处理系统

经过软化处理的井下涌水，其 TDS 含量依然较高，无法直接回用于电厂及煤矿的生产及生活，因此需要进行深度处理降低 TDS 后，才能作为电厂及煤矿的生产、生活用水，以及作为电厂既有锅炉补给水处理系统的原水使用。

电厂既有的锅炉补给水处理系统为反渗透工艺，因此采用深度处理工艺选择反渗透工艺，运行人员对该系统操作较为熟悉，同时在不影响电厂生产运行的情况下，能够充分对既有设施进行改造利旧，达到降低投资的目的。通过研究现有反渗透工艺，并通过实验，测算出结垢因子的结垢时间与情况，再通过其独有的监测元件与方法，对系统检测。从而研发出整套完整的倒向反渗透工艺技术，该技术将现有反渗透的回收率提高 20% 左右，且具有众多运营优势：产水量高、浓水量少，同时膜表面不容易结垢和污堵。

工艺优点包括：（1）通过切换水流方向，使更多水分子透过反渗透膜，从而提高反渗透回收率（由 75% 提高至 90%）。（2）回收率提高，产生量增加，同等出力情况下原水量减少，降低原水预处理的负荷；浓水量减少，降低浓水处理费用。（3）防止膜表面结垢，保持产水量；清洗周期延长至 6~9 个月；节约阻垢剂投加药剂量 20%~30%。膜使用寿命延长 2~3 年。

矿井水自煤矿侧清水池进入该项目新增的 3000 m³ 调节水池，通过新增提升泵进入新建软化装置（290 m³/h）进行处理。矿井水软化处理后进入电厂既有 30000 m³ 储水池，然后经原水提升泵加压后进入双介质过滤器（利旧 4 台，新增 3 台），双介质过滤器出水经自清洗过滤器进入超滤系统（利旧 2 套，新增 1 套），产水进入既有的超滤产水箱，超滤产水经提升后进入新增一级反渗透（设计出力为 168 m³/h，共计 2 套，1 用 1 备）。

电厂锅炉补给水：部分一级反渗透产水进入原锅炉补给水系统，原锅炉补给水系统中的反渗透装置作为二级反渗透进一步脱盐，产水进入阳床、阴床、混床制备锅炉补给水。

电厂、煤矿工业用水：一级反渗透产水和超滤产水按照约 5∶1 的比例混合进入既有的工业消防水池，二级反渗透全部浓水进入工业消防水池，满足电厂及煤矿工业用水需求。

电厂、煤矿生活用水：部分一级反渗透产水和部分超滤产水混合进入生活水池，满足电厂及煤矿生活用水需求。

3 用户服务模式

3.1 用户需求分析

国网能源和丰煤电有限公司（简称"和丰电厂"）位于新疆和布克赛尔蒙古自治县城东南 63 km，是沙吉海一号矿井与电厂合建项目，其中矿井坑口电厂规划容量为 3000 MW，已建设 2×300 MW 燃煤机组，二期规划容量为 4×600 MW 机组，留有再扩建条件。

和丰电厂及沙吉海煤矿现有生产及生活用水均取自加音塔拉水库，通过一、二级泵站进行供给，总用水量约 3300 吨/天，年用水量约 130 万吨（根据发电量不同稍有变化）。沙吉海煤矿矿井水平均涌水量为 290 m^3/h，瞬时最大涌水量为 400 m^3/h，煤矿处理后部分外排。

和丰电厂积极推进煤矿矿井水初步回收利用改造项目，对沙吉海煤矿矿井涌水进行处理，处理后矿井水作为电厂及煤矿生产、生活用水。改造完成后，一方面可减少水库用水量，节约水资源；另一方面减少煤矿外排水量，降低矿井水外排环保风险。

3.2 政策依据

将煤矿矿井水回收使用结合和丰电厂实际进行可行性分析及应用，并在和丰电厂组织实施落地，项目改造调试后，成功实现了煤矿矿井水回收利用，减少和丰电厂地表水使用量，响应了国家节水政策。

3.3 服务模式

项目总投资 3300 万元，分 4 个子项目，分别为设计、环评、监理及施工 PC 总承包。

（1）和丰电厂煤矿矿井水初步回收利用改造项目设计项目中标单位中煤科工集团沈阳设计研究院有限公司，合同价 37.6 万元，2020 年 4 月出具设计蓝图。

（2）和丰电厂委托编写、报批煤矿矿井水回收利用改造工程环评报告项目中标单位新疆易达鸿效环保科技有限公司，合同价 8.35 万元，2020 年 3 月取得塔城地区生态环境局批复文件。

（3）和丰电厂煤矿矿井水初步回收利用改造项目委托监理中标单位为新疆卓越工程项目管理有限公司，合同价 36.3 万元，项目监理人员同 PC 总承包开展工作。

（4）和丰电厂煤矿矿井水初步回收利用改造项目 PC 总承包项目中标单位华夏碧水环保科技有限公司，合同价 2783.8532 万元。

该项目立项决策批复投资额为人民币 3300 万元，实际完成投资为人民币 3300 万元。

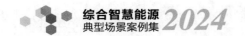
4 效益分析

4.1 经济效益

和丰电厂煤矿矿井水经过"软化处理+深度除盐"后应用于四个部分：（1）煤矿井下及地面用水工业用水、绿化用水。（2）电厂循环冷却补给水。（3）电厂化学制水车间原水。（4）电厂及煤矿生活用水。

和丰电厂煤矿矿井水经过"软化处理+深度除盐"处理后，系统产水水质达到生活饮用水质标准，供电厂及煤矿职工生产、生活用水，每年可节约水库地表水 150 余万吨，节约水费 450 余万元。

4.2 环境效益

和丰煤电地处西部缺水地区，目前全厂循环冷却水、锅炉补给水及工业水及生活水源均为地表水，根据国家现行的限制使用地下水和地表水的用水政策，该电厂的用水成为其发展的一大限制因素。和丰电厂煤矿矿井水经过"软化处理+深度除盐"处理后，系统产水水质达到生活饮用水质标准，供电厂及煤矿职工生产、生活用水，每年可节约水库地表水 150 余万吨，减少了矿井水外排，具有较大的环保效益。这不仅大大减少了电厂的运行成本，同时提高了水资源的利用率，缓解对地表水和地下水资源的开发，避免了因水资源过度开发而导致的环境危害，更符合国家环保和节约资源的需求。

4.3 社会效益

节约用水是我国一项长期的基本国策，水资源的不足，已成为我国经济发展的重要制约因素。矿井水回用，利用煤矿井下的排出水作为水源，通过技术改造，革新工艺，使废水经处理后回用于电厂循环冷却水补充水及其他用水系统，可大幅度减少电厂新鲜水取用量。合理用水，一水多用，每年可节约水库地表水 150 余万吨，减少了矿井水外排，降低了环保风险，彰显了企业担当，具有较好的社会效益。

5 创新点

该项目采取的均为当前先进技术，主要有点如下：

（1）化学结晶造粒流化床工艺优点。

1）高负荷，大流量。化学结晶造粒流化床上升负荷可达 60～100 m/h，单台直径 1600 mm 设备处理水量可以达到 200 m^3/h。

2）软化效率较高，钙离子去除效率达到 90% 左右。

3）化学结晶造粒流化床晶种采用定时投加，排除颗粒定时排放，完全实现自动化；设备无需再生，可不间断持续运行；无需太多人工操作。

4）无废水和污泥的产生。化学结晶造粒流化床最终产生的是固体碳酸钙颗粒，碳酸钙的纯度正常可达到90%以上，氧化钙含量可达到50%以上，可用于建筑材料、脱硫回用等。

5）药剂投加量小，成本低。化学结晶造粒流化床内部结构设计可以使得药剂精确投加，与水充分混合反应，较小的药剂量产生较好的反应效果，成本较低。

6）工程投资较传统的石灰软化工艺低。化学结晶流化床整套系统设备组成较少，设备占地面积小，安装维护较简单，故土建费用及安装费用要少很多，工程总投资较传统的石灰软化工艺略占优势。

（2）造粒流化床高速固液分离技术工艺优点。

1）工艺流程短，效率高。高速固液分离流化床将混凝沉淀集于一体，大大缩短了反应时间，且通过合理控制反应所需条件，形成致密的絮凝体，固液分离所需时间短，效率高，上升负荷可达到20~90 m/h。

2）污泥含水率低，易处理。高速固液分离流化床排放污泥含水率可达85%~95%，非常便于后续的污泥脱水处理。

3）水质适用范围广，抗冲击能力强。高速固液分离流化床可广泛应用于多种条件下的给水和废水处理工程，对高浊度水质（最高可达20000 NTU）及低温低浊水质（最低可达3 NTU）都有很好的处理效果，且水质抗冲击能力强。

4）去除率高、出水稳定。高速固液分离流化床对水中胶体态和悬浮态污染物有很高的去除效率，对部分溶解态污染物也可有效去除，出水悬浮物SS可由3~20000 NTU达到1~5 NTU以下，且出水效果稳定。

5）设备占地面积小，附属设备少，可实现自动化操作与运行，维护运营管理简单。

（3）倒向反渗透技术工艺优点：

1）提高反渗透回收率：通过切换水流方向，使更多水分子透过反渗透膜，反渗透回收率由75%提高至90%，较常规反渗透提高约20%回收率。

2）回收率提高，产生量增加，同等出力情况下原水量减少，降低原水预处理的负荷；浓水量减少，降低浓水处理费用。

3）防止膜表面结垢，保持产水量；清洗周期延长至6~9个月；节约阻垢剂投加药剂量20%~30%。膜使用寿命延长2~3年。

6 经验体会

该项目响应国家的节水政策，实现矿区污废水综合利用，保护区域水资源，使污废水实现资源化，从技术条件、安全、环保、经济性等方面，均满足可研可行性。该项目的建设有效的实现了矿井水的零排放，并实现了矿井水资源化利用。大大提高了水资源的利用率，缓解对地表水和地下水资源的开发，避免了因水资源过度开发而导致的环境危害，更符合国家环保和节约资源的需求。

7 问题与建议

项目设计存在部分不完善的地方，现场实施过程中同步进行了优化；

总成本单位项目管理较欠缺，施工组织不合理，同时受疫情影响，项目工期滞后较多。

专利技术在水处理应用上技术较成熟，可以推荐使用。受水质影响等问题，处理不同水质加药量使用略有不同，其他兄弟单位选择时建议根据水质情况，做详细分析、比对。

专家点评：

该项目较好地实现了矿井水资源化利用，通过先进的水处理技术，项目采用软化系统采用结晶造粒工艺和一级反渗透采用倒向反渗透技术，均为国内先进专利技术。

煤矿矿井水经过"软化处理+深度除盐"处理后，系统产水水质达到生活饮用水质标准，每年可节约水库地表水150余万吨，节约水费450余万元。提高了矿井水资源综合利用水平、有效节约水库地表水用量，较好地落实国家节水政策要求，特别是对水资源匮乏地区高效利用水资源起到较好的示范作用。

「案例 21」

基于化学链矿化的火电厂二氧化碳捕集利用技术研究与示范项目

申报单位：国电电力大同发电有限责任公司

摘要：建设了国内首套化学链矿化的二氧化碳捕集利用装置，利用工业固废电石渣，在无需捕集提纯和常温常压的条件下，将火电厂烟气中的二氧化碳转化为绿色低碳碳酸钙产品，实现了长期稳定固碳和工业固废的资源化利用，探索出传统煤电企业减碳降碳的新路径。项目构筑起碳捕捉利用装置与火电厂烟气系统相耦合的零碳综合能源体系，并顺势搭建了链接火电企业、电石或钢铁等生产企业、建材或橡胶等制造企业的循环经济产业链，是双碳背景下火电企业实现综合能源发展的绿色转型之路的有益探索。

1 项目概况

1.1 项目背景

2021 年 3 月，我国发布第十四个五年规划纲要，提出"十四五"期间将实施碳捕集、利用与封存（CCUS）重大项目示范。2021 年 4 月，中央财经委员会议要求"推动绿色低碳技术实现重大突破，抓紧部署低碳前沿技术研究，加快推广应用减污降碳技术"；国家发展改革委、国家能源局发布的《能源技术革命创新行动计划（2016—2030 年)》中把"二氧化碳捕集、利用与封存技术创新"列为国家重点战略创新任务之一。当前，碳减排已经纳入了中央环保督察及国土空间规划的约束指标，能否在 CCUS 领域实现关键技术突破，对于企业和国家实现"双碳"目标和绿色低碳发展具有重大意义。

国家能源集团拥有 162 个火力发电厂，火电总装机容量 1.78 亿千瓦。60 万千瓦及以上机组占比 60%，百万千瓦机组 29 台，占全国的 25.9%。生产运营煤制油化工项目 28 个，已建成运营的煤制油产能 526 万吨，煤制烯烃产能 393 万吨。因此，在碳中和目标下，不断探索 CCUS 技术在火电和煤化工行业实施路径及策略，有助于国家能源集团火电和煤化工行业的脱碳化进程，也有助于国家 2060 年碳中和目标的实现。

基于化学链矿化的火电厂二氧化碳捕集利用技术研究与示范项目以循环介质氯化铵溶液为载体，以厂区内光伏绿电为能源，通过构建火电厂烟气（二氧化碳含量 11%）和工业固废电石渣间的化学链矿化反应，得到具有经济价值的微米级碳酸钙产品。项目在国电电力大同发电有限责任公司建设了首套年处理 1000 t 的二氧化碳矿化装置，位于山西省大同市北京至大同高速公路魏都大道出口附近，年产合格碳酸钙 2300 t。项目投资 2495 万元构筑了碳捕捉利用装置与火电厂烟气系统相耦合的零碳综合能源体系，同时兼具工业固废的处理能

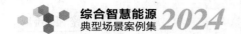

力，并产出高附加值的绿色微米级碳酸钙产品。

1.2 项目进展情况

项目于 2021 年 10 月开工建设，2022 年 10 月完成土建安装，2022 年 12 月 25 日通过
168 h 试运后正式运行，2023 年 11 月通过中国环境监测总站性能测试，2023 年 12 月 8 日在
中国电力企业联合会组织的科技成果鉴定会上被鉴定为达到国际领先水平。目前项目已正式
运行近一年半。

2 能源供应方案

2.1 负荷特点

项目利用二氧化碳化学链矿化利用技术路线，将火电能源企业、电石制造企业和橡胶、
建材等材料生产企业耦合为完整的循环经济产业链，并使用光伏绿电作为能源供应，构筑起
零碳的综合能源体系，是"双碳"目标下构建新型电力系统的有效探索，具有显著的示范
意义。

2.2 技术路线

项目采用新型二氧化碳化学链矿化利用技术路线，由工业烟气中的二氧化碳与工业固
废（钢渣、电石渣等）反应，生成碳酸盐从而被固化封存并进一步被利用的过程。

项目工艺流程主要包括了溶矿工段和矿化工段：在溶矿工段，主要是利用氯化铵介质实
现电石渣原料中钙离子的高效提取；在矿化工段，烟气中二氧化碳与钙离子发生矿化反应，
生成碳酸钙沉淀，同时实现循环介质溶液的再生（图 21-1）。

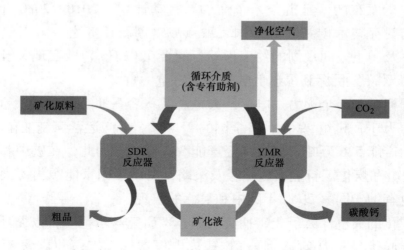

图 21-1 项目工艺流程

关于该项目碳捕集利用技术路线的选择与发展，是国内外技术发展情况研究分析后的必
然选择。

2005 年联合国政府间气候变化委员会（IPCC）向各国提出了碳捕获与封存技术

（Carbon Capture and Storage，CCS），但是在全球范围内，由于其成本高，缺乏项目利润来源，CCS 技术发展一直处于低迷状态，为了改善这种状态，引入了 CO_2 经济价值讨论，碳封存领导论坛（CSLF）在 CCS 基础上，增加了 CO_2 的利用，将 CCS 一词延伸为 CCUS。经过多年的合作和技术交流，CCUS 技术已经在国际上受到高度认可和使用。CCUS 技术的进步主要体现在捕获、利用和封存等各环节新技术的不断开发和完善。国际能源署（IEA）认为要实现到 2050 年全球平均气温上升控制在 2 ℃ 以内的目标，CCUS 技术需要贡献 16%~19% 的减排量。而要达到 "2 ℃" 和 "1.75 ℃" 的温升控制目标，CCUS 技术需要分别贡献 14% 和 32% 的累计 CO_2 减排量。IPCC《第五次气候变化评估报告》指出：如果没有 CCUS，绝大多数气候模式运行都不能实现缓解气候变化的目标，且缓解气候变化的成本将急剧上升。目前，很多煤基行业已经开展了 CCUS 技术减排潜力的研究，并取得了初步成效。

国外 CCUS 技术应用比较早，经过多年的连续发展，该技术在开发、示范和配套设施等方面都相对较为完善，尤其是在 CO_2 驱油技术方面有着长时间的现场实践和积累，在 20 世纪 80 年代就已经进入商业化应用阶段。与之适应的还有廉价的气源、网络化输气管道、配套财税政策等有利于 CO_2 驱油与封存技术工业化推广的条件。

而我国内 CCUS 技术起步较晚，但发展较快，目前从政策、研发与示范、国际交流等方面正在有序推进该技术的研发和应用。从我国对 CCUS 技术发展部署来看，该技术研发战略与发展方向明确，其研发与示范的支持力度不断加大，2006 以来，已依托国家科技支撑计划、973 计划、863 计划、国家重点研发计划等部署了多项研发项目和示范工程，近年来也取得了长足的进步。截至 2019 年，我国共开展了 9 个捕集示范项目、12 个地质利用与封存项目，其中包含 10 个全流程示范项目。除传统化工利用以外，所有 CCUS 项目的累积封存量约为 200 万吨 CO_2。此外，我国成立了 CCUS 产业技术创新战略联盟，加强国内 CCUS 技术研发与示范平台建设，推动产学研合作；同时，我国与国际能源署（IEA）、碳收集领导人论坛等国际组织开展了广泛合作。

基于 2015 年中美签署的《中美元首气候变化联合声明》，我国选定位于陕北地区的陕西延长石油集团，开展了第一个 CCUS 项目，且进展良好。目前我国在中石化、中石油、中联、国电、华北科技大学、华能等多家单位开展了超过 20 个各类示范运行的 CCUS 项目，华润海丰还建立了我国第一个碳捕集测试平台。基于煤化工的 CO_2 分离技术、燃煤电厂的燃烧前、燃烧后和富氧燃烧捕集技术以及 CO_2 地质利用与封存技术得到全面发展。此外，我国逐渐加大在 CO_2 化工利用领域的研究和示范力度，例如，2017 年山西潞安集团与上海高研院联合建设甲烷 CO_2 自热重整制合成气装置，年利用 CO_2 达 2 万吨。目前，我国整体已对 CCUS 技术进行了较为系统的研究，但是相比国外先进水平仍存在较大差距，尤其是在规模化、全流程示范、CO_2 封存检测、泄漏预警等核心技术以及规模运输与封存工程经验方面差距更明显。

2.3　装机方案

项目建设了一套 1000 吨/年二氧化碳矿化工业装置，装置入口烟气流量 800~1000 Nm^3/h，入口二氧化碳浓度 8%~15%，溶矿工段 pH 值为 9~12，矿化工段 pH 值为 8~10，温度为常温。最终装置的二氧化碳捕集效率为平均 92.2%，二氧化碳净减排率为 68.6%。

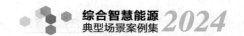

项目装置的关键设备是电石渣溶矿反应器和 CO_2 矿化反应器。电石渣溶矿反应器是一个特殊结构的立式带搅拌的气-液-固反应器，使溶液迅速与矿化固料混合均匀并进行反应提取。可实现对电石渣中的钙元素进行高效率，高选择性提取。CO_2 矿化反应器为在多级气升式环流反应器的基础上开发的 CO_2 吸收-矿化-分离一体化反应器，该工艺中采用三台反应器级联的方案，单台反应器的体积为 16.6 m^3。

3 用户服务模式

3.1 用户需求分析

项目的主要潜在能源用户为火电、煤炭、化工等高碳排的能源企业，其主要需求是二氧化碳的减排。

3.2 政策依据

"十四五"期间，在"碳达峰碳中和"目标下，我国加快了绿色低碳转型步伐，CCUS产业受到更多关注，出台的 CCUS 相关政策推动 CCUS 向大规模、全流程方向发展。2021年，我国首次将 CCUS 重大项目示范纳入国家"十四五"规划方案，大大增强行业信心。同年发布的《中共中央 国务院关于完整准确全面贯彻新发展理念做好碳达峰碳中和工作的意见》将 CCUS 确定为实现"双碳"目标的重要技术手段，并提出"推进规模化碳捕集利用与封存技术研发、示范和产业化应用"。在生态环境部等部门开展的气候投融资工作中，CCUS 被列为气候投融资的重要方向，中国人民银行推出的减排工具也为 CCUS 提供了资金支持。近两年发布的《"十四五"现代能源体系规划》《"十四五"能源领域科技创新规划》《科技支撑碳达峰碳中和实施方案（2022—2030 年)》等均明确提出要针对包括 CCUS 在内的多项前沿领域，启动一系列具有前瞻性、战略性的国家重大科技示范项目。

3.3 服务模式

项目由集团公司独资投资，委托第三方运维，碳酸钙产品实行市场化定价。

4 效益分析

4.1 经济效益

该项目在实现火电厂碳减排的同时，将火电厂烟气中的二氧化碳气体和电石渣中的碱性成分转化为具有较好经济价值的工业产品，生成微米级轻质碳酸钙产品，变废为宝，实现了资源化利用，是典型的循环经济过程，产生可观的经济效益。

该碳酸钙为绿色低碳产品，经初步测算，用其替代传统碳酸钙，每使用 1 t 碳酸钙产品，带来的减排效益约 2 t 二氧化碳，减排效益巨大，必将成为未来高碳能源行业的大方向。

轻质碳酸钙是非常重要的工业原料和建筑材料，广泛应用在橡胶工业、塑料行业、造纸及涂料生产等领域，且发展前景良好。该项目每处理 1 t 二氧化碳，可生产出 2.3 t 碳酸钙，微米级轻质碳酸钙产品的市场（广泛应用在橡胶、油漆、塑料、油墨、造纸等行业）售价大约为 900~1800 元/吨，按 500 元计，该项目每处理 1 t 二氧化碳可产生至少 1150 元的经济价值。另外，与采用有机胺法捕集提纯二氧化碳的 CCS 法相比，该项目捕集每吨二氧化碳可节约 300~400 元/吨 CO_2 的捕集成本。根据我国目前碳交易价格，每矿化减排 1 t 二氧化碳，可产生 40~50 元/吨二氧化碳的碳指标收益，目前碳价在持续地增长中。

4.2 环境效益

项目作为矿化反应捕碳用碳的新技术，其在减碳降碳和环境保护方面的生态效益十分显著：（1）项目借鉴自然界固碳路线，将工业烟气中二氧化碳高效转化为碳酸钙，具有较高的碳净捕集率和生态友好的特征，是减碳降碳的优势路径，是真正的碳负项目，为温室气体减排提供了新的技术途径；（2）项目以电石渣或钢渣为原料，减少了该工业固废的露天堆放和提高了工业固废的综合利用率，将有可能污染环境的物质变废为宝，有良好的环境效益；（3）项目通过资源循环利用的方式生产了优质碳酸钙产品，有助于解决石灰石自然开采带来的严重环境问题。

4.3 社会效益

项目以工业固废电石渣或钢渣等处理工业含碳废气，并生成具有经济价值的绿色碳酸钙，与上游电石制造企业、火电能源企业和下游橡胶、建材等应用企业具有高度的耦合性，可以构建起完整的循环经济产业链，促进了能源和资源的高效利用。

该项目技术体系作为中长期有效控制温室气体排放的重要技术选择，有助于实现我国化石能源的低碳化、集约化利用，有利于优化能源结构，保障我国能源安全，促进电力、煤化工、钢铁等高排放行业的转型和升级，抢占全球低碳产业发展竞争中的机遇，对我国中长期应对气候变化、推进低碳绿色可持续发展具有重要意义。该项目将助力"碳达峰碳中和"整体目标的实现，开拓工业固废绿色化处置新模式。

5 创新点

项目建设了首套基于化学链矿化反应的碳捕集利用装置，由中国环境监测总站对其开展的性能测试报告显示，装置二氧化碳的吸收率达到 92.2%，二氧化碳净减排率达到 68.6%。

技术上，项目创新地采用化学链反应的工艺，实现低浓度二氧化碳矿化固碳路径，并在千吨级规模的装置中实现了稳定运行；研制了钙离子高浸取率的专用循环助剂机溶矿反应器（SDR 反应器），实现电石渣中钙离子高效、高选择性提取；研制了高效快速的 YMR 矿化反应器，在常温常压下实现了快速反应，反应过程中无堵塞，三相（气、固、液）分离效果好，运行稳定，在二氧化碳浓度为 8%~12%（体积分数）的条件下，二氧化碳吸收率可达到 92%，实现了电厂排放的烟气无需经过碳捕集提纯过程，直接矿化利用，解决了传统矿化工艺技术能耗偏高、消耗酸碱等难题；将二氧化碳转化为热力学稳定的绿色固碳型碳酸钙，工业过程和固碳产品单位能耗低、二氧化碳净减排率大于68%，是一种高效的负碳技术。

6 经验体会

该项目通过工艺和工程创新，构建了二氧化碳高效矿化资源循环新模式，成功研发了工业烟气二氧化碳矿化钙基固废制备碳酸钙的应用技术与装备，技术难度大，复杂程度高，对我国应对气候变化、实现"碳达峰碳中和"目标具有重要意义。该项目具有自主知识产权，专利设备达到国际领先水平。

项目采用的间接矿化工艺流程较复杂，但通过采用不同的浸出剂，成功实现了对不同烟气浓度下矿化反应的适应。然而，浸出剂的再生过程存在较高的能耗，同时还需要引入额外的废水和尾气处理工序。目前阶段，主要面临以下难题：首先，存在大量尾气需要处理，包括料仓含尘尾气、干燥机含尘尾气和包装含尘尾气；其次，该技术路线耗电量和耗水量较高，每吨二氧化碳的耗电量约为500 kWh/t 二氧化碳，耗水量为3.67 t/t 二氧化碳，这使得推广应用变得更加具有挑战性；最后，考虑到氨水的特性，其易挥发且与空气混合后可能形成爆炸性混合物；此外，低浓度氨对黏膜和皮肤有刺激作用，可能导致化学性灼伤，因此安全性问题也是需要在开发经验中予以充分重视的方面。未来仍需进一步优化工艺、降低物耗、资源循环回收、绿电耦合等，摸索出合理的建设规模，开发与之配套高效的设备，以降低未来项目的投资，提高系统安全可靠性。

7 问题与建议

项目作为新型碳减排技术的应用，建议政府给予更多的贷款和税收优惠；为扩大技术在更多行业的推广，建议行业协会在技术推介、与更多相关企业发生产业耦合上给予更多协助。

专家点评：

项目建设了一 1000 吨/年二氧化碳矿化工业装置，装置入口烟气流量 800～1000 Nm³/h，入口二氧化碳浓度 8%～15%，溶矿工段 pH 值为 9～12，矿化工段 pH 值为 8～10，温度为常温。最终装置的二氧化碳捕集效率为平均 92.2%，二氧化碳净减排率为 68.6%。

项目的主要潜在能源用户为火电、煤炭、化工等高碳排的能源企业，其主要需求是二氧化碳的减排。

项目每处理 1 t 二氧化碳可产生至少 1150 元的经济价值。另外，与采用有机胺法捕集提纯二氧化碳的 CCS 法相比，该项目捕集每吨二氧化碳可节约 300～400 元/吨二氧化碳的捕集成本。

【案例 22】

谏壁低碳循环经济引领高质量发展项目

申报单位：国能江苏谏壁发电有限公司

摘要：开展综合能源服务，是以市场化方式推动多能源系统协同降碳的重要途径，是实现"双碳"目标的重要抓手。国能江苏谏壁发电有限公司紧紧围绕向"低碳能源供应端和综合能源服务商"两个转变，全力打造综合能源耦合示范基地。以建设高效灵活清洁煤电为中心，持续推进热力供应、固废处置、可再生能源开发等资源协同高效利用、低碳循环经济高水平发展的新业态。在为大气污染防治重点区域煤炭消费总量控制及地方社会经济发展做出积极贡献的同时，助力企业转型发展，增强了企业核心竞争力。

1 项目概况

1.1 项目背景

国能江苏谏壁发电有限公司（以下简称"谏壁公司"）地处镇江市东郊，长江与京杭大运河交汇处，北滨长江，近邻京沪高铁和多条高速公路，交通便捷，水资源丰富。公司始建于 1959 年，目前装机 2660 MW 燃煤发电机组（2×1000 MW、2×330 MW），集中式光伏装机 41.45 MW，主要从事电力、热力的生产、销售，发电运营、粉煤灰、脱硫石膏的销售、生活污泥处置以及与发电相关技术服务和信息咨询服务等业务。现阶段国家大力推动传统发电企业技术创新和绿色转型，通过提高副产品资源综合利用率，促进低碳循环经济的可持续发展；通过对固废实施"减量化、资源化、无害化"处置，破解污染治理难题，促进生态文明建设健康发展。

1.2 项目进展情况

2023 年企业火力发电 151 亿千瓦时，供热 218 万吨（684 万吉焦），发电副产品（灰、渣、石膏）处置销售量 109 万吨，城市生活污泥处置 6.7 万吨，集中式光伏发电 0.46 亿千瓦时。年创营业收入 77.24 亿元，实现利润总额 5.43 亿元。

截至 2024 年 5 月，谏壁公司火力发电 51.8 亿千瓦时，供热 99.8 万吨（312.2 万吉焦），发电副产品处置销售量 37.5 万吨，城市污泥掺烧 3.1 万吨，集中式光伏发电 0.17 亿千瓦时。营业创收 24.5 亿元，实现利润总额 2.55 亿元。

此外，公司抓住 14 号机组（1000 MW）A 级检修的有利时机（2024 年 3 月 10 日至 2024 年 5 月 30 日），实施了中压蒸汽供热升级改造，具备向区域热力市场供应中压汽的能力。松林山灰场 30.51 MW 集中式光伏电站项目 4 月 10 日并网发电，正在推进竣工验收工作。

2 能源供应方案

2.1 负荷特点

供热负荷：区域热力市场均为工业用户，涉及医药、粮油、化工、新材料等行业。大部分热用户均为三班制连续生产，用热量连续稳定。当前常压蒸汽热负荷平均为 210 t/h，次中压蒸汽负荷平均约 35 t/h。

灰渣膏处置：受来煤品种、开机方式、机组检修、能源保供（迎峰度夏、迎风度冬）以及副产品市场供需形势等因素影响，灰渣膏处置及销售量波动较大。

污泥耦合掺烧：污泥结构主体为水业公司的城市生活污泥，含水率约 80%。目前日均掺烧量约 200 t。

2.2 技术路线

集中供热：汽源主要采用机侧抽汽、再热器冷段抽汽、汽动引风机排汽等汇集至分汽缸，通过减温减压装置进入各蒸汽母管，最后进入区域热力管网。

副产品深加工：粗灰（炉渣）由原料配料系统、磨机系统、成品中转储存系统、空压机站等成套加工、分选、存储流程形成等级灰，最终装车、装船运输出厂。

污泥掺烧：污泥运输自卸车将含水率约 80% 的湿污泥卸入地下湿泥仓内，仓底设螺杆泵，污泥由螺杆泵输送出湿污泥仓，经过管道输送至输煤皮带上，与原煤均匀掺混，送至锅炉炉膛中焚烧发电。

光伏发电：单（多）晶硅片构成电池组件，通过逆变器将电池组件产生的直流电转换为相应电压等级的工频交流电输送至公共电网或用电设备。

2.3 装机方案

火电装机：2×1000 MW、2×330 MW；

集中式光伏装机：厂区 8.1 MW、贞观山 33.35 MW。

3 用户服务模式

3.1 用户需求分析

用户性质：工业用户；

用能类型：电力、热力、原材料、固废处置。

3.2 政策依据

电力：《中华人民共和国能源法（草案）》《可再生能源绿色电力证书核发和交易规则（征求意见稿）》《全额保障性收购可再生能源电量监管办法》《全国煤电机组改造升级实施方案》；

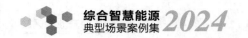
热力：《煤电机组"三改联动"技术路线（2022版）》《省发展改革委关于进一步促进煤电企业优化升级高质量发展的指导意见》《镇江市区热电联产规划》；

副产品深加工：《"十三五"节能环保产业发展规划》《中华人民共和国固体废物污染环境防治法》；

其他：《关于开展燃煤耦合生物质发电技改试点工作的通知》《江苏省大气污染防治行动计划实施方案》《江苏省控制能源消费总量工作方案》《镇江市"两减六治三提升"专项行动实施方案》。

3.3 服务模式

投资方式：谏壁公司独立投资。

价格政策：供热价格按照镇江市发展改革委热汽指导价格执行（本季度发布）；光伏发电价格中绿电交易价格根据市场供需形势由交易双方协商确定，绿电交易外电量按391元/兆瓦时平价上网价格执行；发电副产品、城市固废处置、码头过驳等业务价格按市场原则由交易双方协商确定。

收费模式：根据明确的价格标准按实结算。

经营方式：除污泥耦合掺烧属代加工外，其余均为自产自销。

4 效益分析

4.1 经济效益

集中供热：按照每吨汽约45元的毛利，区域热力市场用汽需求可为公司每年创造1亿元的利润。具体到"十四五"期间公司实施的次中压蒸汽、中压蒸汽供热改造以及配套的管道建设，工程动态投资金额约7100万元，按照投产后年供应次中压、中压蒸汽60万吨测算，投资回收期2.6年，按30万吨测算，投资回收期约5.3年。

副产品深加工：2020—2023年公司累计生产销售"苏源"牌粉煤灰346万吨，等级灰率达95%以上，企业创收4.3亿元。

城市固废耦合掺烧：年均创收超1500万元。

集中式光伏发电：按照年发电4600万千瓦时，平均价格0.42元/千瓦时测算，年度创收约1900万元，投资回收期约14年。

4.2 环境效益

集中供热：由于谏壁公司4台高效燃煤大机组对区域热力市场实施集中供热，原先区域内127台35 t/h以下的分散燃煤小锅炉全部关停。关停小锅炉年耗标准煤量约8.4万吨，按照高效大机组锅炉效率优于小锅炉25%测算，集中供热为区域压降二氧化碳排放近10万吨。

副产品深加工：按照1 t一级灰替代相应标号1 t水泥产品测算，1 t水泥约带来0.8 t碳排放，公司年产25万吨一级灰，就可减少二氧化碳排放量20万吨。此外，固废处置还极大缓解了土地等环境资源紧张的局面。

污泥掺烧：项目年掺烧污泥量近 7 万吨，约占城市污泥总量的 70%，有效防止土壤污染和保护水资源质量，解决了人口密集区域污泥处置难题，拓展了资源综合利用渠道，减少对自然资源过度开采和环境的破坏。

光伏发电：按照年发电 4600 万千瓦时，平均标准煤耗 300 g/kWh 测算，可减少二氧化碳排放量 5 万吨。

4.3 社会效益

企业低碳循环经济的快速发展，实现以资源综合利用为基础的循环经济产业格局，资源在生产全过程得到安全利用，达到经济效益、社会效益和环境效益的有机统一，是践行国家"双碳"目标、助力建设新型能源体系的重要举措，也是提升城市生活环境、改善生活质量、优化营商环境的重要抓手，符合国家法律法规和相关政策，切实担负起能源供应压舱石、能源革命排头兵的职责使命。

5 创新点

该项目的实施，实现了电、热、副产品、城市污染物一体化协同降碳的目标，同传统燃煤火电企业低碳循环发展有机结合，用相对较低的投资带动了社会、经济、环境效益的全面提升。

6 经验体会

在"四个革命、一个合作"能源发展新战略下，结合自身特点、市场需求和环保要求以实现企业绿色转型是传统电力生产企业面对的重大课题。为实现国家"双碳"目标，积极履行能源企业肩负的历史使命，需要企业探索低碳循环经济发展模式，通过技术创新、商业模式创新和管理创新共同推动产业升级，从而促进新质生产力的蓬勃发展。

7 问题与建议

（1）虽然远距离输热的技术瓶颈已被消除，但受制于供热管网天然垄断属性，以及新建管网投资金额大、审批手续复杂、协调难度大等因素，热力市场开发拓展的制约因素较多。

（2）伴随国家大基建步伐的逐步放缓，灰渣等副产品市场的需求开始回落，激烈的市场竞争导致副产品价格大幅度下降，副产品迭代升级日益迫切，如何通过技术创新持续提升副产品应用范围是需要我们探索和努力的方向。

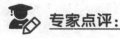
> **专家点评：**
>
> 　　该项目区域集中供冷项目，通过离心式电制冷和动态冰蓄冷等方式保障供冷需求，融冰释冷速度大幅提高，具备尖峰电价时段全停主机的全移峰能力，用户经济效益实现最大化，供能方案在有集中供冷需求的学校、商场、园区等具有较好的推广价值。能够有效节电、节水、节地，提高能源综合利用效率，降低用能成本。
>
> 　　项目是全国第一个特许经营的区域集中供冷项目，明确最低盈亏平衡点的保价机制，确保了项目全寿命周期内的收入均覆盖成本支出，风险分担方案公平可行。

II

城镇乡村
集群楼宇
平台服务 篇

「案例 23」

成都吉能艺尚锦江文创中心综合智慧能源项目

申报单位：成都吉能新能源有限公司

摘要：艺尚锦江文创中心项目由成都西部印象置业有限公司投资开发，位于成都锦江大道与科华南路交会处，涵盖甲级写字楼、商业、公寓。成都吉能新能源有限公司负责艺尚锦江文创中心项目能源系统的投资建设。

1 项目概况

1.1 项目背景

成都艺尚锦江文创项目是四川能投控股企业成都西部印象置业有限公司投资建设的集超甲级写字楼、美术馆、商业等于一体的 5A 级智能化地标性商业综合体。

该项目位于四川省成都市锦江区永安路 666 号，项目类型属于用户侧综合智慧能源项目，项目总投资 1581.26 万元，该项目采用高效机房+燃气锅炉、电锅炉+智慧综合能源管理方式为成都艺尚锦江文创项目 1 号楼、2 号楼、5 号楼约 90021.6 m² 提供冷热源的能源供应，以能源管理模式为用户提供中央空调所需的冷热循环水，建设冷源及热源系统。

1.2 项目进展情况

项目目前处于建设期，已完成项目整体施工，正在进行设备调试。

2 能源供应方案

2.1 负荷特点

该项目系统为成都艺尚锦江文创中心 1 号、2 号及 5 号楼总建筑面积 90021.6 m² 提供中央空调所需用的冷热循环水。

2.2 技术路线

中央空调冷源及热源系统，冷源采用高效离心式水冷机组为空调系统提供 6 ℃/12 ℃ 的空调冷冻水，配备供冷板换利用冷却塔在过渡季节为系统提供部分冷冻水，打造 COP5.0 以上高效机房节能系统；热源采用燃气锅炉加节能电磁锅炉为末端风机盘管及地

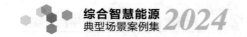
暖提供 60 ℃/50 ℃热水；同时配备先进的能源管控系统实现中央空调冷热源系统的自动化高效运行。

2.3 装机方案

供冷系统：选用制冷量为 3341 kW 的离心式制冷主机 2 台，制冷量为 1406 kW 的变频制冷主机 1 台，冷冻水供回水温度：6 ℃/12 ℃，工作压力不小于 2.0 MPa。同时配备一台换热量为 1500 kW 的免费供冷板换作为过渡季节补充供冷使用。

供热系统：锅炉选用 2 台真空燃气锅炉，单台供热量：2300 kW，总供热量：4600 kW，供回水温度：60 ℃/50 ℃，工作压力不小于 2.0 MPa。电磁锅炉选用 1 台常压电磁锅炉，单台供热量：900 kW，总供热量：900 kW，供回水温度：60 ℃/50 ℃。

3 用户服务模式

3.1 用户需求分析

电能需求：艺尚锦江文创中心属一般工商业用户，电费执行四川省一般工商业代理购电时段电价。艺尚锦江文创中心主要用电负荷为办公用电、空调、电梯等，电费使用为用户和电网结算。

冷热需求：最高气温连续 5 天大于 26 ℃或 2 天大于 29 ℃或当天大于 31 ℃开始供冷，最高气温连续 5 天小于 24 ℃或 2 天小于 23 ℃或当天小于 21 ℃停止供冷。最低气温连续 2 天小于 14 ℃或当天小于 11 ℃开始供暖；最低气温连续 2 天大于 17 ℃或当天大于 20 ℃停止供暖，艺尚锦江文创中心 1 号、2 号及 9 号楼总建筑面积 90021.5 m²，每日主要用能时段为8：00—17：30，用能较为集中稳定。

3.2 服务模式

该项目为合作开发项目，由乾顺能源技术（上海）有限公司（占股 30%）和陕西吉电能源有限公司（占股 70%）成立合资公司成都吉能。项目按照能源管理模式收取服务费，供能价格执行 7.5 元/（平方米·月），即 90 元/（平方米·年）。收费模式：供冷暖费用由香城燃气收取后支付能源使用费，在收取这笔费用后以现金转账方式转交成都吉能指定账户，项目生产运行委托运维，每年运维费用 50 万元。

4 效益分析

4.1 经济效益

项目静态投资 1540.99 万元，动态投资 1581.26 万元，经营年限 30 年，全投资内部收益率为 18.6%，项目回收期为 6.45 年（税后）。

4.2 环境效益

该智慧能源管理中心建成以后，将打造高效节能示范基地，减少约 70 t 二氧化碳排放，除此之外，还同时减少二氧化硫、氮氧化物、粉尘等污染物的排放，为节能减排作贡献，同时达到节能增效的目的。

5 创新点

该项目为楼宇型综合智慧能源项目，具有典型性，商业模式洽谈中与业主及其能源管理公司确定供能价格联动机制，保障项目收益率。费用调整方式为：

（1）当任何一种能源价格变化（上涨／下降）超过 5%或税率或政府收费发生变化超过 5%时，则当月起收费标准按电 70%（采暖时为天然气）、水 15%、其他 15%的比例对应调整。

计算公式为：收费标准=原收费标准×[1+电价（天然气）上涨率×70%+水价上涨率×15%+其他上涨率×15%]。注：上涨率／下降率小于 5%时按 0 计算。

（2）当空调面积或建筑功能变化超过 5%时，则当月起按各功能区域的实际空调面积相应调整收费。

（3）供冷季节室内温度标准为（26±2）℃，每降低 1 ℃，收费标准提高 5%；供暖季节室内温度标准为（18±2）℃，每提高 1 ℃，收费标准提高 8%。

6 经验体会

在开发用户端综合智慧能源项目时，应充分考虑用户用能时间延长需要培育市场的问题，建议明确用能时间，延长项目建设期。该项目采用供冷板换利用冷却塔在过渡季节为系统提供部分冷冻水，降低用电成本，可根据不同地域、不同场景以及不同的用户需求做应对性的组合开发，具有较高的可复制性，且可通过灵活调整运行策略，来应对用能市场供需端失衡等带来的风险。

7 问题与建议

问题：因入住率低导致延长项目建设期，其中未考虑建设期利息增多及人工成本增加，导致项目超概算。

建议：在项目前期调研及能源合同签订时应充分考虑投产时间及入住率低导致的收益减少，明确最低供能收费标准，并且此类项目运营期较长，建议开发前要充分衡量用户侧履约能力，防止项目被迫终止带来的经济风险；项目投产后考虑能源成本价格变动对收益产生影响，并在能源合同中约定价格联调机制，保障项目收益。

专家点评：

项目属典型的集群楼宇型综合智慧能源项目。

装机方案：该项目制冷由 2 台 3341 kW 离心式电制冷和 1 台 1406 kW 变频螺杆式电制冷主机提供，冷冻水供回水温度：6 ℃/12 ℃；供热：由 2 台 2300 kW 真空燃气锅炉和 1 台 900 kW 常压电磁锅炉提供，供回水温度：60 ℃/50 ℃。

项目技术合理：项目以成都艺尚锦写字楼建筑为基点，采用常规电制冷供冷、真空燃气锅炉供暖，满足该项目冷热需求，总投资较少，但收益率较高，且 6 年回本，有较好经济效益。

「案例 24」

麻城人民医院综合智慧能源项目

申报单位：国家电投集团湖北电力有限公司

摘要： 麻城人民医院综合智慧能源项目以满足医院用能需求为目标，选取天然气热电联产机组为主要技术路线，耦合溴化锂机组、电制冷、真空锅炉技术方案，充分利用屋顶、停车场闲置资源，建设分布式光伏和充电桩，形成多维供能方案，并针对性开发智能工况寻优系统，预测能源需求，提供即时运营策略建议，形成综合智慧能源整体方案，为医院提供高效、低碳、低成本、高弹性的冷、热、电、生活热水能源供应。项目总投资 4267.71 万元，于 2020 年（一期）投产运营，收到医院和同行的良好评价，并荣获多项荣誉，为该场景综合智慧能源产业发展提供了宝贵经验。

1 项目概况

1.1 项目背景

2016 年，麻城市规划新建一所集预防、医疗、急救、教学、科研为一体的鄂东医疗指导中心：麻城市人民医院，已建成建筑面积约 16.5 万平方米，设置床位 1500 张，担负麻城市及周边近 200 万人口的医疗保健任务。

麻城人民医院综合智慧能源项目（以下简称"项目"）位于湖北省黄冈市辖区扩权县级市麻城市，围绕麻城人民医院运营用能需求，项目分两期总体规划建设，其中，一期建成 2 台 800 kW 级燃气内燃机、2 台烟气热水型溴化锂机组（制冷量 930 kW，制热量 800 kW）、4 台电制冷离心机（制冷量 3164 kW）、2 台采暖用燃气真空锅炉（3.5 MW）、1 台生活热水用燃气真空锅炉（2.8 MW）、156 kW 屋顶光伏，总投资为 3594.5 万元，于 2020 年 12 月 31 日正式建成投产；二期建成 1381.32 kW 屋顶光伏（含 329.4 kW 车棚光伏）、4 台 500 kW 微风风电、2 台一机双枪 V2G120kW 直流充电桩，总投资为 673.21 万元，于 2023 年 6 月 27 日正式建成投产，总投资为 4267.71 万元。该项目利用医院自建的 400 V 低压电网、热水、蒸汽管道等公共设施，提供冷热电等能源流通和转换网络。项目建成后，实现绿电生产、冷热电转换、充电服务等多能源耦合运营的源、荷、用的新型用户侧综合智慧能源项目系统。

1.2 项目进展情况

项目一期（天然气冷、热、电、生活热水联产等）于 2019 年开工、2020 年建成投运，运营期约 4 年，二期（屋顶光伏、车棚光伏、充电桩等）于 2023 年开工、2023 年 6 月底建成投运，因此所有项目现均进入运营期。

2 能源供应方案

2.1 负荷特点

该项目的用能对象为麻城人民医院，医院实际建筑面积约 16.5 万平方米（含医疗综合楼 14.8 万平方米、后勤保障楼 0.6 万平方米、感染楼 1.1 万平方米），为全年全天候运营场景。

通过分析统计，医院空调制冷时间主要集中在 5 月到 9 月，全年约 2158 h 为高于 25 ℃的高温天气，最大热负荷出现在早上 8 点前后，这与早上温度较低及门诊开始工作相关；最大冷负荷出现在 14 点前后，这与环境温度及建筑的实际用能需求相关。低温供暖时间集中在 12 月到次年 2 月，全年约 2246 h 为低于 8 ℃的低温天气，全年能源需求为冷 1597 万千瓦时、热 642 万千瓦时、生活热水 5.7 万吨、电 1200 万千瓦时。具体分析数据分析见图 24-1~图 24-6。

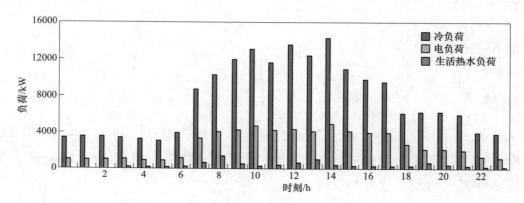

图 24-1　麻城医院制冷季典型日变化规律统计

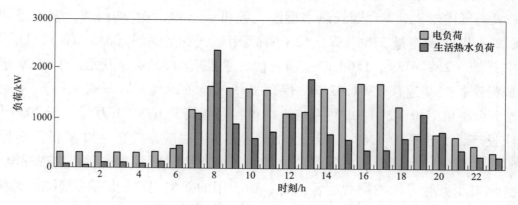

图 24-2　麻城医院过渡季典型日变化规律统计

冷热负荷的变化趋势与环境温度相关；在制冷季、采暖季的初期和末期，负荷水平相对较低；电负荷的变化趋势与冷负荷相关，这与建筑夏季采用电制冷方式有关。

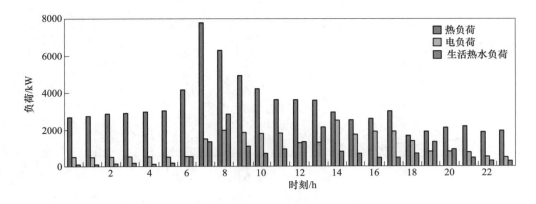

图 24-3　麻城医院采暖季典型日变化规律统计

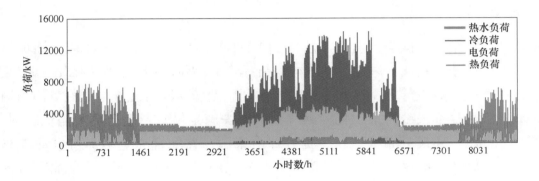

图 24-4　麻城医院全年逐时不同负荷分析

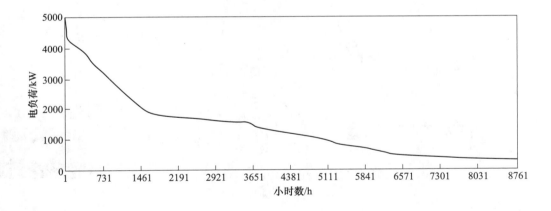

图 24-5　麻城医院全年电负荷延时曲线

　　医院全年电负荷用量在 600 kW 以下的时间预计约为 3000 h，在 1200 kW 以上的时间预计在 4300 h 左右。

　　冷（热）、生活热水负荷叠加后，预计在 3400 kW 以上的时间约为 3000 h，在 2500 kW 以上的时间约为 4000 h，在 1600 kW 以上的时间约为 5300 h。

　　同时，随着电动汽车的普及，医院范围内电动汽车充电需求也在逐步增加，根据 2023 年医院方提出的需求，暂建设 2~5 根充电桩，为电动汽车提供充电服务。

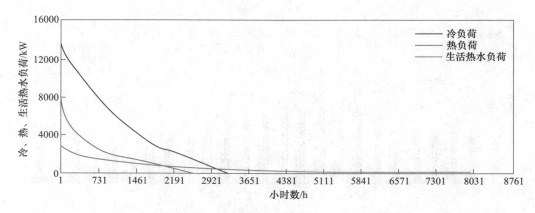

图 24-6 麻城医院全年冷、热、生活热水负荷延时曲线

2.2 技术路线

根据负荷分析结果，该项目发电容量为 1200~1600 kW。经多方案比较，该项目利用典型天然气热电联产技术路线，采用天然气内燃机提供高品位电能，排放的高温烟气采用烟气热水型溴化锂智能机组生产 7 ℃ 冷水，提高能量利用效率，同时配置电制冷离心机对冷量进行柔性调节，满足夏季采冷需求，配置燃气真空锅炉满足供暖、生活热水需求。利用屋顶、停车场等闲置资源，建设分布式光伏，提升绿电来源，并配置充电桩提供电动汽车充电服务。以上能源设施通过医院内部冷暖管道和 400 V 电网回路实现接入和供能服务，同时通过国家电投综合智慧能源管理系统、动态寻优管理系统实现对整个项目的智慧管控、智能调节，实现高效、绿色、智能的运营管理方案。技术流程见图 24-7。

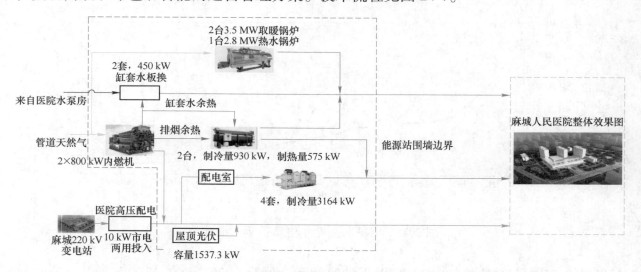

图 24-7 麻城医院综合智慧能源项目系统流程图

2.3 装机方案

天然气冷热电联供系统利用医院地下空间，采用撬装式单体、模块化组装方式进行项目建设，主设备及辅助设备按照功能分区进行设计及工程实施，项目建设效果图见图 24-8。

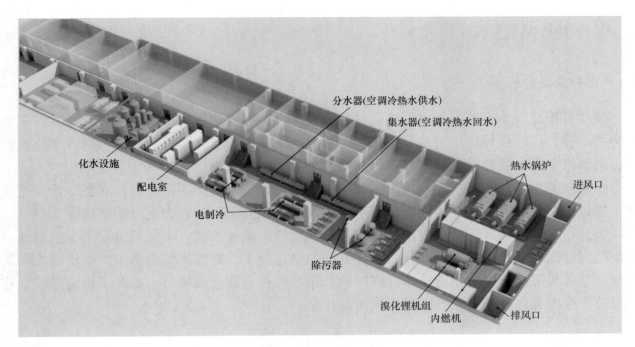

图 24-8 麻城医院综合智慧能源项目工程效果图

根据项目建设情况，该项目所配置的主要供能装置及规格参数见表 24-1。

表 24-1 麻城医院综合智慧能源项目装置设备配置表

序号	设备名称	技术参数	功率/kW	数量	备注
1	燃气内燃机	MWM TCG 2016 V16 C，发电量 800 kW，电效率 42.4%，缸套水热量 406 kW 烟气流量 4354 kg/h，烟气温度 457 ℃		2	
2	缸套水采暖换热器	换热量 450 kW，一次 92 ℃/84 ℃，二次 60 ℃/50 ℃		2	
3	生活热水换热器	换热量 450 kW，一次 92 ℃/84 ℃，二次 80 ℃/60 ℃		2	
4	采暖换热器	换热量 500 kW，一次 80 ℃/60 ℃，二次 60 ℃/50 ℃		2	
5	烟气热水型溴化锂机组	制冷量 930 kW，制热量 800 kW，冷水进出水温度 12 ℃/7 ℃，冷却水进出水温度 32 ℃/37 ℃（承压 1.6 MPa）	3.6	2	
6	电制冷机	制冷量 3164 kW，冷水进出水温度 12 ℃/7 ℃，冷却水进出水温度 32 ℃/37 ℃（承压 1.6 MPa）	558.8	4	
7	燃气真空热水锅炉	制热量 3.5 MW，供回水温度 60 ℃/50 ℃（承压 1.0 MPa）	9.0	2	供暖用
8	燃气真空热水锅炉	制热量 2.8 MW，供回水温度 80 ℃/60 ℃（承压 1.0 MPa）	6.5	1	供生活热水用
9	光伏	江苏环晟 G12-567p 单玻组件	1537.3		绿电供应
10	充电桩	120 kW 一桩双枪，充电功率自动调节		2	充电服务

3 用户服务模式

3.1 用户需求分析

该项目用能方为麻城市人民医院，属于典型的固定型用户侧能源需求场景，所需能源主要为住院楼、门诊楼等建筑制冷、供暖、生活热水、用电需求，以及医院内电动汽车充电需求，电动汽车充电服务采用互联网扫码交费充电方式进行管理运营。

随着业务专业化不断推进，传统的医院自建供能设施、自配团队运营模式正逐渐发生变化，通过外部专业力量满足医院能源需求，逐渐变成中大型医院较为支持的解决方案。

该公司针对麻城医院能源需求提出的综合智慧能源解决方案，不仅可更安全、稳定地满足医院用能需求，还可通过专业化管理提升能源供应效率，降低医院内部组织结构和人员冗杂度，总体显著降低医院用能成本，同时该公司自筹资金建设该项目，降低了医院基础设施建设投资强度和资金压力，获得医院认可及支持。

3.2 政策依据

2011 年 10 月，国家发展改革委、财政部、住房和城乡建设部和国家能源局联合下发《关于发展天然气分布式能源的指导意见》，意见指出，"十二五"期间建设 1000 个左右天然气分布式能源项目，并拟建设 10 个左右各类典型特征的分布式能源示范区域，到 2020 年总装机容量达 5000 万千瓦。

2013 年 1 月，国务院印发《能源发展"十二五"规划》，明确指出大力发展分布式能源。规划还指出，统筹传统能源、新能源和可再生能源的综合利用，按照自用为主、富余上网、因地制宜、有序推进的原则，积极发展分布式能源，实现分布式能源与集中供能系统协调发展。

2015 年 11 月，国家发展改革委发布 6 项电力体制改革配套文件，即《关于推进输配电价改革的实施意见》《关于推进电力市场建设的实施意见》《关于电力交易机构组建和规范运行的实施意见》《关于有序放开发用电计划的实施意见》《关于推进售电侧改革的实施意见》《关于加强和规范燃煤自备电厂监督管理的指导意见》，天然气分布式系统应用的市场条件进一步改善。

2017 年 7 月，国家发展改革委印发《加快推进天然气利用的意见》，意见提出逐步将天然气培育成为我国现代清洁能源体系的主体能源之一，并明确了四大重点任务，即实施城镇燃气工程、实施天然气发电工程、实施工业燃料升级工程、实施交通燃料升级工程。

2017 年 4 月，湖北省发展改革委印发《湖北省天然气发展"十三五"规划》指出，加快发展燃机热电联产及天然气分布式能源，支持发展带稳定负荷的天然气热电联产、天然气分布式能源等项目，适度发展天然气调峰电站、探索天然气发电与风力发电、太阳能发电等新能源发电的融合发展。落实燃机电厂气价优惠、上网电价支持、天然气分布式能源发电就近上网消纳和对用户直供的政策，推动燃机、分布式能源受益地区建立合理补贴机制。2020 年全省天然气发电装机规模达到 300 万千瓦。

3.3 服务模式

按照国家相关规定及国家电投集团相关制度，该项目由国家电投集团湖北电力有限公司出资建设及运营，按照项目投资的30%自筹资金、70%银行贷款组织项目建设资金。

以供应冷、热、电等能源品种形式为麻城人民医院提供能源服务，通过与工商业冷热供应市场服务价格，经与麻城人民医院友好协商，签订该项目供能合同，在合同中明确冷、热、电、生活热水供应基础单价，其中冷、热采用基本用能费用月度固定单价，且设定70%的基础负荷保障门槛，低于该负荷门槛则按照70%结算，因天然气价格受市场影响，价格波动较大，因此冷、热供应价格以基础单价为基准，与天然气价格同向浮动；供电价格对标湖北电网公司公布的用电价格标准，在此基础上进行合理折扣优惠；生活热水价格按照议定的基础单价同享浮动水价形成最终单价（图24-9）。

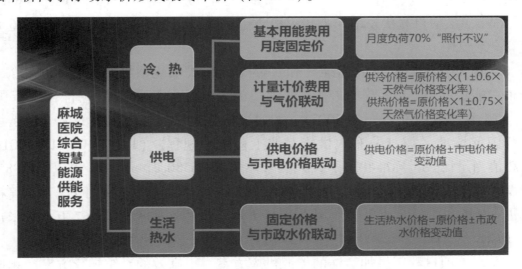

图 24-9　麻城医院综合智慧能源供能服务

在以上价格机制基础上，基于医院每月冷、热、电、生活热水的使用发生量，进行该项目能源服务计价，医院按月支付该项目能源服务费用。充电桩充电服务采用互联网数字系统管理模式运营，用户通过扫码可自行设定充电需求，支付费用后即可充电，完成充电后，后台根据充电时长、充电量等情况，自动给出本次充电服务费用，用户预交费用结余自动退回用户账户。充电服务收入每日自动结转到项目公司账户，无需人工干预。

该项目在麻城本地设立项目公司，由项目公司为主体执行项目运营管理、能源服务收取，以及天然气、水、市电、运维人员、公司其他经营费用等支付等工作。

4　效益分析

4.1　经济效益

该项目总投资4267.71万元，按照30%项目建设资本金、70%银行贷款筹集项目资金，根据该项目审定版可行性研究报告数据，该项目年供冷量为$1597×10^4$ kWh、年供热量为

642×10^4 kWh、年供生活热水量为 5.7×10^4 kWh、年售电量为 445×10^4 kWh，年均经营利润约为 140 万元，25 年运营周期总体投资收益率为 6.25%，项目资本金内部收益率为 10.58%，项目投资回收期为 12 年，项目满足国资委及国家电投集团公司投资要求。截至目前，一期项目投产期约 3.5 年，根据 2023 年经营数据，项目利润为 110 万元，略低于项目设计评估值，主要原因是暖冬天气造成供暖量降低，天然气大幅涨价，造成项目燃料成本大幅增加。

4.2　环境效益

该项目利用医院屋顶、停车场等闲置资源，共投运 1537.32 kW 分布式光伏，年发电量 158 万千瓦时绿电，所发电量全部由医院消纳。根据 2023 年《中国电力行业年度发展报告》公布的数据：火电排放物分别为 CO_2 824 g/kWh、烟尘 17 mg/kWh、SO_2 83 mg/kWh、氮氧化物 133 mg/kWh，该项目光伏发电年替代火电贡献的减排量为 CO_2 1300 t、烟尘 26.8 t、SO_2 131 t、氮氧化物 210 t。

根据《锅炉大气污染物排放标准》和《燃气分布式供能系统工程技术规程》中规定，该项目分布式能源系统的烟气排放中燃气锅炉的大气污染物排放值应符合现行国家标准《锅炉大气污染物排放标准》（GB 13271—2014）的规定，燃气内燃机的大气污染物排放值应符合现行国家标准《燃气分布式供能系统工程技术规程》（DG/TJ 08-115—2016）的规定。根据热值当量比较，标准状态下，天然气热值为 35580 kJ/m^3，产生 CO_2 1.885 kg/m^3，相比于标煤燃烧量（29300 kJ/kg），产生 CO_2 2.62 kg/kg，标准状态下 1 m^3 天然气替代煤炭消耗可减排 1.296 kg 的 CO_2。以能源站年消耗天然气量约标准状态下 267 万立方米计算，可减排 3461 t CO_2，同理减排 2700 t 粉尘、299 t SO_2、89 t 氮氧化物。

综合来看，该项目利用更加清洁的能源供应方案、更高效的系统转化方案，相比于以煤作为燃料可减排 4761 t CO_2，同理减排 2726 t 粉尘、430 t SO_2、300 t 氮氧化物，为保护环境作出较大贡献。

4.3　社会效益

受麻城人民医院委托，武汉市节能协会对麻城医院天然气热电联供系统进行了效率测试，两台内燃机热电联产综合能源利用率分别为 76.35%、78.07%，均高于《关于发展天然气分布式能源的指导意见》（发改能源〔2011〕2196 号）规定的 70% 效率要求，该项目同时采取调整供暖和热水温度节能措施，由国家电投中央研究院针对该项目研发的智能工况寻优系统，实现冬天不冷、夏天不热的舒适环境，武汉节能协会评价该项目在实际运行中采取了许多节能管理措施，取得了明显的效果。针对医院屋顶、停车场等闲置资源铺设分布式光伏，既提高了绿电供应量，还可使建筑、车辆免受阳光直接暴晒，发挥多项作用，一举多得。

该项目由国家电投集团湖北电力有限公司出资建设，既降低了医院能源设施投资强度和融资压力，还将国家电投专业的能源投资、管理运营先进经验带入该项目，解放了医院方面的人力资源占用，同时在更低的能源使用费用情况下，提供了更舒适的医院办公环境。

该项目年销售收入约为1200万元，向当地纳税约170万元，雇佣本地员工12名，对推动当地经济发展具有较高价值。

5 创新点

系统集成创新：该项目创新性集成了多项先进能源供应解决方案，打通了各个单项技术和装备各自为战的传统供能策略，通过国家电投自研的智慧管理系统，融合数据驱动、人工智能技术，采用以负荷预测+日前调度+实时修正的智能寻优技术路线，寻找项目燃气内燃机、溴化锂机组、燃气热水锅炉、电制冷机组、水泵等设备的最优匹配工况，实现设备在最优经济运行工况，实现多能源品种、多单元综合协同的高度耦合、高效智慧的综合智慧能源供能策略，提高了整个能源站运行的经济性。

设备设计优化：通过对项目设计分析及技术评审，对该项目中溴化锂机组进行定制化设计，提出并实现了溴化锂机组制冷、供暖和供生活热水三种工况模式运行，大大提高了设备利用率（图24-10）。同时，对项目的主设备参数优化，特别是对项目溴化锂机组、通风冷却塔进行定制化设计，提出并实现了溴化锂和电制冷系统的通风冷却塔，实现了无电机驱动，运营后降低了站用电及用电成本，减小了噪声，切实达到了节能环保的目的。

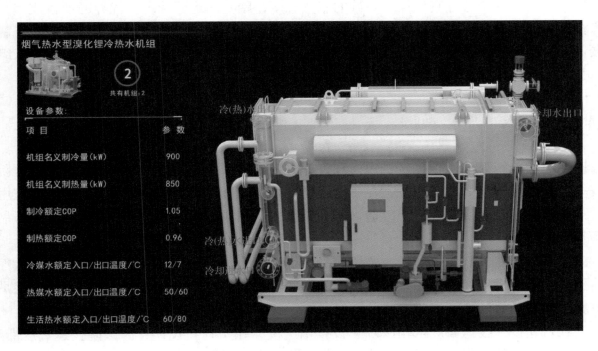

图24-10　延期热水型溴化锂冷（热）水机组（YRX-90W85）

商业模式：项目前期开发阶段，通过收集整理项目各类边界条件、项目投资额以及项目风险点，创新形成一套营销模式，确保项目投资收益及风险控制，比如70%负荷率"照付不议"原则、天然气价格与用能单价联调机制原则，既满足项目可持续经营，又为未来市场变化导致的能源价格涨跌风险合理共担，确保项目长期健康运营，且通过前期诚挚沟通与争取，获得医院方的支持。

6 经验体会

麻城项目作为医院类楼宇型综合智慧能源的示范项目，是响应国家能源供给侧改革、清洁高效利用的有力实践，项目一直秉承"做优精细化、投产即盈利、模式可复制"的理念，融入商业模式开发、可行性研究和工程建设、全寿命运营的全过程，在打造综合智慧能源场景、服务用户能源需求的同时，尽量优化方案，选择合适的商业模式，探索出了一条综合智慧能源推广的市场化途径。项目建成后，广受同行企业及各地医院关注并前往调研，湖北省主流媒体也广泛宣传，提升了国家电投湖北电力有限公司在综合智慧能源领域的行业影响力。

该项目属于典型楼宇式综合智慧能源项目，方案紧贴用户用能需求和当地资源禀赋和区位优势和特点，科学设计实施一整套综合方案，为用户提供多种形式的供能方案供用户选择，切实体现以用户为中心的服务精神，每年进行一次用户用能体验及满意度调查，根据调查结果，改进供能服务方式，由传统的生产型企业向生产服务型企业跨越。结合项目运营数据，邀请多名行业专家进行了项目运营后评价工作，给出了项目运营效率高、显著降低医院方用能成本的结论，同时，该项目助力医院顺利通过三甲验收（节能减排）。

基于创新的理念和方案设计、真诚的服务态度、踏实的运营管理、优异的项目成绩，该项目被评为国家电投集团医院类综合智慧能源标杆项目，中国电力技术市场协会综合智慧能源专业委员会授予该项目"综合智慧能源优秀示范项目奖"，中国分布式能源国际论坛组委会授予该项目"中国分布式综合能源优秀项目一等奖"。

7 问题与建议

医院类综合智慧能源项目装机规模和设计方案要紧密结合医院实际用能需求，为医院提供安全、经济、清洁的能源服务，在一定规模（供能面积10万平方米以上）的新建三甲医院具有可复制性，老旧医院能源改造（包含能源站、管网、末端等各环节），不建议开展相似项目开发建设。

该项目以天然气作为该项目主要燃料，项目运营阶段天然气价格远超项目开发期天然气价格边界，造成供能成本大幅上升。建议加强项目方案比选，适当增加高效热泵、电锅炉供能方案，预防天然气大幅涨价造成的供能成本增长，导致用户用能成本大幅增加。

该项目建设、投运高度依赖医院建设投用进度，在工程建设期，因医院投运进度滞后，该项目同步延后约半年，造成工程费用增加，建议同类型项目开发建设过程中，密切关注医院建设动态，及时调整能源站建成投运计划，合理安排工期等。

 **专家点评：**

项目属典型的集群楼宇型综合智慧能源项目。

项目采用"燃气三联供+屋顶光伏+电制冷机+DCS 控制系统"为医院提供供冷、采暖、生活热水和电力服务。主要包括装机容量 1537 kW 的屋顶分布式光伏；天然气冷热电三联供机组（2 台 800 kW 燃气内燃机、2 台溴化锂机组以及 3 台燃气真空热水锅炉），4 台离心式电制冷机组；智慧能源管控系统。实现电、热、冷、生活热水的综合能源优化管理，满足医院各种需求。天然气冷热电三联供提供部分电力，减少对单一电力依赖，提高安全性，减少夏季用电负荷，削峰填谷，并将余热回收利用，实现能源梯级利用。

技术方案：科学、合理、可行。

商业模式：项目由湖北公司全额投资，采用 BOO 建设模式，投资运营一体化运营管理，项目可借鉴、可复制，有较好的节能减排作用，社会效益良好，符合清洁、高效、经济的能源服务要求。

「案例 25」

五凌办公区综合智慧能源示范项目

申报单位：山东电力工程咨询院有限公司

摘要：该项目为涵盖"源—网—荷—储—用"全链条的综合智慧能源项目，具有示范引领作用。项目围绕"用能先进、高效环保、智慧领先、实施性强、效益显著"的指导思路，在办公区构建浅层地热综合供能系统，光储充智慧能源交通系统，智慧园区、智能微网系统，并通过自主研发的综合智慧能源管控系统，实现办公区内电、热、冷等能源的综合管控、多能互补。项目现已投运，系统运行稳定可靠，经济性良好，可减少 CO_2 排放约 1236 t/a，NO_x 排放约 3 t/a，节省运行成本 92 万元/年。

1 项目概况

1.1 项目背景

项目位于湖南省长沙市国家电力投资集团五凌电力有限公司（以下简称"五凌电力"）办公园区内，办公园区主要包括 1 座综合办公楼（建筑面积约 23680 m^2）、1 座综合体育馆（建筑面积约 4400 m^2）以及停车场（车位约 100 个），总投资为 1634 万元（图 25-1）。

图 25-1　五菱电力办公园区鸟瞰图

为贯彻国家综合智慧能源发展理念，打造"源网荷储用"零碳办公区，项目以"零碳、智慧、经济"为建设目标，围绕"用能先进、高效环保、智慧领先、实施性强、效益显著"的指导思路，结合办公园区资源禀赋和用能现状，构建涵盖综合能源管控、智慧优化调度、智慧路灯、智慧充电、智慧检测末端等内容的智慧办公园区，充分利用浅层地热能、太阳能、风能等可再生能源，并建设储能保证供需电平，实现了零碳、高效的综合智慧供能。项目实施后，办公园区用能成本显著降低，用能体验得到提升。

1.2 项目进展情况

项目于 2021 年 1 月开始建设，7 月投产。

2 能源供应方案

2.1 负荷特点

采用谐波法对园区建筑进行全年冷热负荷动态计算，建筑设计负荷见表 25-1。

表 25-1 建筑设计负荷

位置	面积/m²	冷负荷/kW	热负荷/kW
办公区	23680	2008	1098
体育馆	4400	492	202
合计		2500	1300

冬季最大热负荷出现在早晨 8:00，负荷值约为 1300 kW；夏季最大冷负荷出现在15:00，负荷值约为 2500 kW。

2.2 技术路线

2.2.1 浅层地热综合供能系统

浅层地热综合供能系统采用"浅层土壤源热泵+螺杆式风冷热泵机组+水蓄能"方案。三种供能方式相互耦合，解决办公楼和体育馆夏季空调供冷负荷和冬季供暖负荷需求。具体供能系统能量流见图 25-2。

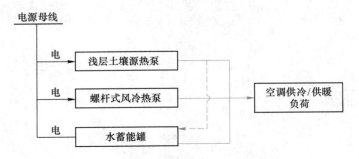

图 25-2 供能系统能量流示意图

浅层土壤源热泵系统主设备采用集约化配置，热泵主机及电气、控制设备集成为能源方舱（图 25-3）。

2.2.2 光储充智慧能源交通系统

光储充智慧能源交通系统采用光伏发电系统+储能系统+充电桩+公共交通电气化的配置方案。

图 25-3　能源方舱

商用的太阳电池主要有以下几种类型：单晶硅太阳电池、多晶硅太阳电池、非晶硅太阳电池、碲化镉电池、铜铟硒电池、薄膜太阳电池等。受目前国内太阳电池市场的产业现状和技术发展情况影响，市场上主流太阳电池基本为晶硅类电池和薄膜类电池。经过技术经济比选，综合考虑组件价格、效率、技术成熟性、市场占有率，以及采购订货时的可选择等因素，该项目体育馆顶光伏发电系统选择 260 Wp 多晶硅光伏电池组件，采用"自发自用，余电上网"运行模式，光伏电池组件产生的电流经过 10 台组串式逆变器、2 台汇流箱以及计量装置，并网装置后接入综合办公楼一楼 380 V 低压配电柜，通过综合楼 10 kV 系统并网（图 25-4）。

图 25-4　体育馆顶分布式光伏

光伏车棚选择 345 Wp 单晶硅单面光伏组件，采用分块发电、就近并网方案。车棚附近设置充电桩，根据公司和员工充电需求，充电桩类型选择交流充电桩、直流快充充电桩和V2G 双向充电桩（图 25-5）。同时配套 4 台蔚来电动车（2 台 ES6+2 台 ES8），引导员工交通电动化。

图 25-5　光伏车棚

新建一套储能系统，电化学储能主要有铅酸电池、液流电池、钠硫电池、镍氢电池、镍镉电池、锂电池等储能形式，从合规、经济、安全稳定、使用寿命考虑，该项目电化学储能系统利用磷酸铁锂电池，采用室外集装箱布置方式（图 25-6），实现削峰填谷和存储部分未能消纳的新能源发电量，同时，作为园区事故备用电源，降低园区用能成本。

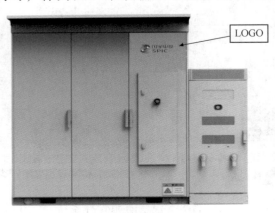

图 25-6　储能系统

2.2.3　智慧园区、智能微网系统

为提高园区智慧化水平，提升用能体验，建设一套包括风力发电系统+智慧化元素+供电传输网的智慧园区、智能微网系统。

垂直轴风力发电系统具有重心低、稳定、维护方便、成本低、风能实际利用率高、噪声小的特点，结合办公园区风速、设备布局、办公需求，风力发电系统设备选用垂直轴风机（图 25-7）；智慧化元素包括集成智慧照明、气象站、PM2.5 监测、Wi-Fi 覆盖、LED 信息发布、视频监控等多种功能的智慧路灯，办公区主要各房间和楼层智能面板等。

2.2.4　综合智慧能源管控系统

采用自主研发的综合智慧能源管控系统，对办公园区整个能源系统进行管控（图 25-8）。

图 25-7　垂直轴风机

该系统采用物联网、大数据、云计算等技术，实现区域内电、热、冷等多能源的综合管控、多能互补。

图 25-8　智慧能源管控系统

2.3　装机方案

2.3.1　浅层地热综合供能系统

系统方案采用"浅层土壤源热泵+螺杆式风冷热泵机组（利旧）+水蓄能"综合供能系统，解决办公楼和体育馆供冷供暖需求。

新建地源热泵机组 1 台，制冷模式时，额定功率 100.8 kW，制冷量 591 kW；制热模式时，额定功率 124 kW，制热量 591 kW。保留原有 3 台风冷热泵机组，单台制冷量为 1330 kW，作为补充和备用冷热源。

采用单罐斜温层冷热双蓄储能罐，蓄冷量 2375 kWh，供回水温度 5 ℃/13 ℃，蓄热量 3200 kWh，供回水温度 55 ℃/41 ℃。

2.3.2 光储充智慧能源交通系统

体育馆顶和体育馆北侧车棚顶建设分布式光伏，光伏总建设容量为 480 kWp。车棚区域均匀布置 12 台充电桩，其中 60 kW 交流充电桩 7 台，60 kW 直流充电桩 4 台，V2G 技术 60 kW 直流充电桩 1 台。新建一套储能系统，规模为 100 kW/200 kWh。配备 4 台具备充、换电供能的电动车。

2.3.3 智慧园区、智能微网系统

在办公区环主要道路设置 5 座智慧路灯，集成 Wi-Fi 基站、安防监控、红外线传感器、电子显示屏、5G 基站等。在办公区东北角和东南角各布置 1 台垂直轴风力发电机，发电功率 2 kW。智能微网包括变配电柜、DCS 系统、5G 网络、用户侧监测及电气安全预警系统。在办公室设置无线温控器和五恒空调系统，主要电气回路设置智慧安全监测装置，员工可通过手机 APP 进行办公室能源和空气质量管控，综合提升用能体验。

2.3.4 综合智慧能源管控系统

在办公区一楼设置综合智慧能源管控中心，并设置自主研发的综合智慧能源管控系统（图 25-9）。

图 25-9 智慧能源管控中心实景

综合智慧能源管控系统能够对电、冷、热、储等多种能源生产、输送、消费各个环节进行监控和优化管理，达到万物互联、节能降耗的目的。管控系统融合应用人工智能、大数据、物联网、5G 等现代信息技术，实现能源系统的自运行、自诊断、自优化、降成本、降排放和降风险，供需最优匹配，运营效益最大化等，打造安全高效、智慧友好、引领未来的能源生态系统。

综合智慧能源管控系统将采用五层可扩展架构，在管控中心实现对整个能源系统的管控，应用功能上主要由运行监控与统计分析、负荷预测、优化调控和智能交互等模块组成；根据供冷季、供热季和过渡季等不同周期内系统运行状态、负荷状况、气候环境与价格信息等优化切换运行模式，采取相应的设备组合和调控策略，实现经济和环保效益最大化，并能实现能量计量与管理、自动保护、中央监控和管理、参数监测和设备状态显示等功能，最终实现"源—网—荷—储—用"多环节的协同优化，有效促进经济与节能减排的双重发展（图 25-10）。

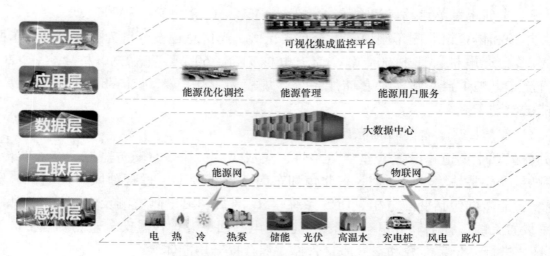

图 25-10　智慧能源管控系统架构图

3　用户服务模式

3.1　用户需求分析

五凌电力为工商业用户，用能需求主要为电、冷、热。办公园区存在能源使用情况无法进行集中采集、监视、分析、管理和分散控制，无法实现能耗在线监测与动态分析功能，能源利用率低，造成浪费，额外支出大量费用，此外，能源来源全部来自市政，传统能源的使用比例过高，不利于节能减碳。

五凌电力需要通过实施该项目，解决办公区存在的能耗高、自动化水平低等问题，提升员工用能体验和办公区的办公条件，更好地满足办公区内的各项需求。同时，展示、示范、宣传综合智慧能源实施能力和服务能力，充分展现国家电力投资集团电为核心、综合发展的一体化能源发展理念，致力先进能源技术开发、清洁低碳能源供应、能源生态系统集成的"2035 一流战略"和建设世界一流清洁能源企业的使命。

3.2　政策依据

大力发展可再生能源供能，实现能源多元化，缓解对有限矿物能源的依赖与约束，是我国能源发展战略和调整能源结构的重要措施之一。

根据《"十四五"建筑节能与绿色建筑发展规划》，积极推广夏热冬冷地区采用浅层土壤源热泵供冷供热，推广建筑屋顶分布式光伏，推动建筑用能电气化方向发展等。

项目充分利用可再生能源供能，改善能源结构，实现冷、热、电等能源生产耦合集成和互补利用，实现终端一体化集成供能，并通过综合智慧能源管控系统，提高区域能源系统运行及管理水平，符合国家能源产业政策。

3.3　服务模式

项目资本金比例为 30%，其余 70% 为银行贷款，由国家电投集团湖南综合智慧能源有限公司（以下简称"智慧能源公司"）投资建设，建成后由国家电投集团湖南力源公司（以下简称"力源公司"）管理，经营期为20年，智慧能源有限公司不负责实际运营工作，在项目经营期内按年向力源公司收取固定服务费用。项目设施所有权在项目经营期结束后由智慧能源有限公司无偿移交力源公司。

4 效益分析

4.1 经济效益

项目通过高效地源热泵（系统COP按4.2以上考虑），设置水储能和锂电池蓄能装置，削峰填谷，降低运行成本。根据投运后运营数据，高效地源热泵全年供冷供热量：145.8万千瓦时，参考市场供冷热基本费+流量费收费模式：基本费45万元/年，0.35元/千瓦时，收入96.2万元/年；4辆汽车租赁费（6500元/（台·月））31.2万元/年；车棚光伏年发电量约40万千瓦时，按长沙一般工商业电价，节省电费约27万元/年，光伏补贴约1.2万元/年；充电桩服务费按0.4元/千瓦时，蔚来电动车电池容量为100 kWh，每天办公区平均每座充电电桩为3辆办公区公车和员工电动汽车服务，充电桩收入为3.2万元/年；项目能源收入158.8万元/年。办公区展示品牌，智能微网、车棚、电池备用、五恒等智慧提质及折旧56万元/年。结合项目商业模式，项目收益为214.8万元/年。项目资本金内部收益率为9.20%，投资回收期为14.26年。

4.2 环境效益

项目实施后可实现办公园区的节能减排，可减少CO_2排放约1236 t/a，NO_x排放约3 t/a。

4.3 社会效益

（1）实现办公园区节能减排和智慧化。该项目构建了一套综合智慧能源系统，实现区域内电、热、冷等多能源的综合管控、多能互补，"源—网—荷—储—用"多环节的协同优化，有效促进经济与节能减排的双重发展。节省运行成本92万元/年。

（2）削峰填谷，建立电网友好型用户侧用能系统。通过电化学储能、蓄冷蓄热储罐，实现电网负荷削峰填谷，符合新能源电力高占比的新型电网需求，节省国家对电力系统的投资。

（3）树立"智慧零碳办公园区"标杆。引导其他办公园区效仿，起到良好的示范效应，推动国家双碳政策落地。

5 创新点

（1）采用自主研发的综合智慧能源管控系统。依托人工智能、物联网、大数据、云计算等新一代数字技术，搭建山东电力工程咨询院有限公司自主研发的综合智慧能源管控平台，对办公园区生产、运输、存储和消费过程进行实时监测、数据分析和优化处理，实现协同优化，有效促进经济与节能减排的双重发展。

（2）实现绿色供能用能生态系统。利用区域风能、太阳能等可再生能源，配套高效储能设施，终端推动电气化和智能化，构建"源—网—荷—储—用"一体化绿色供能用能生态系统。

（3）实现零碳交通。通过公用车辆更换为新能源汽车，合理规划、有序建设充电站等配套设施，推动出行电气化，以电能代替化石燃料实现交通过程的零碳排放。

（4）浅层地热综合供能系统应用。采用"浅层土壤源热泵+螺杆式风冷热泵机组+水蓄能"供能方案，三种供能方式相互耦合，解决办公楼和体育馆夏季空调供冷负荷和冬季供暖负荷需求。

6　经验体会

在办公园区构建浅层地热综合供能系统，光储充智慧能源交通系统，智慧园区、智能微网系统，并通过综合智慧能源管控系统，实现办公园区内电、热、冷等能源的综合管控、多能互补，大大降低了能耗和碳排放量，值得推广。

7　问题与建议

项目采用浅层地热可再生能源高效供能方式向办公园区供能，用户端用能情况相对复杂，热泵运行工况根据负荷变化需随时调整，设计阶段应充分调研办公区用能类型和用能面积，合理设置装机方案，优化运行模式；在设备采购时，加强对能耗要求；投产后，应加强管理，根据用户典型工况及时调整系统运行模式，设置综合能源管控系统，优化机组运行方式。

专家点评：

项目属典型的集群楼宇型综合智慧能源项目。

该项目围绕办公大楼分布式光伏资源禀赋和用能特点，除对老空调进行了改造外，还新建了地源热泵、冷热双蓄储能罐、屋顶光伏、垂直风机、充电桩（含V2G）、智慧路灯、能源管控平台等设备，因地制宜地增加了清洁能源供给，实现了能源供给与消耗系统的实时监测和智能控制，从而降低了建筑的能源消耗。

项目技术合理。该项目以办公楼建筑为基点，充分利用建筑屋顶，实现可再生能源发电，改善电源结构；同时，新建了地源热泵，对电热冷等能源生产进行耦合集成和互补利用。另外，项目还加装了冷热双蓄储能罐，削峰填谷，实现终端一体化集成供能，并通过能源管控平台提升能源系统运行和管理水平。与此同时，还为老空调及照明系统进行了节能改造，减少能源消耗，在智慧楼宇综合能源场景中实现微网绿电应用，收益明显，具有较好示范意义。

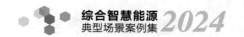
案例 26

海信日立青岛地铁1号线瓦屋庄停车场综合楼项目

申报单位：青岛海信日立空调系统有限公司

摘要： 根据实测发现，地铁海底隧道渗流海水 8 月平均温度为 21.7 ℃，2 月平均温度约为 12.6 ℃，日排水量 1000~2000 m^3/d，蓄存丰富的海洋热能，非常适合作为建筑空调系统的冷热源。

该技术将排水型隧道渗流海水就近输送到位于隧道口的瓦屋庄停车场，利用其地下空间蓄存海水，构建了海水能量池，研制了放置于能量池中的毛细管网前端换热器，并与水源热泵机组、循环水泵和风机盘管末端装置一起组成了地铁海底隧道渗流海水源热泵供热供冷系统，为地面建筑供热供冷。

冬季供热时，毛细管网中的工质通过换热器从海水能量池中吸热，将热量提供给建筑。夏季供冷时，则是将建筑中的热量排放到海水能量池中。经测试，系统夏季供冷平均 EER 约为 5.5，冬季供热平均 COP 约为 4.0。

1 项目概况

1.1 项目背景

青岛地铁 1 号线瓦屋庄停车场综合楼，总建筑面积为 31251 m^2，总设计热负荷 1.718 MW，总设计冷负荷 2.5 MW，项目采用绿色可再生能源——地铁海底隧道渗流海水源热泵满足建筑冷热需求。

青岛地铁 1 号线群控系统主要完成对 3 台主机、2 台冷却塔、2 台冷却泵、3 台冷冻泵、3 台海水源循环泵、2 台海水排出泵的集中控制，确保对用户侧冷量需求的精准输送，实现整个控制系统的高效节能运行。该系统可以实现冷源系统的一键开机、顺序启停、加载、减载、联动、保护、生成运行报表等功能。

与传统的锅炉+冷水机组系统相比，该项目每年可节能 30%，节省 92.2 t 标煤，减少 CO_2 排放 227.7 t，减少 SO_2 排放 1.84 t，减少粉尘排放 0.92 t。

1.2 项目进展情况

项目于 2022 年 4 月开工，一年后项目安装调试并验收完成，至今已投入使用超过一年多，系统持续安全、可靠、稳定地运行，满足建筑冷热需求。

2 能源供应方案

2.1 负荷特点

该项目群控系统供给综合楼公共办公空调系统和餐厅以及宿舍部分空调系统，而这些区域的空调系统室内负荷会根据人员以及业态的变化，以及室外新风参数的变化而不断变化，因此磁悬浮离心变频水冷式冷水（热泵）机组需调台运作或卸载运作，提供不同的冷量。

2.2 技术路线

依托海信 ECO-B 智慧楼宇系统中 HAI-ECS 智能群控系统，机房系统可实现无人值守的高效运行，支持多种系统类型设备接入，包括主机、冷冻水泵、冷却水泵、冷却塔、海水循环泵、海水排出泵等所有机房内的附属配套设备。系统采用开放稳定的协议。多种标准化通信协议的接入，系统架构主要分为三层，即设备层、控制层、管理层，见图26-1。

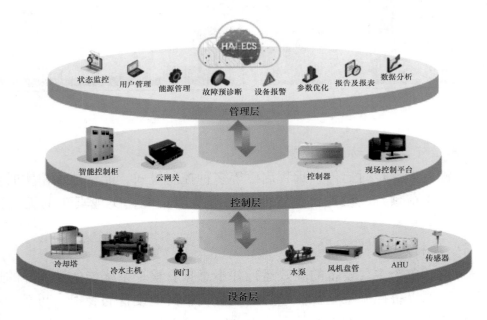

图 26-1 系统架构分层

2.3 装机方案

采用海信 ECO-Building 智慧楼宇系统，1 台海信磁悬浮变频离心式冷水机组和 2 台海信磁悬浮变频离心式热泵机组及海信智能群控系统 HAI-ECS。其中，冷水机组 HSCFV-300DMH，制冷量 1150 kW；热泵机组 HGRCFV-300DMH，制冷量/制热量 445 kW /541 kW；冷冻水泵 TD125-32/4，电动机功率 22 kW；冷却水泵 TD200-30/4，电动机功率 30 kW；海水循环泵 ZS80-65-160，电动机功率 30 kW；海水排出泵 SJ120-2-2，电动机功率 7.5 kW；冷却塔 LQT300-2-3，风机功率 5.5 kW×2。

2.3.1 集中监控

提供 15 寸工控触摸屏监控界面，直观展示机房各个设备的运行工况、运行参数和故障状态，并且实现便捷的数据调整和设定（图 26-2）。

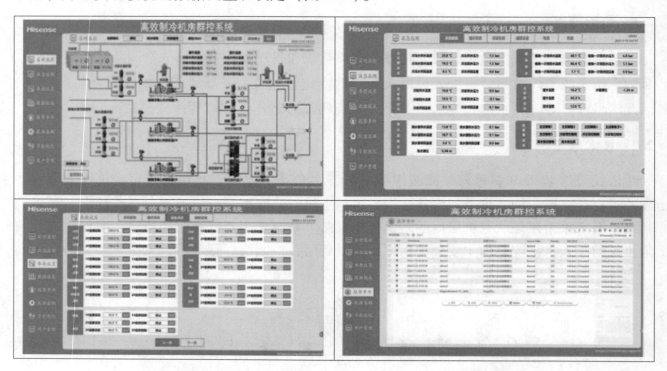

图 26-2 系统界面

2.3.2 无人值守，全自动节能控制

提供冷站一键启停、定时启停、远程启停等多种控制模式，能量池水位实时监测，自动排出海水，并具备负荷预判、设备台数智能控制等节能功能，实现真正的无人值守，高效运行。

2.3.3 高效控制策略

对于机房来说，单个主要设备的高效运行并不意味着整个系统能达到优异的运行与能效表现，而过于激进的设备控制策略往往可能影响系统中其他设备的表现，乃至于对其他设备的安全运行造成负面作用，从而降低整个冷水系统的可靠性，进而对冷水系统所服务的末端运行、室内环境、工艺流程造成影响。

故而，该项目中所采用的高效节能控制策略的首要目的是保证冷水系统整体的长期运行稳定性及较低的运维成本，在此基础上对系统内所有设备的运行进行协调，保障冷水系统整体的高效运行，降低冷水系统的能耗，达成节能的目的。

2.3.3.1 基于负荷预测的冷水主机群控优化策略

冷水系统的整体能效一般会随着负荷的变化而有所变化，而不同冷水主机通常有着不同的最佳负载率，在最佳负载率下，该冷水主机的运行效率往往相较处于其他负载率情况下的运行效率更高。

控制系统会实时采集、计算并定时记录当前系统的冷负荷及冷负荷变化趋势，结合记录的室外气候条件，在记录数据量充足的情况下，预测不同气候条件下，项目在细化的不同时间段内可能的系统冷负荷，从而优化当前时刻冷水系统的冷水主机开启台数与组合，在达到系统高效运行的目的同时，提供一个前馈的冷水系统输出，应对项目内随时变化的工艺制冷需求及舒适的室内环境（图26-3）。

$$DCOP= -0.7375PLR^2 + 0.3691PLR \cdot dT - 0.1544dT^2 + 0.8PLR - 0.1374dT + 0.4168$$

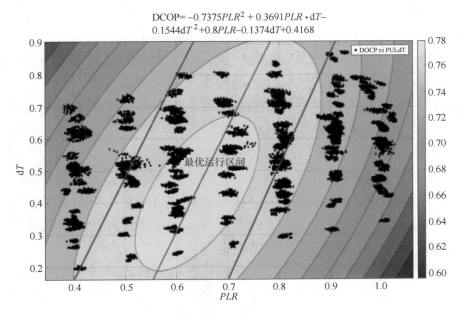

图 26-3　磁悬浮冷机优化控制模型

2.3.3.2　变出水温度主机节能控制策略

通常来说，在一定范围内，冷冻水出水温度每提高 1 ℃，一般会伴随着冷水主机效率提高 3%~4%，故而在特定情况下，可以通过调节冷冻水出水温度来实现冷水主机的节能运行。而当冷冻水出水温度改变时，相应的，冷冻水泵流量、冷却水泵流量及冷却塔的运行也应当同步进行调节，以保证冷水系统整体的稳定运行。

结合控制系统计算与记录到的系统冷负荷及冷负荷变化趋势，若有需要，控制系统可以在用户许可的情况下对冷却水出水温度进行一定范围内的调整，该范围应当结合项目实际情况与冷水主机的运行参数进行确定，使得当系统冷负荷变化时，冷冻水出水温度的变化不会影响空调系统末端表现与生产过程。

2.3.3.3　冷冻侧流量综合优化控制

冷冻水侧的流量调节需要满足空调系统中最不利末端的流量需求以及运行中的冷水主机的最低流量限制，以避免无法满足末端空气调节需求或导致冷水主机发生故障。同时，考虑到冷冻水泵运行频率与功耗之间的相关关系，冷冻水泵的变频控制能带来相当可观的节能表现。

因此，在满足相关前提条件的基础上，针对冷冻水的变流量控制，该公司节能控制系统通过对采集到的冷冻水供回水温度及温差、冷冻水供回水流量进行处理后，可以获得系统实时负荷、系统实时负荷的变化趋势及系统实时负荷变化趋势的变化速度等参数，在系统实时负荷变化趋势为上升趋势及系统实时负荷上升趋势有加快的倾向时，及时调整冷冻水泵运行频率，从而及时增加冷冻水流量以应对末端需求；在系统实时负荷变化趋势为上升趋势但系统实时负荷上升趋势趋缓时，对冷冻水泵的频率调节采取较为缓和的策略，在确保满足末端需求的基础上，使得系统中冷冻水流量调节趋向平缓；相应的，当系统实时负荷的变化趋势为下降趋势及下降趋势倾向于加快或者倾向于放缓时，节能控制系统都能依据实际情况对冷冻侧流量实施最优控制，以达成稳定运行与高效节能的目标。

在基于系统实时负荷变化趋势以及变化趋势的变化速度对系统冷冻水流量进行调节的基础上，该公司的节能控制系统也支持通过重设冷冻水供回水温差设定值，供回水温差设定值的上限与下限的确定需要结合项目实际情况完成，基于确定的温差设定值上下限，节能控制系统能根据系统实时负荷自动调整选取合适的冷冻水供回水温差设定值。

通过结合这两种控制策略，该公司节能控制系统能使得冷冻水侧长期保持在大温差、小流量的工作状态，从而达到高效节能的目标。

2.3.3.4 冷却水侧优化控制

在基础的冷却侧控制策略上，考虑到项目目前选定配套的设备情况，该公司的节能控制系统支持通过对冷水系统整体运行效率的寻优来实现相应的更为高效的节能控制策略。相关策略主要基于冷水主机在不同系统负荷下的负债率，通过重设冷却水出水温度、系统负荷预测等途径，实现整个冷水系统的稳定高效节能运行。

当运行中的冷水主机负载率均处在高负荷或满负荷运行区间时，冷却水泵应当确保所有运行中的主机的额定冷却水流量供应，在冷却水出水温度及冷却水出水温度设定值不低于冷水主机安全运行下限的前提下，基于控制系统采集到的实时湿球温度，重设冷却水出水温度设定值。相应的，重设后的冷却水出水温度一般会低于冷却水出水温度设计值，从而降低冷水主机冷凝压力，提升主机冷凝热的散热表现，提升主机 COP 并达成整体冷水系统节能的目的。同时基于重设的冷却水出水温度，控制系统将对冷却水泵、冷却塔及风机的运行参照前期确定的规则表进行调整（图 26-4）。

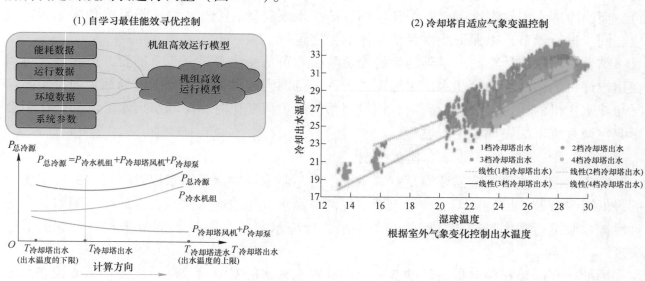

图 26-4 根据室外气象变化控制出水温度

当运行中的冷水主机处于部分负荷运行状态时，节能控制系统通过实时采集、计算并定时记录当前系统的冷负荷及冷负荷变化趋势，结合记录的室外气候条件，在记录数据量充足的情况下，预测不同气候条件下，项目在细化的不同时间段内可能的系统冷负荷，并基于得到的负荷预测结果，对冷水系统整体运行能耗进行寻优，配合冷水主机的运行状态调整，同步调整冷却侧相关设备的运行状态，以获得最优运行效率。

2.3.3.5 故障预诊断

作为冷水系统的核心，冷水主机的稳定持续运行是保障冷水系统稳定运行的必要条件之一，而在传统的服务模式中，用户往往只有在冷水主机出现运行报警或严重的故障报警后才进行报修，并等待维保人员到现场进行故障的诊断与处理，从而导致冷水系统不能提供设计的最大冷负荷，进而可能影响末端设备运行、室内舒适度的保持与生产过程的持续进行。

该公司通过对冷水主机运行数据的采集与建立相关运行数据的故障检测模型，建立了相应的故障诊断模型，并在此基础上完善了冷水主机故障预诊断的相关实施方案。该方案目前支持 10 种冷水主机常见的渐变性故障，能在严重故障发生之前，提前进行预判并报警，从而完善冷水主机的报警体系，最大程度上避免因冷水主机故障影响冷水系统的稳定性。

同时该方案在征得项目方许可的前提下，可在云上进行实时的数据监测与诊断，减少现场配置人员与运维成本，针对潜在的故障，提前告知供方相关人员，提升用户体验，规避传统服务模式中报修后可能的等待响应时间。

2.3.4 故障诊断，事件记录

实时诊断设备的故障，并储存设备的故障信息，包括故障发生时间、故障设备、故障类型。

故障查询分类明细化，可以根据故障具体代码查询到设备故障情况，并实时记录系统操作日志，方便用户操作管理。

2.3.5 数据监控，趋势分析

对温度和压力进行采集，通过曲线直观展示系统的变化趋势，并支持数据查询、下载、删除等功能，方便用户的日常维护管理。

3 用户服务模式

3.1 用户需求分析

青岛地铁公司相关人员在综合楼公共办公、餐厅和部分宿舍区域对空调系统的冷、热需求，该需求会随着人员和室外新风情况不断变化，因此需要系统能够自动适应不断变化的负荷情况而做出调整，达到机组等设备高效运行的同时节省能源。

3.2 政策依据

在"双碳"目标大背景下，我国一直倡导高效节能、环保、低碳化、电气化和智能化的能源政策，鼓励采用高效、节能的制冷（热）设备（如磁悬浮变频冷水机组等），以及鼓励采用数字化智能化平台技术，推进重点用能设备节能增效，全面提升能效标准（如 ECO-B 智慧楼宇系统中 HAI-ECS 智能群控系统等）。

3.3 服务模式

该项目群控系统的服务模式主要围绕提高能源效率、降低运行成本以及确保系统的稳定性和可靠性而设计。以下是冷源群控系统服务模式的详细描述。

3.3.1 智能调度与控制

系统通过采集和分析各设备的运行数据，如负荷、温度、压力等，实现智能调度与控制。根据实际需求和负荷变化，系统可以自动调整设备的运行状态和参数，确保系统始终处于最优运行状态。在高峰时段，系统可以自动增加设备的运行数量或提高设备的运行效率，以满足更高的冷（热）量需求。

3.3.2 节能优化

系统通过智能算法对设备进行优化控制，降低能耗和运营成本。系统可以根据负荷预测和室内温度等条件，智能调节机组运行状态，减少不必要的能耗。同时，系统还可以对设备进行节能改造和优化，提高设备的能效比和节能效果。

3.3.3 实时监测与故障预警

系统可以实时监测各设备的运行状态和参数，及时发现设备故障或异常情况。系统可以自动进行故障诊断和预警，并通知相关人员进行处理，确保系统的稳定性和可靠性。通过实时监测和故障预警，系统可以减少设备故障对生产运营的影响，降低维修成本。

3.3.4 数据分析与决策支持

系统可以收集和分析大量的运行数据，为管理决策提供数据支持。通过对历史数据的分析和挖掘，系统可以发现设备的运行规律和潜在问题，为设备的优化和改进提供指导。同时，系统还可以为管理层提供运行报告和统计数据，帮助他们更好地了解系统的运行状况和能效水平。

3.3.5 远程控制与维护

系统支持远程控制和维护功能，使管理人员可以在任何地点对系统进行监控和管理。通过远程访问和控制界面，管理人员可以实时查看设备的运行状态、调整参数、启动或停止设备等。同时，系统还支持远程故障诊断和维修指导功能，使维护人员可以更加高效地进行设备维护和故障排除。

3.3.6 模块化设计与可扩展性

系统采用模块化设计，可以根据实际需求进行灵活配置和扩展。系统可以支持多种不同类型的冷源设备，如冷水机组、冷却塔、冷冻水泵等，并根据实际需求进行组合和配置。

随着业务的发展和需求的变化，系统还可以进行扩展和升级，以满足更高的能效和可靠性要求。

综上所述，系统的服务模式旨在通过智能调度与控制、节能优化、实时监测与故障预警、数据分析与决策支持、远程控制与维护以及模块化设计与可扩展性等功能，提高能源效率、降低运行成本以及确保系统的稳定性和可靠性。

4 效益分析

4.1 经济效益

与传统群控系统相比，该项目每年可节能30%，节省92.2 t标煤，相当于直接节省大量的能源成本，同时依托 ECO-B 智慧楼宇系统不仅降低了能源消耗，同时提高了系统设备的运行效率。尽管项目初期需要一定的投资，但长期来看，这些投资将带来显著的回报，随着能源价格的上涨和节能减排要求的提高，该项目将为企业节省更多的能源成本，并增强企业的竞争力。

4.2 环境效益

与传统群控系统相比，该项目每年可减少 CO_2 排放 227.7 t，减少 SO_2 排放 1.84 t，减少粉尘排放 0.92 t，从而减缓气候变化、改善空气质量和水资源保护，促进社会和环境的协调发展，实现可持续发展。

4.3 社会效益

与传统群控系统相比，该项目每年可节能 30%，节省 92.2 t 标煤，提高能源利用效率，降低能源成本，为企业节省大量的资金，增强企业竞争力，促进当地经济的发展和环境保护。

5 创新点

该项目采用海信 ECO-Building 智慧楼宇系统，不仅实现了系统智能联动控制，而且具有数据报表、报警时间、能源监测、节能优化等模块功能。

在数据报表模块的系统数据界面，可以通过实时曲线查看冷冻供回水的温度及压力、冷却供回水的温度及压力以及板换一次侧的供回水温度及压力等。

在报警事件的窗口界面，可以查看整个系统的报警信息，包括主机设备的报警，冷冻水泵、冷却水泵、冷却塔的报警等，并以报警弹窗和声音作为及时的提醒。

在能源监测的负载率界面，可以通过仪表盘查看各冷水机组、冷冻水泵、冷却水泵、海水排出泵、海水循环泵的负载率，防止设备超限报警。在制冷量和能效界面，可以通过仪表盘或者历史曲线的形式查看系统 COP 以及各冷水机组的 COP。

在节能优化界面，可以通过对气候补偿和时段补偿进行配置，实现节能优化。气候补偿器的设计理念是将与天气有关的工艺过程自动化补偿相应调节量，达到节能或者提高产品质量的目的；根据室外实时温度进行补偿，制冷工况，室外温度高不补偿，制热工况，室外温度低不补偿；温度补偿值+制冷基值+其他补偿=设定出水温度。时间补偿的设计理念是根据人流量大小的相关数据补偿相应调节量，达到节能或者提高产品质量的目的，根据不同的时间段设定不同的补偿值，时段补偿值+制冷基值+其他补偿=设定出水温度。

6 经验体会

建设该项目群控系统的经验体会涉及多个方面，从需求分析、系统设计、开发实施到后期的维护与升级，每一个步骤都充满了挑战和机遇。以下是建设群控系统过程中积累的一些经验体会：

（1）明确需求，精准定位。在开始建设群控系统之前，首先要明确系统的需求和目标。这包括确定系统需要控制哪些设备、实现哪些功能、解决哪些问题以及期望达到什么样的效果。只有明确了需求，才能为系统设计提供明确的指导方向。

（2）系统设计要全面考虑。系统设计是群控系统建设的关键环节，在设计过程中，需要全面考虑系统的架构、模块划分、接口设计、数据库设计等方面。同时，还需要考虑系统的可扩展性、可维护性和安全性等因素。一个优秀的系统设计能够为系统的开发和实施提供坚实的基础。

（3）技术选型要合理。在群控系统建设中，技术选型至关重要。需要根据系统需求和特点，选择合适的技术栈和框架。这包括选择合适的操作系统、编程语言、数据库以及相关的开发工具和框架等。技术选型的合理性直接影响到系统的开发效率和稳定性。

（4）注重开发过程的质量控制。在开发过程中，要注重质量控制。这包括编写规范的代码、进行严格的测试、确保代码的可读性和可维护性等。同时，还需要建立完善的版本控制机制，确保代码的稳定性和可追溯性。通过严格的质量控制，可以提高系统的质量和稳定性。

（5）关注用户体验和易用性。群控系统的最终用户是操作人员，因此用户体验和易用性至关重要。在设计系统界面和操作流程时，需要充分考虑用户的使用习惯和需求，尽可能提供简洁、直观、易用的操作方式。通过优化用户体验和易用性，可以提高操作人员的工作效率，减少误操作的发生。

（6）提供完善的文档和培训支持。在系统开发完成后，需要提供完善的文档和培训支持。文档应包括系统的使用说明、操作指南、维护手册等，以便用户能够快速地熟悉和使用系统。同时，还需要提供培训支持，帮助用户掌握系统的操作方法和技巧，提高系统的使用效果。

（7）持续优化和升级。随着业务的不断发展和技术的不断进步，群控系统也需要不断优化和升级。通过收集用户反馈和数据分析，发现系统中存在的问题和不足，及时进行修复和改进。同时，还需要关注新技术的发展和应用，将新技术应用到系统中，提高系统的性能和稳定性。

总之，建设该项目群控系统是一个复杂而充满挑战的过程。通过明确需求、全面考虑系统设计、合理选型技术、注重开发过程的质量控制、关注用户体验和易用性、提供完善的文档和培训支持以及持续优化和升级等措施，可以成功地建设一个高效、稳定、易用的群控系统。

7 问题与建议

（1）当群控主机出现黑屏或者无法开启时：

检查群控系统主机电源是否断开，开关电源是否出现故障；

检查电脑硬件是否损坏，是否出现磕碰。

（2）当通过交付界面对设备下发指令，出现控制命令无法下发时：

检查变频柜上设备旋钮是否处于远程状态；

账号权限是否具备下发权限。

（3）群控系统交互界面显示信息与设备实际运行的情况不一致时：

检查变频柜上设备旋钮是否处于远程状态；

群控系统交互界面运行模式是否为群控模式；

设备与主控系统之间通信是否正常，是否出现线路断开情况。

（4）现场群控柜交互界面无法打开时：

检查网页输入是否正确，如不正确，请直接点击收藏夹中交付主页网址；

检查触摸屏电脑与 DDC 控制器通信是否异常。

 专家点评：

　　该项目装机涉及 1 台 1150 kW 海信磁悬浮变频离心冷水机组和 2 台 445 kW/541 kW 海信磁悬浮变频离心热泵，配套冷冻水泵、冷却水泵、冷却塔等设备。

　　项目技术合理。该项目以青岛地铁一号线瓦屋庄停车场综合楼建筑为基点，冬天采用磁悬浮变频离心热泵供暖、夏天采用磁悬浮变频离心冷水机供冷，以满足该项目的冷、热需求。项目不仅总投资较少，且内部收益率较高，仅两年就回收成本，不仅有较好的经济效益，而且环境效益、社会效益也不错。

齐鲁医药学院智慧供冷供热项目

申报单位：山东澳信供热有限公司

摘要： 齐鲁医药学院智慧供冷供热项目采用分布式空气源热泵配置方案，结合低温空气源热泵和高效风冷式水冷机组，以提供清洁能源为目标。该项目还配备了自主研发的远程智能化大数据运行平台和手机 APP 数字终端，通过大数据分析结合学院需求特点，实现智能分时分区调控，确保工作稳定且控制精度高。特别值得一提的是，该项目采用了自主创新研发的末端智能控制系统，全面实现精准供热供冷服务，为齐鲁医药学院提供了高效可靠的供冷供热解决方案。

1 项目概况

1.1 项目背景

齐鲁医药学院新校区项目位于淄博经济开发区柳园路以西，人民路西延以北、姜萌路以东，总占地面积 100 万平方米。项目规划总建筑面积 43.6 万平方米，包括图书综合楼、教学楼及实训用房、学生宿舍等建筑，总投资 15.12 亿元，设计容纳在校生 20000 人。

由于国内建筑设计研究院等机构重设计、轻运行的思路存在，运行和设计工况存在实际差距（图 27-1）。运行参数与设计参数偏移极大，设备运行并不在高效点，造成人均能耗过高。

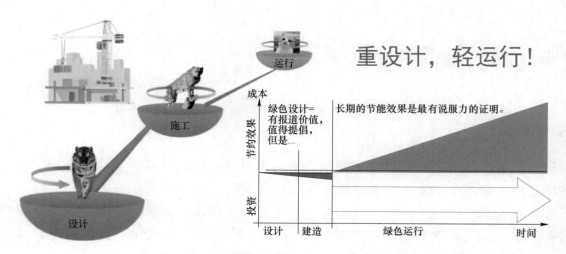

图 27-1 运行和设计工况存在实际差距

该项目能源规划优先考虑清洁能源方案解决冷、暖及生活热水需求，项目采用分布式清洁能源供热系统，通过热泵高效电转热的优势，打造供暖系统近零碳校园，清洁环保、安全节能、智慧可靠。空气源热泵分布式供暖不用建设校园集中供暖管网系统，减少了能量损耗，同时智慧运营借助互联网智能云平台，以运维思路构建项目运行的方法，打造"人文、生态、科技"的现代化高校能源管理系统。

1.2 项目进展情况

项目自 2018 年开始建设和运营，并于 2021 年进行了二期建设，目前一期和二期共计 21.5 万平方米供冷供热项目均已按照最新方案进行改进并投入运行。学院已经立项了三期建设计划，并将继续进行后续建设和投运。

2 能源供应方案

2.1 负荷特点

该项目在分布式能源站方案的基础上，实现了独立控制运行，利用智慧能源管理系统有效地实现了能源系统的灵活可控性，综合利用电能、热（冷）能等资源，全面降低负荷能源成本。通过高效的能源管理，帮助用户调整能源使用行为，增强能源管理规范性。

宿舍楼暖通系统采用空气源热泵供暖+热水二联供方式（图 27-2）。采用 5 台 075Y 超低温空气源热泵用于供热系统，3 台 075 供暖+热水二联供热泵进行生活热水制造及供暖热源补充。每台供暖专用机加流量调节阀，使得机器工作于高效点。当无生活热水需求时，三台热水机全部切换至供热状态，此时可以满足供热需求。当在气温高点时，此时机器效率高，热水机制生活热水。当生活热水无法满足洗浴需求时，三台热水机可迅速制生活热水。

图 27-2 宿舍楼暖通系统

教学楼末端风盘和热泵主机的运行数据实时传输并进行分析，根据末端负荷特点优化热源运行，以减少能源浪费。借助各种传感器和电表，分析各种参数和变量对负荷能源的影响，管理供能运行的各个环节的能耗情况。通过发现供暖环节中设备效率低下和能源利用过程中的浪费情况，生成分析报告，加强负荷能源消耗和核算管理，实现更具科学性的负荷能源管理方式。

每套供能系统均连接到先进的远程智慧控制操作平台，实现实时数据传输，用户可通过电脑和手机 APP 随时监控热源及末端负荷运行状态。末端设备连入大数据能耗管控平台，根据末端负荷的能量需求提供精确供能，实现针对系统的精准管控。

2.2 技术路线

2.2.1 项目配置思路

2.2.1.1 分布式供能系统

能源站独立控制运行，供热及生活热水二联供（图 27-3），实现电能、热（冷）能等的综合利用，全面降低用能成本。帮助用户进行高效的能源管理，改变能源的使用习惯，规范和加强能源管理。

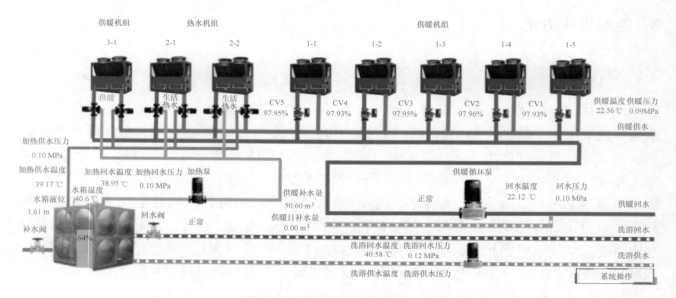

图 27-3 供热及生活热水二联供

2.2.1.2 暖通系统数字化设计

设计阶段采用 BIM 类软件进行暖通系统设计，深度使用品著软件用于建立土建模型、设备管道模型、审图模型，深度使用软件用于设计、计算、统计、性能分析。深度使用 MAGCAD，用于支吊架专业设计、计算。使用软件进行碰撞检查、净高分析等。将原有二维设计的经验积累反向用于三维软件，自动生成准确实用的设计数据。

2.2.1.3 智能无人管理

每套供能系统均接入先进的远程智慧控制操作平台，数据实时上传，可在电脑、手机上随时监控热源及末端运行状态；末端接入大数据能耗管控平台，并根据人体体感进行建模，根据末端的能量消耗实现主机精准供能，实现就地及远程计算机精准管控。

2.2.1.4 数据分析、精准供能

末端风盘及热泵主机运行数据实时上传，并进行分析，根据末端需求优化热源运行，减少能源浪费；利用各种传感器和电表，分析各种参数、变量对能源的影响，管理供能运行的各个环节能耗，发现设备在供暖环节中低效的情况和能源使用过程中的浪费情况，生成分析报表，强化能源消耗、能源核算管理，使管理更加科学化。

2.2.2 控制系统原理

控制系统运行优先级顺序为：用户模块—建筑设计模块—财务模块—设备模块—暖通模块—运行模块，其中财务模块、设备模块、暖通模块及运行模块反复迭代。模块执行策略见图 27-4。

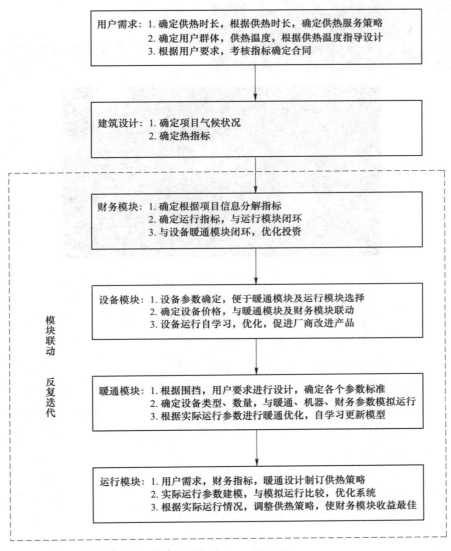

图 27-4 模块执行策略

2.2.3 模块建设思路

该处设计数据不应由空气源热泵运营管理系统软件平台提供建筑设计计算功能，应由 BIM 软件设计后的数据导入，系统中只需要计算结果。BIM 在此部分作用如下：

（1）利用 BIM 技术，对建筑、管路、设备进行建模。

（2）标注设备、管路等信息，建立相应数据库，建立生命周期库。

（3）利用交付产品，进行预施工，找出施工中易存在的问题，优化流程。

（4）利用交付产品，自定义最后管路、设备更换时间，做到生命周期管理。

以齐鲁医药学院活动中心建立的模型效果图见图 27-5。

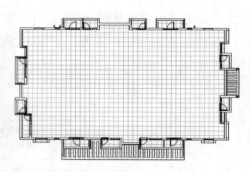
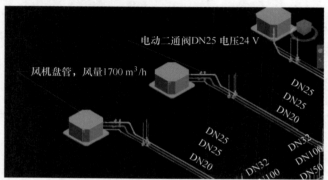

图 27-5 以齐鲁医药学院活动中心建立的模型效果图

利用 BIM 软件统计功能，根据实际需求导出材料表，将模型导入算量软件，将所提取的工程量导入计价软件，完成工程造价。

当用户需求、建筑物指标确定后，则进入财务模块。通过财务数据计算出运行指标预算，计算出相应的投资回收期。然后进入相应的设备模块、暖通设计模块及模拟运行模块，通过这三个模块进行反复模拟，修改方案，最终确定最佳性价比投资及运行策略。

设备参数在空气源热泵系统中是一个关键数值，决定本系统的最大能力及合理范围。该项目的设备温度效率曲面见图 27-6。

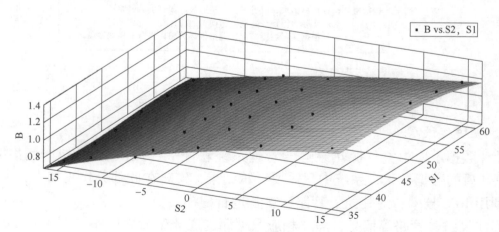

图 27-6 该项目的设备温度效率曲面

对应不同的温度，造热能力不同，产生的效果也不相同。所以对于机器来说，准确的数据是确保仿真运行的关键。实际运行过程中，通过实际调节，测试相应的实际机器数据，进行自学习调整。

通过空气源热泵的运行目标参数，模拟相应气象条件及热指标，根据此指标，确定暖通方案，模拟搭配不同的机器，设定不同的策略进行模拟测试，确定最终的空气源热泵运行策略。

运行模块为模拟运行的策略，包括混水后的温度、最高出水温度、最低回水温度、计算运行时长、计算室内温度等。通过这些运行数据的变化，模拟系统中动态的变化。以空气源热泵运行效率最高为目标，构建最优的空气源热泵系统运行策略。运行模块应当包含模拟集合（虚拟运行）、运行迭代、生命周期管理三个模块，框架见图27-7。

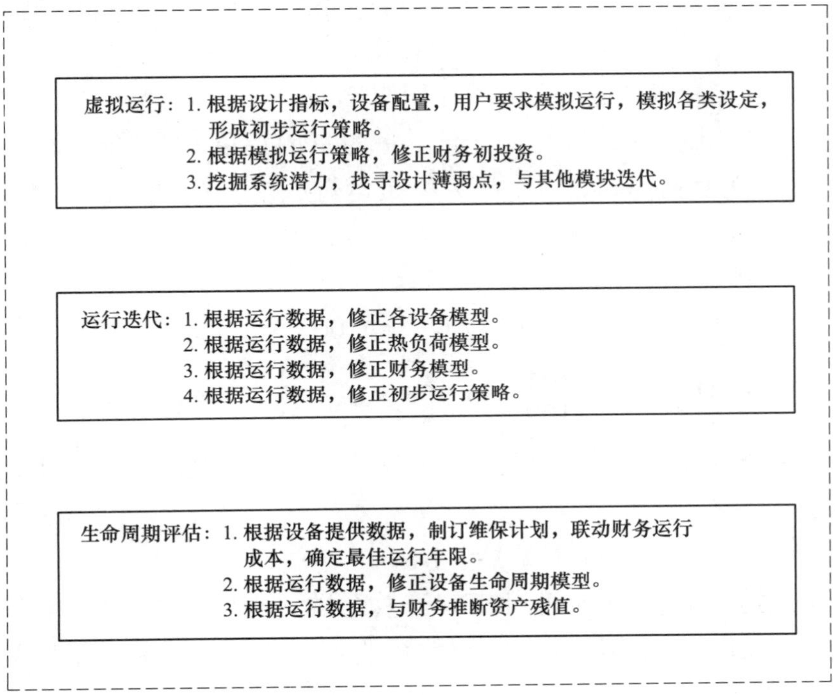

```
虚拟运行：1. 根据设计指标，设备配置，用户要求模拟运行，模拟各类设定，
              形成初步运行策略。
          2. 根据模拟运行策略，修正财务初投资。
          3. 挖掘系统潜力，找寻设计薄弱点，与其他模块迭代。


运行迭代：1. 根据运行数据，修正各设备模型。
          2. 根据运行数据，修正热负荷模型。
          3. 根据运行数据，修正财务模型。
          4. 根据运行数据，修正初步运行策略。


生命周期评估：1. 根据设备提供数据，制订维保计划，联动财务运行
                成本，确定最佳运行年限。
              2. 根据运行数据，修正设备生命周期模型。
              3. 根据运行数据，与财务推断资产残值。
```

图 27-7 运行模块结构示意图

通过运行输入的参数模拟运行，对各个数据进行计算，通过输出界面显示运行后的结果。改变外部条件，运算结果也对应改变，从而达到模拟运行的目的。

利用机器学习后的模型，进行回水温度为 35 ℃、36 ℃、37 ℃、38 ℃、39 ℃、40 ℃、41 ℃，室外温度为 -15~15 ℃时，每小时的热量预测与电量预测。

2.2.4 运行模型

人体舒适度指数是日常生活中较为常用的表征人体舒适度的方法，它主要取决于气温、湿度与风速 3 个指标。一般来说，空调房内体感温度为 28 ℃时，为人体生理零度，人感觉最舒适。

以齐鲁医药学院为例，采用空气源热泵作为冷热源，室内采用风机盘管作为供冷末端，对于室内温度 T，有：

$$T = T_\alpha + T_\beta$$

式中，T_α 为相对环境温度，是指开启空调后室内能够到达的目标温度；T_β 为偏差温度，其是由空调温控器安装位置造成的。对应设定温度不同，应补偿相应的偏差系数。所有房间内偏差系数均不相同，每个房间都需要单独建模。

室内温度偏差温度 T_β 的确定为：

$$a_1 T_\gamma^4 + a_2 T_\gamma^3 + a_3 T_\gamma^2 + a_4 T_\gamma + a_5 = T_\beta$$

式中，T_γ 为空调温控器检测的室内实际温度；a_1、a_2、a_3、a_4、a_5 为偏移系数。设定的能耗模型包括能耗模型 1 和能耗模型 2，其中，能耗模型 1 为：

$$\min(Y_i) = \eta\left[a(T_0 - T) + b(RH_0 - RH)\right] + c \tag{27-1}$$

式中，Y_i 为室内 i 的运行成本；η 为机组能效等效系数，它应符合在机组冷水工况为 12 ℃/7 ℃时，空调机组能效为 EER_0，则系统现工况等效系数 η 对于恒工况的机组应为：

$$\eta = \frac{EER}{EER_0}$$

空调机组 EER 为产生的机组冷量与能耗比值；a 为室内温度每下降一度所需耗费的运行费用的制冷基准成本；b 为除湿基准成本；c 为风机运行成本；T_0 为室外温度；T 为室内温度；RH_0 为室外相对湿度；RH 为室内相对湿度，约束条件为：

$$24 \leqslant T \leqslant 27.5 \tag{27-2}$$

$$45 \leqslant RH \leqslant 100 \tag{27-3}$$

$$1.07T + 0.2\left(\frac{RH}{100} \times 6.105 \times \exp\frac{17.27T}{237.7 + T}\right) = 32 \tag{27-4}$$

式（27-1）～式（27-4）构成线性规划模型，求解最优解，得到能耗模型 1 最低的解。

能耗模型 2 为：

$$\min(Y_i) = a\eta(T_0 - T) + c \tag{27-5}$$

式中，Y_i 为室内 i 的运行成本；η 为机组能效等效系数，它应符合在机组冷水工况为 12 ℃/7 ℃时，机组能效为 EER_0，则系统现工况等效系数 η 对于恒工况的机组应为：

$$\eta = \frac{EER}{EER_0}$$

机组 EER 为产生的机组冷量与能耗比值；a 为室内温度每下降一度所需耗费的运行费用的制冷基准成本；c 为风机运行成本；T_0 为室外温度；T 为室内温度，约束条件为：

$$24 \leqslant T \leqslant 29 \tag{27-6}$$

$$0 \leqslant RH \leqslant 45 \tag{27-7}$$

$$1.07T + 0.2\left(\frac{RH}{100} \times 6.105 \times \exp\frac{17.27T}{237.7 + T}\right) = 32 \tag{27-8}$$

式（27-5）～式（27-8）构成线性规划模型，求解最优解，得到能耗模型 2 最低的解。

最后，根据设定的目标温度以及目标湿度，控制制冷机、除湿机或送风机运行，控制的原则为：若相对湿度高于 45%时，$T \leqslant 24$ ℃，制冷机、除湿机以及送风机均不开启；若相对湿度高于 45%时，24 ℃$<T<$27.5 ℃，制冷机、除湿机以及送风机均开启，运行情况符合能耗模型 1，若相对湿度高于 45%时，$T \geqslant 27.5$ ℃，制冷机必须开启。

若相对湿度低于 45%时，$T \leqslant 24$ ℃，制冷机、除湿机以及送风机均不开启；若相对湿度低于45%时，24 ℃<T<27.5 ℃，制冷机开启，运行情况符合能耗模型2，若相对湿度低于45%时，$T \geqslant 27.5$ ℃，制冷机必须开启。

硬件部分由制冷机、除湿机、送风机、分布控制器、现场总线、物联网平台组成，软件系统按照图27-8所示逻辑制作程序。

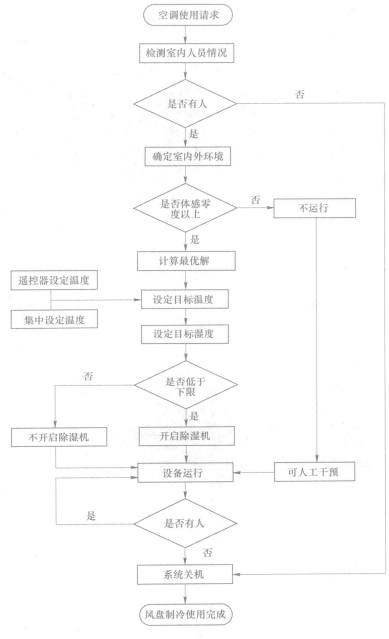

图 27-8　流程图

2.2.5　运行数据表

运行数据表包括系统运行数据表及设备运行数据表，应部署在二级系统中。根据运行数据进行建模，确定规律后生成新的运行数据表，根据此方式迭代。

通过对运行数据表进行迭代，修正各模拟运行参数，定期重新进行模拟运行，完善建筑物的运行方案。在满足室内温度的情况下，控制变量的预测应符合 $\beta_{n+1} = \beta_n + \alpha(\beta_n^* - \beta_n)$，

即在供热第 n 周期时自学习文件中存储的系数称为 β_n，在对第 $n+1$ 个供热周期进行设定时，模型设定计算程序将从自学习文件中取出并采用此 β_n 值。当第 n 个周期供热进行时，可推算出此参数的瞬时值 β_n^*，利用此信息对 β_n 进行修正。并将合理运行指标下发至二级系统，由二级系统参照标准修改运行策略。优化调整前，机组连续工作时间短，水温波动大；优化后机组连续运行趋于合理，水温波动小（图 27-9）。

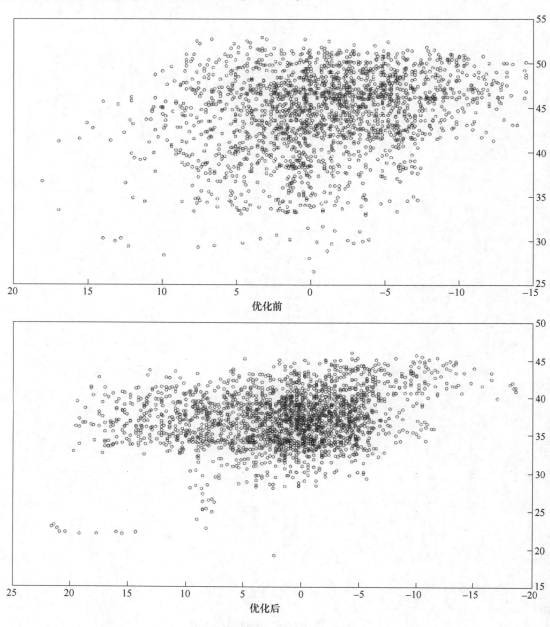

图 27-9　优化前后对比

2.3　装机方案

宿舍楼供热及生活热水采用超低温空气源热泵供热。供热设计水温：供回水 45 ℃/40 ℃，供暖采用上供下回双管制，末端均采用选择采用压铸铝双金属散热器，生活热水系统水箱有效容积为 20 m³，内部采用 PVR 管进行换热。

学校宿舍楼采用空气源热泵供暖+热水二联供方式。每栋宿舍楼配 075Y 超低温空气源热泵 5 台用于供热系统，3 台 075 供暖+热水二连供热泵进行生活热水制造及供暖热源补充。每台供暖专用机加流量调节阀，使得机器工作于高效点。

教学楼根据负荷配置 075Y 机组 8~15 台不等，分组控制。

循环泵和补水泵为三相异步电动机、管道离心泵，电源都为 AC380 V 供电；控制系统为西门子 S7-1200 PLC 控制，电机采用变频启动，降平方转矩控制模式。

3 用户服务模式

3.1 用户需求分析

学校用户多为年轻学生，对室内温度的需求程度较高，喜冷或喜热，个性化需求较多，并且喜欢利用新媒体进行监督投诉。所以要相对保持水温及室温稳定，减少环境气温波动的影响。这样的用户特性下，必须保证供热效果，针对于不同应用场景，制订不同的应用策略。

该项目研究成果部分（用户模块、财务模块、设备模块、运行模块）应用于山东文化产业职业学院，部分（用户模块、财务模块、设备模块、运行模块）应用于河南平顶山河舞人民医院，全套内容应用于齐鲁医药学院（用户模块、财务模块、设备模块、运行模块）。

3.2 政策依据

山东省人民政府印发的《山东省新能源产业发展规划（2018—2028 年）》（鲁政字〔2018〕204 号）要求，探索新能源服务的新型商业运营模式和新业态，结合取暖区域的热负荷特性、取暖规模、电力资源等因素，因地制宜发展电取暖，在商场、医院、学校等公共服务场所和新型社区，优先选用空气源、污水源、地源等热泵取暖，提升电能取暖效率。

3.3 服务模式

投资方式：项目投资 3000 余万由项目方全额承担；
价格政策：按照淄博当地供热价格协商；
收费模式：按建筑面积冷热均按 25 元/平方米收费；
交易模式：预交；
经营方式：自营。

4 效益分析

4.1 经济效益

经济效益：合同期 15 年，企业获取长期的运营利润；根据投入产出计算，6 年收回成本。

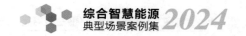
核算方法：运营利润＝能源收费金额−生产运营成本。

随着清洁能源在国民经济中的比重进一步加大，国家扶持鼓励供暖领域电能替代，电能价格呈现持续下降趋势。BOT/EMC等合同能源管理逐渐成为市场主流商业模式，借助先进的互联网/物联网大数据智慧能源管理平台，实现按需用能、精准供能，投资回报期短、经济效益显著。

4.2 环境效益

项目用热周期产生的热量为30115GJ，节约标准煤约542 t，减少二氧化碳CO_2排放量1420 t；若采用光电、风电等绿电直供，则节标煤1506 t，减CO_2排放量3946 t，核算方法如下：

空气源热泵供热效率：电能高效利用，是以电为驱动能源驱动压缩机做功，吸收空气中的热量来制取热水，冬季采暖平均能效达2.6，即消耗1 kW的电能（主流机组供电煤耗目前在280~320 g标煤/kWh）可以产生2.6 kW的热量。

空气源热泵节约标准煤量分析：

空气源热泵产生1GJ热量折合标煤耗量为278 kW÷2.6×0.3≈32 kg；

区域燃煤供热锅炉标煤耗量按表取限定值50 kg/GJ。

结论：空气源热泵产生1GJ热量比采用区域燃煤供热锅炉节约18 kg标准煤。

4.3 社会效益

社会效益：响应国家号召，打造零碳校园，助力"碳达峰、碳中和"宏伟目标；创新设备整体能效优化技术，助力用户用能成本有效降低。通过推动大数据、云计算等信息技术与能源物理技术的融合，挖掘不同工况下各类设备运行特性，实现各类能源设备物理出力状态的数字孪生；通过推动综合能源系统能源设备能效优化技术创新，从全局最优角度实现综合能源系统多类型设备的能效优化，以经济高效的设备运行策略满足用户用能需求，实现用户用能成本的有效降低。

5 创新点

空气源热泵运营管理系统采用模块化划分的控制策略，以满足不同的用户需求和财务数据的要求，通过确定投资方案来指导系统设计。在运行过程中，系统根据空气源热泵的运行目标参数来确定实际供热对象的建筑热负荷，并优化系统的运行策略，以实现运行效率的最大化。设计旁通回路的创新，解决了部分负荷时由于混水导致温差小的弊端，又保证了水泵低频运行时机组对于水流量的要求。

设置气象站，根据反馈风力、温度、湿度、PM10等的数据，分析对机组运行效率产生的变化影响，并深入设备调整机组关键点的运行参数，使之达到最佳工作状态；为了实现系统的高效运行，首先进行各种工况下的模拟运行，通过迭代的方式寻找最佳的运行策略。这意味着在满足建筑热负荷的前提下，系统将根据实际情况进行调整，以达到最优的运行效果。此过程中会针对机器虚标进行测试，并采取定量化管理方法对虚标设备进行有效管理，从而制订出最合理的运行策略。

末端采用体感温度定量控制的方式，结合相对湿度作为衡量标准，以避免室内体感温度过高的问题。该方法能够生成最合理的运行数据，与各模块进行迭代，最终找出最优的设备配置及运行策略。末端采用动态流量平衡阀，解决了变流量系统中水力变化时末端水流分配不均的难题，不会存在近端热、远端冷的现象，也不会导致过流或欠流现象的出现。

空气源热泵运营管理系统通过模块化控制、投资方案确定、模拟运行和迭代优化的方法，以及对机器虚标的管理和末端体感温度定量控制，实现了系统的高效运行和运行目标参数的一致性。这种综合的管理策略能够帮助提高能效，并为用户提供更舒适的室内环境。

6　经验体会

通过互联网+模式、人才引进、校企联合等，创新模式的发展为人才和公司都提供了良好的环境，管理模式的创新主要集中在以下几个方面：

（1）管理思想与观念的创新：与减碳目标挂钩，节能意识显著增强。

（2）管理组织的创新：运维管理流程化，工作上下衔接顺畅，可复制性强。

（3）管理方法的创新：积极运用信息技术手段替代人力巡检，故障问题实时手机推送，1~2人便可运营管理一所大学。

（4）管理技术的创新：建立企业远程监控数据管理平台，利用网络技术、数字技术实现管理技术现代化。

在很多时候，管理创新的过程和成果是相互交织的——管理思想与观念的创新，可能与管理组织的创新互为因果；管理技术的创新引起管理组织和管理方法的变革。

企业经营方针和经营决策：托管型合同能源管理模式符合公司的经营方针，依托先进的能源管控平台和末端消耗的精准管控，帮助企业科学地进行决策。

人员配备和劳动效率：借助远程数据平台、就地控制中心、手机APP等信息化手段，以较少的人力完成和超额完成生产经营和管理工作任务。

生产耗费和成本升降：运营成本主要为人员工资、维修保养、技术升级等费用，在能源价格不变的情况下成本相对固定，在合同中后期会有一定程度的上升，但仍在可控范围之内。

企业收入和经济效益：项目委托方通常拥有较稳定的资金来源，缴纳的能源费用可为企业带来较好的现金流，企业投入的多种节能措施又可以保障能源的不浪费，成本控得住从而保证了企业的经济效益。

7　问题与建议

随着风电、光电等绿色能源在社会生产中的比重越来越高，热泵作为高效电转热的清洁供热技术产品成为节能减碳的首要选择。高校规模大，能源利用集中度高，社会关注度高，实施新能源、新技术节能减碳效果明显。在"双碳"目标的大背景下，优先实现校园能源系统的近零碳运行最具社会示范效应。

对齐鲁医药学院供热/供冷系统实施合同能源管理的实践表明，实行合同能源管理，学校零投资，不但给学校省下了一笔巨额资金，解放了学校后勤，又实现了节能减排的紧迫要求。更有利于深入挖掘学校的节能潜力，使学校集中精力搞好教学科研工作。

能源费用托管型合同能源管理得以广泛推广，得益于它的项目操作特点。首先对于项目委托方，具有零风险、零投资的特点。投资方则致力于不断地追求技术创新和节能手段的多样化，创造属于自己的核心技术，以节能技术的专业性、先进性和节能手段的多样性、针对性，对不同项目提供量身定制的服务，收获长期的效益。

在高校全面推广合同能源管理已是大势所趋，尤其是新建校区宜采用能源费用托管型模式，即可实现学校与节能服务公司之间的双赢，同时也为学校进一步对用能系统进行全面诊断，加强能源消耗控制，建设零碳校园、绿色校园提供坚实的基础。

专家点评：

齐鲁医药学院智慧供冷供热项目规划总建筑面积43.6万平方米，1期、2期共计21.5万平方米已投入运行。项目在分布式能源站方案基础上，采用空气源热泵作为冷热源，室内采用风机盘管作为供冷末端，每套供能系统连接到远程智慧控制操作平台，实现实时数据传输，用户可通过电脑和手机APP随时监控热源及末端负荷运行状态。末端设备连入大数据能耗管控平台，包含用户、财务、设备、运行4个模块，可根据末端负荷的能量需求提供精确供能，实现针对系统的精准管控。现场1~2人即可管理一所大学。

项目方全额承担项目3000万元投资，能源供应全部由市场供给，采用合同能源管理方式获得收益。投资回收期为6年，回报周期短。项目具有可复制性，具有一定创新性，采用的技术方案合理，经济效益、环境效益较好。

「案例 28」

湖州综合智慧零碳电厂项目

申报单位：国家电投集团浙江电力有限公司

摘要： 为保障区域能源供应，国家电投集团积极推进用户侧综合智慧能源项目建设，通过智慧控制系统，聚合分布式电源、储能、用户可调负荷等资源，从电力供给侧和需求侧进行双向动态调节，进而支持电网的稳定、灵活和高效运行。2022 年，国家电投浙江公司开始在"绿水青山就是金山银山"理念发源地湖州市建设用户侧综合智慧能源项目——湖州综合智慧零碳电厂，通过"天枢一号"智慧管控系统，将区域内公司所属安吉草荡光伏、长兴江南红村、安吉长虹综合智慧能源、长兴和平储能等电站，和聚合的社会用电负荷进行监控、分析和动态调节，构建了一个对内协调平衡、对外与电网友好互助的新型能源生产与消费聚合体，助力新型电力系统建设。

1 项目概况

1.1 项目背景

浙江省是经济大省，同时也是能源小省，电力供应紧张，存在高比例新能源、高比例外来电、高峰谷差的"三高"特性，为解决这一供需矛盾，同时将安全、绿色、低碳的能源带入电力保供，国家电投提出因地制宜建设综合智慧零碳电厂的创意，选择在具有政策优势的国家可持续发展创新示范区、浙江省绿色低碳创新综合改革试验区、"两山理念"发源地的湖州市试点先行。其核心是：从用户侧着手，以建立用户侧大容量储能电站为基础，融合户用储能、光伏等分布式新能源以及办公大楼、工厂等用户侧的灵活资源，形成一个可调负荷的资源池，通过"天枢一号"智慧系统进行精确负荷预测，匹配最佳资源，促进新能源就近消纳，对供给侧和需求侧进行动态调节，进而支持电网的稳定、灵活和高效运行。

湖州综合智慧零碳电厂 2022—2023 年规划：分布式电源装机 3 万千瓦，储能装机 5 万千瓦，聚合用户总负荷 60 万千瓦（其中可调容量 22 万千瓦），形成顶峰能力 30 万千瓦。

1.2 项目进展情况

在湖州综合智慧零碳电厂的建设中，国家电投浙江公司统筹部署，调动优势资源，投入精锐力量，保障项目所有里程碑节点均按时或提前完成。

（1）2022 年 9 月，湖州综合智慧零碳电厂正式开启规划设计，同步项目建设。

（2）2022 年 10 月，编制《综合智慧零碳电厂开发技术指导手册》和《综合智慧零碳电厂客户需求分析模型及应用指南》，得到行业专家评审。该项目参照手册与指南，完成各里程碑节点设定。

（3）2022 年 11 月，和平储能单元项目开工建设。

（4）2022 年 12 月，实现对分布式光伏、用户侧负荷、和平储能、用户侧储能的聚合，项目（一期）并网投运，正式接入浙江电网，助力冬季电力保供。

（5）2023 年 6 月，实现新增顶峰能力 20 万千瓦。

（6）2023 年 11 月，和平储能单元项目一期 45 MW/477 MWh 全容投产。

（7）2023 年 11 月，在中国团体标准信息平台发布《综合智慧零碳电厂通则》。

（8）2023 年 12 月，实现累计新增顶峰能力 30 万千瓦。

2 能源供应方案

2.1 总体方案

湖州综合智慧零碳电厂核心要素包括分布式电源、储能、可调节负荷用户、智慧系统，通过协调控制、智能计量及信息通信等关键技术，实现通信和聚合，将相对分散的源网荷储等元素通过智慧系统管控平台进行集成调控，等效形成一个可控的调度网+可控负荷+储能+分布式电源的聚合体，通过智慧系统提供实时测量、优化调度、直控控制和电力交易等功能，充分激发和释放用户侧灵活调节潜力，实现绿电就地消纳、零碳发电和为电网提供平衡服务的综合效果。

源：分布式光伏、分散式风电、微风风电、沼气利用、生物质综合利用、垃圾（含厨余）发电、热泵清洁供冷热等。

网：控制网、供电网、冷热管网、气网等。

荷：电能用户、冷热用户、气用户、综合类用户和衍生类用户及应用等。

储：按照应用场景分为电网侧储能、电源侧储能、用户侧储能等。

2.2 智慧控制方案

综合智慧零碳电厂的控制网是依托国家电投集团天枢平台（含天枢云、天枢一号）建设，通过资源聚合、寻优调度、运行优化等功能，实现各场景能源系统最优运行，提升电力交易智能化水平，与电网友好互动，保障电网安全，提升保供能力。

智慧系统平台主体统一在云端（电投云）部署，结合区域集控及项目级的边缘智慧终端，实现分层分级的体系架构。

在资源接入层，智慧系统应用天枢一号采集器、网关、服务器一体机等边端智慧设备，依据信息模型标准，采集分布式光伏、能源站、微网、负荷、储能、充电桩、园区综合能源系统的数据上送至天枢云端，并接受、解析和执行云端智慧系统下发的指令或者策略，反馈执行结果。

在聚合调控层，智慧系统向上响应调度交易层需求，实现源网协调控制，提供顶峰、调峰、移峰、调频、备用等能力，保障电网安全，提升保供能力。向下通过云边分层协同控制，对园区、微网、能源站、企业用供能实现能量的时空价值最大化与多能流最优化的运营。

在调度交易层，智慧系统提供交易优化服务。通过可控资源特性刻画，可调节资源空间挖掘，提升电力交易智能化水平，辅助报量报价，减少偏差考核，增加市场交易收益。

智慧控制系统是综合智慧零碳电厂的控制核心，采用云边结合的运行模式为各级零碳电厂提供信息化支撑。在云端为各级零碳电厂用户提供能源系统生产管控、优化调度、市场交易服务板块，为用户提供预测、聚合、调度优化能力。在边端通过部署边缘智慧终端，实现对覆盖"源网荷储"的能源设备的统一接入，实现云端调度优化指令的设备级执行，实现云边协同闭环。

2.3 和平储能项目

"和平储能"项目由国家电投浙江公司投资建设，投资总额 10 亿元，项目设计容量为 100 MW/1061 MWh，于电力低谷期充电，尖峰期放电，每充满一次可存 100 万千瓦时电，约等于当地 8 万户居民一天的用电量。

项目一期建设规模 45 MW/477 MWh，二期容量 55 MW/584 MWh。一期项目储能系统于 2022 年底部分投运，于 2023 年底全部投运，年调峰电量可达 1.4 亿千瓦时，为园区内的用电企业每年节省上千万的用电费用。二期规划容量为 55 MW/584 MWh，拟于 2024 年底开工建设。

"和平储能"项目有五大特点，即电池循环寿命长、建设周期短、安全系数高、投资成本低、资源聚合强，极具市场竞争生命力（图 28-1、图 28-2）。

图 28-1　和平储能项目

作为大型铅炭类储能电站，日放电量可达百万千瓦时，对于区域电网来说，相当于一个大的电能"水库"，灵活提供削峰填谷、调峰调频等电力服务，助力地方能源保供及促进新能源消纳。

该项目已纳入"国家新型储能试点示范项目"和"浙江省'十四五'第一批新型储能示范项目"。

图 28-2　和平储能项目电池车间

2.4　户用储能项目

国家电投浙江公司在"和平储能"项目附近寻找农村试点，进行户用储能的首次尝试，在长兴县和平镇丁家湾村建设了整村户用储能实证项目（图 28-3 和图 28-4）。共计为和平村 42 户居民安装了户用储能设备，其中 40 台为铅炭电池，单台容量 11.5 kWh，2 台为磷酸铁锂电池，单台容量 10.5 kWh。户用储能使每家每户成为一个个小的能源自供给聚合体，实现小型的能源区域自平衡，通过调节负荷助力能源保供。

图 28-3　户用储能微网系统

2.5　新能源智慧电站

湖州综合智慧零碳电厂已建成安吉草荡 50 MW 渔光互补光伏电站，以及长兴鑫江矿 2.1 MWp 矿山治理光伏发电项目、长兴江南红村项目、安吉长虹"源网荷储"一体化综合智慧能源项目、安吉亚太综合能源项目等共计 30 MW 屋顶分布式光伏项目。

图 28-4　户用储能单体设备

2.5.1　安吉草荡 50 MWp 渔光互补项目

国家电投浙江公司在安吉县梅溪镇草荡建设了 50 MWp "渔光互补" 光伏电站，探索 "光伏+渔业" 产业模式，有效利用水面资源，打造了安吉县首个水面发电、水下养鱼的 "渔光互补" 项目（图 28-5）。

图 28-5　安吉草荡渔光互补项目

此外，2023 年 12 月，国家电投启动智慧场站建设工作，安吉草荡渔光互补电站即成为 100 个在运新能源智慧场站示范项目之一。通过对电站的安防设施进行升级优化、升压站巡检业务进行无人替代、生产运营中心集中监盘，实现了生产运营管理的集约化、数字化和智慧化管理。智慧化升级后的电站不仅满足了安全运行的需要，提高了工作效率，也促进了电站与综合智慧零碳电厂的高效融合和协同。

2.5.2　长兴鑫江矿 2.1 MWp 矿山治理光伏发电项目

该项目位于长兴县和平镇雪溪村废弃矿区，占地 60000 余平方米，是国家电投在浙江的首个能源生态融合发展项目，实现了对采矿沉陷区和废弃矿山的生态修复，向当地提供了电站就业机会（图28-6）。

图28-6　鑫江矿矿山治理项目

2.5.3　长兴江南红村项目

该项目是国家电投浙江公司在湖州第一个"红色+绿能"综合智慧能源项目，建设了150 kWp屋顶分布式光伏、35 kWp车棚光伏和1台新能源车用直流快速充电桩（图28-7）。

图28-7　长兴江南红村项目

2.5.4　安吉长虹"源网荷储"一体化综合智慧能源项目

该项目已纳入浙江省"十四五"首批新型电力系统试点项目（图28-8）。

2.6　聚合资源

目前，项目已聚合湖州市88家用户的光伏、储能和可调负荷，其中光伏、风电总功率

图 28-8　安吉长虹"源网荷储"项目

134.52 MW，储能 69.30 MW/682.78 MWh，可调负荷 254.44 MW。通过用户侧的移峰填谷用能管理，形成包含湖州市城投公司所属的办公楼、宾馆、商超等空调负荷、湖州会展中心、长兴经济开发区的可调负荷。

3　用户服务模式

3.1　提供用户价值

综合智慧零碳电厂项目通过"天枢一号"智慧能源系统，促进了供给侧的新能源消纳，提高了用户侧的能源利用率。"天枢一号"依据海量历史用电负荷数据，根据人工智能所建立起的数学模型，对用电负荷进行实时精准预测，动态优化和匹配最佳资源，从而实现了众多分布式新能源的就近使用和最有效消纳，并保障了电网的安全稳定运行。

在提供相同顶峰能力条件下，湖州综合智慧零碳电厂较常规火电厂建设周期缩短约80%、投资成本减少约66%。在电网同等售电量情况下，有效减轻了电网基础建设的投资压力。

以和平储能为例，目前，该项目一期 45 MW/477 MWh 已全部投产，年调峰电量可达1.4 亿千瓦时，可为园区内的用电企业每年节省 1500 万的用电费用。二期全部建成后年调峰电量超过 3 亿千瓦时，每年为用电企业节省 3000 万的用电费用，项目的年产值可达 2 亿元，上缴税收 1500 万元。

3.2　政策依据

3.2.1　世界气候协定

2016 年签署的《巴黎协定》主要目标是将 21 世纪全球平均气温上升幅度控制在 2 ℃以

内，并将全球气温上升控制在前工业化时期水平之上 1.5 ℃ 以内。

3.2.2　中国能源政策

（1）中国《"十四五"节能减排综合工作方案》要求提高能源利用效率，降低碳排放强度，促进经济社会发展绿色转型；

（2）2014 年，中国提出了"四个革命、一个合作"的能源安全战略，即推动能源消费、供给、技术、体制四项革命，同时全方位加强国际合作；

（3）2020 年，中国提出力争 2030 年前实现碳达峰、2060 年前实现碳中和的发展目标；

（4）2021 年，中国提出了构建以新能源为主的新型电力系统；

（5）2022 年 1 月，国家发展改革委、国家能源局发布的《关于加快建设全国统一电力市场体系的指导意见》中明确了健全分布式发电市场化交易机制。

3.2.3　浙江省和湖州市政策

（1）2022 年 9 月 29 日，浙江省人大常委会发布的《浙江省电力条例》，其中第十六条提出，储能发展应当根据提高电力系统调节能力的要求，结合地区资源优势合理布局抽水蓄能电站和各类新型储能项目，引导储能安全、有序、市场化发展；第三十一条明确指出，完善市场化电价形成机制和电力中长期、现货交易机制，建立健全微电网、存量小电网、增量配电网与公用大电网之间的交易结算、运行调度等机制。

（2）湖州市的大工业和一般工商业用电价格呈现的每日"两峰两谷"的特性，是建设综合智慧零碳电厂的有利基础。

（3）湖州未来的发展规划照着"绿水青山就是金山银山"这条路走下去，将常态化亟须绿色低碳的能源。

3.3　服务模式

湖州综合智慧零碳电厂依托国家电投自主研发的"天枢云"平台，因地制宜，利用湖州长兴的优势电池产业中的龙头企业——天能集团，由其所生产的铅炭电池组成的和平储能为核心，是中国首个以大容量储能电站为核心的综合智慧零碳电厂。聚合分散在湖州各地的智慧电站、用户侧储能以及可调负荷等多种元素，实现平抑负荷波动、补充尖峰缺口、降低客户用能成本、提供绿电供应等功能，为当地电力保供以及电网灵活性和调节能力的提升贡献力量，是与电网友好互动的"好伙伴"。

4　效益分析

4.1　环境效益

截至 2023 年 12 月，湖州综合智慧零碳电厂项目已形成 30 万千瓦顶峰能力，有效支撑电网。待 2025 年湖州综合智慧零碳电厂项目完全建成后，将达到：

（1）每年提供约 2 亿千瓦时绿色电力；

（2）向电网提供顶峰供电能力 50 万千瓦、调峰能力 40 万千瓦、调频容量 20 万千瓦；

（3）根据《中国电力行业年度发展报告 2023》测算口径，年减少标煤排放 6 万吨，年减少 CO_2 排放 16.5 万吨，年减少 SO_2 排放 17 t，年减少 NO_x 排放 27 t；

（4）每年间接减少近百人感染尘肺、石棉肺、噪声致听力受损等火电厂常见职业病的风险；

（5）直接降低企业用电成本 15%，带来相当于 20 万个绿证价值。

4.2 社会效益

4.2.1 对社会的影响

湖州综合智慧零碳电厂促进了湖州当地铅炭电池产业的发展，引领了绿色能源的投资热潮。其核心"和平储能"项目由国家电投集团大比例占股，由拥有铅炭电池能源管理系统的长兴太湖能谷公司参股，创新了当地新能源产业的发展模式，推动了湖州新能源相关产业的快速发展。

湖州市政府拟在碳达峰方案实施中以综合智慧零碳电厂为实践案例，形成一批可复制可推广的低碳零碳发展经验和模式。到 2025 年，创建低碳试点区县 4 个、低（零）碳试点乡镇（街道）10 个、低（零）碳试点村（社区）100 个。

湖州综合智慧零碳电厂已初步形成实证实践并在浙江全省复制推广。截至 2023 年底，国家电投综合智慧零碳电厂模式已覆盖全省 11 个地级市、90 个区县，复制建成 9 座综合智慧零碳电厂，为浙江电力供应保驾护航。

4.2.2 对电网的影响

电网如同"人体主动脉"，综合智慧零碳电厂好似"毛细血管"，两者"相互依存、相互支撑"。综合智慧零碳电厂立足用户侧与电网侧需求，高效匹配最优资源，平抑负荷波动，有力支撑电网的安全、稳定、经济运行。

4.2.3 对用户侧的影响

综合智慧零碳电厂内聚合的分布式光伏可以向用户输出绿色、低碳的电力，满足用户安心用电和节能降碳的需求。将用电低谷储存的电量在高峰期输送给用户，可以降低用户的电费账单，为用户降低能源成本。同时，还可以有效缓解用户在用电高峰期的峰值负荷，保障用户正常用电。

4.2.4 对就业的影响

在安吉草荡渔光互补项目、长兴户用光储等已建项目的建设以及运维过程中，均给附近农村居民带去大量就业岗位及收益。尤其是对于农民，通过接受国家电投浙江公司组织的户用光伏电站、村集体光伏及储能电站维护的专业技能培训，从事电站的运维工作，可获得就业收益。

5 创新点

湖州综合智慧零碳电厂智慧控制系统"天枢平台"是由国家电投集团综合智慧能源科

技有限公司（以下简称"智慧能源公司"）开发运营，智慧能源公司是国家电投集团全资子公司，以行业领先的"三网融合"数字化平台为运营基础，协同生态伙伴，构建"能源物联网+消费互联网"的综合智慧能源全新产业生态，推动新型能源体系建设，服务地方经济发展、能源保供、乡村振兴，助力国家"双碳"目标实现和共同富裕战略落地。

5.1　技术创新

（1）和平储能项目通过集中建设储能单元，解决储能系统占地问题，并且实现集约化管控，打造园区级用户侧储能。

（2）和平储能项目应用了以电池生命周期控制技术 TEC-Engine 为核心的技术方案，通过在电池两极添加不断变化的电场（噪声）延缓电池枝晶的生长，延长电池寿命。

（3）和平储能项目应用动态算法解决大规模电池组一致性和协同性难题，提升充放电效率；实现在线维保，电池电压/电流、电芯均衡性、SOC/SOH、温度分布等实时监测、数据分析及在线控制，大幅延长电池循环寿命（提升 1 倍）；采用液冷散热方式，有效抑制电池热失控，提升储能系统安全性。储能系统配置 10 小时电量，充放电综合效率 83%，电池放电深度 70%，铅炭电池循环寿命 1600 次。

5.2　商业模式创新

湖州综合智慧零碳电厂创新采取"用户侧储能+工商业负荷聚合+分布式发电+智慧系统+工商业售电"的商业运营模式。

5.2.1　绿电消纳

分布式电源具有投资规模小、建设周期短、维护费用低的特点，可有效提升综合智慧零碳电厂的调节容量和顶峰能力，且通过参与电力交易售电，可实现向客户提供绿电直购、绿证交易、碳资产开发销售等服务。

5.2.2　储能峰谷套利

园区储能及工商业用户侧储能利用峰谷价差进行套利，例如通过晚上电网低谷时期为储能设备充电，白天用电高峰时放电，来达到节约用电成本、峰谷套利的目的。户用储能与户用光伏一体化集成后，可实现自发自储、错峰用电、有效降低用电成本的目的。

5.2.3　电力市场辅助服务

综合智慧零碳电厂可作为独立主体参加电力辅助服务市场，主要包括调峰、调频等服务，在维持电力系统安全稳定运行、保证电能质量、促进清洁能源消纳等方面发挥积极作用。通过发挥自身的调节性能以及调整自身用电曲线等方式，参与电力辅助服务市场竞价，在市场中进行出清结算，以获得辅助服务收益。

5.2.4　电力现货交易

综合智慧零碳电厂通过调控所掌握的资源，作为独立主体参加电力现货市场交易，即充电时作为市场用户，从电力现货市场购电；放电时为发电企业，在电力现货市场进行售电，进而获取相关收益。

5.2.5 三网融合

未来，综合智慧零碳电厂与三网融合，一方面，通过与如设施农业、二轮车、装光伏送家电等业务充分协同，聚合三网融合项目中的可调负荷和储能系统，进一步增加综合智慧零碳电厂在用户侧峰谷套利等收益，并通过用户流量价值变现获取三网融合增量收益。另一方面，综合智慧零碳电厂以智慧系统、"天枢云"为基础，聚合用户数据资源、跨界引流，融入三网融合平台，实现价值倍增。

5.2.6 潜在价值挖掘

综合智慧零碳电厂与虚拟电厂功能上很接近，但本质上综合智慧零碳电厂的模式、收益、价值、贡献均大于虚拟电厂，尤其是碳资产价值、用户大数据价值、三网融合价值等，同时通过平台上聚合的不同类型资源，可以进一步拓展至其他产业的业务挖掘，实现价值最大化。

6 经验体会

（1）传统的用户侧储能项目，建设于企业用户围墙以内，赚取峰谷价差的商业模式盈利。该模式受企业用电量影响较大，建设集中式储能电站，同时为母线上多个用户企业提供储能功能服务，较建设于各用户企业厂区内的储能电站单位投资成本将大幅下降，可提高储能电站抗风险能力。

（2）湖州综合智慧零碳电厂的每个子项目均单独开展经济评价，和平储能、工商业屋顶分布式光伏、户用光伏等项目均符合市场投资原则。

（3）零碳电厂建设过程中，积极探索"电池超市"商业模式方案，达到"少投多租，轻投多融"的储能轻资产创新模式，为综合智慧零碳电厂提供创新路径。

（4）通过与数据平台公司合作，快速实现对其系统平台上的用户、充电桩等资源的聚合接入，利用平台资源拓展朋友圈，实现项目资源导流，进一步在其资源库内开发分布式光伏、储能等项目。

7 问题与建议

建议：项目开发单位可结合增量配网和售电用户，更好地开展相关合同能源管理业务。

专家点评：

国家电投湖州综合智慧零碳电厂项目是以大容量储能电站为核心的综合智慧零碳电厂，采取"用户侧储能+工商业负荷聚合+分布式发电+智慧系统+工商业售电"的商业模式，通过"天枢一号"智慧管控系统，形成区域内用户侧储能项目 69 MW/683 MWh，光伏项目 130 MW，聚合企业可调负荷 250 MW 新型能源生产与消费聚合体，最大电力调峰能力 20%。项目采用合资 BOO 模式建设和合同能源管理，投资回收期 13 年（税后），内部收益率 10%（税后），已在浙江全省复制推广。

项目通过绿电消纳、储能峰谷套利、参与电力辅助服务和现货交易，实现向客户提供绿电直购、绿证交易、碳资产开发销售等服务。在碳资产价值、用户大数据价值、三网融合价值等方面进一步提升拓展了虚拟电厂应用，项目创新性、可复制性强，具有良好的经济效益和节能降碳及服务能力。

「案例 29」

新泰富安循环水系统碳中和节能改造项目

申报单位：海澜智云科技有限公司

摘要：该改造项目采用压差、温差等信号的控制对高线二车间循环水系统进行节能改造，系统采集循环水泵进出口压力，当生产用水量需求减小时，管道压力增高，变频电机减速运行，减少用水量的供给；反之，当生产用水量增大时，变频电机加速运行，增加水量供给，保持管道压力恒定。同时采集各支路的供回水温度，用于调整支路阀门，调整系统的水力平衡。整个系统采用压力控制与温差控制、温度控制相结合，同时系统可以采集供水信号，释放系统阻力损失，根据外界环境温湿度变化，结合冷却塔冷却能力，进行水泵系统技术优化控制调节，改变泵的运行曲线，减小系统阻力损失，实现系统节能。

1　项目概况

1.1　项目背景

山西新泰富安新材有限公司位于山西省晋中市介休市，是一家生产建筑用钢筋产品的企业。该项目为山西新泰富安新材有限公司高线二车间循环水系统碳中和节能改造项目。

投资规模：206 万元。

项目类型：合同能源管理项目。

1.2　项目进展情况

项目于 2022 年 10 月签订合同能源管理项目合同，2023 年 3 月项目开工建设，2023 年 8 月完成项目竣工验收。目前项目正在正常运行中。

2　能源供应方案

2.1　负荷特点

该项目稳定负荷生产，全能满负荷运行。

2.2　技术路线

该工程通过对甲方现场运行数据进行分析，低压浊环水系统、高压浊环水系统和穿水水系统均在管网中设置泄压阀门，部分循环水直接从泄压管路流入沉淀池，存在较大浪费。

2.2.1 设备运行数据实时监控

采集对接循环水系统，通过网关设备，将 PLC 数据转换为 Modbus TCP、OPC UA、MQTT 等协议，与云平台或其他系统进行数据交换，将采集到的工艺参数通过通信模块传输至平台，实现数据的采集、管理、监控。

将循环水系统设备通过有线/无线的形式对接采集到平台，在平台内对设备采集信息进行添加、删除、修改等操作

将接入设备在平台内进行业务处理，用户可以在系统中录入计量设备的基本信息，包括设备编号、设备类型、设备位置、设备品牌、设备型号等，实现对循环水设备、计量设备等设备进行信息录入、修改、查询。

根据实际点采集数据，结合业务关系进行组合编辑公式，创建一个虚拟点指标。

将空间、工艺、循环水系统设备、能源计量设备进行关联映射，构建设备之间关系，确定设备系统的层级关系，统计和分析对应空间、工艺、类型的能源消耗量。

实现在组态工具中绘制循环水系统的流程图，添加相应的空间及动画效果。对接循环水系统，实现数据采集、监控和控制功能。

2.2.2 数据可视化及运行报表

循环水系统的数据可视化及运行报表是指将基于采集的相关参数，实时计算和分析，实现对系统、子系统和机组设备三层做出能效评估，并分析能效主要影响因素的能效评价和分析。循环水系统的各项参数和状态以图形、图表、仪表等形式展示出来，并根据一定的规则和周期生成运行报告，以便于对循环水系统进行监控、分析和优化。

统计核算循环水系统、机组、设备等不同颗粒的运行消耗的消耗量，按照天、周、月、年等周期生成系统节能量报表，系统支持报表导出功能。根据实时数据和历史趋势，对设备运行参数进行优化调整，降低能耗，提高生产效率。

节能分析报表是分析单个设备的节能量的模块，根据设备的运行数据与基准值计算设备在不同周期的节能量和节能率数据。自动生成各类运行报表，支持自定义报表格式和数据范围，方便导出和分析。

2.2.3 远程在线监控报警

循环水系统原型在线监控报警旨在系统运行过程中，如果出现异常或故障，可以通过可视化界面或报表显示相应的报警信息，并给出相应的维护建议，以便于及时处理问题，保证循环水系统的正常运行。允许用户自定义报警及预警规则，可以根据设备故障码、数据高低阈值设定、数值比对、基于脚本判定等多种方式进行系统异常侦测，并可与通知服务及工单服务进行整合，通过仪表盘、全局报警框、邮件、短信等多种方式，进行异常报警的推送。

对报警信息有效性的界定，可允许通过设定报警持续时间等方式进行防抖处理，避免误报。

2.2.4 节能优化控制

针对工业循环水系统的综合能耗受多参数耦合影响、系统的制冷量需求随季节变化较大、不同设备组合方式构成的系统效率存在高低等特征，进行循环水系统的系统分析与理论计算，可获得循环水的调度优化方案及设备运行策略建议，为不同天气条件的操作模式切换

提供依据。

根据冷却水温度调节/冷却塔风机转速等关键因素影响着系统的综合能耗的情况，在理论建模时可确定上述参数为关键可调变量。此外，泵、风机等设备的电耗模型可采用数据驱动模型，充分挖掘设备历史运行数据，并利用实际数据进行模型的更新与校正。

通过控制调节循环水系统中各个部件的运行状态，以保证循环水系统的安全、稳定和高效的工作方式。根据冷却塔风机、冷却泵、冷却塔进出口温度等参数，通过变频器或调速器等装置控制风机、泵的转速，以保证冷却塔出口温度满足设备要求。联动运行策略模型的最佳运行状态的核算结果，实现通过远程控制/辅助控制意见/自动控制，将设备运行及机理模型核算出的最佳运行控制意见在平台中进行展示，指导现场操作人员进行操作控制。

2.3 装机方案

设备参数见表 29-1。

表 29-1 设备参数表

序号	名 称	相 关 参 数
1	型式	交直交
2	供货商及产地	ABB/全球
3	对电动机的要求	无特殊要求
4	变频器输出频率范围	0~500 Hz
5	额定输入电压/允许变化范围	额定输入电压变化范围下限 15%，上限 10%
6	额定输入频率/允许变化范围	额定输入频率变化范围 50 Hz/60 Hz±5%
7	变频器产品输出电流	ACQ580-01-363A-4+K492　最大输出电流：498 A ACQ580-01-430A-4+K492　最大输出电流：545 A ACQ580-04-585A-4+K492　最大输出电流：730 A
8	控制方式	矢量控制、标量控制
9	功率因数	0.98
10	谐波	根据现场配置情况
11	频率分辨率	0.1 Hz
12	控制芯片	产品信息不公开
13	整流形式	六脉动整流
14	逆变形式	逆变桥
15	模拟量信号（输入）规格	0~10 V、4~20 mA、0~20 mA
16	模拟量信号（输出）规格	0~10 V、4~20 mA、0~20 mA
17	开关量信号（输入）规格	离散量
18	开关量信号（输出）规格	继电器输出
19	通信方式	标配 ModbusRTU、其他可选
20	标准控制连接	按说明书连接
21	电源型式	交流 380 V 输入

序号	名　称	相 关 参 数
22	过载能力	轻载 1.1 倍、重载 1.5 倍
23	电隔离部分是否采用光纤电缆	低压变频产品无此项参数
24	噪声等级	变频器电子部件无噪声
25	冷却方式	空冷式
26	界面语言	中文
27	安装场合	配电室
28	海拔高度	0~1000 m 以下不降容，1000~4800 m 降容（1%　100 m）
29	环境温度	ACQ580-01　R1~R9：-15~40 ℃，无须降容，不允许结霜；40~50 ℃，每 1 ℃降容 1%
		ACQ580-04　R10~R11：-15~40 ℃，无须降容，不允许结霜；40~55 ℃，每 1 ℃降容 1%
30	环境湿度	5%~95%，不允许有凝露
31	存储/运输温度	-40~70 ℃
32	防护等级	根据电机铭牌参数变频选型　IP21

泵站旁边配电间利用原软起动柜拆除改造布置安装位置布局示意图见图 29-1。

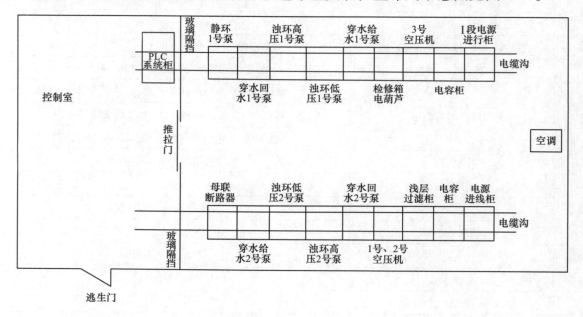

图 29-1　泵站旁边配电间利用原软起动柜拆除改造布置安装位置布局示意图

泵站旁边配电间外形尺寸为长×宽×高 = 12 m×7 m×3.5 m。原控制柜加散热风扇，泵站旁边配电间内另加装 1 台 10P 空调，用于设备散热，变频器采用下进线的方式。原控制柜内改造方法：根据利旧原则，每台软启动柜拆除原软启动器，在原软启动控制柜内改造，原软启动控制柜外形尺寸为长×宽×高 = 2200 mm×800 mm×800 mm，原软启动柜内利用空间为高×宽 = 1600 mm×670 mm。

进风口从原软启动柜下部进入，定制原软启动柜下面前后的进风口百叶窗。在原软启动柜加装的散热风扇要高于变频器自带的散热风扇。根据变频器的厚度，需要拆除固定软起动柜内的支撑，重新布置原控制柜内元器件固定的支撑件，按重量配置相关的支撑件。

3 层配电室 3 台浊环回水泵现场安装位置由甲方指定。

3 用户服务模式

3.1 用户需求分析

能源类型：电。

用户性质：工商业用户。

3.2 政策依据

为响应《中共中央关于制定国民经济和社会发展第十四个五年规划和二〇三五年远景目标的建议》，本次合作积极响应《中华人民共和国节约能源法》《中国节能产品认证管理办法》《中华人民共和国大气污染防治法》《可再生能源中长期发展规划》《关于印发全国生态环境保护纲要的通知》《"工业互联网+安全生产"行动计划（2021—2023 年）》等政策法规，海澜智云助力兴澄特钢实现企业数字化转型，积极响应国家可持续绿色发展道路。

3.3 服务模式

投资方式：项目由海澜智云科技有限公司进行投资改造，改造完成并通过运营维护，确保项目能够实际产生对应节能效益后，与业主单位进行节能效益分享。

价格政策：无。

交易模式：B2B。

经营方式：EMC 节能服务公司与用能单位以契约形式约定节能项目的节能目标，节能服务公司为实现节能目标向用能单位提供必要的服务，用能单位以节能效益、节能服务费或能源托管费支付节能服务公司的投入及其合理利润的节能服务机制。

DB 模式——海澜智云与企业签订合同能源管理合同，该公司承担项目从设计到建设、经营全过程，在项目效益分享期内，双方按照合同约定比例分享收益。

4 效益分析

4.1 经济效益

经第三方节能量审核后，测算项目年综合节能量约 2014.77 t 标煤，预计年节能收益 137 万元。该项目效益分享期为 82 个月，经目前已付费情况核算，目前节能总量已进入第二阶段：甲方分享 40% 节能效益，乙方分享 60% 节能效益，因此经估算投资回报期为 12~14 个月。

4.2　环境效益

该项目的实施实现了对水、电等主要能耗的动态监测与控制，有效地解决了精细计量、动态分析、实时评估等问题，为公司实现技术节能和管理节能提供了实时的、直观准确的计量核算和动态管控手段，综合能源节能率达20%。

4.3　社会效益

该项目在运行维护过程中减少了能源消耗，降低了企业的运营成本，提高了生产过程中的能源使用效率，提高了企业的综合竞争力，在促进企业自身发展的同时也推动了相关产业的良性发展，从而促进了当地经济的正向发展。

5　创新点

5.1　新技术集成

钢业行业数字化智能管控解决方案，使用容器实现数据应用功能，与多平台功能无缝连接，快速启动响应服务，便于运维人员后期维护进阶，集中管理、统一调度，在平台基础数据上进一步挖掘能源节省潜力，便于后期数字化智能工厂的打造。

该项目利用物联网、云计算、云存储等技术，通过海澜智云智能数据采集终端实现对现场工业制造设备的状态量、数字量等数据的采集，并将数据传输到云平台，再通过大数据分析与决策提供全站式信息服务。

通过对企业的水、电、气等各种能源的消耗进行集中监控，为企业管理者提供企业实际用能数据。通过量化管理，将原有的经验式宏观管理模式转变为精细化数字管理模式，通过该云平台的应用，管理部门可以做到"掌握情况、摸清规律、系统诊断、合理用能"，大大提升了管理水平，并降低了企业的运行成本，让节能效果和能源管理更加科学化、数据化。

整个项目优化能源数据收集，精细化管理能源消耗，优化排查能源损耗（线损、能源平衡等），减少了人员抄表工作。

5.2　新材料、新设备应用

根据网络拓扑结构部署网络节点设备，包括边缘数据服务器、超融合数据服务器中心、交换机设备、监控大厅电脑大屏等设备。

根据企业数据安全性的要求，兴澄特钢的数据中心部署在公司内部网络中，且只可内网访问。主机部署在管控中心，为全厂提供数据服务。数据大屏与管控中心电脑等设备安装在管控中心服务器机房，管理人员通过网页访问等方式随时查看数据中台。

各分厂数据采集设备部署方式不一，具体部署方式根据分厂内部设备情况与网络情况决定。边缘数据服务器主要部署在各分厂区的控制柜房处，通过485串口、OPC通信等方式采集设备相关数据，然后通过以太网MQTT协议发送至服务器中心。

6 经验体会

目前，海澜智云在工业互联网深度应用方面全国领先，在化工、钢铁等行业打造的数字化转型标杆项目获得国家部委有关部门的高度认可。海澜智云是数字化智慧工厂的打造者、智能制造体系优化的实践者、企业系统节能减排的领跑者，是国家生态文明建设的参与者。在工业互联网领域应用层进行深度纵向发展的同时，海澜智云利用工业互联网平台横向扩展，组建生态平台，形成"纵横发展"的战略布局，本着开放、合作、共享、共赢的精神，邀请各行各业的友商，共同推动传统行业的数字化转型进程，推进中国产业的绿色发展。

 **专家点评：**

该改造是对工业循环水系统项目采用压差、温差等信号控制，进行水泵系统技术优化控制调节，提高效率，结合数字化智能管控解决方案，便于运维人员后期维护进阶，实现系统节能、集中管理、统一调度，是一个通过简单改造+优化运行进行节能的小而精的项目。总投资 206 万，投资回报期为 12~14 个月。

国务院于 2024 年 5 月 29 日发布的《2024—2025 年节能降碳行动方案》围绕能源、工业、建筑、交通、公共机构、用能设备等重点领域和重点行业，部署了节能降碳十大行动，对工业节能提出了要求。该项目是工业领域通过工业互联网深度应用，实现节能降碳，加快数字化转型方面的典型例子。

该项目投资小，见效快，通过优化控制，在细微处实现节能，是精细化管理的很好的例子，可推广复制。

「案例 30」

山西负荷聚合商、负荷类虚拟电厂项目

申报单位：国能山西能源销售有限公司
国能数智科技开发（北京）有限公司

摘要：以新能源为主体的新型电力系统与传统以火电为主的电力系统相比，具有间歇性、随机性等特点，给电网的安全稳定运行带来挑战。建立适应新能源特性的"源网荷储协同互动"电力系统运行新模式，将有效提升电网安全保障能力。负荷聚合商以及负荷类虚拟电厂业务是在源网荷储平台模式下应运而生的，通过技术、市场双重手段调控用户侧以响应电网各类调节需求，确保电网安全运行。该项目是为聚合商解决交易过程中的需求获取、聚合方案申报等问题，通过互联网手段提升与代理用户之间的沟通效率，提供智能申报策略决策支持、市场分析、交易复盘等辅助功能，提升交易水平、增加交易收益。

1 项目概况

1.1 项目背景

为了保障能源安全供应、保障电力供需平衡、提高新能源消纳，助力国家实现碳达峰碳中和目标，电网负荷调节须由"源随荷动"向"源荷互动"转变，通过对大规模可调负荷的聚合管理，可使它们具备参与电网调节的能力，将成为支撑新型电力系统稳定运行的一个重要抓手。聚合形态下的可控负荷电力用户是一种优质的调节资源，负荷聚合商和负荷类虚拟电厂应运而生。

为实现负荷聚合商和负荷类虚拟电厂业务有效落地，精准、有效调动可调负荷资源进行"源荷互动"响应，必须建设负荷聚合商和负荷类虚拟电厂运营管控技术支持系统，并依托技术支持系统，积极布局吸纳可调节资源、挖掘潜力，形成新的利润增长点；向用户提供更多增值服务，提升售电公司运营效益及精益化管理水平，为新型电力系统建设贡献力量，达到电网、售电公司、用户多赢的目标。

负荷聚合商和负荷类虚拟电厂业务符合国家推行"双碳"和电力体制改革的战略目标，是国家大力推广的前瞻性行业，具备政策性和可观的潜在经济效益，是符合国家能源集团公司发展目标与核心理念的开创性举措。开展虚拟电厂业务，是落实集团发展战略的重要方向，得到了集团各级各部门的大力支持。

1.2 项目进展情况

1.2.1 负荷聚合商项目

2022 年初，根据集团公司《关于推进 2022 年电力产业综合能源重点项目的通知》的有关要求，山西公司"负荷聚合商"被列为集团公司 2022 年综合能源重点项目。2022 年 7 月，集团正式决定以山西、广东为试点，开始启动负荷聚合商平台的统建工作。经过 6 个月的项目建设，负荷聚合商系统于 2022 年 12 月底正式上线投运。

1.2.2　负荷类虚拟电厂项目

2024 年 1 月，已完成虚拟电厂用户的调研工作，确定了有调节能力的设备、生产线，明确了调节时段和容量。

2023 年 11 月，已启动编制《虚拟电厂建设方案》，2024 年 6 月提交给省能源局。

预计 2024 年 11 月，完成《数据交互测试》和《调节能力测试》等系统测试。

预计 2024 年 12 月，与国网调控中心签订《虚拟电厂调度协议》，完成山西电力交易中心的注册入市和市场主体公示，虚拟电厂投运。

2　能源供应方案

2.1　负荷特点

2.1.1　负荷聚合商项目

负荷聚合商项目的用电负荷，采用分批次公示进入市场，截至 2024 年 4 月，公示用户 39 家，聚合容量 1681.475 MVA，响应负荷 218.43 MW，常规调节能力 13%，最大调节能力预计 30%（表 30-1）。

表 30-1　负荷聚合商项目

序号	用户企业名称	容量/MVA	响应负荷/MW
1	山西青春玻璃有限公司	12.6	1
2	襄汾县星原钢铁集团有限公司	99.4	20
3	山西省绛县明迈特有限公司	283.9	100
4	山西瑞格金属新材料有限公司	9.56	1
5	河津市汇恒锻铸有限公司	31	1
6	河津市华晟能源有限公司	8	0.5
7	山西利虎玻璃集团有限公司	25.7	1
8	山西利虎集团青耀技术玻璃有限公司	5.05	1
9	平遥润泽海橡胶有限责任公司	4.95	0.5
10	平遥县通兴泰橡胶有限公司	0.945	0.5
11	平遥县远星橡塑科技有限公司	1	0.5
12	平遥县中宝橡胶制品有限公司	0.315	0.03
13	太原市金隆粉煤灰复合水泥有限公司	2.7	0.5
14	柳林县森泽煤铝有限责任公司	40	10
15	山西华鑫源钢铁集团有限公司	95.6	20
16	山西晋能集团朔州能源铝硅合金有限公司	220.64	10
17	平遥县鼎锋威机械制造有限公司	8.75	1
18	山西平遥永华铸造有限公司	10.81	2

序号	用户企业名称	容量/MVA	响应负荷/MW
19	山西三鼎机械制造股份有限公司	2.88	1
20	洪洞县昌兴煤业有限公司	5	2
21	河津市凤源大厦有限公司	2	1
22	侯马当家面粉股份有限公司	0.8	0.8
23	侯马市鑫圣建材有限公司	0.315	0.3
24	山西伟涛食品科技股份有限公司	0.63	0.6
25	山西新星制药有限公司	0.5	0.5
26	山西宇泽包装制品有限公司	1.6	1
27	山西天正电力设备有限公司	2.2	1
28	山西纳科医疗科技有限公司	3	1
29	闻喜县恒豪玻璃制品有限公司	1.75	1
30	代县盛源选矿厂	2.5	1
31	晋豫鲁铁路通道股份有限公司	762	28
32	怀仁县佳美乐现代家用陶瓷有限责任公司	3.23	0.5
33	怀仁市锦浩陶瓷原料加工厂	1.15	0.2
34	永济市神舟电子科技有限公司	20	3
35	大同市焕电科技有限公司	2	1
36	介休焕电科技有限公司	2	1
37	黎城焕电科技有限公司	2	1
38	曲沃焕电科技有限公司	2.5	1
39	阳城焕电科技有限公司	2.5	1
	合　　计	1681.475	218.43

2.1.2　负荷类虚拟电厂项目

负荷类虚拟电厂项目，初期选择 6 家单位参与虚拟电厂调节，其中冶金行业 3 户，煤加工行业 1 户，陶瓷制品行业 2 户。基本情况见表 30-2。

表 30-2　负荷类虚拟电厂项目

序号	名　　称	行业	最大负荷/MW	最小负荷/MW	可调容量/MW	月度电量/MWh
1	山西晋能集团朔州能源铝硅合金有限公司	冶金	104.22	100.4	3.82	76733.1
2	山西华鑫源钢铁集团有限公司	冶金	35.84	31.94	3.9	29169
3	山西复晟铝业有限公司（内网注册）	冶金	25.4	18.6	6.8	6547
4	山西鲁能河曲电煤开发有限责任公司	煤加工	14.42	6.32	8.1	5713
5	应县五星陶瓷有限责任公司	陶瓷制品	2.2	0.9	1.3	1110
6	山西泓韵达陶瓷股份有限公司	陶瓷制品	0.87	0.32	0.55	450
	合计		182.95	158.48	24.47	119723

2.2 技术路线

系统以开源框架和组件为基础，采用自主研发的方式进行建设。总体技术路线为"云原生"，采用云计算、云存储、J2EE、微服务、容器化部署等技术。系统建设过程中采用DevOps的开发模式，快速敏捷响应需求。

负荷类虚拟电厂业务可分为电网、运营商、用户和表计四个层面。可以按照资源绑定、能力评估、交易组织、调控执行和结算五个过程来理解四个层面间的交互关系（图30-1）。

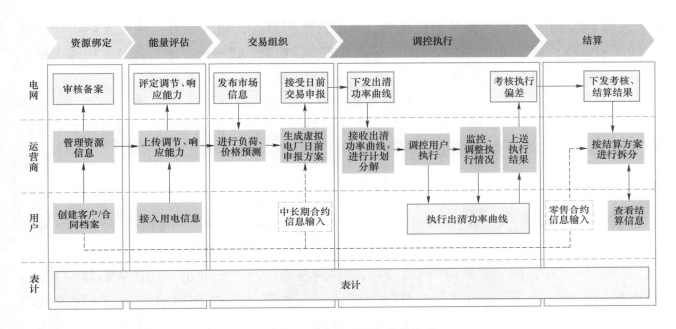

图30-1　四个层面间的交互关系

（1）资源管理：用户与虚拟电厂运营商进行绑定，运营商将信息上报电网审核备案。

（2）能力评估：用户将用电曲线上传至运营商，运营商根据用电数据建立各用户调节能力画像，并对虚拟电厂的聚合调节、响应能力进行评估；运营商将虚拟电厂的调节、响应能力上传至电网进行评定备案。

（3）交易组织：运营商电网公布的事前交易信息和自身需求的分析进行负荷、电价预测；根据预测结果和中长期持仓情况，制订日前交易申报方案并向电网进行日前交易"报量报价"申报。

（4）调控执行：运营商接收电网发布的出清功率曲线，对出清功率曲线进行分解，并调控用户执行；运营商对用户的执行情况进行监测，若发生偏差及时进行调整；运营商将执行结果上送，电网对虚拟电厂的执行结果进行偏差考核。

（5）结算：电网根据偏差考核结果对虚拟电厂进行结算，运营商接收电网下发的考核、结算结果，并根据与用户签订的零售合约，拆分出各用户的结算信息；用户确认自身的结算数据。

3 用户服务模式

3.1 用户需求分析

聚合资源主要包括冶金、煤加工、陶瓷制品等，分行业聚合负荷特性分析如下：

（1）冶金。冶金行业负荷基数大，运行相对平稳，作为虚拟电厂基础负荷发挥压舱石作用，保持负荷的整体稳定性。其调节能力为主要生产设备的生产计划协调以及辅助生产设备的控制调整。

（2）煤加工。煤加工负荷基数较大，峰谷特征明显。其调节能力主要为蓄热锅炉以及车间其他设备。蓄热锅炉具备负荷的平移调节能力，在满足设备的技术参数及应用需求前提下，可比较灵活地参与削峰填谷。

（3）陶瓷制品。陶瓷制品行业负荷基数一般，但运行比较灵活。其调节能力主要为球磨机及车间其他设备。其中，球磨机设备数目众多，生产安排也较为灵活，可根据需求安排启停台数，实现负荷的梯级调整。

3.2 政策依据

"十三五"时期，我国已陆续开展虚拟电厂的试点示范。进入"十四五"时期后，在政策的积极推动下，虚拟电厂热度渐涨。

2022 年 3 月，国家发展改革委、国家能源局发布的《"十四五"现代能源体系规划》四次提及"虚拟电厂"。2022 年 2 月发布的《国家发展改革委 国家能源局关于完善能源绿色低碳转型体制机制和政策措施的意见》提出，拓宽电力需求响应实施范围，支持虚拟电厂运营商等参与电力市场交易和系统运行调节。此前，2021 年 10 月，国务院发布的《2030 年前碳达峰行动方案》，提出加快灵活调节电源建设，引导虚拟电厂等多种资源参与系统调节。

此外，多个能源领域专项政策也提及发展虚拟电厂。在推进电力源网荷储一体化和多能互补发展方面，提出通过虚拟电厂等聚合模式参与辅助服务、现货等市场交易；在推动新型储能发展方面，鼓励聚合分散式储能设施，探索虚拟电厂等多种商业模式；在加快建设全国统一电力市场体系方面，鼓励投资建设抽水蓄能、储能、虚拟电厂等调节电源。

地方层面，2021 年以来，多地推出发展虚拟电厂的具体方案或细则。广州、深圳先后发布《广州市虚拟电厂实施细则》和《深圳市虚拟电厂落地工作方案（2022—2025 年)》，目标是分别形成年度最高电力负荷 3%和 5%的调节能力。山西发布国内首份省级虚拟电厂运营管理文件《虚拟电厂建设与运营管理实施方案》，提出建立现货背景下的虚拟电厂市场化运营机制，明确了虚拟电厂的类型、技术要求、参与市场、建设及入市流程等。除此之外，北京、内蒙古、浙江、山西等地也将虚拟电厂写入其"十四五"能源发展规划并发布具体政策支持虚拟电厂发展。

3.3 服务模式

3.3.1 盈利模式

从发展阶段来看，虚拟电厂的发展包括邀约型、市场型、自主调度型三个阶段。当前我国虚拟电厂尚处于邀约阶段。

在该阶段，虚拟电厂主要通过参与需求侧响应获得调峰补偿收益。天风证券在研报中表示，虚拟电厂是解决用电峰值负荷的经济性最优解决方案。据国家电网测算，通过火电厂实现电力系统削峰填谷，满足5%的峰值负荷需要投资4000亿元；而通过虚拟电厂，在建设、运营、激励等环节投资仅需500亿元至600亿元，成本仅为火电厂的1/8~1/7。目前，国内不少省份已经公布需求侧响应或虚拟电厂政策，并制定了虚拟电厂削峰、填谷的补贴细则。随着我国新能源大范围接入电网，虚拟电厂作为性价比最高的辅助调峰资源，存在每年百亿规模的服务市场。

未来伴随电力市场发展和相关政策支持，虚拟电厂运营商还可以直接参与到电力市场进行交易，通过提供辅助服务、现货交易等多元化方式，获得收益。中金公司预测，伴随虚拟电厂的快速渗透以及多元盈利途径的探索，预计我国虚拟电厂行业有望在2030年触达1320亿元的理论市场空间。

3.3.2 负荷调控方式

虚拟电厂建设初期，工业负荷主要采用事前沟通、生产计划安排、计划分解相配合的模式进行负荷调控。各生产企业配套虚拟电厂技术支持系统，根据历史典型用电负荷、生产计划、日前分解计划等，实时调控企业的用电负荷，系统实时监测调控精度与调节速率。虚拟电厂运营商通过技术支持系统的实时监测，在无法调控的时段，合理调控原料磨出力及电锅炉负荷等灵活性资源，以此来达到调节指标。

虚拟电厂开展初期，公司可根据相对成熟的现货价格预测模型，在负荷可调的范围内合理进行电量电价申报，规避实时无法达到调节精度的风险。同时开展对电力用户关于负荷调控方面的技术宣贯与激励，后期可根据用户的调节能力，适当放宽电量电价申报范围，将现货市场的价格红利传导给终端用户，进一步培养用户的负荷调节能力，实现虚拟电厂消纳新能源、为电网提供辅助服务的功能。

3.3.3 红利分配及激励机制

根据《虚拟电厂建设与运营管理实施方案》的相关规定，"负荷类"虚拟电厂与聚合资源按照现有零售市场分时段交易规则参与月度、旬交易，双方共同确定各时段交易电量及交易价格并约定偏差责任，电网企业根据零售分时段交易规则开展电费结算。也可按照"固定价格+红利分享"的方式约定零售结算方案。其中，零售用户可分享红利=（虚拟电厂运营商中长期合约结算均价-虚拟电厂运营商批发市场结算均价）×零售用户红利分享系数（0≤红利分享系数≤1）。由于零售用户电费结算早于红利计算，零售用户红利分享结果随次月电费向零售用户传导。

虚拟电厂运行初期，公司与零售用户的红利传导方式建议采用红利分享系数法进行传导。红利分享系数调节范围确定后可根据可控负荷用户上月负荷调节能力进行逐月调整。

4 效益分析

4.1 经济效益

"负荷类"虚拟电厂盈利模式是通过参与市场交易获利，包括中长期市场、现货市场和辅助服务市场，或通过调控用户用电计划，利用价差节约购电成本。

参与交易的获利主要是交易约束条件的放宽，"负荷类"虚拟电厂具有更大的自由度空间。综合《虚拟电厂建设与运营管理实施方案》《山西省电力市场规则汇编（试运行V14.0）》相关交易实施细则，"负荷类"虚拟电厂按虚拟电厂的调节能力，适当放宽了其中长期交易成交量约束和金融套利约束，会比相应售电公司有更大的中长期电量持仓浮动比例；取消了虚拟电厂的用户侧超额获利回收费用（表30-3）。

表 30-3 交易约束对比

项目	售电公司	"负荷类"虚拟电厂
中长期超额申报约束	月集中竞价申报超额回收电量=月度集中竞价申报电量-（当月实际用电量×1.5-多月及以上火电交易分解至当月净买入电量-新能源双边交易分解至当月净买入电量×0.8)×α 旬集中竞价申报超额回收电量=旬集中竞价申报电量-（当旬实际用电量×1.5-多月及以上火电交易分解至当旬净买入电量-月度火电交易分解至当旬净买入电量-新能源双边交易分解至当旬净买入电量×0.8)×α	月集中竞价申报超额回收电量=月度集中竞价申报电量-（当月该时段按照日前申报运行上限平均值计算电量×1.5-多月及以上火电交易分解至当月净买入电量-新能源双边交易分解至当月净买入电量×0.8)×α 旬集中竞价申报超额回收电量=旬集中竞价申报电量-（当旬该时段按照日前申报运行上限平均值计算电量×1.5-多月及以上火电交易分解至当旬净买入电量-月度火电交易分解至当旬净买入电量-新能源双边交易分解至当旬净买入电量×0.8)×α
中长期缺额申报约束	申报电量不得低于当旬实际用电量的90%	按测试试验确定的调节容量ΔPi与最大用电负荷Pmaxi的比例β%，相应放宽当旬该交易时段虚拟电厂中长期分时段交易缺额申报回收约束为（90-1.2×β)%
中长期曲线正偏差约束	中长期净合约电量与实际用电量的正偏差超过20%范围的电量	中长期净合约电量与日前申报运行上限的正偏差超过20%范围的电量
中长期曲线负偏差约束	中长期净合约电量与实际用电量的负偏差超过30%范围的电量	中长期净合约电量与日前申报运行下限的负偏差超过30%范围的电量

以 2023 年 2 月相关电力交易数据为例，对比虚拟电厂与对应售电公司电能量电费，模拟分析虚拟电厂参与电力市场交易后的经济效益。

2 月份整体晚高峰时段中长期价格高，其余时段现货价格较高，以普通售电公司主体身份，按 90%～120% 约束持仓，模拟计算见表 30-4。

表 30-4　不同时段模拟计算结果 1

时段	实际电量 /MWh	现货价格 /元·(MWh)$^{-1}$	中长期 持仓率/%	中长期电量 /MWh	中长期价格 /元·(MWh)$^{-1}$	日均电费 /元
0:00—1:00	199.60	376.79	120	239.52	331.72	64412.00
1:00—2:00	194.96	371.6	120	233.95	331.72	63115.74
2:00—3:00	200.85	367.44	120	241.02	305.99	58989.23
3:00—4:00	197.23	367	120	236.68	305.99	57944.38
4:00—5:00	194.10	368.52	120	232.92	328.27	62155.73
5:00—6:00	196.88	390.51	120	236.25	328.27	62178.19
6:00—7:00	196.32	416.21	120	235.59	426.68	84177.45
7:00—8:00	194.86	530.34	120	233.83	426.68	79103.10
8:00—9:00	180.78	693.69	120	216.94	412.96	64505.86
9:00—10:00	190.57	602.68	120	228.68	412.96	71466.06
10:00—11:00	188.71	457.83	120	226.45	263.26	42336.73
11:00—12:00	193.50	396.26	120	232.20	263.26	45793.88
12:00—13:00	193.98	351.39	120	232.77	176.4	27428.63
13:00—14:00	192.40	331.69	120	230.88	176.4	27963.33
14:00—15:00	193.31	355.29	120	231.97	253.22	45003.27
15:00—16:00	194.05	397.27	120	232.86	253.22	43547.48
16:00—17:00	194.75	472.88	120	233.70	541.23	108066.87
17:00—18:00	195.83	540.71	90	176.25	541.23	105979.76
18:00—19:00	187.69	716.52	90	168.92	764.93	142659.75
19:00—20:00	199.57	592.32	90	179.61	690	135751.47
20:00—21:00	194.20	537.66	90	174.78	590	113563.33
21:00—22:00	200.18	579.44	90	180.17	560	112492.46
22:00—23:00	196.80	494.81	120	236.16	405.21	76218.40
23:00—24:00	198.24	402.79	120	237.88	368.34	71652.23
合计	4669.35					1766505.35

此时，日均电费 1766505.35 元，成本为：1766505.35/4669.35/1000 = 0.378 元/千瓦时。再按"负荷类"虚拟电厂主体身份，由于约束的放宽，可以适度放大策略性持仓比例，按 70%～150% 约束持仓，模拟计算见表 30-5。

表 30-5 不同时段模拟计算结果 2

时段	实际电量/MWh	现货价格/元·(MWh)⁻¹	中长期持仓率/%	中长期电量/MWh	中长期价格/元·(MWh)⁻¹	日均电费/元
0:00—1:00	199.60	376.79	150	299.40	331.72	61713.22
1:00—2:00	194.96	371.6	150	292.43	331.72	60783.29
2:00—3:00	200.85	367.44	150	301.27	305.99	55286.58
3:00—4:00	197.23	367	150	295.85	305.99	54334.45
4:00—5:00	194.10	368.52	150	291.15	328.27	59811.94
5:00—6:00	196.88	390.51	150	295.32	328.27	58502.10
6:00—7:00	196.32	416.21	150	294.48	426.68	84794.09
7:00—8:00	194.86	530.34	150	292.29	426.68	73043.34
8:00—9:00	180.78	693.69	150	271.17	412.96	49280.50
9:00—10:00	190.57	602.68	150	285.85	412.96	60619.69
10:00—11:00	188.71	457.83	150	283.07	263.26	31321.44
11:00—12:00	193.50	396.26	150	290.25	263.26	38073.20
12:00—13:00	193.98	351.39	150	290.96	176.4	17245.46
13:00—14:00	192.40	331.69	150	288.60	176.4	19000.14
14:00—15:00	193.31	355.29	150	289.96	253.22	39083.99
15:00—16:00	194.05	397.27	150	291.08	253.22	35161.47
16:00—17:00	194.75	472.88	150	292.13	541.23	112060.23
17:00—18:00	195.83	540.71	150	293.75	541.23	106040.86
18:00—19:00	187.69	716.52	70	131.38	764.93	140842.55
19:00—20:00	199.57	592.32	70	139.70	690	131852.74
20:00—21:00	194.20	537.66	70	135.94	590	111530.42
21:00—22:00	200.18	579.44	70	140.13	560	113270.78
22:00—23:00	196.80	494.81	150	295.20	405.21	70928.43
23:00—24:00	198.24	402.79	150	297.35	368.34	69603.47
合计	4669.35					1654184.37

日均电费 1654184.37 元，成本为：1654184.37/4669.35/1000 = 0.354 元/千瓦时，度电节省：0.378 − 0.354 = 0.024 元/千瓦时，实现了电网、用户、"负荷类"虚拟电厂运营主体的多方共赢。

4.2 管理效益

优化产业布局，推动战略落地。通过虚拟电厂业务体系的设计和信息系统的建设，提升资源优化配置能力和生产成本精细化管理水平，实现战略落地，有利于优化长远经济布局和资产结构调整，提升价值创造力和核心竞争力。

发挥资源统筹作用，实现价值协同创造。虚拟电厂管理系统建成后，从财务维度可以发挥资源统筹的作用，加强协同、整合能力，帮助企业建立效率和成本的最佳平衡点。以产业链为核心视角，分析全产业的价值生成逻辑，促进发挥一体化协同优势。通过挖掘资源潜力，形成新的利润增长点，与电能量业务并驾齐驱、相互促进，提升增值服务空间，增加需求侧用户黏性。

提高全员工作效率、节省人工成本。系统通过梳理虚拟电厂业务流程，实现业务的数字化和自动化，节省大量的人工操作时间，有效减轻专责人员的工作负担。系统提供数据自动下载解析功能，及时获取最新信息；通过多维度数据分析及信息展现，减少专责人员自己操作组织表格协助分析的局面；从而可将主要精力放在精细化分析及优化决策方面。系统对工作效率的提升，可有效解除对拓展客户数量的担忧，减少业务对接人员配备，节省人工成本。

4.3 社会效益

通过该项目的实施，除了带来经济效益和管理效益外，还可为能源型企业提供虚拟电厂管理的优秀案例，提升公司和集团的品牌形象。

虚拟电厂的建设有利于各类资源的协调开发和科学配置，有利于提升系统运行效率和电源开发综合效益，有利于提升电力系统实时平衡和安全保供能力。顺应"3060"大趋势，促进新能源消纳。通过虚拟电厂项目实施，可以有效解决清洁电力大规模就地消纳问题，提升电力供应保障能力。

5 创新点

适应新能源特性的源网荷储协同互动模式：负荷聚合系统通过技术、市场双重手段调控用户侧，以响应电网各类调节需求，有效应对新能源的间歇性和随机性。这种源网荷储协同互动模式，不仅确保了电网的安全稳定运行，也提升了新能源的消纳能力，是电力系统运行方式的一大创新。

智能化的负荷管理与调度：负荷聚合商系统利用大数据、人工智能等先进技术，实现对用电负荷的智能化管理和调度。通过对用户用电行为的深入分析和预测，系统可以制订出更为精准的需求响应策略，从而优化电力资源的配置，降低系统运行成本。

提升与代理用户之间的沟通效率：通过互联网手段，负荷聚合商系统可以更加高效地与代理用户进行沟通，实时获取用户的用电需求和市场信息。这种沟通方式的创新，不仅提高了交易效率，也为负荷聚合商制订更为精准的交易策略提供了有力支持。

智能申报策略决策支持：负荷聚合商系统提供了智能申报策略决策支持功能，能够根据市场情况和用户需求，自动生成最优的申报策略。这种功能的创新，使得负荷聚合商在电力市场交易中更具竞争力，能够更好地应对市场变化。

市场分析与交易复盘功能：系统提供市场分析和交易复盘功能，帮助负荷聚合商深入分析市场动态和交易结果，总结经验教训，优化交易策略。这种功能的创新，使得负荷聚合商在不断提升自身交易水平的同时，也为整个电力系统的优化运行提供了有力支持。

负荷聚合商系统通过源网荷储协同互动、智能化负荷管理与调度、提升与代理用户之间的沟通效率、智能申报策略决策支持以及市场分析与交易复盘等多种创新手段，有效应对了新能源的间歇性和随机性给电网安全稳定运行带来的挑战，为电力市场的优化运行和可持续发展作出了重要贡献。

6　经验体会

开展负荷聚合商交易的经验体会涉及多个方面，从市场理解、策略制订到实际运营，每个阶段都有其独特的挑战与收获。

（1）市场理解与定位：深入了解电力市场结构和运行机制，对负荷聚合商的角色和定位有清晰的认识。密切关注政策动向，及时调整业务策略以适应市场变化。

（2）资源整合与优化：有效整合各类资源，包括电力用户、储能设施、分布式能源等，形成多元化的负荷聚合体。对资源进行优化配置，提高整体能效和经济效益。

（3）策略制订与执行：制订明确的市场交易策略，包括价格策略、风险管理策略等。在实际交易中灵活调整策略，确保策略的有效性和适应性。与其他市场参与者建立合作关系，共同应对市场挑战。

（4）风险管理：识别并评估交易过程中可能面临的风险，如市场风险、信用风险等。建立完善的风险管理机制，包括风险预警、风险分散和风险对冲等措施。定期对风险管理机制进行评估和优化，确保其有效性。

（5）运营管理与团队建设：建立高效的运营管理体系，确保交易过程的顺畅和高效。加强团队建设，提高团队的专业素养和协作能力。定期对团队成员进行培训和教育，确保其具备适应市场变化的能力。

总之，开展负荷聚合商交易需要不断学习和总结经验教训，不断提高自身的专业素养和综合能力。同时，还需要保持敏锐的市场洞察力和创新意识，不断探索新的业务模式和创新点，为电力市场的繁荣和发展贡献力量。

7　问题与建议

建议交易组织方进一步完善风险管理机制。电力市场交易存在一定的风险，负荷聚合商应建立完善的风险管理机制，包括风险评估、风险预警、风险分散和风险对冲等措施。通过有效的风险管理，负荷聚合商可以确保交易的稳定性和可持续性。

建议聚合商加强政策研究。山西地区电力市场的政策环境对负荷聚合商的交易活动具有重要影响。负荷聚合商应密切关注政策动向，及时了解政策变化对业务的影响，以便调整交易策略和业务模式。

专家点评：

项目于 2022 年 12 月底正式上线投运，投入运营时长 12 个月，投资运营一体化，投资回收期为 10 年，内部收益率为 10%。

项目对规模性可调负荷进行聚合管理，聚合容量 1681.475MVA，响应负荷 218.43 MW，常规调节能力 13%，最大调节能力预计达到 30%。项目投运后，度电成本由 0.378 元/千瓦时下降为 0.354 元/千瓦时，度电节省 0.024 元/千瓦时，具有较好的经济效益。

项目采用自主研发的方式进行建设。采用云计算、云存储、微服务、容器化部署等技术，实现精准、有效调动可调负荷资源进行"源荷互动"响应，并向用户提供更多增值服务，达到电网、售电公司、用户多赢。在技术、管理和商业模式都有很好的创新性。

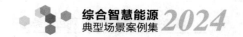

「案例 31」

中广核虚拟电厂运营管理平台项目

申报单位：中国广核新能源控股有限公司

北京清大科越股份有限公司

摘要：2022年9月，中广核新能源集团化虚拟电厂项目投入运行。通过云计算、大数据、物联网、移动互联网等技术，项目重点支持资源数据接入、运行监视、代理用户及资源档案信息管理、资源聚合管理、市场结算，同时结合负荷预测、市场价格预测以及交易辅助决策等功能支撑相关市场化业务的开展。目前，项目已完成公司在上海、山东、深圳、浙江、湖北、重庆六个省市共计212万千瓦的资源接入，在各省市电网负荷高峰和低谷期间，通过向负荷下发调度指令，实时调节负荷运行状态，实现参与需求响应及辅助服务市场，促进电网安全稳定运行，实现4个市场10余个交易品种的并行运行。

1 项目概况

1.1 项目背景

中广核新能源虚拟电厂运营管理平台项目是为中广核新能源总部及全国分公司搭建的集团化虚拟电厂，部署于北京，目前已实现接入公司在上海、山东、深圳、浙江、湖北、重庆六个省市212万千瓦的分布式资源，包括大工业负荷、充电桩、分布式光伏、储能、综合园区等各类型资源，聚合调节能力36万千瓦。可并行参与相应网省的电力需求响应及辅助服务市场获取相应收益。截至2024年5月底，获取收益306万元。

项目总投资规模为455万元，分为两期建设。二期平台是在一期平台的基础上，在国内相关的准入和交易细则进一步完善的同时，建设应用范围更加广泛、聚合资源规模及种类更加庞大、运营管理信息化支撑能力更加强大的虚拟电厂运营管理平台。重点支持资源数据接入、运行监视、代理用户及资源档案信息管理、资源聚合管理、市场结算，同时结合负荷预测、市场价格预测以及交易辅助决策等功能支撑相关市场化业务的开展。平台支持分布式发电、储能以及可调节负荷等各类资源的广泛接入和集中管控，满足全国各市场规则下对资源数据的通信安全、传输效率、数据时效等要求；支持以分公司为单位的虚拟电厂运营管理范围内各类资源的统一调控和管理，满足全国各市场对虚拟电厂资源规模及种类要求，建设具备聚合各种类资源并有效调动其调节特性的健壮性强的虚拟电厂。

1.2 项目进展情况

项目分为两期建设，其中，一期实现虚拟电厂基础功能，开工时间为2022年1月、投运时间为 2022 年 9 月；二期实现平台功能的升级，开工时间为 2024 年 1 月、投运时间为 2024 年 7 月。目前，中广核新能源在各区域的可调资源均已接入虚拟电厂平台，并不断有新的代理资源接入。截至 2024 年 6 月，平台已接入充电桩 138 万千瓦、大工业负荷 64 万千瓦、分布式光伏 8 万千瓦、储能 1.1 万千瓦、综合园区 1 万千瓦、空气源热泵 0.2 万千瓦，支持参与相应网省的电力需求响应及辅助服务市场。2024 年 6 月，中广核新能源虚拟电厂成功在山东电力交易中心注册，分为发电储能类号 1 机、调节量负荷类号 2R 机，7 月 1 日起，将实现在山东常态化参与电力现货市场业务。

2 能源供应方案

2.1 技术路线

项目在技术路线上采用最新基于分布式云计算和微服务技术，以集团基础云平台为基础设施，以微应用微服务为应用组件，结合多场景微前端应用和后台微服务来进行架构设计。技术架构从下到上共分为基础设施层、数据层、公共服务层、微服务层、微应用层、网关层和展现层，架构层次划分清晰。其中，二期项目较一期在展现层、微应用层、微服务层、数据层均涉及新增或升级建设内容，以满足虚拟电厂分布式应用的业务扩展和业务模式更新带来的海量实时数据压力和参与市场需求变化。各层间通过软件定义的网络服务实现各层的互联互通，具备良好的扩展性、维护性。

2.2 项目重点功能及技术应用

中广核虚拟电厂运营管理平台实现聚合电动汽车充电站、大工业负荷、小规模储能等分布式资源参与上海、山东、深圳、浙江、湖北、重庆六个业务开展区域的电力需求响应及辅助服务等业务并获取收益。

平台支持分布式发电、储能以及可调节负荷等各类资源的广泛接入和集中管控，满足全国各市场规则下对资源数据的通信安全、传输效率、数据时效等要求；支持以分公司为单位的虚拟电厂运营管理范围内各类资源的统一调控和管理。平台重点开发资源数据接入、运行监视、代理用户及资源档案信息管理、资源聚合管理、市场结算等功能。同时结合负荷预测、市场价格预测以及交易辅助决策等功能支撑相关业务的开展。核心功能具体如下：

（1）资源数据接入功能：支持对采集设备、计量设备的产品信息、通信协议、通信参数等信息的管理，在通信层面可与各类资源设备进行对接，并为平台其他业务功能提供通信和数据支撑。通过应用相关基础组件发挥其特性及优化调整服务系节点架构，实现全面保障通信传输的安全、效率以及数据时效性要求。

（2）运营精细化管理功能：对电网多类型需求下的不同特性资源描述其画像，对资源的可调能力类型进行深入分析，描绘资源调节类型，针对各市场类型及交易品种智能匹配调节服务。实现资源特性的深入分析结合预测功能深化应用的市场交易辅助决策支持。

（3）综合能源智慧管理功能：具备聚合管理园区级综合能源各类资源虚拟电厂管理应用，具备综合能源智能管理、光、储、充、换协同调控，园区能源运行管理功能，做到园区内部高效管理、智能调控，对外优化运行提供可观调节能力，包括充电站、换电站、光伏、储能、楼宇、变电站的运行情况实时监测功能。

（4）平台移动端应用功能：用户移动端应用，包括收益预估计算、运营商用户互动，并支持代理合约管理、协同响应互动等功能。业务运营商移动端应用，具备分布式资源设备聚合监视、协同互动响应、市场动态信息功能，支持虚拟电厂参与辅助服务的统计分析、图形化展示，收益、响应分析等。

总体上，通过这些核心功能，平台保证了业务功能和流程设计满足电力市场交易、电网灵活调控，商业运营的当前需求和未来发展形势，切实落实了平台的实用价值，并保持了较高的前瞻性。

2.3　装机方案

虚拟电厂运营管理平台二期项目采用前后端分离原则，将前端和后端的功能代码分离部署，由统一的数据接口进行交互。前后端分离的优点是：（1）前后端技术分离，可以由各自的专家来对各自的领域进行优化，这样前端的用户体验会更好。（2）分离模式下，前后端交互界面更清晰，就剩下接口模型，后端接口简洁明了，更易于维护。（3）前端多渠道集成场景更容易实现，后端服务无需变更，采用统一的数据和模型，可以支持多个前端，例如 Web 前端、移动应用、微信小程序。

3　用户服务模式

3.1　用户需求分析

根据客户对于研发一套虚拟电厂平台既可聚合分公司所有资源，也可并行参与多个市场的需求，清大科越研发了中广核虚拟电厂运营管理平台一期，已形成基于一套总部平台各地分公司试点应用并建设适应本地交易规则及资源形态的能源信息化系统，实现了虚拟电厂对大量源荷储资源的聚合和与电网的初步互动。但在数据接入能力支持、运营精细化功能支撑、资源接入规模及类型、虚拟电厂市场规模、综合能源智慧管理、多层级虚拟电厂运营管理平台以及虚拟电厂可调资源聚合优化应用等方面仍存在不足。因此，二期项目针对以上需求进行了升级迭代。

3.2　政策依据

重庆：《2024 年重庆市电力需求响应方案》《2023 年重庆市电力需求响应实施方案》。

山东：《山东电力市场规则（试行）》《2023 年全省电力市场化需求响应工作方案》《2022 年全省电力可中断负荷需求响应工作方案》。

深圳：《深圳市虚拟电厂精准响应实施细则》。

上海：《中国（上海）自由贸易试验区临港新片区虚拟电厂精准响应实施方案（试行）》。

湖北：《湖北省电力需求响应实施方案（试行）》。

浙江：《2024 年浙江省迎峰度夏电力需求侧管理工作实施方案》《浙江省第三方独立主体参与电力辅助服务市场交易规则（试行）》。

3.3 服务模式

中广核新能源方面，公司通过与聚合用户签订代理协议形成代理关系，并在电网市场组织机构备案。中广核分公司以运营商身份申请市场主体资格，市场管理机构组织并网测试，通过测试后进行公示，公示完成后签订虚拟电厂并网协议。完成市场准入后中广核虚拟电厂积极参与电力市场交易，通过买卖电能、提供辅助服务和参与需求响应等具体交易获取收益。结算环节则涉及与电力交易中心的对接、交易合同的履行以及资金的清算与结算。确保交易过程的公正透明和资金的安全高效是虚拟电厂市场交易与结算的关键。

清大科越方面，为中广核新能源公司提供虚拟电厂平台定制化开发及运维服务。目前未辅助客户参与各省交易，但随着现货市场的陆续开展，后续考虑为客户提供代运营服务。

4 效益分析

4.1 经济效益

平台利用可调资源的动态聚合技术实现资源响应能力的精准量化与表征，调控策略可精细分配至最小资源，实现对灵活资源的实时优化调度。至 2024 年 5 月，平台已开展运营的 6 个区域提供总计 36 万千瓦调节容量，总计完成约 2700 MWh 调节电量，累积收益 306 万元，度电收益达 1.13/kWh。其中：

山东：累计参与 22 次需求响应，累积调节里程 2659 MWh，虚拟电厂累积收益 297.45 万元；辅助中广核新能源山东分公司成为首批参与山东电力现货市场的虚拟电厂机组（发电储能类机组+调节量负荷类机组）。

上海：累计参与 20 次需求响应，累积调节电量 33.7 MWh，虚拟电厂响应收益 7.03 万元。

深圳：参与深圳精准需求响应运行 4 次，累计调节里程 7 MWh、虚拟电厂收益约 2.5 万元。

此外，经济效益还包括虚拟电厂运营商减少的用电成本和停电损失、调度机构减少的错峰损失等间接经济效益。

4.2 环境效益

至 2024 年 5 月，平台累积削峰综合节能量约 300 MWh，促进碳减排约 1100 t。

4.3 社会效益

平台通过整合 6 个区域多种能源资源，提高了电力供应的稳定性和可靠性，增强了能源安全，降低了电力成本，促进了新能源的消纳。平台带动培育 200 余家资源企业进入虚拟电厂产业链，辅助它们更积极地参与到能源管理和节能行动中。

5 创新点

5.1 集团化虚拟电厂的样板示范

该项目实现了一套总部平台多分公司并行使用的目标，满足全国各市场规则下对资源数据的通信安全、传输效率、数据时效等要求，解决了多种市场政策、多种交易规则下业务开展流程和交易数据的隔离处理和统筹协调难题。该项目实现了国内首个总部统一架构部署各地落地运营的虚拟电厂运营管理平台，大幅降低了综合建设成本及运营成本。目前平台已实现4个市场10余个交易品种的并行运行。

5.2 打造国内领先的全绿电虚拟电厂

在综合能源智慧化运营方面，打造中广核浙江东方电缆全绿电虚拟电厂，将光伏、储能、充电桩、生产负荷等多类型资源进行策略化聚合调度，实现了多异质能源的联动管理、互补互济、优化运行、协同响应。在保障系统内多元化用能需求的同时，有效发挥出组合型能源调节优势，并由此产生出多种效益：

（1）保障了系统内能源在各时段的供需平衡，为园区能源体系的稳定提供了技术保障；

（2）充分发挥价格引导作用，有效应用价格信号，为用户经济运营提供了技术手段；

（3）有力支撑系统与大电网互动，充分利用市场化机制特性，实现了电力系统调节贡献和经济收益双重效益；

（4）降低了能源系统运行管理成本，有效提高了劳动生产率；

（5）提升了能源利用效率，为园区全绿电运行提供了关键保障。

5.3 成为首批参与山东现货市场的虚拟电厂

辅助中广核新能源成功注册成为首批参与山东电力现货市场的虚拟电厂机组（发电储能类机组号1机+调节量负荷类机组号2R机），可调节能力接近20 MW。7月1日，将实现虚拟电厂在山东常态化参与电力现货市场，平台通过高准确度的负荷预测、电价预测数据，为虚拟电厂参与现货市场提供高质量辅助决策，从而获取稳定收益。该项目也将开拓虚拟电厂参与现货市场的商业模式。

5.4 运营精细化虚拟电厂平台

在资源接入方面，打造虚拟电厂资源低成本、规范化及高灵活性通信接入方案，满足点多、面广、特性各异资源的快速接入需求，实现用户、负荷集成商"即插即用式"灵活接入；在数据存储处理方面，建立虚拟电厂数据存储处理办法，采用结构化、非结构化、热点数据分类存储处理技术，大幅提高数据访问效率，支持时序存储和动态扩展，解决海量数据存储处理和查询的难题；在资源聚合优化方面，依托调节能力、调节速率、调节时长等各维度物理约束构建资源模型，结合多时间尺度的资源动态聚合算法，能够实现性能优先、一般均衡、成本最优等多优化目标；在辅助决策方面，提供多种负荷、电价预测算法，可通过组合不同算法、参数以及相关因素训练高准确度预测方案，保障了预测数据的高准确性，应用高准确度预测数据参与计算，可为虚拟电厂及电力用户提供高质量辅助决策；在目标分解方面，针对具有参数异质性和运行不确定性的海量灵活性资源优化调控分解算法，实现针对各类复杂特性资源的调节目标实时分解计算，可兼顾电力用户用电需求和充分挖掘各类资源调节能力双目标；在收益分摊方面，综合考量整体响应效果、用户调节量贡献率、单用户调节余力等多因素参与收益分摊计算，最大程度发挥出虚拟电厂的聚合优势，为用户创造最大收益；电网系统对接方面，打通了与电网调度 OCS 系统通信接口，实现了网省两级调度系统与用户侧可调节资源的互联互通，为向电网提供调峰、调频、消纳、电能量等各类服务提供了坚实系统支撑。

6 经验体会

基于电网架构拓扑、资源大数据分析，利用物联网、云计算等新一代信息技术，研发智慧运营应用、区域电网灵活资源调度应用，突破识别灵活资源分层分区属性和负荷特性虚拟电厂技术，实现对资源的分时分类管理、分层分区聚合调控，满足各种复杂多样场景应用。

7 问题与建议

建议政府部门、能源主管部门加快推进虚拟电厂参与电力现货市场、电力辅助服务市场的配套政策机制，扩展虚拟电厂的商业模式，推动各类主体对于虚拟电厂投资的积极性。

建议政府部门、行业协会尽快完善虚拟电厂运营平台和调控平台相关技术的行业标准，加快平台建设、资源接入、数据传输和调控等流程的效率和安全性，为虚拟电厂参与各类市场提供保障。

专家点评：

项目于 2022 年 9 月投入运行，用能对象为电力企业，投资运营一体化，投资回收期 2 年。

项目采用最新基于分布式云计算和微服务技术。在技术架构从下到上共分为基础设施层、数据层、公共服务层、微服务层、微应用层、网关层和展现层，架构层次划分清晰，满足了虚拟电厂分布式应用的业务扩展和业务模式更新带来的海量实时数据压力和参与市场需求变化。技术方案合理，具有可复制性。

截至 2024 年 5 月，项目已累积收益 306 万元，累积促进新能源消纳折合碳排约 1100 t，削峰综合节能量约 300 MWh。

项目解决了多种市场政策、多种交易规则下业务开展流程和交易数据的隔离处理和统筹协调难题，实现了 4 个市场 10 余个交易品种的并行运行。

陕西镇安移民搬迁集中安置点
"BIPV 光伏+社区治理"项目

申报单位：天津绿动未来能源管理有限公司

摘要：国家电投陕西镇安移民搬迁集中安置点"BIPV 光伏+社区治理"项目（以下简称"项目"）主要依托天津绿动未来能源管理有限公司自主研发的"绿动赋能"建筑光伏一体化技术，通过为当地居民屋顶解决防水、隔热、保温等痛点需求，创新形成"光伏+社区治理"商业模式并引导当地发展改革委发布《关于做好全县移民搬迁集中安置点屋顶光伏电站项目建设工作的通知》，从政策和技术创新层面双向发力，兼具经济效益和社会效益，有效缓解移民搬迁点房屋大修资金紧张、居民财产受损、物业保障压力大等社会问题，预计每年可增加为当地提供 2181.23 万千瓦时绿电供应，减少二氧化碳排放约 1.97 万吨。

1 项目概况

1.1 项目背景

该项目位于陕西省商洛市镇安县，场址坐标 N33.43°、E109.15°，由国家电投集团资产管理有限公司（以下简称"资产管理公司"）全资子公司"镇安绿动未来新能源有限公司"投资开发，主要利用 15 个居民搬迁安置点及工商业建筑物屋顶建设分布式光伏发电系统，一期规划装机容量为 20 MWp，采用高效单晶硅光伏组件，安装方式在考虑建设成本及发电增益的基础上，选择固定式最佳倾角安装。根据项目并网点的不同以 10 kV 或 0.4 kV 就近接入国网线路，并网方式为"全额上网"。

1.2 项目进展情况

该项目于 2023 年 4 月开工，截至目前已实现部分投产，投产容量为 14.63 MWp，2024 年 5 月底前全容量并网（图 32-1）。

2 能源供应方案

2.1 技术路线

该项目采用公司具有自主知识产权的"绿动赋能"建筑光伏一体化技术（以下简称"技术"），在具备传统光伏发电功能的基础上，还可实现防水、隔热、隔音、保温、遮阳等建筑安全功能以及建筑维护、建筑节能和建筑装饰等功能属性，具有普适性、可靠性高且使

图 32-1　部分投运项目航拍图

用寿命长等特点。

该技术主要利用导水槽系统将光伏组件结合形成防水整体并对建筑屋面进行一体化覆盖。技术方案主要由导水槽、副导水槽、水槽压板、中压板、变压板、各类螺栓等部件组成，可以将常规光伏组件组成防水整体，使落在光伏组件上的雨水有组织排出屋面。

2.2　装机方案

该项目采用单块容量为 550 Wp 的单晶 PERC 组件，结合各建筑屋面结构和遮挡情况，对于小面积平铺安装阵列，采用 26°最佳倾角安装；对于大面积平铺安装阵列，采用 20°倾角安装，二者装机比例约为 2∶1。考虑电站建设区域分散且单个建设点容量大小不同，该项目整体采用"分块发电、分区域并网"的模块化设计方案，共分为 19 个光伏发电并网单元，每个单元装机容量根据其场地面积确定，采用 20 kW/35 kW/50 kW/100 kW/136 kW 五种组串式逆变器，每串列单元光伏板数量控制在 12~20 块，组件与组件之间留有 0.02 m 空隙以减小风压并方便日常维护与检修。

3　用户服务模式

3.1　用户需求分析

该项目能源用户主要为当地居民或工商业，用能需求以电力为主。

3.2　政策依据

镇安县发展改革局《关于做好全县移民搬迁集中安置点屋顶光伏电站项目建设工作的通知》（镇发改发〔2022〕84 号）。

移民搬迁集中安置点屋顶光伏合作协议原则上由小区业主委员会委托安置点所在村（居）委会与光伏电站投资业主签署，收益结算账户指定为村（居）委会股份经济合作社，按照集体经济形式管理使用（表 32-1）。收益分配按照 5∶3∶2 比例进行。其中，年收入 50%用于房屋大修基金缴存，屋顶出租收益到账后，由小区所在村（居）集体股份合作社向县住建局指定大修基金专户缴纳，打款回执复印件报县移民办，大修基金按年缴纳，达到标准后不再缴存；30%用于小区公共照明、公共水电修复等开支；20%弥补物业费不足部分。镇办政府要加强法规政策宣传，动员小区住户按时足额缴纳物业费，物业费全部收缴到位的小区除大修基金外，全部用于改善小区人居环境等公共开支。收益使用接受小区业主监督，镇办政府督促村（居）委会、业主委员会年底在小区醒目位置公布使用结果。

表 32-1　各安置点装机规模

序号	安置点名称	安置点所在村组	装机规模/MW
1	云镇花园社区	镇安县云盖寺镇云镇社区	3
2	永乐街道办事处青河社区水家湾安置点	镇安县永乐街道办青河社区二组	0.7
3	永乐街道办新城社区锦鸿小区	镇安县永乐街道办新城社区四组	0.5
4	米粮镇中心镇安置点	镇安县米粮镇清泉村二组	1.5
5	米粮镇中心镇安置点（二期）	镇安县米粮镇清泉村二组	2
6	青铜关镇冷水河村张家坪安置点	镇安县青铜关镇冷水河村六组	1.2
7	达仁镇栗茶家园小区	镇安县狮子口村二组	3
8	西口镇农丰村安置点	镇安县西口镇农丰村一组	0.5
9	高峰镇和平佳园安置点（二期）	镇安县高峰镇青山村三组	1
10	茅坪镇集镇安置点（五期）	镇安县茅坪村二组	2
11	柴坪镇塔云新区（二期）	镇安县柴坪镇柴坪村一组	1.5
12	月河镇西川村安置点（四期）	镇安县月河镇西川村六组	2
13	月河镇西川村安置点（三期）	镇安县月河镇西川村六组	2
14	永乐街道办中合村赵家湾（二期）	镇安县永乐街道办中合村一组	1
15	永乐街道办山海村纸房沟安置点	镇安县永乐街道办山海村一组	0.6
16	永乐街道办太平村银洞湾	镇安县永乐街道办太坪村二组	0.7
17	永乐街道办太平村银洞湾（三期）	镇安县永乐街道办太坪村二组	0.5
18	西口镇青树村安置点	镇安县西口镇青树村一组	0.4
19	西口回族镇上河利民小区（二期）陕南移民搬迁点	镇安县永乐街道办太坪村二组西口回族镇上河村一组	1
20	西口回族镇宝石村安置点	镇安县西口回族镇宝石村三组	0.3
21	铁厂镇西沟口安置点	镇安县铁厂镇西沟口村	0.5
22	铁厂镇铁铜村安置点	镇安县铁厂镇铁铜村三组	0.5
23	铁厂镇新联村安置点	镇安县铁厂镇新联村二组	0.5
24	铁厂镇和谐安置点四期	镇安县铁厂镇铁厂村三组	1
25	铁厂镇和谐小区四期安置点（自建）	镇安县铁厂镇铁厂村三组	1
26	铁厂镇和谐小区陕南移民搬迁安置点	镇安县铁厂镇铁厂村三组	0.8
27	青铜关镇前湾村安置点	镇安县青铜关镇前湾村五组	0.6
28	永乐街道办青河社区刘佳台子（一期）	镇安县永乐街道办青河社区四组	0.5
29	永乐镇鸳鸯池村锡铜沟安置点	镇安县永乐街道办锡铜村一组	0.7
30	月河镇西川黄家坪安置点	镇安县月河镇西川村四组	0.5

序号	安置点名称	安置点所在村组	装机规模/MW
31	月河镇黄家湾安置点	镇安县月河镇先锋村四组	0.6
32	云盖寺镇东洞村安置点	镇安县云盖寺镇东洞村二组	0.4
33	青铜关镇兴隆八房（二期）	镇安县青铜关镇兴隆村二组	0.5
34	青铜关镇丰收村办公室（二期）	镇安县青铜关镇丰收村九组	1
35	青铜关镇月西沟口安置点	镇安县青铜关镇铜关村三组	0.4
36	青铜关镇前湾火石梁安置点（二期）	镇安县青铜关镇前湾村五组	0.7
37	木王镇木瓜坪安置点（二期）	镇安县木王镇坪胜村三组	0.5
38	木王镇米粮寺安置点（三期）	镇安县木王镇米粮寺村三组	0.5
39	木王镇坪胜村安置点（三期）	镇安县木王镇坪胜村六组	1.3
40	庙沟镇蒿坪村安置点（二期）	镇安县庙沟镇蒿坪村七组	0.5
41	庙沟镇中坪村高家沟安置点	镇安县庙沟镇中坪村六组	0.5
42	庙沟镇三联村下河湾	镇安县庙沟镇三联村一组	0.4
43	米粮镇灵龙下河坪安置点	镇安县米粮镇清泥村三组	1
44	高峰镇和平佳园安置点	镇安县高峰镇青山村三组	1
45	茅坪镇腰庄河安置点	镇安县茅坪镇腰庄河	0.3
46	茅坪回族镇元坪村安置点区域敬老院	镇安县茅坪回族镇元坪村二组	0.4
47	回龙镇幸福里安置小区	镇安县回龙镇回龙村二组	0.7
48	回龙镇黄土凸安置点	镇安县回龙镇回龙村二组	0.5
49	高峰镇张家正和家园安置点	镇安县高峰镇张家正河村二组	1
50	高峰镇张家安置点	镇安县高峰镇张家正河村二组	0.6
51	高峰镇营胜村安置点	镇安县高峰镇营胜村一组	0.7
52	大坪镇庙沟小学安置点	镇安县大坪镇庙沟村二组	0.5
53	大坪镇庙沟凤凰居安置点	镇安县大坪镇庙沟村二组	0.6
54	大坪镇集镇安置点	镇安县大坪镇红旗村二组	0.6
55	达仁镇狮子口村粮站安置点	镇安县达仁镇狮子口村一组	0.7
56	柴坪镇石湾村安置点	镇安县柴坪镇石湾村二组	0.6
57	柴坪镇桃园村安置点	镇安县柴坪镇桃园村五组	0.5
58	柴坪镇松柏村安置点	镇安县柴坪镇松柏村二组	0.5
59	柴坪镇安坪村安置点	镇安县柴坪镇安坪村四组	0.5
	合　　计		50

3.3　服务模式

该项目由国家电投集团镇安绿动未来新能源有限公司全资建设，光伏发电销售电价执行当地燃煤机组标杆上网电价。根据陕价商发〔2017〕78 号文件，该项目运行期 25 年内的上网电价为 0.3545 元/千瓦时（含税）。

4 效益分析

4.1 经济效益

该项目动态投资总额 7010.04 万元，资本金按 20%考虑，其余为银行贷款。经营期内全投资财务内部收益率（税后）为 6.07%，资本金财务内部收益率为 8.27%，项目投资回收期（税后）为 12.95 年。

按照 1 块光伏组件年付 20 元租金计算，每年可以为移民搬迁集中安置点村委会带来59.5 万元租金收益，帮助其缓解移民搬迁点房屋大修资金紧张、居民财产受损、物业保障压力大等社会问题。

4.2 环境效益

考虑光伏电池年衰减损耗后，电站建成后第一年光伏电站年上网电量 2338.73 万千瓦时，年等效满负荷运行小时数约为 1167 h，在运行期 25 年内的光伏电站年平均上网电量2181.23 万千瓦时，年等效满负荷运行小时数约为 1074.10 h。与相同发电量的火电相比，每年可节约标煤 0.69 万吨，相应可减少废气排放量：SO_2 约 182.18 t，NO_x 约 770.59 t，CO_2约 1.97 万吨，减少粉尘排放 7.59 t，并减少火电站相应的污废水和温排水等对水域的污染。

4.3 社会效益

该项目为可再生能源项目，属于国家能源发展战略方向，有利于当地劳动力市场和建材市场的繁荣，增加社会就业机会。项目建成后，可为地方带来较大的税收，助力当地经济发展。

5 创新点

该项目以助力陕西省镇安县清洁低碳转型发展、缓解当地移民搬迁集中安置点房屋大修资金紧张、居民财产因屋顶漏雨受损，解决民生问题以及小区物业保障压力大为目标，创新形成"光伏+社区治理"商业模式并引导当地发展改革委出台《关于做好全县移民搬迁集中安置点屋顶光伏电站项目建设工作的通知》，明确项目规模及明细，鼓励由安置点所在村（居）委会与国家电投签署屋顶光伏协议，收益结算账户指定为村（居）委会股份经济合作社并按照集体经济形式管理使用，即：屋顶租赁收益按照 5：3：2 比例进行分配。其中，屋顶出租收益 50%用于房屋大修基金缴存、30%用于小区公共照明、公共水电修复等开展、20%弥补物业费不足部分。

同时，该项目依托公司具有自主知识产权的"绿动赋能"建筑光伏一体化技术，基于为合作社降低了防水修缮投入，从而获得屋顶使用费减半，该公司屋顶租赁费用由每块组件40 元降低至 20 元，从政策支持层面和技术创新层面双向发力，打开项目盈利空间，同时有效解决当地居民防水问题，兼具经济效益和社会效益，可在相关类似场景进行复制推广应

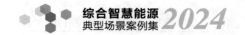
用，提高集团公司户用光伏项目资源获取能力。

6　经验体会

整县屋顶分布式光伏推进过程中涉及政府机关、学校、工商业和居民等多个场景，由于建筑屋顶分布广泛、资源分散、单体规模小、开发建设协调工作量大，安全运营方面的复杂性大大增加，对光伏组件及其配套设备的质量和可靠性提出了更高要求，在项目设计阶段应按照建筑本身的特点选用合适的技术路线，同时兼顾用户防水、隔热、保温的需求，优先考虑采用 BIPV 技术，实现绿色能源与建筑美学的和谐统一。

7　问题与建议

整县屋顶分布式光伏开发是系统工程，地方政府最好配合出资企业协调落实屋顶资源，引导本地各类主体开发建设屋顶光伏的积极性，同时出台相关支持政策，营造良好的营商环境。

专家点评：

项目利用 15 个居民搬迁安置点及工商业建筑物屋顶建设分布式光伏发电系统，规划装机容量为 20 MWp，通过并网全额上网取得收益。项目投资财务内部收益率（税后）为 6.07%，投资回收期（税后）为 12.95 年。采用自主研发的建筑光伏一体化技术，解决屋顶防水、隔热、保温等问题，由投资方与股份经济合作社进行收益结算和管理使用，缓解居民房屋大修资金紧张、居民财产受损、物业保障压力大等社会问题，形成"光伏+社区治理"商业模式。

案例为单一屋顶光伏发电项目，采用的技术方案具有一定创新性，可为整县屋顶分布式光伏开发和推广提供有益借鉴。

『案例 33』

长源武汉青山热电厂污泥高效掺烧处置项目

申报单位：国能长源武汉青山热电有限公司

国能龙源生态科技（武汉）有限公司

摘要： 当前我国污泥处置产能严重不足，无害化存在巨大缺口，燃煤电站协同焚烧能有效缓解我国污泥处置压力。目前燃煤电站处置污泥面临行业共性技术难题：（1）现有工艺缺乏全流程研究及全系统集成；（2）现有污泥干化技术效率低、能耗大、处理量低；（3）现有污泥干化装备易堵塞、多元污泥适用度低、安全性差。

为解决以上难题，自主研发了预处理—燃烧—污染物评估全流程系统、多段式能量梯级利用污泥高效干化耦合煤粉锅炉焚烧工艺及配套干化设备。以发电厂低压过热蒸汽为热源，将含水率 80% 污泥干化至 40%，送至输煤皮带，经磨制系统送入锅炉焚烧；干化冷凝废水经处理后实现循环回用零排放；污泥臭气采用全过程控制零排放技术处理，锅炉废气依托电厂烟气净化设施处理，实现超低排放。

1 项目概况

1.1 项目背景

目前我国污泥处置产能严重不足，污泥无害化存在巨大缺口。2020 年底，我国城镇污泥总产量 6663 万吨/年（折合含水率 80%），预计 2025 年超 1 亿吨/年。然而截至 2020 年，我国污泥无害化处置设施产能仅 1369 万吨/年，城镇污泥无害化处理率仅 67%，这与"十四五"规划要求的无害化率达 95% 相差甚远。

燃煤电站协同焚烧是缓解我国污泥处置压力的有效途径。目前我国累计出台 20 多项政策鼓励燃煤电站协同处置固废。2017 年，国家能源局发布文件，支持"利用现有煤电高效发电系统和先进尾气净化设施，消纳污泥等生物质资源"。截至 2022 年，我国火力发电装机容量约 13 亿千瓦，电站锅炉约 3000 台，我国燃煤电站具备缓解城镇污泥处置能力不足的潜力。

然而目前我国大型燃煤电站资源化处置城镇污泥面临行业共性关键技术难题。核心问题是：（1）现有工艺缺乏全流程研究、全系统集成、对污染物的评估预测，导致无法定量评估掺烧污泥对全系统的影响，无法预测污染物排放，存在安全运行隐患和污染物排放超标风险；（2）现有污泥干化处理技术采用单一循环工艺，导致污泥干化效率低、能耗大、处理量低、成本高；（3）现有污泥干化处理装备易堵塞、多元污泥适用度低、安全性差，存在高含尘乏气堵塞、不同含水率污泥储运困难等问题。

该项目不仅解决了燃煤电站处置污泥行业面临的核心难题，而且为大型燃煤电站资源化处置多源有机固废提供了切实可行、坚实可靠的技术路线和工程方案，对打赢污染防治攻坚战、优化煤电行业+固废处置产业链、助力国家"无废城市"发展战略，具有重大意义。

1.2 项目进展情况

项目于 2021 年 10 月 2 日开工建设，2022 年 11 月开始调试，2022 年 12 月 31 日具备接泥试运行条件，2023 年 3 月 1 日进入接泥调试运行。

2 能源供应方案

2.1 负荷特点

该项目建设了 3 条 100 t/d 含水率约 80% 的污泥干化线和 3 条 70 t/d 含水率约 60% 的污泥干化线，将来自武汉市城市排水发展有限公司的含水率约 80% 的自来水厂污泥通过用圆盘干化机干化成含水率约 40% 的污泥，将武汉汉西污水处理有限公司的含水率约 60% 的自来水厂污泥通过用热风干燥机干化成含水率约 40% 的污泥，与燃煤均匀混合后输送至锅炉燃焚烧发电，得到减量化、稳定化、无害化处理。以解决周边多座生活污水处理厂的污泥处置问题，既响应环保号召，承担社会环保责任，又可节煤降耗，给电厂带来可观的经济收益。

2.2 技术路线

2.2.1 总体方案

燃煤电厂高效协同掺烧市政污泥关键技术采用高效干化耦合煤粉锅炉掺烧工艺，该工艺流程为：首先利用多段式能量梯级利用污泥高效干化技术将含水率为 60%～80% 的湿污泥干化至含水率为 30%～40% 的污泥；干燥后的污泥与煤厂燃料混合后一同送入电厂磨煤系统制备燃料，送入锅炉焚烧；乏汽经冷凝、收水之后，送入锅炉焚烧后依托电厂现有烟气净化设施处理，实现废气零排放；污泥干化产生的冷凝废水经废水处理装置处理之后作为电厂工艺水回用，或经预处理之后由管网输送至城市污水处理厂进行处理。主要工艺系统图见图 33-1。

2.2.2 工艺系统

燃煤电厂高效协同掺烧市政污泥工艺包括湿污泥储运系统、干化系统、干污泥转运系统、乏汽处置系统和循环冷却水系统。

湿污泥储运系统：罐车将含水率为 60%～80% 的湿污泥卸至地下湿泥仓，再由抓斗提升至湿污泥卸料斗，料斗底部设有铺底螺旋，将湿污泥送入干化机。

干化系统：采用多段式热能阶梯利用污泥干化技术路线，包括蒸汽干化和热风干化，回收蒸汽干化系统中的乏汽热能，引入热风干化系统。圆盘蒸汽干化机将含水率为 60%～80% 的湿污泥干化至含水率为 30%～40% 的污泥。

干污泥转运系统：干污泥由干化机落料口卸至输送皮带，送至干污泥仓，由出料口的螺

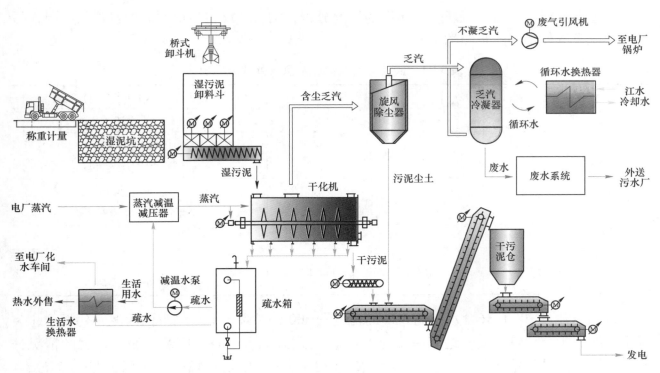

图 33-1　污泥固废干化掺烧工艺系统图

旋给料机卸至输送皮带，最终与煤粉混合后进入锅炉燃烧。

乏汽处置系统：乏汽经旋风除尘器除去携带的干污泥，进入冷凝器间接换热，乏汽冷却析出水分后与二次风混合送入锅炉焚烧，从而实现废气零排放。

循环冷却水系统：循环冷却水与乏汽间接换热后，水温升高 8~10 ℃，随后输送至冷却塔，冷却后的水输送至换热器入口实现循环利用。

3　用户服务模式

3.1　武汉市目前污泥处置现状

（1）中心城区武汉市排水公司污泥基本上都是与华新环境工程有限公司合作，利用水泥窑协同方式进行处置，处置能力为 1000 t/d（含水率约 80%）。

（2）2019 年钢电与武汉市排水公司签订污泥处置合同，将污泥干化耦合焚烧，日处理（含水率约 60% 的污泥）污泥 240 t。该项目预计在今年内投产。

（3）武汉沃土恒通环境工程有限公司、武汉达鑫源有机肥有限责任公司、武汉绿盎生物循环利用有限公司等小型污泥处置企业采用堆肥、制陶粒等方式，日处置（含水率约 80% 的污泥）100 t 左右。

（4）2018 年 5 月，青山区水务局联合山川德清公司在火官庙附近建设的青山区污泥综合处理试验站开始调试运行，该站主要负责处理青山区管渠淤泥，日处理量约为 130 t/d，产生 50% 含水率泥饼约为 30 t/d，目前泥饼主要处置方式为免费提供园林堆肥。

经折合计算，武汉市日处理绝干污泥约 331 t。

通过武汉市中心城区及新城区污泥的情况分析，结合武汉市当前污泥处置现状情况，污泥的供应及待处理污泥量归纳见表 33-1。

表 33-1 武汉市污泥供应及需求处理量概况

序 号		项 目	污泥量规模（折算绝干污泥）/t·d^{-1}
（一）	1	武汉市中心城区	355.85~420.5
	2	新城区	100.1~118.3 规划：359.7~425.1
	3	可供应量合计	455.95~538.8 规划：715.55~845.6
（二）	4	武汉市目前已处置污泥	-331
（三）	5	待处理污泥量（缺口）	124.95~-207.8 规划：384.55~514.6

该项目建设 200 t/d（含水率约 60%的污泥）+300 t/d（含水率约 80%的污泥）污泥干化装置生产线，折合计算日处理绝干污泥约 140 t。通过武汉市中心城区及新城区污泥的情况分析，合计可提供的绝干污泥总量为 455.95~538.8 t/d，规划总规模绝干污泥量为 715.5~845.6 t/d。待处理的市政绝干化污泥总量为 124.95~207.8 t/d，规划期待处理的总规模绝干污泥量为 384.55~514.6 t/d。该项目规划建设的污泥干化生产线折合计算日处理绝干污泥约 140 t。污泥供应量大于待处理量，因此，该项目的干化污泥供应量是有保障的，并且武汉市需处理的市政污泥量也非常大。目前我公司分别已与武汉市排水公司和汉西污水处理厂签订了污泥处置意向协议，日处理含水率约 80%的污泥 300 t 左右及日处理含水率约 60%的污泥 200 t 左右的污泥供应均有保障。

3.2　政策依据

国家层面出台多项政策大力支持燃煤电站协同处置市政污泥，详见如下：

2014 年，国家发展改革委等七部委发布《关于促进生产过程协同资源化处理城市及产业废弃物工作的意见》（发改环资〔2014〕884 号），支持在水泥、电力、钢铁等行业培育一批协同处理废弃物的示范企业，建成 60 个左右示范项目。

2015 年 4 月，国务院发布《水污染防治行动计划》（水十条）明确指出，水处理设施产生的污泥应进行稳定化、无害化和资源化处理处置，禁止处理处置不达标的污泥进入耕地。非法污泥堆放点一律予以取缔。截至 2020 年底，地级及以上城市污泥无害化处理处置应达到 90%以上。

《城镇污水处理厂污泥处理技术指南》明确指出，节能降耗是污泥处理处置应考虑的重要因素，鼓励利用污泥厌氧消化过程中产生的沼气热能、垃圾和污泥焚烧余热、发电厂余热或其他余热作为污泥处理处置的热源。

2017 年 11 月 27 日，国家能源局和环境保护部共同发布《关于开展燃煤耦合生物质发电技改试点工作的通知》（国能发电力〔2017〕75 号），组织在 36 个重点城市及有重大需求地区，依托现役煤电高效发电系统和污染物集中治理设施，布局燃煤耦合污泥发电技改项目，构筑城乡生态环保平台，兜底消纳生活垃圾以及污水处理厂水体污泥等生物质资源。

2022 年 1 月 25 日，生态环境部《重点流域水生态环境保护规划（2021—2025 年）》编制完成，规划中提出全面推进县级及以上城市污泥处置设施建设。土地资源紧缺的大中型城市推广采用"生物质利用+焚烧""干化+土地利用"等模式。推广污泥焚烧灰渣建材化利用。到 2025 年，城市和县城污泥无害化、资源化利用水平进一步提升，城市污泥无害化处理处置率达到 90% 以上。

2022 年 1 月 27 日，工业和信息化部等八部门印发《关于加快推动工业资源综合利用的实施方案》（工信部联节〔2022〕9 号），方案中提出推动工业装置协同处理城镇固废。加快工业装置协同处置技术升级改造，支持水泥、钢铁、火电等工业窑炉以及炼油、煤气化、烧碱等石化化工装置协同处置固体废物。在符合安全环保等前提下，依托现有设备装置基础，因地制宜建设改造一批工业设施协同处理生活垃圾、市政污泥、危险废物、医疗废物等项目，探索形成工业窑炉协同处置固废技术路径及商业模式。

2022 年 9 月 22 日，国家发展改革委、住房城乡建设部、生态环境部发布《污泥无害化处理和资源化利用实施方案》（发改环资〔2022〕1453 号），方案中提出有序推进污泥焚烧处理。有效利用本地垃圾焚烧厂、火力发电厂、水泥窑等窑炉处理能力，协同焚烧处置污泥，同时做好相关窑炉检修、停产时的污泥处理预案和替代方案。

2021 年 11 月 19 日，武汉市生态环境局发布《武汉市"十四五"土壤生态环境规划（征求意见稿）》，规划提出，加大污泥监管力度。加大对污水处理厂污泥产生、转移、处理处置全过程的环境监管力度，有效防范污泥环境风险，努力实现无害化、减量化、资源化处置。"十四五"期间加快建设武汉市水体淤泥处置工程、前川污泥处置厂、青山热电厂污泥处置项目。到 2030 年污泥无害化处理处置率稳定保持在 100%。

3.3 服务模式

国能长源武汉青山热电有限公司和国能龙源生态科技（武汉）有限公司使用特许经营的方式进行项目运行，国能龙源生态科技（武汉）有限公司负责污泥干化段，国能长源武汉青山热电有限公司负责焚烧段。

4 效益分析

4.1 经济效益

国能青山污泥高效干化掺烧项目于 2022 年 12 月竣工投产，处理规模为 500 t/d。年污泥处理总量预计约 13 万吨，两年达到设计产能。主要经济效益分析如下：

（1）完成单位收益：一是污泥处置费，污泥处置价格为 298 元/吨，处置量按 13 万吨/年，污泥处置收入约 3800 万元，按照传统蒸汽圆盘或热风干化工艺，干化蒸汽用量大，污泥处置成本 278 元/吨，利润约 700 万元/年，该项目高效干化蒸汽节能 14% 以上，污泥处置成本 238 元/吨，利润约 780 万元/年，采用该项目研究的高效污泥干化技术后利润增加14%；二是获得一次性国家财政补贴 2000 万元；三是每年增值税退税 70%，节省税费每年

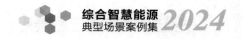

100 多万。

（2）应用单位收益：一是蒸汽销售收益，每年销售蒸汽量按 10 万吨/年，蒸汽售价 143 元/吨，纯利润约 600 万元；二是节煤收益，污泥干化后送入锅炉焚烧可以降低煤耗，节约标煤约 1 万吨/年，煤价 655 元/吨，节煤利润约 655 万元/年。

4.2 环境效益

（1）相比独立焚烧处置污泥设施，减少区域标煤消耗 11017 t/a。该项目综合能源消耗量（当量值）为 6358.86 t 标煤/年，对比周边区域采取独立焚烧处置污泥设施，独立焚烧装置需耗能 17376 t 标煤/年，该项目可以减少区域标煤消耗 11017 t。

（2）采用第三方特许运维模式煤粉锅炉耦合焚烧，可替代标煤 1 万吨/年。电厂将蒸汽和电作为商品进行外售，干污泥热值属于免费收取，项目每年产生 40% 含水率干污泥 6 万吨，热值为 5023 kJ/kg，折合标煤 1 万吨；减少 CO_2 排放 2.7 万吨/年；减少 SO_2 排放 85 t/a；减少 NO_x 排放 74 t/a。

4.3 社会效益

（1）疏解了全国"污泥围城"困境，打通了工业园区"围墙"，化解了固废长期存储、远距离运输、非法处置的问题，实现了城市污泥的长期稳定处置。

（2）充分利用了大型燃煤锅炉高燃烧效率、高煤电转化比、清洁烟气处理设施等优势，以协同形式，完美承接了城市固废减量化、资源化、无害化处置任务，实现城市区域碳减排和碳中和的目标。

（3）通过工程示范，形成了可持续、可复制的推广模式，具备科技示范、带动、扩散能力，扫除了城市生态文明建设阻碍，助力"无废城市"建设纵深发展。

（4）推动了燃煤电站向"融入城市绿色发展的生态共享型燃煤电站"转型，促进火电产业结构优化、升级，把三十年的电站融入千年城市的发展，推进电力工业发展。

5 创新点

（1）系统集成创新：建立了国内首个大型燃煤电站资源化处置城镇污泥"预处理—燃烧—污染物评估"全流程系统，首次实现了干污泥以 10% 高掺烧比在 630 MW 煤粉锅炉上长周期、安全、稳定运行，臭气零排放，水、气、固达标排放，碳排放明显下降。

（2）关键技术创新：创新性地提出了多元低品位热源多级循环耦合的工艺，自主研发了"多段式能量梯级利用"污泥高效干化耦合煤粉锅炉关键技术，实现了基于污泥高效干化的能量梯级利用，解决了污泥处置行业干化成本高、能耗大的共性关键技术难题，经 2 年以上工程应用证实，每干化 1 t 污泥（含水率由 80% 降至 40%）消耗蒸汽 0.75 t，与国内外同类技术相比，提高干化效率约 12%，增加污泥处理量 20%，降低蒸汽耗量 40% 左右，降低单位投资 40%～50%，干化指标达到国际领先水平。水、气、固达标排放，碳排放明显下降。

（3）配套设备创新：自主研制了新型立式高效干化机、高效防堵换热器、大型污泥储仓及破拱设备、降温抑尘多级布风等成套高效干化专用设备，解决了高含尘乏气堵塞技术难题，为实现污泥高效干化提供重要设备基础，实现 100%国产化及自主配套，比国内外同类技术装备降低投资 40%～50%。

6　问题与建议

污泥干化处置成本较高，市场竞争力较差，希望加强与地方主管部门及执法部门的沟通与交流，促进污泥处置的规范化，提高污泥市场干化处置份额。

专家点评：

该项目为火电厂污泥掺烧项目，火电节煤同时解决城市固废无害化处理难题。亮点在于自主研发了预处理—燃烧—污染物评估全流程系统、多段式能量梯级利用污泥高效干化耦合煤粉锅炉焚烧工艺及配套干化设备。涉及集成创新、技术创新、设备创新，创新性强，解决了污泥处置行业干化成本高、能耗大的共性关键技术难题，提高干化效率约 12%，增加污泥处理量 20%，降低蒸汽耗量 40%左右，降低单位投资 40%～50%，效果显著。

目前我国污泥处置产能不足，污泥无害化存在缺口。利用现有煤电高效发电系统和先进尾气净化设施消纳污泥等生物质资源是提高城镇污泥处置能力的有效措施。促进火电产业结构优化、升级，优化煤电行业+固废处置产业链、助力国家"无废城市"发展战略，具有重大意义，实现城市区域碳减排和碳中和的目标。

「**案例** 34」

重庆万州电力火电协同
固废资源化利用项目

申报单位：国能重庆万州电力有限责任公司

摘要： 渝东北首个火电协同固废资源化利用项目在重庆万州区建成投用，将满足万州周边
300 km 范围内包括云阳、开州等 6 个区县、15 个污水处理厂污泥的无害化处置需求。每日处理
污泥能力达到 200 t，年处理能力达到 6 万吨。该项目于 2024 年 4 月 6 日正式投产运行。通过
内部的输送系统，污泥将被转运至制粉系统进行焚烧转化处理，可产生粉煤灰用于建筑材料的
生产利用。万州区与国家能源集团万州电厂合作，依托其高效燃煤发电及超低排放设施，启动
了火电协同固废资源化利用项目。该项目还能帮助电厂每年减少燃煤用量约 936 t，减少碳排放
量约 1511 t。

1 项目概况

1.1 项目背景

万州电厂地处重庆万州区，离主城区近 300 km。2 台 1050 MW 级机组分别于 2015 年
2 月和 9 月投产发电。万州电厂 2 台 1050 MW 等级燃煤汽轮发电机组，采用新一代
高效一次再热超超临界机组，锅炉为提升参数后的超超临界参数、一次中间再热变压
运行直流炉，采用平衡通风、单炉膛、前后墙对冲燃烧方式、固态排渣、露天布置、
全钢构架悬吊结构Π型锅炉。锅炉的主蒸汽和再热蒸汽的压力、温度、流量等要求与
汽轮机的参数相匹配。锅炉出口蒸汽参数为 29.40 MPa(a)/605 ℃/623 ℃。对应汽机
的入口参数 28 MPa(a)/600/620 ℃。

该项目依托万州电厂高效燃煤发电系统，以及超低排放的环保设施，在万州电厂厂内建
成一套污泥直掺焚烧系统，用以处理含水率约 80% 的生活污泥（称湿污泥），处理规模设计
为 200 t/d。主要工艺为将含水 80% 的城市污泥通过螺杆泵分别输送至 1 号、2 号机组共 12
个原煤仓至给煤机之间的落煤管内，并在每个加泥点处配置相应的隔离阀门，对污泥直掺
焚烧。

项目静态总投资约 1919 万元，既不影响机组正常运行，减少了项目投资，又降低污染
物排放为目标，实现了污泥固废的无害化处置。渝东北首个火电协同固废资源化利用项目在
重庆万州区建成投用，将满足万州周边 300 km 范围内包括云阳、开州等 6 个区县、15 个污
水处理厂污泥的无害化处置需求。每日处理污泥能力达到 200 t，年处理能力达到 6 万吨。

1.2 项目进展情况

该项目于 2024 年 4 月正式投产运行。通过内部的输送系统，污泥将被转运至制粉系统进行焚烧转化处理，可产生粉煤灰用于建筑材料的生产利用。万州区与国家能源集团万州电厂合作，依托其高效燃煤发电及超低排放设施，启动了火电协同固废资源化利用项目。该项目还能帮助电厂减少燃煤用量约 936 t，减少碳排放量约 1511 t。

1.3 技术路线

该工程采用湿污泥直接掺混燃煤入炉焚烧的处置工艺，建设地下污泥仓及地上缓冲仓。

湿污泥是采用螺杆泵输送，共设 3 台，2 运 1 备，单台流量 10 m³/h，扬程为 3.2 MPa，电机变频控制。湿污泥通过无缝钢管输送至电厂给煤机至磨煤机之间落煤管进行掺混。地坑深 8 m，内设湿污泥仓，仓容积约 250 m³，用来接卸湿污泥。污泥运输自卸车将湿污泥卸入地下湿污泥仓内。

接卸含水率约 80% 的污泥的仓底设 3 个出料口，对应设置 3 台污泥螺杆泵（2 运 1 备），仓与泵之间设有插板阀、补偿器、检修孔和除铁器，每台泵为单元制布置，其中 1 号、3 号螺杆泵出口管路各分设一条管路将湿污泥送至磨煤机处，1 号、3 号螺杆泵出口管路各另分支一条管路与 2 号螺杆泵出口的两个分支管路分别合并后将湿污泥送至地上缓冲仓。1 号、2 号、3 号管道上设置一根自循环管及切断阀，螺杆泵检修或停运时污泥能回流至污泥仓内。

地坑内设计通风系统，并安装有在线有毒气体及氧气检测仪器，地上设置置换风机，置换风机接电厂锅炉送风机入口，送入锅炉内焚烧处理。

1.4 装机方案

（1）电液推杆（2 台）：拉力 40 kN，行程 800 mm，速度 30 mm/s，电机功率 3 kW。

（2）螺杆泵（3 台）：螺杆泵，输送量 10 m³/h，$P = 3.2$ MPa，8 级泵，变频，电机功率 37 kW。

（3）地坑潜污泵（2 台）：10 m³/h，扬程 30 m，电机功率 4 kW。

（4）置换风机：流量：6000 m³/h，压头 6000 Pa，电机功率 18.5 kW。

（5）风幕机（4 台）：电机功率 4.5 kW。

2 用户服务模式

2.1 用户需求分析

能源类型：电。

2.2 政策依据

为鼓励燃煤电厂协同处置污泥，国家出台了法律支持、技术指导、经济补贴和鼓励政策，全面促进燃煤电厂参与无害化处置污泥。随着污泥无害化处置任务完成难度加大，政策

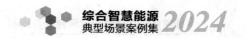
力度逐渐加大。

2020 年 7 月，国家发展改革委与住房和城乡建设部联合印发《城镇生活污水处理设施补短板强弱项实施方案》（发改环资〔2020〕1234 号），明确提出要推进污泥无害化处置和资源化利用。在污泥浓缩、调理和脱水等减量化处理基础上，根据污泥产生量和泥质，结合本地经济社会发展水平，选择适宜的处置技术路线。污泥处理处置设施要纳入本地污水处理设施建设规划，县级及以上城市要全面推进设施能力建设，县城和建制镇可统筹考虑集中处置。限制未经脱水处理达标的污泥在垃圾填埋场填埋，东部地区地级及以上城市、中西部地区大中型城市加快压减污泥填埋规模。在土地资源紧缺的大中型城市鼓励采用"生物质利用+焚烧"处置模式。将垃圾焚烧发电厂、燃煤电厂、水泥窑等协同处置方式作为污泥处置的补充。推广将生活污泥焚烧灰渣作为建材原料加以利用。鼓励采用厌氧消化、好氧发酵等方式处理污泥，经无害化处理满足相关标准后，用于土地改良、荒地造林、苗木抚育、园林绿化和农业利用。

2021 年 6 月 11 日，国家发展改革委与住房城乡建设部联合发布《"十四五"城镇污水处理及资源化利用发展规划》，《规划》明确指出，到 2025 年，基本消除城市建成区生活污水直排口和收集处理设施空白区，全国城市生活污水集中收集率力争达到 70% 以上；城市和县城污水处理能力基本满足经济社会发展需要，县城污水处理率达到 95% 以上；水环境敏感地区污水处理基本达到一级 A 排放标准；全国地级及以上缺水城市再生水利用率达到 25% 以上，京津冀地区达到 35% 以上，黄河流域中下游地级及以上缺水城市力争达到 30%；城市污泥无害化处置率达到 90% 以上。

国家发展改革委、国家能源局《关于印发电力发展"十三五"规划的通知》（发改能源〔2016〕2321 号）要求："开展燃煤与生物质耦合发电的示范与应用。在京津冀、长三角、珠三角布局一批燃煤与污泥耦合发电示范项目。"

污泥掺烧是符合我国环保政策和重庆市当地现状的污泥处理处置方法，也是国际上污泥处理处置的主流方向。该工程依托国能重庆万州发电有限公司所拥有的相关配套设置来实施，具有资源优化、绿色环保、节约投资、节约能耗、促进电厂升级转型等多重意义。

2.3 服务模式

项目由万州电厂自筹资金建设。该工程全部投资均为自有资金。主要收益为污泥处置费，由污水处理厂支付污泥处理费用。目前，沱口污水处理厂三期扩建已通水运行，新增处理规模 3 万立方米/天，江南、何家岩 2 座拓展区污水处理厂序时推进前期工作，计划于 2024 年底建成投运，届时将增加处理规模约 7 万立方米/天，对应的污泥产生量较 2021 年增加 50%，日均产生量预计达 150 t（高峰期 200 t/d 污泥产生量逐年增加）。

3 效益分析

3.1 经济效益

投资回报水平及与当地水平的比较（全寿命周期、投产后三年、截至当前），投资回收期，用户用能成本及与当地水平的比较。

该项目全投资财务内部收益率为 16.88%，财务净现值（$I_c = 10\%$）为 931.9 万元，资本金财务内部收益率为 14.94%，投资回收期为 6.75 年（含建设期）。项目实际投产后，经济效益良好。

3.2　环境效益

该项目依托万州电厂高效燃煤发电系统以及超低排放的环保设施，对城镇污水处理厂产生的污泥进行焚烧转化，日均处理污泥能力达到 200 t，年处理能力超 6 万吨，产生的粉煤灰可用于生产建筑材料，污泥中的热值，能帮助电厂每年减少燃煤用量约 936 t，减少碳排放量约 1511 t。

3.3　社会效益

该项目已覆盖万州辖区内沱口、明镜滩、申明坝三个污水处理厂，实现了污泥的减量化、无害化处理。该项目依托万州电厂高效燃煤发电系统，以及超低排放的环保设施，建成一套污泥直掺焚烧系统，能够有效解决重庆市万州区及周边区县生活污水处理厂污泥和一般工业固废无害化处置能力现有问题和处置规模日益不足的问题。

对污泥进行无害化处置和综合利用，符合重庆市污水治理和污泥处置的要求，实施该项目具有明显的社会、经济和环境效益。

4　创新点

（1）我国拥有大量的大型燃煤电站，并且已经建成世界上最大的清洁煤电生产体系，烟气污染物排放浓度达到世界最低。由于大型燃煤锅炉本身是一种高效、清洁的焚烧设备，利用已建成大型燃煤电站（≥300 MW）焚烧生活污泥成为我国生活污泥处理的新导向，可以大幅降低污泥处理费用，减少碳排放，实现废弃物的合理资源化。该项目成为渝东北首个采用火电协同固废资源化利用技术的污泥处置项目。

（2）该项目是国内首台套全封闭污泥资源化处置项目。实现了污泥无害化处置，对环境无任何污染，实现了环境友好型发展。

5　经验体会

（1）意义：污泥掺烧是符合我国环保政策和重庆市当地现状的污泥处理处置方法，也是国际上污泥处理处置的主流方向。该工程依托国能重庆万州发电有限公司所拥有的相关配套设置来实施，具有资源优化、绿色环保、节约投资、节约能耗、促进电厂升级转型等多重意义。

（2）技术性：该工程含水率约 80% 的污泥采用地下湿泥仓接卸污泥，地面设置地上缓存仓储存污泥，采用螺杆泵等输送设备输送污泥，输送至 1 号、2 号机组原煤仓至给煤机之间的落煤管，经中速磨粉磨后送至锅炉焚烧，掺泥系统技术路线简单可靠，技术风险低，风险可控。

（3）可行性：项目有着显著的社会效益和环境效益，可借助大型燃煤锅炉热负荷容量大、超低排放环保的平台，发挥优势，实现对污泥的无害化、减量化、资源化利用，具有较强的可行性。

6　问题与建议

（1）建立良好的污泥处置运行机制、优化运行模式，确保政府支持，企业参与，落实有关污泥处置费用及电价补贴政策。

（2）地方政府加强对污染源的管理，确保污泥来料质量，保证污泥处置系统稳定高效运行。

（3）电厂加强对污泥处置装置及燃煤锅炉的协同运行管理，确保发电锅炉的安全运行。

专家点评：

该项目是渝东北首个火电协同固废资源化利用项目，创新点在于是国内首台套全封闭污泥资源化处置项目，实现了污泥无害化处置，环境友好，产生粉煤灰还能用于建筑材料的生产。能帮助电厂减少燃煤用量约 936 t，减少碳排放量约 1511 t。全投资内部收益率为 16.88%，投资回收期 6.75 年，经济效益良好。

借助大型燃煤锅炉热负荷容量大、超低排放环保的平台，发挥优势，实现对污泥的无害化、减量化、资源化利用，具有较强的可行性。具有资源优化、绿色环保、节约能耗、促进电厂升级转型等多重意义。

目前火电厂污泥掺烧项目逐步在开展，项目各有特色，可多交流，取长补短，推动后续火电协调固废资源化利用相关项目逐步完善。

神皖马鞍山城市污泥掺烧项目

申报单位：国能神皖马鞍山发电有限责任公司

摘要： 国能神皖马鞍山城市污泥掺烧项目由国能神皖马鞍山发电有限责任公司投资建设，利用马鞍山公司现有 4 台火电机组，通过高温联合焚烧技术，处置安徽省马鞍山市现有 11 个城市污水厂的城市污泥。一期工程于 2021 年 9 月开工建设，已完成 2 条 100 t/d 处理线的建设，2023 年 1 月 1 日正式投产运营，截至 2023 年 12 月 31 日，累计处置污泥 6.05 万吨；二期规划增加 2 条 100 t/d 处理线，为后续污泥产量增加预留场地。该项目的成功实施，实现马鞍山城市污泥减量化、资源化、无害化处理和综合利用。

1 项目概况

1.1 项目背景

随着马鞍山市社会经济的发展和城市规模的扩大，城市污水处理量和污泥产生量逐年新增，在污泥堆肥、填埋等处置方式不能满足当前国家环保政策要求的前提下，寻求城市生活污水处理厂污泥更为高效的资源化、无害化处置利用方式，是城市基础设施建设的一项十分紧迫的任务。基于此，国能神皖马鞍山发电有限责任公司（以下简称"马鞍山公司"）以污泥无害化处理为核心，实施城市污泥掺烧项目，采用将干化处理后的城市生活污泥与燃煤均匀掺混后送入炉膛焚烧的技术路线，以解决马鞍山市污水处理设施波峰增量期间的污泥处置问题，并为未来马鞍山市远期污泥等固体废弃物增量处置做好承接工作，既响应环保号召、承担社会环保责任，又可获取可观的经济收益，实现"双赢"。

安徽省马鞍山市现有城市污水运营单位共 11 个，污泥日均总产量约 200 t 待处理，在马鞍山公司城市污泥掺烧项目正式运营之前，马鞍山市各污水处理厂的生活污泥处置方式主要以堆肥填埋为主，少量进行焚烧、制砖和干化造粒。随着国家环保政策的收紧，马鞍山公司积极与政府部门接洽污泥干化焚烧方式处置的可行性，经多次多方面积极争取，最终通过了专家组评审，取得马鞍山市备案审批。马鞍山公司结合马鞍山市城市污泥处置现状和自身实际，在充分调研的基础上开展项目，实现城市污泥减量化、资源化、无害化处理和综合利用。

1.2 项目进展情况

项目位于马鞍山公司现有厂区内，利用公司现有 4 台机组，通过高温联合焚烧，建设 2 条 100 t/d 处理线，项目总投资 4999 万元。2020 年 11 月委托东南大学建筑设计研究院有限公司电力设计院完成可行性研究；2020 年 12 月 4 日取得马鞍山市慈湖高新区备案审批；2021 年 2 月 3 日获国能神皖能源有限责任公司立项批复；2021 年 9 月一期工程开工建设；2023 年 1 月 1 日正式投产运营。

2 能源供应方案

2.1 负荷特点

2023 年共处置马鞍山城市污泥 6.05 万吨，日均处置量为 165.75 t/d，其中 3 月至 5 月日均处置量高于设计值 200 t/d，其余月份均在设计值以下，负荷曲线见（图 35-1）。

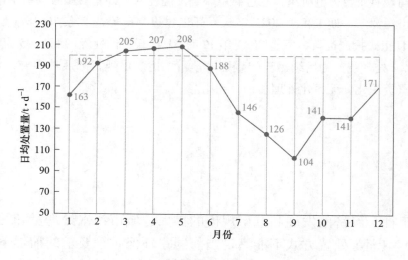

图 35-1 负荷曲线

2.2 技术路线

将含水率约 80% 的湿污泥通过蒸汽热干化到含水率约 40%。干燥后的污泥与燃料混合进入电厂制粉系统制备燃料。加热蒸汽经冷凝、回收之后，经水泵送入锅炉给水系统进行利用。生活污泥干化冷凝废水经水处理装置处理纳管标准《污水排入城镇下水道水质标准》（GB/T 31962—2015）A 级标准之后，通过管道送至附近污水处理厂处置，乏气经乏气风机送入电厂锅炉炉膛内焚烧。

2.3 装机方案

2.3.1 湿污泥输送、卸料系统

含水率约 80% 的污泥由市政用罐车从污水处理厂送至电厂，称重后送至污泥卸料车间。湿污泥直接卸至地下湿污泥仓，每台干化机对应一个湿污泥仓，每个仓有效容积为 150 m³，可储存 1.5 天的污泥处理量。湿污泥由螺杆泵送入干化机进行干化脱水。为减少卸料时尾气泄漏量，接收车间采用密封设计，卸料间内设有湿污泥取样装置，定期取样对到厂的湿污泥进行检测。

2.3.2 污泥干化系统

干化机的热介质是电厂送来的低压过热蒸汽（约 0.5 MPa，152 ℃），蒸汽与湿污泥在干化机内进行间接换热。湿污泥转化成含水率约 40% 的干污泥+污泥乏气（由水蒸气和废气组成）；电厂蒸汽与污泥间接换热，水质未受污染，蒸汽凝结水可以送至锅炉除氧器回收利用，降低电厂除盐水的消耗。

2.3.3 干污泥转运系统

干污泥从干化机落料口卸至（地下）干污泥刮板输送机，送至干污泥仓内储存。干污泥仓下方出料经封闭式刮板输送机送至输煤皮带上，实现与原煤以一定配比（2%~3%），掺混后的燃料经过转运站破碎除铁后，经现有上煤皮带进入制粉系统，磨制成粉后送入锅炉燃烧。干污泥输送采用密闭结构，防止污泥在转运过程中泄漏。

2.3.4 污泥乏气处置系统

污泥乏气经旋风除尘器除去乏气携带的干污泥后，进入冷凝器经循环冷却水间接换热冷却降温，乏气析出大量废水，降低了乏气中的含水量，然后由乏气经过送风机送至锅炉房，与锅炉二次风混合送入锅炉焚烧，实现废气零排放。

2.3.5 循环冷却水系统

冷凝器循环冷却水与乏气间接换热，冷却水经使用后水质未受污染，仅水温升高 8~10 ℃，利用余压上冷却塔，冷却后的水由泵组加压循环使用。为维持系统正常运行，不产生结垢或腐蚀，设有投加水质稳定的加药设备。为保证循环水水质，系统需强制排污。

2.3.6 污水处理系统

干化机干化污泥后产生的废气，经冷凝后形成污水。污泥干化过程中产生的冷凝污水经管道收集后均进入新建污水处理系统处理，经过处理至纳管标准《污水排入城镇下水道水质标准》（GB/T 31962—2015）A 级标准之后，通过管道送至附近污水处理厂处置。废水处理过程产生的固体废弃物主要来源于冷凝水中的微量固体，因此产生的少量污泥将采用重力排泥的方式收集后输送至干化系统再次干化后，掺煤焚烧处置。

2.3.7 电气系统

该工程电气系统电压等级为 380 V/220 V，为中性点直接接地系统。设置 1 台污泥干化变，容量为 1600 kVA，6.3 kV 电源来自厂内 6.3 kV 母线备用回路，为污泥干化系统所有工艺设备、控制设备，以及照明、检修、起吊等辅助设备提供电源，一期电负荷约 960 kW，二期需再增加约 435 kW。

2.3.8 热控系统

该项目污泥耦合处置项目系统主要由湿污泥储存及输送系统、污泥干化系统、干污泥输送系统、废水处理系统及乏气冷却系统五部分组成。热控专业负责五个系统监视和控制以及电气厂用电系统（包括 6 kV 电源进线及母线、UPS 以及直流系统的监视等）的监视和控制全部纳入污泥干化 DCS 中。该项目采用计算机分散控制系统（DCS）进行监控，在污泥干化掺烧系统上位机实现数据采集（DAS）、模拟量控制系统（MCS）、顺序控制系统（SCS）与联锁保护等功能（图 35-2）。运行人员以污泥干化掺烧系统 DCS 的 LCD、键盘和鼠标为主要监控手段，实现对污泥干化系统各设备进行启/停控制、正常运行的监视和调整以及异常与事故工况的处理，而无需现场人员的操作配合。

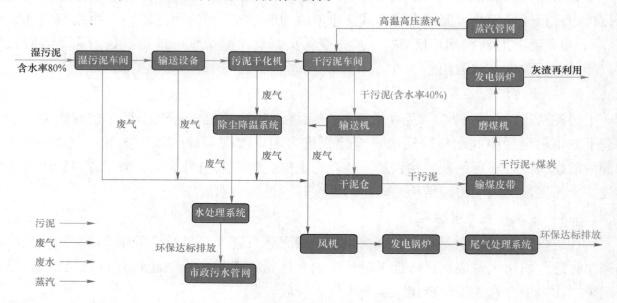

图 35-2　污泥处置工艺流程图

3　用户服务模式

3.1　用户需求分析

该项目服务对象为安徽省马鞍山市现有共 11 个城市污水运营单位，见表 35-1。

表 35-1　城市污水运营单位

序号	单 位 名 称
1	国水（马鞍山）污水处理厂有限公司
2	马鞍山中铁水务有限公司
3	马鞍山江东中铁水务有限公司
4	马鞍山市华骐污水处理有限公司
5	马鞍山市润佑水务投资有限公司（博望）
6	马鞍山市润佑水务投资有限公司（小丹阳）
7	安徽省马鞍山市广业环保科技有限公司
8	马鞍山市中冶水务有限公司
9	马鞍山市水晖环保科技有限公司
10	马鞍山中铁环保科技有限公司
11	长江大保护一期特许经营项目运营经理部

3.2 政策依据

（1）2006 年，国家发展改革委颁布《可再生能源发电价格和费用分摊管理试行办法》（发改价格〔2006〕7 号）。

（2）2015 年 3 月，国家财政部、发展改革委和住房和城乡建设部三部委印发的《污水处理费征收使用管理办法》规定征收的污水处理费中包含污泥处理处置费用。

（3）《城镇污水处理厂污泥处理技术指南》中明确指出，节能降耗是污泥处理处置应考虑的重要因素，鼓励利用污泥厌氧消化过程中产生的沼气热能、垃圾和污泥焚烧余热、发电厂余热或其他余热作为污泥处理处置的热源。

（4）2014 年，国家发展改革委等七部委发布《关于促进生产过程协同资源化处理城市及产业废弃物工作的意见》（发改环资〔2014〕884 号）文件支持在水泥、电力、钢铁等行业培育一批协同处理废弃物的示范企业，建成 60 个左右示范项目。

（5）2017 年，国家发展改革委、能源局、财政部、环保局等七部委发布《关于推进燃煤与生物质耦合发电的指导意见（征求意见稿）》，要求落实污泥耦合处置项目电价补贴（每吨污泥处置量统一折算上网电量为 280 kWh，上网电价统一执行每千瓦时 0.65 元），要求污泥耦合发电处理污泥量占全国污泥总量 20% 以上。并且禁止落后煤电机组建设污泥耦合处置项目。

（6）2017 年，《"十三五"全国城镇污水处理及再生利用设施建设规划》明确指出加大污泥无害化处置力度，要求将污泥无害化处置规模提高到 6.01 万吨/天。

（7）2017 年 11 月 27 日，国家能源局和环境保护部共同发布《关于开展燃煤耦合生物质发电技改试点工作的通知》（国能发电力〔2017〕75 号），组织在 36 个重点城市及有重大需求地区，依托现役煤电高效发电系统和污染物集中治理设施，布局燃煤耦合污泥发电技改项目，构筑城乡生态环保平台，兜底消纳生活垃圾以及污水处理厂水体污泥等生物质资源。

（8）2016 年 5 月 28 日，国务院印发《土壤污染防治行动计划》（土十条）要求，全面贯彻党的十八大和十八届三中、四中、五中全会精神，按照"五位一体"总体布局和"四个全面"战略布局，牢固树立创新、协调、绿色、开放、共享的新发展理念，认真落实党中央、国务院决策部署，立足我国国情和发展阶段，着眼经济社会发展全局，以改善土壤环境质量为核心，以保障农产品质量和人居环境安全为出发点，坚持预防为主、保护优先、风险管控，突出重点区域、行业和污染物，实施分类别、分用途、分阶段治理，严控新增污染、逐步减少存量，形成政府主导、企业担责、公众参与、社会监督的土壤污染防治体系，促进土壤资源永续利用，为建设"蓝天常在、青山常在、绿水常在"的美丽中国而奋斗。

（9）《土壤污染防治行动计划》第 6 项规定"严控工矿污染。加强日常环境监管""加强工业废物处理处置。全面整治尾矿、煤矸石、工业副产石膏、粉煤灰、赤泥、冶炼渣、电石渣、铬渣、砷渣以及脱硫、脱硝、除尘产生固体废物的堆存场所，完善防扬散、防流失、防渗漏等设施，制定整治方案并有序实施。加强工业固体废物综合利用。""自 2017 年起，在京津冀、长三角、珠三角等地区的部分城市开展污水与污泥、废气与废渣协同治理试点。"

综上所列，针对污泥焚烧处置，国家及地方政府所出台的政策均对火力发电厂掺烧污泥进行了大力支持和专项电价补贴，燃煤电厂协同处置污泥已是大势所趋。

3.3 服务模式

3.3.1 投资方式

该项目由马鞍山公司全额投资建设，通过技术改造项目实施。

3.3.2 价格政策

马鞍山公司与具备特许经营权的马鞍山市三峡一期水环境综合治理有限责任公司（以下简称"三峡公司"）签订《马鞍山市城镇污水处理厂污泥处置服务协议》，约定污泥处置服务价格包括但不限于经营成本（人工、燃料动力费、自来水费、化验费、药剂费、日常维护费、终端产物外运及处置费、污泥掺烧、设备大修及更新、在线及第三方检测费用、飞灰处理费等）、管理费、税费、投资（折旧或摊销、财务费用等）等，并可根据生产资料（用热、用电）的价格变动，对价格进行复核调整。

3.3.3 收费模式

马鞍山公司向三峡公司开具增值税专用发票，三峡公司收到政府方的运营服务费及支付申请材料后支付，按月结算，按月支付。

4 效益分析

4.1 经济效益

马鞍山公司城市污泥掺烧项目投资 4999 万元，项目于 2023 年 1 月 1 日正式投产，截至 2023 年 12 月 31 日累计处置马鞍山城市污泥 6.05 t，日均处置量 165.75 t，实现营业收入约 1860 万元，实现利润约 800 万元，经济效益可观。

4.2 环境效益

该项目的各项污染治理措施能有效地削减污染物排放量，在生产工艺上采用清洁生产工艺，从源头预防污染产生，采取了较为完善可靠的废气、废水、废固的治理措施，达到了废物"零排放"，有效解决污水厂脱水污泥处置的问题，避免了对环境和生态造成严重的污染，对周边的自然环境的改善和居民健康具有重要意义。同时利用污泥焚烧中释放的热值，按年处理 6 万吨湿污泥，干化后 3 万吨，热值 1800 大卡计算，折合标煤约 7500 t，节约燃料成本约 750 万元。

4.3 社会效益

该项目的建设符合国家"产业结构调整"发展规划，结合污泥焚烧技术的发展，以污泥资源化处理为核心，提高废弃物的综合利用，增加地方财政经济效益，促进劳动就业，增强企业品牌信誉度，树立央企承担社会环保责任的良好形象。

该项目符合集团公司综合能源企业转型要求，给电厂带来可观的经济收益的同时，进一步完善了本地区的基础设施，是马鞍山市固废处理处置的重要组成部分，将企业可持续发展与城市"无废"建设有机结合，促进电厂向综合能源基地转型。

5 创新点

主要污染物二噁英的控制。

二噁英主要是指多氯二苯并-p-二噁英（PCDDs）和多氯二苯并呋喃（PCDFs），燃料中没有 Cl 就不会生成二噁英，烟气中 PCDDs 的浓度与燃料中 Cl 的含量存在正相关性。而燃料中的 S，能在一定程度上抑制二噁英的生成。S/Cl>1 时，SO_2 可抑制二噁英的生成。可见，煤中掺烧污泥后，S/Cl 摩尔比较大，决定了其焚烧过程中二噁英几乎零排放。

当污泥中存有大量氯基物质，焚烧温度在 550~700 ℃时会迅速（0.1~0.2 s）产生大量的二噁英，当焚烧烟气达到 850 ℃以上超过 2 s 时，二噁英基本分解，二噁英的烟气从高温降到低温在 250~500 ℃时会再合成。二噁英控制措施：（1）完全燃烧：保持污泥等废弃物燃烧在 850 ℃以上。烟气停留时间大于 2 s；（2）氧量控制：在 300 ℃的环境中二噁英的浓度主要取决于氧含量的多少，缺氧的环境中二噁英的浓度在下降。没有氧气则没有二噁英生成，一般工程中控制氧量在 8%以下。

马鞍山公司 1 号、2 号、3 号、4 号炉实际运行情况。根据热力性能试验，330 MW 额定工况下，炉内燃烧温度随高度的变化见图 35-3。

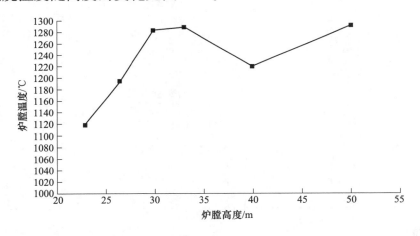

图 35-3　炉内燃烧温度随高度的变化

污泥作为燃料在 20~40 m 区域送入炉膛内部。燃烧温度远大于 850 ℃，以烟气最大流速 12 m/s 计算，污泥入炉开始燃烧停留在 850 ℃以上区域远大于 2 s，根据以上二噁英控制措施，已达到完全燃烧的条件，可以遏制二噁英生成。

6 经验体会

该项目是国家能源集团安徽公司区域首个污泥掺烧项目，在区域内具有引领和示范作用，为后续其他电厂建设该类型项目树立了成功典型案例。

马鞍山公司秉承"绿水青山就是金山银山"的理念，积极响应国家"产业结构调整"的政策号召，全力落实"综合能源促企业绿色转型"的发展规划要求，全力推进污泥掺烧重大技术改造项目，通过提高废弃物的综合利用，在获得可观的经济效益同时，打造区域内绿色综合能源基地优质品牌，在打赢"蓝天、碧水、净土"保卫战中，树立国家能源集团承担社会环保责任的良好形象。

7　问题与建议

随着污泥设备的长期运行，设备零部件磨损不断加大，因此每年需安排至少 2 次计划性检修，以保证设备的正常运行和可靠性。为保证检修期间城市污泥的正常处置，需与地方政府部门提前沟通，制订相应的污泥处置方案。

专家点评：

马鞍山公司配置 2 条 100 t/d 污泥处理线，利用现有 4 台火电机组，通过高温联合焚烧技术，处置安徽省马鞍山市现有 11 个城市污水厂的城市污泥。经济效益可观，投资回收期 3.6 年。并考虑了二噁英污染物的控制。

之前，马鞍山市各污水处理厂的生活污泥处置方式主要以堆肥填埋为主，少量进行焚烧、制砖和干化造粒。该项目的成功实施，实现马鞍山城市污泥减量化、资源化、无害化处理和综合利用。

利用火电厂高效燃煤发电及超低排放设施，进行固废处理同时减少火电厂燃料成本，开辟火电利用和固废处理新途径，意义深远。

III

创新方案
先进技术 篇

案例 36

城市高架道路隔声屏"交通+光伏+"新业态的研究与应用

申报单位：上海奉贤燃机发电有限公司

摘要：该项目是完全由市场主体自发投资建设、完全市场化的高架道路隔声屏顶加装轻质光伏组件的光伏分布式发电项目，对于"光伏+交通"的模式有着十分显著的引领、示范效应。该项目依托上海华电闵行虹梅南路全影型隔声屏 1.35 MW BIPV 分布式光伏发电项目，开展针对如何在城市高架道路隔声屏上建设安装分布式光伏发电系统，以及对柔性轻质太阳能光伏组件选型、光伏 BIM 技术、光伏组件安装冷焊施工工艺、绿电创新等应用问题开展了一系列深入研究，并在项目实施中将"交通+光伏"的意义进一步地延伸，打造出更为先进的"交通+光伏+"的模式，通过这个"+"，尝试着将项目从一个纯粹的光伏发电项目，变成一个能够与各类先进的用能生态有机结合在一起的新型光伏能源示范项目，该探索可以实现清洁能源在交通基础设施领域的广泛应用。

1 适用场景

2023 年 6 月 27 日，上海市交通委员会、上海市发改委联合发布全国首个"光伏+交通"政策——《上海交通领域光伏推广应用实施方案》，该方案明确指出：结合桥隧、高速、高架等设施沿线的声屏障、全影形隔声棚建设，充分发挥其数量大、分布广的优势，探索选取南向的声屏障进行光伏改造，形成规模化绿电区域供应。通过该项目的实施，探索类似隔声屏结构开展太阳能光伏组件选型、光伏 BIM 技术、光伏安装冷焊工艺、绿电创新等一系列创新课题的深入研究。为后续隔声屏类型结构屋面及交通领域绿电项目，提供可借鉴的参考案例。

2 能源供应方案

2.1 技术路线

国家发展改革委、国家能源局等九部门联合印发的《"十四五"可再生能源发展规划》明确指出，部署城镇屋顶光伏行动，重点推动可利用屋顶面积充裕、电网接入和消纳条件好的政府大楼、交通枢纽、学校医院、工业园区等建筑屋顶发展分布式光伏，提高建筑屋顶分布式光伏覆盖率。

在高架道路隔声屏顶建设光伏发电项目，国内尚无先例可循。不仅在于公共交通设施自身的特殊性，也存在安装可行性的问题，项目安全性更是重中之重，要求所有设备、施工必须做到安全可靠，万无一失。在高架道路隔声屏顶上建设分布式光伏发电项目，首先要考虑交通安全的影响，不得降低原有设施的隔声、采光等功能需求，更不能影响原有设施的结构安全；同时，项目施工工艺和周期必须考虑对公共交通的影响。

综合上述考虑，选用 BIPV 轻质光伏组件相较常规组件以"轻"取胜，每平方不到 5 kg 的荷载，相较常规组件减重近 70%，安装方式便捷，可直接贴附于安装基板之上。使用轻质光伏组件是此类道路隔声屏顶等承载有限屋面结构的最优方案。此外，轻质光伏组件的背板使用了金属复合材料，在防火、抗风、抗冻等复杂工况下，表现依旧良好。对整体规划设计，也达到美观大方的要求，亮眼创新。且安装工艺简单、项目实施周期更短，不会过度干扰公共秩序和交通安全；同时，可开展绿色交通和更多绿电用能应用场景的创新探索。

2.2 技术路径

从组件选型、施工工艺、模块化安装、BIM 设计、绿色创新五个维度出发，研究探索项目的可行性、安全性、经济性和创新性。

2.2.1 组件选型

该项目位于城市高架道路隔声屏上方，隔声屏为门式钢架结构，屋面采用单层磨砂 PC 板，功能设计满足城市快速道路隔声、透光的关键需求。对于该项目的建设，交通委提出了不得破坏原有建筑结构、不影响隔声效果、遮光面积不得超过 50% 等要求。基于上述要求，从安全性、可行性角度出发，该项目选定采用 BIPV 轻质组件，从根本上减轻对原有隔声屏结构的荷载影响。轻质组件采用高科技复合材料取代透光玻璃，相较常规组件只有其重量的 1/3 左右，包括安装附件在内，新增光伏组件荷载不超过 0.1 kN/m²，经相关资质单位复核鉴定，增加光伏组件后，验算满足结构荷载要求。同时，考虑使用场景的特殊性，也对轻质组件自身提出了隔声、阻燃、安装快速简便等要求，经多次调研沟通，基于该项目协同厂家开发出一种隔音耐候阻燃 BIPV 轻质组件，并已申报实用新型专利，完全契合此类隔声屏项目实际需求。

2.2.2 施工工艺

如何在隔声屏顶安装光伏组件，是该项目的难点之一。轻质组件普遍采用直接胶粘的方式附着于原有建筑物之上，粘贴强度满足各种户外工况。该项目隔声屏属公共交通设施，设计寿命 15 年，当前已使用 6 年，9 年后即需要考虑更换 PC 隔声板屋面。因此，光伏运营期 25 年内轻质组件安装需考虑可拆卸、可重复使用。如采用胶粘安装方式，必然会造成拆装困难甚至损坏。经交流探讨，该项目确定在轻质组件下方设置金属支撑件，组件与支撑件粘贴形成一体，支撑件下方设檩条，檩条与支撑件之间为可拆卸安装结构，这样可保证寿命期内的拆装需求。对于檩条的固定，则考虑借助结构梁与屋面 PC 板的固定螺栓实现。常规方案为更换原有螺栓，即需要逐点拆下原有螺栓，替换为加长的螺栓，重新反装同时固定 PC 板和上方新增的檩条。隔声屏上下两面均需人工配合，这种做法存在一定施工难度，且效率极低，还需要封闭道路施工，对公共交通影响很大，存在安全风险。经集思广益，充分结合现场实际情况，最终确定采用成熟的冷焊工艺，直接在原有固定螺栓的顶面增焊螺柱，极大降低了施工难度。仅需人员在屋顶面开展冷焊作业，不影响下方道路车辆通行，安全性更高。

2.2.3 模块化安装

檩条安装方式确定后，需要考虑的就是组件与金属支撑件的安装连接。项目位于公共道路隔声棚顶，如果采用组件现场粘贴，作业时间将会很长，施工成本和风险也变得很高。因此采取组件与可拆卸支撑件的连接，均在工厂内完成。厂家针对该工程实际，专门设计了一种与轻质组件相结合的铝合金边框，在保证满足组件风、雪荷载的情况下，整体满足荷载不超过 0.1 kN/m²，同时又能通过压块固定方式与檩条支架结合，实现了可拆卸的目标。此项工艺刷新了对常规轻质组件安装方式的认知，打破了轻质组件只适合粘贴安装的固有印象，根据实际需要，创造性地在满足"轻"的前提的同时，又能做到像常规组件一样模块化灵活安装，大大缩短施工周期。组件成品在工厂即配置好框架，运至现场只需通过压块与檩条连接，即可完成固定。此种模块化安装可极大提高施工效率，有效降低成本和风险。

2.2.4 BIM 设计

因该项目的特殊性，所有方案必须紧密贴合现场实际，在前期方案设计就需要保证足够精确。另外，该项目是光伏发电项目与交通高架结构的首次联姻，具有多方面的社会意义，不仅要求功能性完整可靠，还要求做到足够美观、具有示范性、典型性。工程施工前，需要向交通委充分汇报清楚具体布置、详细施工工艺。因此，采用 BIM 设计方式能出色地完成以上展示要求。对隔声棚的结构，采用建模还原，并在其上布置组件，同时辅以必要的效果图，使整个光伏系统的布置一目了然。同时，还制作了光影模拟动画，模拟隔声棚在 50% 面积安装光伏的情况下，下方道路的采光和阴影变化情况，可为交通部门提供有效参考，帮助其做出决策判断。

2.2.5 绿电创新

该项目首次提出"交通+光伏+"的全新场景应用模式。项目配电设施位于虹梅高架道路桥的正下方绿化带区域，该区域紧挨人流、车流，在此区域预留了绿电输出端口，通过这个端口可以实现对周边配套设施的绿电供应，这个绿电端口可以作为市政设施取电端口、可以用来作绿地灌溉电源、可以用来作道路灯光亮化工程、可以搭配储能装置建设行人手机无线充电座椅，也可以搭配储能作为过往车辆的临时充电休息站，甚至可以作为附近道路交通附属信号灯的应急备用电源使用，或者可以搭配屏幕作为市政信息、企业宣传、教育警示、广告发布场景电源等应用。可以说在未来具备了全场景绿电应用的无限可能。

3 用户服务模式

3.1 满足用户需求分析

该项目采用"全额上网"的运营模式，所发绿电可以作为市政设施取电端口、绿地灌溉电源、道路灯光亮化工程、交通设施充电电源、交通附属信号灯应急备用电源，以及市政信息、企业宣传、教育警示、广告发布场景电源等应用。有利于改善市政交通用能领域的能源结构，增加可再生能源的用能比例。从环境效益、生态效益及经济效益等方面分析，该光

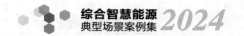

伏发电项目在上述各方面均可以取得良好效益。

3.2 服务模式

该光伏发电项目采取市场主体自发投资建设自主运维的经营模式，采用"全额上网"发电运营模式，所发电力全部就近接入电力配电网。项目运营期 25 年，采取投资方自主运维的经营模式，配合交通绿电拓展等创新模式，实现绿色交通的发展需求。

4 效益预期

4.1 环境效益

项目利用棚顶面积，不占用有限土地面积，项目所在地太阳能资源丰富，项目周边附近无敏感点，且发电过程不产生废气、废水及固体废弃物。该项目与相同发电量的火电厂相比，25 年平均每年可节约标准煤 413.87 t，减少二氧化碳排放量 1134.12 t，减少硫氧化物排放量 0.11 t，减少氮氧化物排放量 0.18 t，减少烟尘 0.02 t。由此可见分布式光伏发电系统的环境效益十分显著。

4.2 社会效益

相对于其他能源，太阳能发电技术已日趋成熟，从资源量以及太阳能产品的发展趋势来看，在上海市开发太阳能兆瓦级发电项目，将有助于改善非化石能源消费占比的能源结构，增加可再生能源的比例。

上海市闵行区和徐汇区光照条件、闲置土地资源、水电交通等条件完全满足项目建设要求。待分布式光伏发电项目建成后，实现"全额上网"，并与当地电网联网运行，将有利于缓解地方电力供需矛盾，有利于促进闵行区和徐汇区工业的快速发展，促进地区经济可持续发展。

4.3 经济效益

项目采用"全额上网"的售电模式，所发电力全部就近接入电力配电网。投资收益按当地脱硫煤标杆上网电价+补贴电价，采用售电+电价补贴的收益模式，满足投资收益要求。

项目打造"交通+光伏+"的模式，尝试着将项目从一个纯粹的发电项目变成一个能够与各类先进的用能生态有机结合在一起的新型示范项目，让参与该项目的各类社会企业从中实现盈利。

5 创新点

该项目利用高架桥隔声棚顶，建设光伏发电系统的市场化道路交通"隔声棚+光伏"项目。通过从组件选型、施工工艺创新、模块化安装、BIM 设计、绿色创新五个维度出发，研究探索项目的可行性、安全性、经济性和创新性，实现设备选型轻巧、安装工艺简单、项目实施周期更短、模块化快捷安装、探索绿色交通各个用能场景的开发和创新，为清洁可再生能源在交通基础设施领域的应用，开辟了新的途径。

该项目由政府主导、社会资本投资，探索将道路+光伏 BIPV 项目，打造成更为先进的"交通+光伏+"的模式，通过"+"，将项目从一个纯粹的发电项目，变成一个能够与各类先进的生态有机结合在一起的新型示范项目，该项目可以实现清洁能源在交通基础设施领域的广泛应用，有着十分显著的引领、示范效应。将吸引更多的社会资本参与其中，将有效推进上海地区道路+光伏的投资市场，将其打造成一个全新生态的"交通+光伏"绿色能源投资热土，市场的想象空间巨大，前景十分广阔。同时带给人民群众全新美丽、低碳的生活场景。

在未来此类项目全面铺开，道路承载着的将不仅是交通，还有千千万万个分布式绿电供能中心、绿电生活等全场景应用中心等。

专家点评：

该创新方案具有一定的探索性和创新性。利用高架道路隔声屏顶加装光伏分布式发电项目，对于"交通设施+光伏"的模式有着较为明显的引领和示范效应。从组件选型、施工创新、模块化安装以及能源绿色创新等方面具有可喜的创新点。同时对探索绿色交通、可再生能源基础设施场景的应用开辟了新的途径。

建议进一步开展实践活动，将创新方案结合有关交通城市高速路、快速路、高架路以及过街人行天桥等应用场景实现延伸发展，使其成为真正意义上的新类型"光伏+"分布式能源系统化技术方案，实现清洁能源在传统的交通基础设施领域广泛应用。

「案例 37」

北方地区综合智慧能源系统供能方案

申报单位：国核电力规划设计研究院

摘要：针对北方区域供暖的难点、痛点，研究百姓用得起，政府能接受，资源能承受的能源供应技术路线，是大规模推广北方清洁供暖（冷）的关键。技术应该符合 5 大原则：（1）原料来源广，可充分利用本地资源。（2）效率高，费用低，百姓用得起。（3）清洁低碳，最大限度减少环境污染，保障人民群众的健康。（4）好运行、易维护，确保用能安全。（5）好复制、易推广，可实现大范围应用。该方案为新技术集成，将中深层地源热泵技术与风电、光伏、生物质技术进行耦合，充分利用各技术的特点，取长补短，在保证采暖价格居民能接受的前提下，探索出一条适用于北方严寒地区的供暖系统。

1 适用场景

该方案适用于北方严寒地区有清洁供冷暖需求的工商业用户、居民小区。

2 能源供应方案

2.1 技术路线

中深层地源热泵耦合风电、光伏、生物质为建筑提供清洁供冷暖。

2.2 技术路径

结合北方地区资源条件，分别对可能应用的清洁供暖技术路线进行介绍。

2.2.1 中深层地源热泵技术（干热岩）

"干热岩"供热技术是指通过钻机向地下一定深处高温岩层钻孔，在钻孔中安装一种密闭的金属换热器，通过换热器传导将地下深处的热能导出，并通过专用设备系统向地面建筑物供热的新技术。这一技术与传统地热利用技术的区别在于不开采使用地下热水，就可随时随地开采使用地热。

冬季系统制热 COP 在 5.0 左右。干热岩供热示意图如图 37-1 所示。

2.2.2 生物质锅炉技术

生物质成型燃料锅炉以燃煤锅炉为原型，结合生物质燃料特点主要在炉膛容积、炉拱结构、炉膛受热面、炉内送风等方面做了相应改造，主要采用炉型：一种是流化床，另一种是层燃锅炉，适用范围不同，前者适用于大型锅炉，但耗电量较高，锅炉给料和除灰都存在着

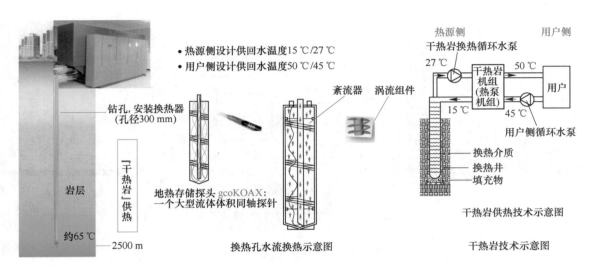

- 热源侧设计供回水温度15℃/27℃
- 用户侧设计供回水温度50℃/45℃

钻孔,安装换热器
(孔径300 mm)

岩层

「干热岩」供热

约65℃

2500 m

地热存储探头 gcoKOAX:
一个大型流体体积同轴探针

紊流器 涡流组件

换热孔水流换热示意图

热源侧   用户侧
干热岩换热循环水泵
27℃   干热岩
机组   50℃
(热泵   用户
机组)
15℃   45℃
用户侧循环水泵

换热介质
换热井
填充物

干热岩供热技术示意图

干热岩技术示意图

图 37-1 干热岩供热示意图

一定的问题,后者锅炉尺寸小,给料比较方便,耗电量小,容易操作,烟气的 SO_2、NO_x 和排尘浓度能达到环保要求,且与燃煤锅炉比不用或少用环保设备。国内燃烧生物质成型燃料锅炉采用层燃的比较多。

锅炉设计是以燃料性质为依据,生物质燃料的成分如碳、氢、氧、氮、硫、水分、灰分(灰熔点低)、挥发分(高)及灰量大等特点决定生物质锅炉的性能、结构、燃烧、传热等技术。因而燃生物质成型燃料的层燃锅炉与燃煤的层燃锅炉相比较,有很大的不同。需要重新对锅炉进行设计,或者改造和完善原有燃煤锅炉,使生物质层燃锅炉达到燃料完全燃烧和环保效果。

生物质锅炉热效率在 80% 左右。生物质锅炉效果和生物质锅炉流程分别如图 37-2 和图 37-3 所示。

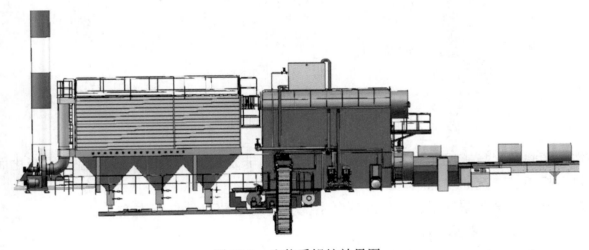

图 37-2 生物质锅炉效果图

2.2.3 空气源热泵技术

空气源热泵系统的主要工作原理就是利用少量高品位的电能作为驱动能源,从低温热

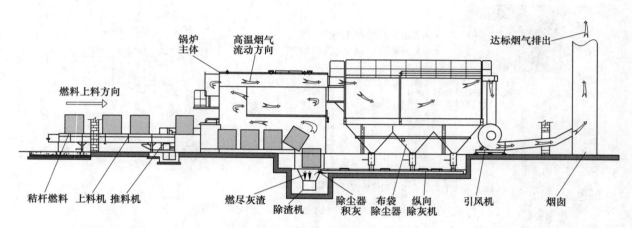

图 37-3　生物质锅炉流程图

源（空气当中蕴含的热能）高效吸收低品位热能并传输给高温热源（水箱里的水），达到了"泵热"的目的。

热泵技术是一种提高能量品位的技术，它不是能量转换的过程，不受能量转换效率极限（100%）的制约。利用热泵释放到水中的热量不是直接用电加热产生出来的，而是通过热泵把热源搬运到水中去的。图 37-4 为空气源热泵原理图。

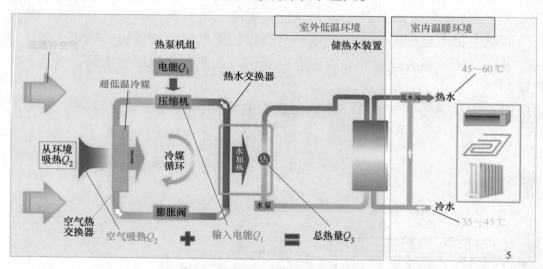

图 37-4　空气源热泵原理图

空气源热泵运行工况相对复杂，其采暖期 COP 非定值，而是随着环境温度的变化而变化，热泵机组变工况曲线如图 37-5 所示。

按照北方地区冬季气温，空气源热泵系统平均制热 COP 为 2.0 左右。

2.2.4　低谷电蓄热技术

采用电锅炉+水蓄热（或蓄热砖）的形式将低谷电转化成热量储存在蓄水罐内（或蓄热砖），在非谷电时段将存储的热量释放进行供暖。

低谷电蓄热系统热效率在 95% 左右。图 37-6 为低谷电蓄热原理图。

方案比较结果如表 37-1 所示。

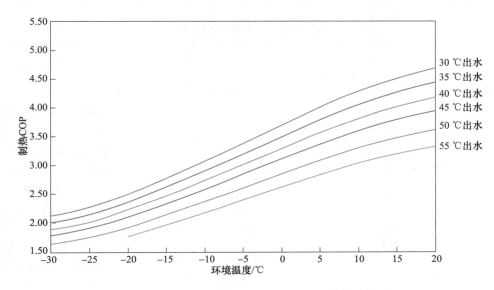

图 37-5　空气源热泵制热变工况曲线图

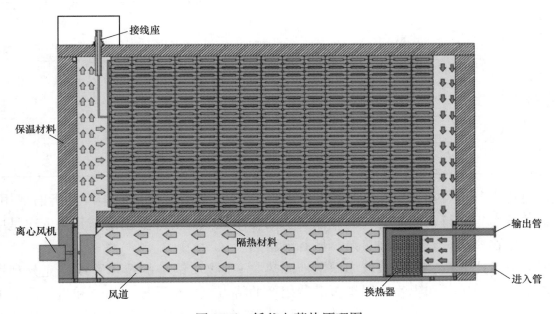

图 37-6　低谷电蓄热原理图

表 37-1　方案比较表

类别方案	中深层地源热泵	生物质锅炉	空气源热泵	低谷电蓄热
可实现功能	供热	供热	供热、供冷	供热
投资	高（350元/平方米）	低（25元/平方米）	中（100元/平方米）	中（110元/平方米）
驱动动力	电力	生物质	电力	电力
系统制热能效	能效5.0	热效率0.8	能效2.0	热效率0.95
占地	需要室外布置打井位置	需要生物质料仓	需要室外布置机组位置	需要布置蓄热设备位置
电力增容	一般不需要	不需要	可能需要	需要

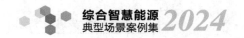

将四种清洁供暖技术方案运行费用进行对比,详见方案对比如表37-2所示。

表 37-2　运行费用对比表

费用方案	中深层地源热泵	生物质锅炉	空气源热泵	低谷电蓄热	备注
年运行费用/元·平方米$^{-1}$	10.65	21.75 (其中电费1.9,生物质19.85)	26.62	29.54	建筑热耗:100 kWh/m^2 峰段电价:0.78415 元/千瓦时 平段电价:0.5324 元/千瓦时 谷段电价:0.28065 元/千瓦时 生物质秸秆颗粒价格:600 元/吨 秸秆颗粒热值:13600 kJ/kg
年折旧费用/元·平方米$^{-1}$	11.6	1.25	6.7	5.5	中深层地源热泵系统寿命30年 生物质锅炉系统寿命20年 空气源热泵系统寿命15年 低谷电蓄热系统寿命20年
年人工费用/元·平方米$^{-1}$	1.3	1.3	1.3	1.3	
年其他费用/元·平方米$^{-1}$	1.5	1.5	1.5	1.5	维修费、水费
合计费用/元·平方米$^{-1}$	25.05	25.80	36.12	37.84	

通过对比表分析可知,中深层地源热泵技术年运行费用最低,但年设备折旧费用最高。生物质锅炉技术年运行费用次之,但年设备折旧费用最低。合计费用由高到低依次是中深层地源热泵、生物质锅炉、空气源热泵、低谷电蓄热。

根据方案对比分析,项目选取中深层地源热泵+生物质锅炉的技术路线,充分利用中深层地源热泵运行费用低和生物质锅炉折旧费用低的特点。中深层地源热泵和生物质锅炉的装机比例为1:1,由中深层地源热泵提供项目基础热负荷,生物质锅炉提供调峰热负荷。这样可以在增加有限的运行费用情况下,大大降低项目的初投资。

能源站所需电力负荷在峰、平段电价时,优先采用分布式风电和分布式光伏所发电力。在谷段电价时,优先采用电网电力。风电、光伏所发电力优先供给能源站,多余电力上网。图37-7为供热系统图,图37-8为供热工艺流程图。

3　用户服务模式

3.1　满足用户需求分析

能源类型:电、热、冷;用户性质:工商业用户、居民等。

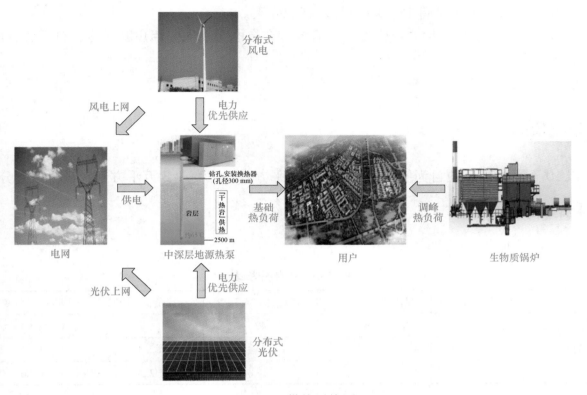

图 37-7　供热系统图

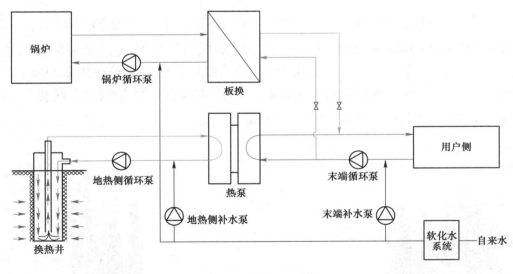

图 37-8　供热工艺流程图

3.2　服务模式

投资方式：BOT。

价格政策：峰段电价 0.78415 元/千瓦时，平段电价 0.5324 元/千瓦时，谷段电价 0.28065 元/千瓦时。风、光上网电价 0.3731 元/千瓦时。

收费模式：工商业热收费 34.06 元/平方米，工商业冷收费 19.16 元/平方米居民热收费

27.75 元/平方米。供热时间 160 天，供冷时间 90 天。

交易模式：能源站为用户提供冷、热服务，多余电力上网。用户购买冷、热服务，国网收购上网电力。

经营方式：外委经营。

4 效益预期

以 10 万平方米某项目为例，其中住宅 7 万平方米，工商业 3 万平方米，进行效益分析。

4.1 负荷分析

表 37-3 为负荷分析表。

表 37-3 负荷分析表

类别	面积/万平方米	供冷指/W·m^{-2}	供热指标/W·m^{-2}	冷负荷/MW	热负荷/MW
住宅	7		42		2.94
工商业	3	80	64	2.4	1.92
合计	10			2.4	4.86

4.2 能耗分析

项目采暖季供暖时间为 11 月 1 日—次年 4 月 10 日，住宅全天 24 小时供暖，工商业每天供暖时间为 8:00~18:00，供暖 10 h，其余时间采用低温供暖（保证房间温度 5 ℃）。通过负荷模拟软件计算，项目全年耗热量为 1000 万千瓦时，单位面积耗热量 100 kWh/m^2。其中中深层地源热泵系统提供热量 800 万千瓦时，占比 80%，生物质锅炉系统提供热量 200 万千瓦时，占比 20%。图 37-9 为采暖季热负荷图。

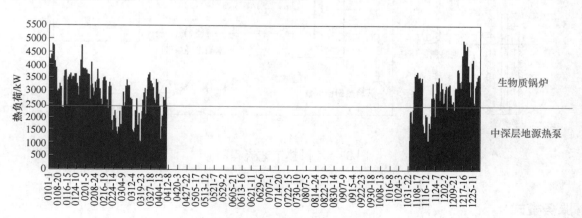

图 37-9 采暖季热负荷图

项目供冷季供冷时间为每年 6 月 15 日—8 月 15 日，工商业每天供冷时间为 8:00~18:00，供冷 10 h。通过负荷模拟软件计算，项目全年耗冷量为 150 万千瓦时，单位面积耗冷量为 50 kWh/m^2。全部由地源热泵机+冷却塔系统提供。

4.3 装机方案

表 37-4 为装机配置表。

表 37-4 装机配置表

设备名称	型号规格	数量	备注
光伏	装机 400 kW	1 套	
风机	装机 800 kW	1 套	
水源热泵机组	制热量 2430 kW 制冷量 2430 kW	1 台	
生物质锅炉	供热量 2430 kW	1 台	
锅炉板换	换热量 2700 kW	1 台	预留 10% 余量
末端循环泵	$N = 30$ kW	3 台	2 用 1 备
地热侧循环泵	$N = 75$ kW	2 台	1 用 1 备
锅炉循环泵	$N = 15$ kW	2 台	1 用 1 备
冷却塔循环泵	$N = 15$ kW	2 台	1 用 1 备
地热井	井深 2500 m	5 个	井间距 25 m

4.4 经济分析

表 37-5 为边界条件表，表 37-6 为供能经济效益表。

表 37-5 边界条件表

序号	原始数据	数值	备注
1	居民供暖面积/万平方米	7	
2	工商业供暖面积/万平方米	3	
3	工商业供冷面积/万平方米	3	
4	居民供暖价格/元·平方米$^{-1}$	27.75	
5	工商业供暖价格/元·平方米$^{-1}$	34.06	
6	工商业供冷价格/元·平方米$^{-1}$	19.16	
7	综合电价/元·千瓦时$^{-1}$	0.423	风、光电量占峰、平时段电量的 50%
8	水价/元·吨$^{-1}$	6.4	
9	秸秆颗粒价/元·吨$^{-1}$	600	

表 37-6　供能经济效益表

序号	原始数据	数值	备注
1	系统投资/万元	2700	其中光伏投资 160 万元，风电投资 640 万元，能源站投资 2000 万元
2	年供冷耗电/万千瓦时	37.5	
3	年供冷耗电费用/万元	15.86	
4	年供暖耗电/万千瓦时	166	
5	年供暖耗电费用/万元	70.22	
6	年耗水/万吨	0.2	
7	年供暖耗水费用/万元	1.28	
8	年供暖耗生物质/t	662	秸秆颗粒热值：13600 kJ/kg
9	年供暖耗生物质费用/万元	39.72	
10	年运维人工费/万元	20	
11	年修理费/万元	27	
12	年供暖收入/万元	296.43	
13	年供冷收入/万元	57.48	
14	风电、光伏年发电收入/万元	104	光伏年利用小时数 1400 h，风电年利用小时数 2800 h
15	年盈利/万元	283.83	

4.4.1　环境效益

项目供能采用中深层地源热泵耦合风电、光伏、生物质的技术路线，无排放。以 10 万平方米建筑为例，相比于燃煤锅炉供暖节约燃煤 2000 t，产生二氧化碳 5240 t，二氧化硫 17 t，氮氧化物 14.8 t。

4.4.2　社会效益

中深层地源热泵系统的制热 COP 为 5，能耗水平是空气源热泵能耗的 40%，电锅炉能耗的 19%。中深层地源热泵供热系统适用范围广，对当地资源要求不高。投资偏高，可以拉动当地投资水平。用户用能成本低，与当地水平的比较可以降低用户的采暖成本。

4.4.3　经济效益

以 10 万平方米某项目为例，其中住宅 7 万平方米，工商业 3 万平方米，运营期 25 年，进行技经测算，资本金内部收益率为 12.54%。表 37-7 为经济指标汇总。

表 37-7 经济指标汇总

序号	项目	数据	单位
1	固定资产投资	2700.56	万元
1.1	固定建设投资	2651.25	万元
1.2	建设期利息	49.31	万元
2	铺底流动资金	0.00	万元
3	项目总资金	2700.56	万元
4	生产期销售收入（年平均）	433.07	万元
5	总成本（年平均）	276.46	万元
5.1	经营成本	146.42	万元
5.1.1	外购生物质颗粒费	36.34	万元
5.1.2	电费	64.25	万元
5.1.3	购水	1.17	万元
5.1.4	人工费	20.00	万元
5.1.5	修理费	27.01	万元
5.1.6	其他费用	0.00	万元
5.2	折旧及摊销费用	97.22	万元
5.3	财务费用（利息）	37.68	万元
6	生产期销售税金及附加额	15.86	万元
7	生产期利润额（扣除所得税）	105.57	万元
8	盈利指标		
8.1	投资利润率	0.04	
8.2	项目投资财务内部收益率（税前）	0.0994	
8.3	项目投资财务内部收益率（税后）	0.0752	
8.4	项目投资回收期（税前）	9.78	年
8.5	项目投资回收期（税后）	11.72	年
8.6	资本金财务内部收益率	0.1254	

5 创新点

该方案为新技术集成，将中深层地源热泵技术与风电、光伏、生物质技术进行耦合，充分利用各技术的特点，取长补短，在保证采暖价格居民能接受的前提下，探索出一条适用于北方严寒地区的供暖系统。

专家点评：

　　该方案针对北方严寒地区气候特点及供暖需求，结合区域资源禀赋，因地制宜，采用 2000 m 左右中深层地源热泵（干热岩地热，提供基础热负荷）、生物质锅炉供热技术（燃烧成型燃料，提供调峰热源）、风电、光伏集成耦合供暖技术，冬季供热能效比 COP 可达 5.0，供能效率高，环境污染小。

　　技术路线明确合理，有一定集成创新意义。技术方案成熟，具有节能、零碳、适用范围广的特点，同时有助于乡村振兴，提高农业资源利用，提高农民收入，容易推广实施，符合国家产业政策和双碳目标要求，可以作为北方寒冷地区供暖的实施方案。

吉电智慧长春汽开区奥迪PPE"零碳工场"项目方案

申报单位：吉电智慧能源（长春）有限公司

摘要： 为落实与奥迪PPE项目提供的整套绿色用能方案，打造奥迪PPE零碳工场，吉电智慧能源（长春）有限公司拟开发建设长春汽车经济技术开发区奥迪PPE零碳工场项目方案。该项目由南翼生物质清洁供热项目、奥迪PPE分布式光伏项目与奥迪PPE绿色燃气项目组成，为奥迪一汽新能源汽车有限公司打造清洁供暖、绿电、绿色燃气一体化的零碳工场示范园区。该项目计划总投资7亿元，终期年产生清洁能源电力50335.19兆瓦时，年清洁供热量约74.78万吉焦，年生物质燃气产量约990万标准立方米。投运后每年可节约标准煤约5.24万吨，每年可减少二氧化碳排放量约18.63万吨、二氧化硫排放量约873.13 t、氮氧化物排放量约810.17 t。项目改善大气环境，带来显著的环境效益，将为长春汽车经济技术开发区乃至全社会的发展作出积极贡献。

1 适用场景

零碳工场项目适用于任何需要降低碳排放、提高能源利用效率的场景，特别是在能源需求大、环保要求高的工业领域，零碳工场的应用前景广阔。

2 能源供应方案

2.1 技术路线

奥迪PPE分布式光伏项目拟定安装540 Wp单面单玻光伏组件及双面双玻光伏组件共6个发电单元，配套建设10 kV并网柜。该项目逆变器出线为117回，经18台箱变升压后接至10 kV并网柜，经并网柜分别接入总装车间、焊装车间、涂装车间、联合动力站10 kV段。

奥迪PPE绿色燃气项目针对秸秆采用亲水反应器，逐级消化秸秆不同成分，为厌氧发酵做准备。粪污由车辆送至站内接收池，入口设粗格栅用于大块杂质拦截，粪污在池内与稀释水、回流沼液稀释、匀浆、增温后通过泵送至亲水反应器与秸秆混合。

南翼生物质清洁供热项目建设生物质锅炉以玉米秸秆压块作为设计燃料，秸秆压块燃料是利用机械设备将秸秆粉碎后再压缩制成的块状、棒状或压块状燃料。秸秆固化成型燃料既保留秸秆原先所具有的易燃、无污染等优良燃烧性能，又具有耐烧特性，且便于运输、销售和储存。

2.2 技术路径

奥迪 PPE 分布式光伏项目屋顶光伏装机容量 28.55 MWp，安装 52877 块 540Wp 单面单玻光伏组件，组成 6 个单元，配套安装 800 kVA 箱变 2 台，2000 kVA 箱变 7 台，2500 kVA 箱变 3 台。车棚光伏装机容量 14.31918 MWp，安装 26517 块 540 Wp 双面双玻光伏组件，配套安装 1250 kVA 箱变 2 台，2000 kVA 箱变 2 台，2500 kVA 箱变 2 台，六个发电单元配套建设 8 面 10 kV 并网点。

奥迪 PPE 绿色燃气项目采用两级厌氧发酵工艺，建设 12 座 CSTR 厌氧发酵罐，其中一级发酵罐 8 座，二级一体化发酵罐 4 座。配套建设 2 台 2.8 MW 生物质成型燃料热水锅炉，为项目厌氧发酵提供热源。在距离奥迪 PPE 项目厂区 2.5 km 处，汽开区五位一体综合加能站内建设一座减压站，用于天然气槽车转接供气。

南翼生物质清洁供热项目选用 29 MW 锅炉作为主要设施。链条炉排层燃锅炉具较强的压火运行的特性，因此它具有较强的负荷调整能力，适合该工程频繁调整负荷的工况，具有结构紧凑、制造简单、造价低廉、安装维修方便操作简单的优点。

3 用户服务模式

3.1 满足用户需求分析

能源类型：绿电、清洁供热、绿色燃气。
用户性质：工商业用户。

3.2 服务模式

奥迪 PPE 分布式光伏该项目由吉电智慧能源（长春）有限公司建设，以收取电费模式进行服务。

奥迪 PPE 绿色燃气项目由吉林省吉电生物质能源发展有限公司开发建设，公司由吉电智慧能源（长春汽车经济技术开发区）有限公司与国能通辽生物发电有限公司在东辽县合资成立，持股比例为 60% 和 40%，项目开工前双方按持股比例完成注资。项目为自主开发模式，建设和经营期的经营活动均按照上级公司相关标准执行。

南翼生物质清洁供热项目一期、二期建设工程由吉电凯达发展能源（长春）有限公司开发建设，公司由吉林电力股份有限公司与长春凯达发展有限公司在长春市合资成立，持股比例为 51% 和 49%。项目为自主开发模式，建设和经营期的经营活动均按照上级公司相关标准执行。

4 效益预期

4.1 环境效益

奥迪 PPE 分布式光伏项目是利用太阳能进行发电，是一种清洁的可再生能源，没有大气、水污染问题和废渣堆放问题发电方式。太阳能光伏电站的运行期主要能源消耗为集电线路、电气设备的损耗和生产、生活用电的消耗，施工期主要能源消耗为施工设备用电、用油、用水的消耗，通过施工期和运行期的各种节能措施，该项目各项节能指标均能满足国家有关规定的要求，并将建设成为一个环保、低耗能、节约型的太阳能光伏发电项目。

奥迪 PPE 绿色燃气项目将通过回收镇及周边地区的畜禽养殖场粪便、种植业秸秆（玉米秸、小麦秸等）和其他有机废弃物，通过"半干式混合原料连续厌氧发酵工艺"制备沼气并进一步提纯制取天然气。同时将生成的沼渣出售。从而全面实现县农业废弃物的减量化、无害化、资源化、产业化、商品化，不仅有效地解决农业废弃物资源浪费及环境污染问题，还得到高效稳定的农村新能源，同时实现清洁生产和农业资源的循环利用，对该镇种植业、养殖业大幅提档升级，有力促进当地生态农业的健康持续发展。项目年转化畜禽粪便、秸秆等畜禽养殖 16.4 万吨，其中，畜禽养殖粪便 9.8 万吨，玉米秸秆 6.6 万吨，通过对废弃污染物进行资源化和无害化处理，有效地减少了粪便、秸秆等农业废弃物对环境造成的污染。另外，项目年产天然气 1400 万方，按等热值计算新增可再生能源折标煤约 1.68 万吨。

南翼生物质清洁供热项目一期、二期建设工程采用烟囱出口烟气颗粒物排放浓度不大于 20 mg/Nm^3，SO_2 排放浓度不大于 50 mg/Nm^3，氮氧化物排放浓度不大于 100 mg/Nm^3，排放水平较燃煤锅炉大幅降低，降低了对区域环境空气质量的影响。工程中对锅炉排污水、水处理废水、轴承及辅机冷却排水、生活污水通过进入汽开区市政管网，并经汽开区污水处理厂处理达到《城镇污水处理厂污染物排放标准》（GB 18918—2002）中二级标准后排放，对地表水环境影响很小。建设项目噪声主要产生于各种机械设备，为了保证运行安全和周围公众的身心健康，不但在设计上采取有效措施降低噪声，而且要订购设备时对制造厂提出噪声限值要求，安装时对噪声强度较高的设备装消声器、隔声罩，既解决了职工身心健康问题又保护厂界周围声学环境不受影响。项目产生的灰渣将积极开展综合利用，变废为宝，既有效地利用了资源，创造了一定经济效益，又减少和避免了灰渣堆放对环境的影响。

4.2 社会效益

奥迪 PPE 分布式光伏项目开发利用太阳能资源是调整能源结构、实施能源可持续发展的有效手段。该工程的开发建设有助于当地产业结构的调整，促进当地的经济发展，具有良好的社会效益和综合经济效益。另外，太阳能光伏发电在生产过程中不排放任何有害气体和固体废弃物，环境效益明显。

奥迪 PPE 绿色燃气项目建成后，实现了资源的良性循环利用，为该县的生态建设、农业循环经济的发展，绿色 GDP 的创造探索出了一种新型的模式。同时，还解决了畜禽粪便的污染以及畜牧业发展空间的难题，为县农业、畜牧业的健康发展解决了后顾之忧，较好地实现了生态建设与经济建设的双赢和多赢。生产的生物质燃料和沼液产品可以促进周边生态农业发展，带动无公害农产品生产，促进就业和农民增收；提供稳定可靠的清洁能源供应，促进国民经济的健康与可持续发展；通过污染治理，改善当地环境卫生条件，减少疾病发生率，创建更加优美的生活环境和良好的投资环境。

南翼生物质清洁供热项目一期、二期建设工程年折算标煤耗量为 28213 t，单位产品综合能耗为 41.99 kgce/GJ<45.0 kgce/GJ，符合《城镇供热系统运行维护技术规程》（CJJ 88—

2014）的要求，优于同类项目的平均值，资源利用合理、高效，资源利用效率先进，符合国家发展循环经济、建设节约型社会的要求。该项目没有采用国家明令禁止和淘汰的落后工艺及设备。项目的用能工艺、工序、设备等选择合理，主要设备能效水平较高，均达到了国家要求的能效水平。固有热源，24 h 不间断运行。热量连续输送，用户汽源有保障，从而降低企业的运行成本。

4.3　经济效益

奥迪 PPE 分布式光伏项目该工程年均发电量 50335.19 MWh，与相同发电量的火电相比，每年可节约标煤约 15512.4 t，每年可减少 CO_2 排放量约 37590.44 t、SO_2 排放量约 273.13 t、氮氧化物排放量约 410.17 t。此外，每年还可减少大量的灰渣及烟尘排放，节约用水，并减少相应的废水排放，节能减排效益显著。

奥迪 PPE 绿色燃气项目经济效益及财务评价较好，该项目为环保型项目，且属国家鼓励型项目，国家部委也出台众多扶持政策，包括财政补贴、税收、产品销售鼓励政策等，如果建设单位申请到相关建设资金补贴或运营补贴可有效改善项目经济效益；另外该项目产品为生物天然气，而近年来国内天然气由于国家环保政策影响下需求增长明显，预期价格也稳步上行，因此该项目的经济效益随着天然气价格上涨而得到明显改善。

南翼生物质清洁供热项目一期、二期建设工程周边地区拟建设新能源汽车配套产业园，23 个大型项目已于今年集中开工，总投资约 445 亿元，预计到 2025 年，新能源汽车配套产业园将容纳企业 50 户以上，预计实现产值 300 亿元，具有较大的供热面积增长空间。随着汽开区打造"零碳工场、绿色制造"示范园区工作的推进，将会有更多企业入驻该地供热区域，供热量将逐年大幅增加，项目收益逐步提高。在注册 CCER 项目后，参与碳交易市场，将进一步提项目盈利能力。

5　创新点

奥迪 PPE 分布式光伏项目初步选用晶体硅光伏组件。由于单晶硅电池转换率较高，在市场中所占比例逐渐上涨，该项目屋面光伏组件拟采用单晶硅单面单玻光伏组件，车棚光伏拟采用双面双玻光伏组件。组件峰值功率越大，组件总数量越少，意味着组件间连接点少，施工进度快；且故障概率减少，接触电阻小，线缆用量少，系统整体损耗相应降低。因此现阶段推荐采用大硅片 530 Wp 及以上的单晶硅光伏组件。根据组件市场技术现状、发展趋势、供货能力等几个方面，根据《光伏发电系统效能规范》（NB/T 10394—2020）平准化度电成该模型分别对比分析 P 型 530 Wp、530 BWp 和 P 型 540 Wp 组件。

奥迪 PPE 绿色燃气项目采用先进的 CSTR 中温厌氧发酵技术，创新采用农林废弃物和禽畜粪污为原料。技术涉及到工程学、微生物学、化学、自动化控制等多种学科。项目工艺成熟、安全可靠、整体技术水平达到国内领先。项目充分吸取国内混合原料厌氧发酵处理设施在建与运营过程中的经验教训，将技术风险降至最低。

南翼生物质清洁供热项目一期、二期建设工程采用生物质锅炉，利用生物质燃料产生热量，完全符合可再生能源高效循环利用的生产模式，有效地减少了污染，保护了环境，同时增强了能源与环境相协调的可持续发展。项目建设是节约能源、综合利用能源、减少碳排放、发展循环经济的需要。随着我国经济快速发展，国家对可持续发展的关注度在不断加强，更加注重人与自然和谐发展。该项目充分利用当地生物质资源，有效地改善了当地能源结构的不合理现象。

专家点评：

　　该方案充分利用属地资源禀赋，打造分布式光伏绿电、绿色燃气、生物质清洁供热工业园区零碳工场一体化绿色供能方案。其中燃气采用先进的两级 CSTR 中温厌氧发酵，配套 2 台 2.8 MW 生物质成型热水锅炉，年可处置畜禽粪便、农林废弃物 16.4 万吨。供热采用 29 MW 生物质链条炉排层燃锅炉，燃用玉米秸秆压块，负荷调节能力强。

　　该项目按模块采用自主经营、合资公司经营的模式开展能源服务。

　　该方案聚焦零碳绿电，技术路线先进合理，商业前景较好。方案打造了一套农牧业资源与环境产业链，改善环境，具有较好的社会效益和环境效益。

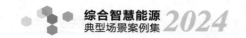

案例 39

让供热"移"动起来方案

申报单位：国能安徽综合能源有限责任公司

摘要：安庆华茂工业园（以下简称"华茂公司"）距离国能神皖安庆发电有限责任公司（以下简称"安庆公司"）14.5 km，年度蒸汽用量 1.8 万吨左右，在天然气价格上涨、小机组环保关停的压力下，华茂公司存在较强的供热替代意愿。依托安庆公司"火电+"资源和区位优势，国能安徽综合能源有限责任公司（以下简称"综合能源公司"）创新销售合作模式，因地制宜加快发展新质生产力，引进国内领先的移动供热专业化公司与电厂、用户进行三方合作，开发移动供热项目，该项目的合作成功，对热力销售方式多元化有一定借鉴意义。

1 适用场景

移动供热，是一种新型的余热利用与集约化供热模式，移动供热打破了管道供热的模式，是热量输送术的一次突破。可将电力、垃圾综合处置、冶炼、化工、建材等高耗能行业的富裕能源和工业余热回收储存，并用牵引设备（移动供热车）运输到纺织企业、制药企业、养殖企业、学校、酒店、居民小区等用热用户处，提供蒸汽和热水。

热源点周边经济半径范围方圆 30 km，供热管网无法覆盖或建设供热管网成本过高区域，有用热或用热替代需求且需求量约为 10 t/h 的用户。

2 能源供应方案

2.1 技术路线

移动供热系统主要由热源系统、充热系统、蓄热运输系统和放热系统组成。蓄热运输系统主要由：储热元件、控制部件及放热/储热管道、载车等部分组成。采用高性能和高稳定性的纯物理蓄热工艺，依托先进的强化传热和换热技术，通过热源系统和充热系统将热量高效地传输到移动蓄热，到用户侧再通过放热系统，可实现供热温度压力自动化灵活调节，充分满足热用户用热需求。

2.2 技术路径

（1）一拖三模式，即一个牵引车头配三台移动储能半挂车，一台车在热源处进行充装、一台车在路上进行运输，一台车在用户处进行放热，保证用户供热的连续性和稳定性，循环运行无缝衔接。

（2）经济半径范围为方圆 30 km。

图 39-1 为一拖三模式运行方案示意图。

图 39-1　一拖三模式运行方案示意图

3　用户服务模式

3.1　满足用户需求分析

满足纺织企业、制药企业、养殖企业、学校、酒店、居民小区等用热用户（蒸汽和热水）需求，帮助用户解决用能"堵点""痛点"，降低用能单位成本。图 39-2 为用户服务模式示意图。

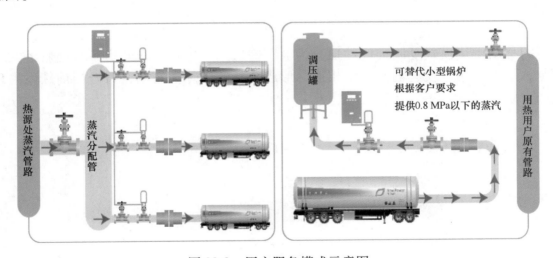

图 39-2　用户服务模式示意图

3.2　服务模式

（1）与用户签订项目合同，向用户提供热源，按照用汽量、公里数、用汽特性等因素，双方洽谈合作价格，蒸汽使用费支付遵循先使用后付费原则，按照月付形式。

（2）由第三方专业化公司技术人员负责现场全过程管理，包括操作培训、操作规范、厂内安全规范管理要求、运输队伍管理等。

4 效益预期

4.1 环境效益

（1）使用移动供热技术在节能减排方面有着显著效果，它的推广应用可以有效替代各类小型锅炉降低 PM2.5，改善城市空气质量。

（2）通过为华茂公司提供移动供热服务，减少了企业对传统化石能源的使用，年碳减排量约 3200 t。

4.2 社会效益

移动供热项目可解决园区能耗指标，完善园区基础设施建设，降低企业用热成本，减轻企业负担，推动工业园区绿色低碳发展。

4.3 经济效益

（1）用户侧：与用户自建燃气锅炉、电锅炉相比，仅从供热蒸汽单位成本上考虑，至少为用户节约成本 60 元/吨。

（2）电厂侧：移动供热与传统供热模式相比更经济，更快捷，在全智能化的运营模式下，至少盈利 50 元/吨。

5 创新点

独特的移动供热模式复制推广性强，为电厂周边用户用热需求开启了一扇新的大门，将上游热源、下游热用户及运输业紧密相连，形成全新的供热生态圈，符合当前新发展理念的先进生产力质态。

专家点评：

项目瞄准余热回收与供热需求，创新采用移动式蓄热材料及技术，实现了电厂余热的再利用和综合利用。通过移动式卡车输运的方式，替代了长输管网的建设。移动式蓄热也展现了良好的技术经济性。

余热利用的综合能源模式，对于余热资源丰富以及供热需求的场景，具有较好的示范推广作用。

新疆兵团兴新职业技术学院综合智慧能源项目

申报单位：中电投新疆能源化工集团吐鲁番有限公司
国家电投集团综合智慧能源科技有限公司

摘要： 国家电投集团新疆能源化工有限责任公司紧抓新疆建设兵团"向南发展"的契机，与兵团兴新职业技术学院相互挂牌合作，打造全疆首个以"兵地融合、产教融合、人才培养"为目的示范项目。项目规划总装机容量 5197.2 kW。建设内容包括屋顶光伏发电系统、光伏车棚系统、充电桩系统、云智慧管控空调、教学示范区（地面固定式、双轴/平单轴/斜单轴跟踪式光伏、太阳花、微风发电、储能系统、压力步道、光伏长廊、智慧路灯、光伏座椅、智慧垃圾桶等）、微电网实证教学实验室等；并结合国家电投"天枢一号"综合智慧能源管控与服务平台，打造"产教一体化"综合智慧能源示范项目。具有开发起点高、与"用户"交互范围广、科技应用示范性强等特点。

1 适用场景

目标市场为国内大中院校，可供学生观摩及学习人员较多，增加新能源教学新模式的影响力，为国家新能源专业培养高精尖专业人才；也可以进行各类教学培训，不断拓展延伸业务，使教培资源可以市场化应用。

2 能源供应方案

2.1 技术路线

该项目综合利用教学楼、宿舍楼等屋面布置光伏发电系统，利用校园空地布置光伏车棚和地面光伏发电系统，实现自发自用、余电上网；利用校园建设备用地建设综合智慧能源教学示范区，实现清洁能源与生产教学的结合示范。

该项目集多元素新能源发电、构建教培及实证研发场景通过综合能源管控与服务平台、天枢一号教学实证系统构建校园版天枢一号系统，并与校园内部教学、后勤等系统打通，依托供能服务构建校园教学、生活一体化社群服务平台。兼具电力生产、教学研发、观摩展示功能。

2.2 技术路径

该项目设计力求实现分布式光伏接入规范化，为设备招标、降低接入系统建设和运营成本创造条件，实现分布式光伏与电网建设的和谐统一。

该项目光伏装机容量约 5.2 MW，采用 550 Wp 双面双玻单晶硅太阳能电池组件，每 20 块电池组件串联一路。共有 25 个并网点，通过 0.4 kV 多点并入学校配电网，光伏发电通过逆变器汇集到附近建筑物的配电室，通过配电室内的配电箱送到该栋楼用户，余电通过建筑物配电室至学校配电室进线汇集在学校配电室 0.4 kV 侧，二次消纳，剩余电量通过学校配电室变压器升压到 10 kV 上网，最大限度加大自用电比率，提升经济效能。同时，建设校园环网，在学校 3 号、4 号配电室分别新增高压开关柜，电缆采用 ZR-YJV22-10kV-3×240 电力电缆，将整个学校配电系统通过联通，提升校园用电安全性。

3 用户服务模式

3.1 满足用户需求分析

兵团兴新职业技术学院综合智慧能源项目建设于兵团兴新职业技术学院内，学校在校学生规模已突破 13000 人，项目采用"自发自用、余电上网"模式，主要为学校提供清洁光伏电、空调冷（热），面向用户为教师和学生。

3.2 服务模式

该项目是落实《国家电力投资集团有限公司与新疆生产建设兵团战略合作协议》，进一步促进国家电力投资集团有限公司与兵团在技能人才培养方面深入合作。

项目由国家电投新疆坤能新能源有限公司铁门关分公司投资建设的综合智慧能源项目，项目总投资 4100 万元，项目投资 30%企业自筹，银行贷款 70%。

项目上网电价按照自治区《完善我区新能源价格机制的方案》（新发改能价〔2022〕185 号）文件要求，执行上网电价 0.262 元/千瓦时，学校用电按照 0.39 元/千瓦时结算（与电力公司与学校结算电价保持一致）。

根据与电网公司、学校三方签订的《购售电合同》，电量每月月底前一天的 00：00 进行抄表，双方核实电量结算单，开具发票结算电费。

该项目自运维，运维人员负责设备巡检、维护、消缺、电量结算等，并配合学校开展其他业务工作。

4 效益预期

4.1 环境效益

结合项目可行性研究报告，该项目光伏装机总容量约 5.2 MW，年发电量约 700 kWh；相当于节约标煤 2179.7 t/a，与常规火电相比，相当于减排二氧化碳 705.6 t/a，减排二氧化硫 21.2 t/a，减排氮氧化物 10.6 t/a。项目为清洁能源发电，不产生废弃物。

4.2　社会效益

（1）该项目方案设计以绿色、生态、智慧应用为主导，在不改变原有建筑物的结构的前提下，充分利用已有建筑物屋面的可用空间，总体方案融合了光伏发电、风力发电、压力发电、储能、能源智慧管理等技术，将新能源新技术与校园教学、校园生活相结合，是一项具有示范意义的绿色环保项目。

（2）该项目无化石燃料消耗，与火电相比避免了多种大气污染物、温室气体以及灰渣的排放。太阳能、风能等清洁发电设施的应用将增强学生对新能源的认识，可以让学生更好的参与到碳达峰碳中和行动中来；同时对于改善校园电源结构、加强节能减排、提高能源综合利用率起到积极的促进和示范作用。该项目符合可持续发展的需要，将会带来良好的经济效益与社会效益。

（3）该项目天枢一号管控与服务平台设置了能源监视、管理、分析、运维、服务等功能。覆盖校园能源生产-输配消费全流程服务，打造源-网-荷-储协调发展的智慧能源系统。图40-1为兵团兴新职业技术学院综合智慧能源项目示意图。

图40-1　兵团兴新职业技术学院综合智慧能源项目示意图

天枢一号系统对校园用能情况进行全景集中监控：一是监控学校用电情况，综合分析教学、宿舍、办公等场所用电情况，分析出耗电主要因素，达到节约用电目的；二是监控校园用水情况，通过安装在热泵13个监测点，监测校园用水情况。通过先进的监测手段，提升能源设施管理水平，实现对全校能源的总体集成和动态管理，提升校园能源综合利用率，达到节约用能费用、降低碳排放的目标。

（4）依托该项目促成了由企业、大学、职业院校3家单位牵头全国智慧能源行业产教融合共同体。共同体是推进智慧能源行业产教深度融合，促进智慧能源行业产业繁荣和高素质技术技能人才培养。通过体制机制建设、产教供需对接、联合人才培养、协同开展技术攻关、组织开发教学资源，打造全国智慧能源行业产教融合共同体品牌，提升共同体服务能力和影响力。构建全新的教育链、人才链和产业链，以适应和引领行业发展的新趋势。共同体的成立，得到第二师铁门关市政府及行业内各方的积极响应和支持。为政府、高校、企业、产业的协调和联动，推进新时代卓越工程人才培养提供了高质量的平台支撑。

（5）依托项目，学校致力于多项课题研究、实践教学、成果申报、奖项获取。一是配合机电学院老师研究屋顶光伏清洗系统；二是基于天枢一号打造开放式综合智慧能源实验、实证平台，探索新兴产业产学研用新模式，助推天枢一号推广应用；三是主动梳理项目资料，挖掘项目创新、亮点、示范性，配合学校开展兵团下发的《智能光伏试点示范项目》申报工作，助推项目开发模式，打造新疆地区高校产教融合的示范引领项目。

（6）该项目用于展示新能源产业链内容，融合智慧能源系统理念，打造开放式新能源示范项目，兼具电力生产、教学研发、观摩展示功能。自项目并网以来，接受中华人民共和国教育部、自治区教育部、兵团、二师教育局、二师融媒体中心、电力公司、河北援疆干部、石河子大学、唐山职业技术学院等社会各界人士观摩，观摩达 100 多人，充分展现了项目的创新性、先进性，宣传国家电投在综合智慧能源项目引领性，形成可复制、可推广示范带动作用。

4.3　经济效益

该项目经济收益主要包括电力销售、空调及充电桩服务、学校配电室运维费用四部分：

（1）电力销售：该项目采用"自发自用、余电上网"模式，年均发电量约 707 万千瓦时，25 年总发电量为 17692 万千瓦时，年平均利用小时数 1363 h，自发自用比例 65%，上网比例 35%。该项目售给学校电价为 0.39 元/千瓦时（含税），余电上网电价 0.262 元/千瓦时（含税）；电费收入每年 200 万元以上。

（2）空调服务：该项目在学生宿舍及老师办公楼安装 1944 台智能空调，空调具备远程启动、扫码功能，空调使用按全年使用 70 d，每天每台使用 4 h，费用为 3.5 元/时；服务费收入每年约 100 万元。

（3）充电桩服务：该项目安装 10 台充电桩（预留 20 个充电桩位置），全年使用 280 d考虑，充电桩服务费标准为 0.8 元/千瓦时。目前，学校充电车辆由最初 4 辆增至 10 辆以上，充电桩服务费将由目前每年 3.5 万元进一步增加。

（4）学校配电室运维费：此费用为项目之外收益，在项目生产运维中，公司为学校展现出了专业技术力量，丰富电力系统运维经验，经与学校协商，同意将学校 400 V 及以上配电室交由公司运维，费用为每月 1.8 万元，每年可增收 21.6 万元。随着与学校业务的加深，后期可承担更多学校业务，为项目创收。

5　创新点

5.1　项目的模式创新点、创新程度

校园场景下依托风、光、储、充、冷、热等多种智慧能源元素构建综合能源一体化系

统，打造绿色低碳智慧校园，实现校园综合能源动态供需平衡体系。图 40-2 为综合智慧能源示范区。

图 40-2　综合智慧能源示范区

该项目分为 5.2 MW 分布式光伏发电系统、校园示范区系统、热网改造系统和空调制冷网络升级系统四个方面，重点针对校园配用电网络、供热网络、末端供冷网络进行创新性设计、改造和升级，以最大化利旧、全面数智化为基础原则，实现校园场景下综合能源项目优化创新。在该项目中依托风、光、储、充、冷、热等多种智慧能源元素构建综合能源一体化系统，打造绿色低碳智慧校园，实现校园综合能源动态供需平衡体系。通过国家电投"天枢一号"综合智慧能源管控与服务平台结合直流微网打造"产教一体化综合智慧能源示范系统"。

项目以校内实际生产运营系统为基础，以天枢一号为核心，充分利用已有系统资源改造和新建风光储充等资源补充升级校园综合能源系统网络，实现资源优化利用、供需动态平衡、高效低碳利用的目的。依托 5.2 MW 光伏发电系统，适当补充智慧路灯、充电桩、光伏地砖、储能地砖等基础智慧资源，以校园微电网为基础设计理念，通过 3 个基础配用电站点，构建校园新型数字化配用电网络；通过对已有供热管网关键节点进行数字化终端采集升级，以最大化利旧为原则，实现已有校园热网的数字化升级改造；通过对宿舍空调用电末端的智慧化改造，以学生实际用能需求响应为指导原则，实现用能侧的智慧化升级和供需动态互动体系建设。

项目实施后采用"自发自用、余电上网"模式，电冷暖水等能源服务供应校园教学及日常活动，同时可对集团公司校园场景下综合智慧能源项目的方案设计、服务模式设计、商业价值挖掘等方面起到引领和示范作用，培养综合智慧能源项目落地实施高素质技术人才。

该项目依托天枢一号系统、校园示范区综合智慧能源设备资源和校园实验室师资资源等构建集团首个天枢一号开放式综合能源服务系统，构建产学研用一体化实证教学平台。天枢一号开放性系统共包含校园综合智慧能源管控与服务系统、天枢一号微电网实证教学仿真系统、师生用能服务系统三部分。围绕校园综合智慧能源示范区已有的太阳花、地面跟踪系统、风机、储能等基础可复用智慧能源资源，定制开发具有开放性架构的实验型仿真设备，打造天枢一号微电网实验、实证、仿真、教学系统，辅助天枢一号在微电网、校园、风光储充等场景下算法迭代、技术扩展和系统升级。

天枢一号微电网实验、实证、仿真、教学系统主要针对综合能源场景中风光间歇性问题、供需动态平衡调度、微电网电压频率稳定控制等问题开放基础平台能力，打造开放性专业研究与实证平台。基于微电网中储能变流器调节风光并网功率是消除风光发电不利影响的有效手段。利用电网电压、变流器电压、并网回路阻抗电压之间的矢量关系，实现了一种对储能变流器入网有功功率和无功功率的实时控制，进而可实时平滑风光发电的有功和无功功率。该平台可研究实证最新的基于电网电压、变流器电压、并网回路阻抗电压间矢量关系的控制策略，使其快速转化形成天枢一号智慧管控体系中重要环节。该平台以实际系统为蓝本，依托实际系统数据，挖掘关键技术问题；以算法仿真、实证为手段，验证问题解决方案、算法准确性；通过实际系统与实证系统的循环助力，打造新型产学研用一体化平台，共同促进天枢一号快速迭代升级。

该项目利用屋顶光伏、储能、充电桩、风机等构成的风光储充一体化发电系统为校园提供绿色、清洁、低碳能源；利用供热管网智慧化改造调控、宿舍空调供冷智慧管控，以及学生供能服务 APP/小程序等用户侧末端服务模块，实现综合能源触达 C 端教师、学生群体的需求侧末端纳管；利用天枢一号构建校园场景下综合智慧能源管控与服务系统，实现学生用能端与校园能源系统供能端间的纵向供需互动体系，最终构建出具备"供需高频互动、源荷动态平衡、能源智慧管控"的新型校园能源网络体系。

以天枢一号的综合智慧能源校园能源网络为核心的纵向支撑网络，通过横向与校园内教学系统、教务系统、后勤服务系统、资产报修等原有独立分散系统打通融合，打造以绿色能源为主体的一体化智慧校园。基于综合智慧能源服务深度挖掘校园管理、教务辅助、师生服务等多维度、多元素的校园场景服务需求，探索传统校园场景下能源系统变革新路径，挖掘与创新该场景下能源管理、服务升级、附加增值等方面的校园综合能源服务商业模式和服务模式。

5.2 项目的规模、技术水平与同行业指标的比较

该项目设置光伏发电、光伏车棚、微风发电、储能、充电桩、光伏地砖、压力地砖、智慧路灯、智能光伏座椅、智慧垃圾桶等元素，光伏地砖发电、压力地砖发电、微风风力发电、智慧路灯、宿舍冷热水智能管控系统、建筑采暖供冷系统等。该项目相较于同行业综合智慧能源项目各项能源及智慧化元素设置较为丰富，涵盖风、光、储、充、荷、冷、热等多种源侧及用户侧设备。与行业内能源品类较为单一的项目相比，该项目按照电、热、冷、水等多种能源品种统筹优化、协同互补的原则，与源、网、荷统一规划、建设和运营协同，打造绿能供能示范区，同时多种智慧化元素如智慧路灯、智慧座椅、智慧垃圾桶等可大幅增强人员与能源供给间的互动。

该项目天枢一号管控与服务平台设置了能源监视、管理、分析、运维、服务等功能。相

较于只进行数据采集及监视的传统综合智慧能源项目，该项目覆盖校园能源生产-输配-消费全流程服务，打造源-网-荷-储协调发展的智慧能源系统。实现校园内数据的共享和分析，使综合能源的管理更加智能化、集成化、远程化、图形化，确保运营成本最优。

基于天枢一号打造开放式综合智慧能源实验、实证、仿真、教学平台，探索综合智慧能源产学研用新模式，助推天枢一号快速升级迭代。

该项目围绕产学研用的核心理念，构建集团首个开放性天枢一号开放性教学实证仿真平台。天枢一号平台在构架设计时充分考虑系统的网络带宽、运行效率及可扩展性；软硬件独立解耦，设备具备随业务应用需求独立后向更新能力；数据传输采用基于异构通信的运行信息采集、整合及动态均衡技术，保障数据传输的实时性与可靠性；通过构建供需互动体系，根据当前校园的能源供应形势调整用能策略，制定能源供应模式以响应需求，制定合理的能源使用策略。

在考虑校园教学使用需求的前提下，该项目中将天枢一号平台系统整体划分为含校园综合智慧能源管控与服务系统、天枢一号微电网实证教学仿真系统、师生用能服务系统三部分。其中，天枢一号微电网实证教学仿真系统在充分利用教学示范区各类智慧化元素资源的基础上，通过适当增加实验型开放硬件设备、标准化数据交互接口、开放型微电网教学仿真模块的方式，打造开放式天枢一号打造开放式综合智慧能源实验、实证、仿真、教学平台。与同类型校园综合能源微电网项目相比，该项目通过生产数据教学使用、教学仿真独立进行、实证成果生产使用的良性循环体系，打造生产、研究、实证、创新、应用的全闭环体系架构，探索产学研用一体化的新型校园综合智慧能源商业模式路径。

天枢一号 APP 与校园后勤服务系统、校园资产报修维护系统、校园教务等系统全面打通，实现校园教学、能源、服务等资源全面整合，打造新型校园型社群服务体系。

目前，国内校园综合智慧能源场景下，以 5.2 MW 以下的小型分布式屋顶光伏项目为主。多数校园项目中的光伏、储能、风电等系统资源以校园自建或科研实验为主，缺乏长期专业性、统一化的运维管理，基础设施受损严重，发电效率低下。宿舍供冷、供热系统多为较为原始的老式供热管网与碎片化空调管控系统，整体呈现孤岛式特点，能源综合利用效率、数字化程度、管控智慧化能力等方面均有所欠缺。结合多数校园能源系统、教务系统、后勤系统现状，由于受制于各系统的功能定位、使用主体、投资人、运营人、系统异构性、技术封闭性等方面的差异，多数校园内仍然呈现基础设施碎片化、教务信息孤岛化、师生服务原始化特点。

该项目以 5.2 MW 屋顶光伏、储能、充电、风机一体化系统为主体，依托天枢一号综合智慧能源管控与服务系统平台打造的新型智慧能源网络整合校内资源风、光、储、充、冷、热等6大类能源资源，实现了校内发电资源、供能基础设施、综合能源服务的专业化、统一化管理。同时打通了教务、教学、后勤3大类校内原有系统信息化孤岛，创建了1套以师生服务为核心的全新一体化社群，挖掘了校园场景下能源管理、系统运维、社群服务、教务辅助、信息公开等5个方面的商业与服务模式，助推三网融合战略实施，项目具有较强先进性。

专家点评：

　　项目打造以"兵地融合、产教融合、人才培养"为目的综合智慧能源示范项目，具有较好的"产教一体化"引领示范作用。

　　项目建设内容丰富，各元素之间的设计协同合理。建设内容包括屋顶光伏、光伏车棚系统、云智慧管控空调教学示范区、微电网实证教学实验室、"天枢一号"综合智慧能源管控与服务平台。

　　项目整合校内资源风、光、储、充、冷、热等 6 大类能源资源，实现了校内发电资源、供能基础设施、综合能源服务的专业化、统一化管理。同时创建了 1 套以师生服务为核心的全新一体化社群，挖掘了 5 个方面的增值服务。

　　项目具有与"用户"交互范围广、科技应用示范性强等特点。

【案例 41】

铁岭市百万千瓦级项目配套电蓄热储能调峰项目设计方案

申报单位：山东电力工程咨询院有限公司

摘要： 该项目以清河电厂 2 台 60 万千瓦火电机组为存量，并配以灵活性改造来提升机组调节能力；同时将开原市、清河区及铁岭市因电网架构基本饱和而不能有效接入电网的清洁能源统一打捆纳入存量火电机组输电通道。通过整合机组的调节优势并引入热水储能系统匹配新能源的消纳能力，以民生供热保障为基本出发点和落脚点，以降本增效为原则，以电力现货市场为契机，通过整合多种资源而打造的多能互补系统，实现了能源的深度融合和运行协同，共同打造铁岭市百万千瓦级风光火储多能互补示范项目。

1 适用场景

该系统方案的核心为以水储能为基本能量调节单元，通过电锅炉系统提升新能源的消纳能力，同时辅助火电机组的运行调节，实现电力现货市场下火电机组的有序运行。最终实现风光火储多种能源系统的运行协同。

基于系统运行策略和运行原理，通过系统优化和功能扩展，该系统可有效适用于新能源消纳、传统火电机组的灵活性改造、综合供冷/供热，以及对蓄冷/蓄热有需求的相关场景。

2 能源供应方案

2.1 技术路线

该项目通过设置储热罐，以储能的方式实现清洁能源的有效消纳及火电机组在电力现货市场下的有序调节。储存的热量最终通过热力管网在集中供热用户中进行消纳，实现新能源、火电机组运行与保障民生供热的供需协调。

2.2 技术路径

该热力系统主要设备包括 1 台 23000 m³ 蓄热罐、1 套 50 MW 电极锅炉系统、2 台 2600 t/h 电动循环水泵、1 台 200 t/h 蒸汽加热器及其凝结水配套系统。蓄热罐可实现最大 1070 MWh 蓄热量，最大 230 MW 放热能力，可承担约 500 万平方米供热面积 4.6 h 的供热能力。同时具有新能源在大发时段最大 50 MW 的电力消纳能力。

3 用户服务模式

3.1 满足用户需求分析

该项目旨在打造风-光-火-储-用多能互补的能源体系，以保障民生供热为基本出发点，通过能源供给协同，在满足清开区供热需求的基础上，通过整合清洁能源，并考虑电力现货市场下火电机组的运行调节能力，最终实现横向能源调配、纵向能源互动，提升能源的综合利用效率，达到降本增效的目的。

3.2 服务模式

为保障东北地区电力系统安全、稳定、经济运行，缓解热、电之间矛盾，促进风电、核电等清洁能源消纳，按照《国家能源局关于同意开展东北区域电力辅助服务市场专项改革试点的复函》（国能监管〔2016〕292号）和国家发展改革委、国家能源局联合下发《关于提升电力系统调节能力的指导意见》（发改能源〔2018〕364号）的要求，基于国家电投辽宁清河发电有限责任公司现状，综合考虑拟进行储能调峰工程改造。该项目由清河电厂投资建设，建成后采取商业化运作模式。主要通过消纳新能源大发时段的电量以及配合火电机组在电力现货市场下的灵活性运行及保障供热而获得系统性、整体性收益。

3.2.1 供热季

供热季该项目通过储能调峰的形式储存的能源最终通过集中热网在集中供热用户处进行消纳，以常规售卖热量的形式获得收益，同时有效调节了机组在峰谷电时段的发电量，通过优化机组运行模式，提升了火电系统收益。

3.2.2 非供热季

非供热季通过机组调峰及消纳新能源储存的热量则通过热水售卖的方式，为周边宾馆、洗浴、学校等用户提供生活热水，从而获得收益。

4 效益预期

4.1 环境效益

该项目以风光清洁能源的综合消纳为切入点，主要聚焦于新能源在电网无法消纳情况下的综合利用。每消纳1万千瓦时新能源弃风弃光电量，相当于节省标煤3.05 t、降低 CO_2 排放8.23 t，同时降低 SO_2、NO_x、烟尘等多种污染物排放，有效节能降耗、保护环境。按照风电场100 MW容量，初步核算全年弃风量2357万千瓦时，该项目建成后折合节省标煤7188 t、降低 CO_2 排放1.9万吨，同时降低大量 SO_2、NO_x、烟尘等污染物排放。

4.2 社会效益

该项目通过打造风光火储多种能源互补的能源系统，具有较强的示范意义，主要表现如下：

（1）符合当前电力现货市场下火电机组运行调节和供需响应的发展趋势。对于传统火电机组的灵活性改造和电力供需响应提出了参考性改造思路，有效促进存量机组的改造进程和电力现货市场的深度发展。

（2）与风光新能源的消纳进行捆绑，既达到了新能源建设配置储能的要求，又提高了储能系统的利用率，对于提升新能源消纳能力、降低新能源浪费、提升能源综合利用能力具有重要的社会意义，同时为行业发展和新能源项目配储方式提出了新的建设思路。

（3）该系统能够有效助力火电机组的运行调节，在提升企业盈利能力的基础上可有效降低用户用能成本，随着该区域该类项目的推广，将进一步降低用户用能成本，最终直接体现在热价的降低和供热费用的降低上，对于经济的发展和民生具有积极的社会意义。

（4）新能源综合利用水平的提高，间接降低了火电机组的能耗，对于改善当地环境、促进社会绿色发展具有重要意义。

4.3 经济效益

该项目是风光火储多能互补示范项目的配套项目，其不仅可消除风电项目上网为电网带来的调峰压力，还有能力在全年对电网提供深度调峰和顶尖峰服务，有效地解决现有热电厂冬季采暖期内的热、电供需矛盾。

通过设置水储能系统，实现火电机组的热电解耦运行，提高机组的运行的灵活性和经济性。在"现货市场"电价高峰时段，增加了火电机组的顶峰发电能力，提高现货市场收入；在"现货市场"电价低谷时段，机组可以纯凝运行转湿态运行，有效压低机组发电能力节约燃料，通过在"现货市场"低买高卖提高盈利能力，大大提高电厂两台火电机组适应"电力现货市场"运行的能力。

该项目符合国家相关政策，是国家能源局鼓励建设的项目，且项目建成后可为区域提供稳定的电力和热力供应，给项目建设方带来较好的经济收益。经分析，该项目内部收益率为8.7%，符合集团收益的相关要求。同时随着电力现货市场的持续推进，该项目系统设计参数可进一步提升，在一定程度上提升盈利能力，项目经济性将有进一步增加。

5 创新点

5.1 技术创新

该项目属于百万千瓦级风电项目的配套项目，根据风电项目配置储能要求，该热力系统创新性采用了水储能替代电化学储能的储能技术路线，改变了常规新能源项目配储后经济性差、建设投资高的普遍性问题，不仅提高了项目的运行经济性，同时大大降低了初投资，节省初投资约50%以上。同时对新能源实现了有效消纳和利用，通过协同火电机组的调峰需求，最终实现了风光火储的协同运行，真正地做到了多能互补。

设计中首次采用单罐23000 m³ 常压设计，极限设计温度98 ℃。系统设计采用蓄热系统与供热首站联合高工况运行，共计三种运行模式、五种运行工况，有效匹配电力现货市场下

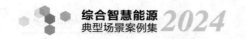

火电机组的运行调节和风电不同时段的消纳情况，充分体现储能系统作为缓冲调节的作用，实现能源系统的安全、稳定、经济运行。

5.2 商业模式创新

该项目利用清河电厂内现有空地进行建设，为匹配新能源建设要求，采用土地内部转让方式，土地未计入建设成本，一定程度上提高了项目经济性；另外电力取源点位于电网结算点之内，所用电力计入厂用电系统，降低了用电成本，进一步提高了项目经济性；其次冬季采用热网并网运行、夏季采用热水售卖方式，可全年实现经济收益，综合提升了项目的经济效益。

5.3 组织模式

建设方在初步预测项目建设区域地下设施复杂、地质及地下管线不确定的前提下，将项目勘察、设计、施工图等各设计阶段整体委托山东院实施，有效地避免了多方推诿、提升了项目推荐的质量和效率。山东院对项目设置专班，常驻现场专项负责项目并配合建设方推进相关工作，打通了专业化公司和区域化公司的任督二脉，提高项目的响应速度和工作效率，助力项目高质量实施。

项目以火电机组为存量、协调匹配新能源发电系统储能要求、以民生供热保障为基本出发点和落脚点，以降本增效为原则，以电力现货市场为契机，通过整合多种资源而打造的多能互补系统，实现了能源的深度融合和运行协同，成果转化可形成集团公司独有的技术和运用优势，对于助推集团公司老旧机组灵活性改造和热电解耦系列项目落地具有重要意义。

专家点评：

该方案适应电力现货市场，对以清河电厂 2×600 MW 火电机组和 1100 MW 新能源为主的风光火储多能互补示范项目，建设 1 套 50 MW 电极锅炉配置 23000 m³ 常压蓄水罐储能供热系统，进一步挖潜火电机组灵活性调节容量，提高火电机组辅助服务收益，同时促进新能源消纳能力 50 MW 是"火电+"综合智慧能源园区基础上的又一次能效和效益提升。

方案核心是采用电极锅炉+常压储水罐，以水储能代替电化学储能，技术方案已非常成熟，已成为存量火电机组升级改造的主要实施方案之一，取得了较好的环保效益和社会效益。

共和县综合智慧零碳电厂方案

申报单位：山东电力工程咨询院有限公司

摘要：共和县综合智慧零碳电厂项目，位于青海省海南藏族自治州共和县县境内，由党政机关、学校、医院、工商业、乡镇、村委会屋顶分布式光伏组成，主要包括屋顶光伏发电、光伏车棚、充电桩、用户侧储能。该项目在整合现有县域开发项目基础上，增加储能、微风机、光储充车棚等场景元素，采用三网融合管控平台作为数字化基础设施，以能源管理为核心，构建共和县综合智慧零碳项目的设计方案。

项目整体规模为：光伏总容量 11.6 MWp，微风机容量 10×5 kW，储能 1.0 MW/2.0 MWh，光储充车棚 9 座，充电站 9 座。可为电网提供顶峰能力 10.3 MW；可为电网增加调峰能力 2 MW。

1 适用场景

该项目依托县域光伏开发实施经验，并根据共和县资源禀赋情况因地制宜地选用适宜的源网荷储场景，力求做到近期落地项目的经济性与远期总体规划目标的最佳平衡，选择的场景如下。

1.1 源侧

根据资源禀赋分析，共和县太阳能资源丰富，县域内有较好的太阳能开发价值，所以该方案在电源侧以各种屋顶光伏、农光互补作为主要场景元素。

共和县风能资源良好，所以该方案在电源侧根据场景特点少量配置了垂直轴微风风机。

1.2 网侧

充分利用现有电网公司的电力网络进行整个综合智慧零碳电厂的物理网络连接；部分用户侧共享储能涉及小范围微电网。

1.3 荷侧

根据共和县的经济、交通发展状况，荷侧主要以 V2G 充电桩与光伏结合的光储充一体化车棚场景。

1.4 储侧

结合屋顶光伏，采用目前比较成熟、综合性价比较高的电化学储能技术，设计包括光伏配套储能、村域共享储能、光储充车棚配套储能、V2G 场景。

2 能源供应方案

2.1 技术路线

共和县综合智慧零碳电厂项目由党政机关、工商业厂房、学校、医院、乡镇及村委会屋顶组成，光伏总装机容量约为 11.6 MWp，采用"自发自用、余电上网"的方式。在整合现有县域开发项目基础上，增加储能、微风机、光储充车棚等场景元素及具体方案，采用三网融合管控平台作为数字化基础设施，以能源管理为核心，按照统一规划、分期实施的设计原则，构建共和县综合智慧零碳电厂的设计方案。

该项目结合共和县资源禀赋，采用三网融合管控平台作为数字化基础设施，以能源管理为核心，按照统一规划、分期实施的设计原则，构建共和县综合智慧能源项目。整合县域中的用户、共享储能、分布式新能源等多类型资源，通过智慧控制系统的测量、调度和控制平台，实现绿电就地消纳、零碳发电和为电网提供平衡服务的综合效果，建设综合智慧零碳电厂。通过能源网通道建设，联通社群网，打通政务网链接"千家万户"，构建"三网融合"生态的"新跑道"。图 42-1 为综合智慧零碳电厂智慧控制系统示意图。

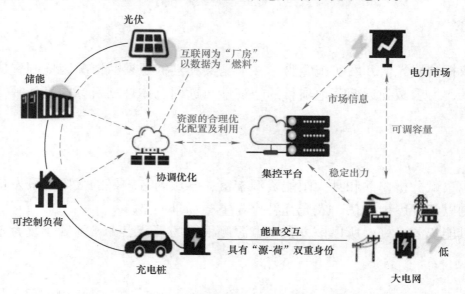

图 42-1 综合智慧零碳电厂智慧控制系统示意图

综合智慧零碳电厂需控制各种分布式电源、储能设施以及可控负荷，对种类繁多、数量巨大的调控对象进行快速实时协调控制，确保在响应电网调控时偏差准确，实现精准的需求侧响应以及调频服务。其控制方式又分为集中控制方式、分散控制方式和完全分散控制方式，从而参与多种电力市场的运营及调度模式，对发电资源的优化配置起到积极促进作用。

2.2 技术路径

该工程远期建设光伏总容量 11.6 MW（屋顶光伏 10.6 MW，车棚光伏 0.95 MW），微风机容量 10×5 kW，储能 2 MW/4 MWh，光储充车棚 10 座，充电站 10 座。可为电网提供顶峰能力 2~6 MW；可为电网增加调峰能力 4 MW。先期建设县政府 1 号院，2 号院屋顶光伏和车棚光伏 1 MW、储能 200 kW/400 kWh、微风机容量 10×5 kW、光储充车棚 7 座、充电站 7 座。

该工程设置共和县综合智慧零碳集中控制中心，内部布置天枢一号管控平台（包括实时监控和显示）以及区域天枢云数据相关设备，主要包括服务器、通信及网络安全设备、满足电网要求的调度终端、大屏幕、操作员站等。集控中心作为县/市域级天枢云数据中心，完成实时数据和历史数据存储与备份，并考虑中远期规划接入项目的处理能力，以及未来智慧控制系统与电网的调度接口。就地各控制单元，例如分布式光伏发电系统、小型储能系统、充电桩系统等均由设备自带的控制装置实现就地监控和保护，各就地控制装置通过边缘智慧网关、采集棒等将重要状态信息传输至天枢云数据中心和"天枢一号"综合管控系统，同时反向获取能源管理和调度指令，实现控制功能分散，信息集中管理的设计原则。

该项目采用边缘智慧控制系统（包括边缘控制器、边缘智慧网关、采集棒等）、"天枢一号"管控系统+天枢云数据中心系统构建三网融合综合管控平台，对源、网、荷、储等多种场景的能源生产、输配、存储、消费全流程信息进行智能采集与处理，实现整个零碳电厂的智慧控制、优化调度和集中管理。

该项目中各个智慧物联接入场景如下。

2.2.1 工商业分布式屋顶光伏

工商业屋顶光伏 10.6 MW，分为 400 V 并网，所发电能经过逆变器汇集至上网点的并网柜接入至低压配网系统。

2.2.2 光储充车棚

每套光伏车棚包含充电桩、储能、光伏发电。

2.2.3 微风机系统

结合当地风资源以及州政府广场等地方情况，拟在州政府广场空地配置 10 台 5 kW 立杆式垂直轴千瓦级并网型微风机。

2.2.4 用户侧储能

场景采用磷酸铁锂电池模组与 PCS 一体化、高防护户外柜集成的一体化液冷储能柜，柜内以一个电池簇为核心，集成了液冷电池模组、电池管理系统、液冷模块化 PCS、液冷散热系统和模组级消防系统，具有占地面积小、土建施工量少、运输装卸便捷、调试运维简单、安全性高等特点。该项目建设容量为 2 MW/4 MWh 的储能，先期建设 200 kW/400 kWh 储能电池组，预留储能接口，便于远景储能接入。

3 用户服务模式

3.1 满足用户需求分析

共和县太阳能资源丰富，年日照平均时数在 2719 h 以上，日照百分率达到 61%~69%，平均太阳辐射量在 6381.6 MJ/m² 以上。按照太阳能资源丰富等级划分标准，共和县为太阳能资源最丰富区域。

共和县综合智慧零碳电厂项目，符合国家能源战略规划。白天将太阳能光照资源转化成电能，晚上光伏退出运行，将会对周边电网供电能力形成有益的补充。

整体远期规模为：光伏总容量 11.6094 MWp（屋顶光伏 9.30765 MWp，车棚光伏 2.30175 MWp），微风机容量 10×5 kW，储能 1.0 MW/2.0 MWh，光储充车棚 9 座，充电站 9 座。可为电网提供顶峰能力 10.3 MW；可为电网增加调峰能力 2 MW。

项目计划于 2023 年开工建设。后续将根据县各级政府的统一安排，积极推进整县屋顶分布式光伏开发建设，预计 2025 年年底完成。

表 42-1 为项目建设规划表。

表 42-1　项目建设规划表

序号	场景名称	装机规模及建设时间
1	县政府 1 号院、县政府 2 号院、州公安局、雪峰牦牛乳业、州政府屋顶光伏+光储充车棚+微风机	县政府 1 号院、县政府 2 号院、州政府、州公安局、雪峰牦牛乳业屋顶/车棚光伏容量共约为 3.41385 MWp，10×5 kW 微风机+5 座光储充车棚（300 kW/600 kWh 储能）（2023—2024 年）
2	县域党政机关、工商业、医院、学校分布式屋顶光伏+光储充车棚	县域党政机关、工商业、医院、学校部分分布式屋顶光伏 6.86235 MWp，4 座光储充车棚（300 kW/600 kWh 储能）（2024 年）
3	县域村镇分布式屋顶光伏+分散式风电+村域储能+光储充车棚	县域村镇分布式屋顶光伏 1.3332 MW+400 kW/800 kWh 村域储能（2025 年）

共和县作为青海湖区域旅游重要转运节点，在发展过程中通过电动化交通工具的替代，可向外地游客展现超前的绿色生活生产方式，宣传绿色低碳的理念，结合交通运输工具采用的绿色电力进行宣传成为城市的亮点。

3.2　服务模式

该项目动态投资为 6220.76 万元，单位千瓦动态投资 5358.38 元/千峰瓦。其中建设期利息 43.78 万元。工程静态投资 6176.98 万元，单位千瓦静态投资 5320.67 元/千峰瓦。

该项目采用"自发自用，余电上网"模式。光伏年均运行小时数 1411.06 h，年平均发电量 1638.16 千瓦时。对于自发自用电价，为了推动光伏绿色发电替换当前市电，考虑在市电基础上给予价格优惠。经统计，党政机关及工商业 2022 年平均用电价格为 0.4515 元/千瓦时，光伏发电时间段对应平均用电价格 0.4697 元/千瓦时；学校及村委为居民用电 2022 年平均用电价格为 0.3914 元/千瓦时；两种类型按容量加权计算平均电价为 0.4517 元/千瓦时；考虑给予 8 折价格优惠。该项目按照 0.4517×0.8＝0.3614 元/千瓦时作为自发自用电价，余电上网比例为 65%，余电上网电价采取青海省可再生能源上网基准价，即 0.2277 元/千瓦时。

该项目资本金比例为 20%，其余 80% 考虑银行贷款，贷款利率按业主提供的贷款年利率，建设期按 3.55% 计算，运营期按 3.00% 计算，按年计息，偿还方式为等额还本利息照付，还款期为 15 年。

4 效益预期

4.1 环境效益

该项目可节约大量的煤炭或油气资源，避免了多种大气污染物、温室效应气体以及灰渣的排放。该项目建成后的年均发电量为 1546.88 万千瓦时。按全国 6000 kW 及以上电厂供电标准煤耗约 308 g/kWh 计算，每年可节约标煤约 4757.61 t，按消耗水 3.1 L/kW 约标计，每年可节水 47960.66 t。相应每年可减少多种大气污染物的排放，其中减少 SO_2 排放量约 35.58 t，氮氧化物（以 NO_2 计）231.76 t，温室气体（以 CO_2 计）13589 t，烟尘（以 PM10 计）6187.74 kg，还可减少灰渣排放量约 1851.76 t。该项目的建设能实现经济与环境的协调发展，节能和环保效益显著。

4.2 社会效益

综合智慧零碳电厂建设对于当地的环境保护、减少大气污染具有积极的作用，并有明显的节能、环境和社会效益。可达到充分利用可再生能源、节约不可再生化石资源的目的，将大大减少对环境的污染，同时还可节约大量淡水资源，对改善大气环境有积极的作用。

该项目是国家电投落实碳达峰碳中和目标，推动共和县绿能零碳交通城市建设的具体实践。将打造成"绿能零碳交通"示范项目，形成可复制模式，共享发展模式，助力西部大开发，加速实现"双碳"目标。该项目建成后可带动示范效应，先行先试清洁能源，应用于交通领域，为共和县率先实现"双碳"目标、在全国打造零碳县做出国家电力投资集团应有的贡献。该项目对建设绿色低碳循环发展经济体系具有推动作用，能有效降低共和县碳减排，助力共和县开展绿色出行创建行动，具有较好的示范效应。零碳电厂消纳自有新能源，考虑向电网缴纳过网费；零碳电厂储能设施自主控制，实现绿电自发自充。

该项目建成后，不仅提供电力，减少污染，节约资源，有着积极的社会、环境意义，而且具有偿债能力，资本金财务内部收益率较好，项目在经济效益、社会效益和环境效益诸方面均可行。

在共和县开发建设综合智慧零碳项目，项目运维需要人员管理，可以拉动当地就业；方便各类电动车享受新能源优惠电价；户用屋顶增加租金收益；工商业自发自用降低用电成本；与村集体分享发电部分收益，增加村集体可支配的财政收入；是落实国家"3060"目标、振兴乡村经济、实施美丽乡村建设、履行能源央企的社会责任的重要举措，具有特殊的示范意义和政治意义。

4.3 经济效益

该项目总静态投资为 6176.98 万元。自用电价为 0.3614 元/千瓦时；余电上网电价为 0.2277 元/千瓦时。该项目采用全部"自发自用，余电上网"模式。屋面光伏年均运行小时数为 1343.52 h，年平均发电量为 1426.36 万千瓦时。车棚光伏年均运行小时数为 1241.74 h，年平均发电量为 118.02 万千瓦时。光伏部分合计年平均发电量为 1544.38 万千瓦时。微风机等效小时数为 500 h，年平均发电量为 10×5×500/10000＝2.5 万千瓦时。光伏部分和风力部分合计年平均发电量为 1546.88 万千瓦时。综合平均等效小时数为 1337.32 h。光伏所发电优先用于楼宇日常用电、就地消纳，剩余部分供充电桩使用，自我消纳电量为 35%，余电上网比例为 65%，余电上网电价采取青海省可再生能源上网基准价，即 0.2277 元/千瓦时。

充电桩服务费收入：经调研共和县汽车站站前广场充电站服务费为 0.5 元/千瓦时，为吸引用户前来充电，按照服务费为 0.45 元/千瓦时考虑。年收取服务费为 2974×0.45×3×365/10000＝146.54 万元（含 13% 销项税）。

该项目运营期为 25 年，基于自发自用电价（含税）为 0.3614 元/千瓦时，上网电价（含税）为 0.2277 元/千瓦时。进行经济效益分析测算，项目资本金财务内部收益率 8.72%。

5 创新点

该项目是在县域光伏开发既有成果基础上的拓展和延续，以分布式光伏、储能为主，并因地制宜地结合项目所在地的资源禀赋与微风发电、生物质垃圾发电、热泵、小规模集中式光伏、户用储能、村县级小共享储能、充电桩、可调用户负荷等相结合，以三网融合数字化平台连接，形成包括源、网、荷、储各要素在内的广义智慧控制系统。区别于常规火电，零碳电厂不仅能够提供绿色电力供应，还能通过负荷聚合调节，实现最大限度的调峰保供。

通过信息通信技术和软件系统，将用户侧各类分散、可调节的电源负荷汇聚起来，对这些资源进行统一的管理和调度，与外部集控系统、管理平台配合进行协同控制和优化，经过数据分析和运营策略调整后，对外进行能量输送，根据市场需求变化进行碳市场和电力市场交易，最终达到弥合电力供需矛盾、达到电力系统总体效益最大化的目的。

智慧系统作为三网融合平台的一个重要组成部分，将各类资源进行接入、分析、优化、调度和控制，可最大程度优化资源配置，优化运行方式，提高各设备的利用率和实时率。同时通过智慧系统，零碳电厂可以按照需求响应市场模式、辅助服务市场模式与电能量市场模式三种模式参与市场，灵活高效，提高经济收益。通过天枢平台，可促成市场环境下广大用户的充分参与、共享收益，让每一度电更智能、降低社会用电成本，并解决新型电力系统调度难题。

控制系统是综合智慧零碳电厂项目的唯一底层监视和操控系统，是实现电网公司对综合智慧零碳电厂进行直控调节、辅助市场型调峰调频、现货市场交易型调节、邀约响应型各类场景的全功能适应性控制实现系统；是具备负荷预测、成本与交易核算、优化调度、辅助竞价、结算交易、各层级人工智能寻优的智慧型自适应系统。

智慧控制的核心逻辑是通过信息通信技术和软件系统，将用户侧各类分散、可调节的电源负荷汇聚起来，对这些电力资源进行统一的管理和调度，与外部集控系统、管理平台配合进行协同控制和优化，经过数据分析和运营策略调整后，对外进行能量输送，根据市场需求变化进行碳市场和电力市场交易，最终达到弥合电力供需矛盾、达到电力系统总体效益最大化的目的。

专家点评：

　　该技术方案整体上具有一定程度的创新性。结合一个具体案例，从适用场景的源侧、网侧、荷侧以及结合储能等方面，阐述了创新方案所采用的技术路线。但对于创新方案的引领性和示范性有些不足，仅仅是从屋顶光伏、光伏车棚、充电桩、用户侧储能等常规的能源利用角度出发，方案中所采用的技术路线应用的项目也不具有十分突显的创新点。

　　建议进一步完善技术方案适用场景的边际条件，突出体现技术方案应用区域内的能源资源禀赋的充分利用，以实现用户用能需求的基本组成，诸如学校、医院、综合体、乡镇、村委会等。

┌ **案例 43** ┐

电-气-热综合能源系统不确定性能流多场景分析系统

申报单位：福州大学电气工程与自动化学院

摘要：电-气-热综合能源系统是提高可再生能源消纳水平、推动能源消费低碳转型的重要载体。该设计提出一种电-气-热综合能源系统不确定性能流多场景分析系统，该系统利用仿射算术构建电-气-热能源系统的不确定性仿射能流模型，并采用多维全纯嵌入法对仿射能流模型进行解析化嵌入重构。该系统能够预先离线求取综合能源系统的仿射型能流解析表达式，在在线应用中通过对仿射型能流解析表达式输入嵌入变量目标值，计算获取具体场景下的状态量分布区间，实现更加高效灵活的多场景不确定性能流在线分析，为系统运行状态在线评估、在线制定优化调度方案等工作提供有效支持。

1　适用场景

电-气-热综合能源系统是将电力系统、天然气系统和热力系统相互耦合并协调运行的多能源系统，对促进可再生能源消纳、推动能源消费低碳化具有积极意义。伴随新能源渗透率不断提升，以风电、光伏为代表的新能源出力具有波动性和随机性，使能源系统的源侧不确定性进一步提高。同时，在社会用能多元化发展下，用户与系统的互动性不断增强，负荷侧的不确定性同样不容忽视。上述源荷注入的不确定性影响将在各能源子系统中双向传递并交互影响，导致综合能源系统的不确定性日益显著。对此，不确定性能流分析能够获取不确定性因素影响下的能流分布特征，为系统运行规划和能源优化调度提供有效支持。

作为不确定性能流计算的重要系统之一，区间能流系统仅需获取不确定量的区间边界即可进行不确定性区间运算，具有易满足完备性、易于实现的优势，契合综合能源系统变量繁多、系统规模较大的特性，尤其在统计数据或经验信息不足时具有更强的工程实用性。仿射能流是区间能流的一种改进系统，能够在保持区间能流优势的同时，区分不同不确定性因素的影响并进行量化评估。然而，受自然条件及预测误差等因素影响，综合能源系统不确定性环境复杂多变，源荷的不确定性注入特征并非一成不变。当源荷不确定性特征改变时，传统仿射能流算法需要反复改变输入侧不确定性模型并重新计算，操作烦琐且计算负担较大，难以满足不确定性能流多场景分析的在线计算需求。鉴于此，该设计提出一种电-气-热综合能源系统不确定性能流多场景分析系统，以在线快速评估不确定性因素变化对系统运行和可靠性的影响，主要可应用于以下场景：（1）在线评估电-气-热综合能源系统的能量分布和转换状态，支持在线制定和检验优化调度方案；（2）模拟新能源并网后对电-气-热综合能源系统的影响，包括负荷平衡、能源利用效率等指标的变化；（3）应用于城市能源管理中，模拟不同场景下的能源供需关系，包括不同季节、不同天气条件、不同用能需求等。

2 能源供应方案

2.1 技术路线

综合能源系统中变量维度高、不确定性环境复杂多变，传统的不确定性多能流分析仅能够评估某一不确定性场景下的系统运行状态，难以满足多场景分析的在线应用需求。针对上述问题，该设计在深入查阅国内外相关文献、掌握相关领域研究动态的基础上，结合前期相关研究成果，提出一种电-气-热综合能源系统不确定性能流多场景分析的创新设计。具体技术路线如下。

2.1.1 基于仿射算术的不确定性多能流模型构建

首先，考虑源荷不确定性建立综合能源系统多能流模型。根据源荷预测信息获取电力系统、天然气系统和热力系统中的不确定性源荷集合；在此基础上，利用噪声元区分不同不确定性因素影响，并采用仿射算术建立源荷变量和不确定状态量的仿射模型，进而考虑耦合设备处的能量转换关系，依据能流方程约束构建电-气-热综合能源系统的仿射多能流模型。

2.1.2 基于多维全纯嵌入法的仿射多能流模型解析化重构

其次，鉴于传统数值求解系统仅能获取仿射能流数值解，不具备解析性质，因此采用多维全纯嵌入法对已构建的仿射多能流模型进行解析化嵌入重构。引入多个全纯嵌入变量，并将其表征为源荷注入尺度，以此追踪和衡量不同源荷注入区间范围的变化，将仿射能流的解析维度由一维拓展至高维，涵盖不同源荷波动范围下的仿射能流解。在此基础上，对仿射能流方程进行全纯嵌入重构，建立可联合求解的电-气-热全纯嵌入仿射多能流模型。

2.1.3 仿射型能流解析表达式离线求解

接着，鉴于在线应用场景中对计算效率要求较高，在线应用时完整、反复地进行仿射能流计算无法满足需求，因此，将仿射能流计算划分为离线和在线两阶段，在离线阶段求解综合能源系统的仿射型能流解析表达式。通过对已构造的全纯嵌入仿射多能流模型中的全纯函数进行泰勒展开，根据相同幂次项系数相等的原则，可推导得到仿射型状态量的幂级数系数递推关系。在此基础上，利用递归求解仿射型状态量的各阶幂级数系数，可获得其仿射型显式表达式，即综合能源系统的仿射型能流解析表达式。

2.1.4 仿射能流多场景在线分析

最后，在在线计算阶段中，根据具体不确定性场景下的源荷注入区间条件，确定各全纯嵌入变量的目标值并将其输入仿射型能流解析表达式，计算获取对应场景下的仿射能流解。当源荷不确定性特征发生改变时，通过对能流解析表达式输入不同目标值，实现多场景仿射能流连续分析与不确定性因素影响跟踪评估。

2.2 技术路径

所提创新设计的技术路径具体如下：
（1）根据源荷预测信息获取不确定性源荷集合；
（2）输入网络参数和耦合设备参数，建立电-气-热综合能源系统的仿射多能流模型；

（3）设置不同全纯嵌入变量为不同源荷的注入尺度，并分别设置受其缩放控制的功率基值，完成仿射多能流模型进行解析化全纯嵌入重构；

（4）推导各状态量的仿射型幂级数系数递推关系；

（5）分别获取电力、天然气和热力系统的状态量初值；

（6）逐阶递归求取各仿射型状态量的幂级数系数；

（7）判断是否满足递归收敛条件，若不满足则返回（6）进行下一阶递归计算，直至满足收敛条件，获取各仿射型状态量的显式表达式，即仿射型能流解析表达式；

（8）根据具体不确定性场景确定全纯嵌入变量目标值，将其输入仿射型能流解析表达式，计算对应场景下的仿射能流解；

（9）将计算所得状态量仿射解转化为区间值，获取电-气-热综合能源系统的不确定性能流区间分布。

3 用户服务模式

3.1 满足用户需求分析

所提创新设计涉及电力、天然气和热能，可应用于不确定性环境下的电-气-热能流多场景在线快速分析，面向的用户主要为电-气-热综合能源系统的操作或调度人员，能够满足用户的以下应用需求：（1）实时评估和分析电-气-热综合能源系统的运行状态和能量流动情况，以及系统中能量转换环节的耦合情况；（2）对多种不确定性因素的预测和快速响应，如天气变化、能源供应状况、用户需求以及市场价格波动等；（3）支持在线制定优化调度方案，包括能源供应、消费、储存和分配等方面的决策，以实现电-气-热综合能源系统的高效运行和节能减排；（4）支持电-气-热综合能源系统的故障智能诊断和预警。

3.2 服务模式

所提创新设计面向相互耦合、协同运行的电-气-热综合能源系统，能够提供不确定性能流多场景分析的在线应用服务。该创新设计的成本主要包括研发人员成本和软件开发成本。由于服务对象主要面向综合能源系统的操作或调度人员，收费模式可采用订阅服务模式或授权模式。订阅服务模式中，用户可以选择按月或按年订阅服务，在服务期间内享受该创新设计提供的在线分析服务；购买授权模式中，用户可以一次性购买该创新设计的授权，获得永久使用的权益。用户使用期间可免费享受固件升级、软件更新等服务。

4 效益预期

4.1 环境效益

该创新设计提出的电-气-热综合能源系统不确定性能流多场景分析系统，较好地契合了我国"双碳"目标下的节能减排规划，环境效益主要表现在：（1）通过在线快速分析电-气-热能流分布，能够在不确定性环境下指导可再生能源和非可再生能源灵活地组合和利用，减少化石能源的消耗，降低有害气体的排放量；（2）通过对能量输送与转化的快速跟踪分析，能够及时制定能源优化调度方案，更大限度地降低能源的消耗，提高能源利用效率。

4.2 社会效益

该创新设计可快速获取不确定性环境变化下的能量转换状态与分布特征，社会效益主要体现在：（1）能够挖掘能源利用效率低下的环节和原因，为运行调度优化提供分析基础，有利于提高新能源消纳水平和推动能源可持续发展；（2）能够对电力、天然气和热能的能量流动进行在线分析，提高对能源的监管和控制能力，有助于保障能源供应的安全性和稳定性；（3）能够提高系统分析的灵活性，加强操作人员复杂情况的预测和应对能力。

4.3 经济效益

该创新设计可快速跟踪分析不确定性因素变化下的多能流分布区间变化，经济效益主要体现在：（1）能够根据能流分布特征变化的评估结果制定优化调度策略，减少能源的浪费和损耗，降低能源消耗和系统运营成本；（2）有助于明晰不确定性环境下变压器容量、电压限值等能流条件的裕度范围，进而促进可再生能源的开发与接入，充分挖掘系统的潜在运行效能；（3）有助于在能源生产、传输和使用过程中，及时发现并解决问题和隐患，避免事故的发生，减少经济损失；（4）能够提高综合能源系统能量分析管理的自动化程度，减少人力成本，提高应用效率。

5 创新点

（1）所提创新设计利用仿射算术建立了电-气-热综合能源系统的不确定性多能流模型，能够保持区间能流所需信息少、易于实现的优势，同时能够区分不同不确定因素的影响作用，并据此对各不确定性因素进行量化分析。

（2）所提创新设计对仿射多能流模型进行多维解析化构造，仿射型能流解析表达式涵盖不同源荷波动范围下的仿射能流解，且求取过程与具体场景无关，可提前离线导出，能够大幅降低在线应用场景中的计算耗时。

（3）当不确定性场景发生变化时，所提创新设计可通过对仿射型能流解析表达式输入嵌入变量的目标值，实现多场景连续分析，能够克服传统分析系统需要连续调用能流算法并重复计算的不足，有效提高仿射能流在线计算效率，实现更为高效灵活的多场景不确定性能流分析和不确定性因素影响量化评估。

专家点评：

项目瞄准综合能源系统容量规划及运行求解过程中的双侧不确定性问题，提出了一套合理创新的解决方案，对于高比例可再生能源为主的综合能源系统及其灵活性的运行，具有重要理论和实践指导意义。

项目所提创新设计利用仿射算术建立了电-气-热综合能源系统的不确定性多能流模型，能够保持区间能流所需信息少、易于实现的优势，同时能够区分不同不确定因素的影响作用，并据此对各不确定性因素进行量化分析。

项目所提创新设计对仿射多能流模型进行多维解析化构造，仿射型能流解析表达式涵盖不同源荷波动范围下的仿射能流解，且求取过程与具体场景无关，可提前离线导出，能够大幅降低在线应用场景中的计算耗时。

横琴武警边防公路光伏储能路灯
示范项目方案

申报单位：国电投（珠海横琴）热电有限公司

摘要： 横琴粤澳深度合作区与澳门一水一桥之隔，面积是澳门的 3 倍多，也是内地唯一与香港、澳门陆桥直接相连的地方，粤澳合作具有先天优势。2009 年，《横琴总体发展规划》开始实施，标志着横琴开发建设成为国家战略，横琴的新地标地位日益显现。随着我国"双碳"目标的深入实施，新能源产业发展迅速，国家将推进实施"光伏+"示范工程，如"光伏+铁路"工程、"光伏+道路"工程、"光伏+高速"工程、"光伏+其他"工程。目前，横琴粤澳深度合作区边防公路市政基础设施较为薄弱，配电网未完全覆盖，该项目通过"光伏+储能+道路"解决边防公路照明及亮化改造。

1 适用场景

该方案光伏储能路灯的适用场景非常广泛，主要包括：

边海防执勤道路照明。我国已建成边海防执勤道路 3 万多千米，根据边海防执勤道路的照明要求，边海防执勤道路在夜间应提供足够的照明，确保执勤人员和车辆能够清晰地看到道路情况。照明设施应布置合理，光线均匀、不刺眼，避免对驾驶员和行人造成困扰。

河道堤防道路照明。我国河道大部分缺乏夜间灯光照明设备，给夜间防汛抢险及基层工作人员巡查工作造成诸多不便。

2 能源供应方案

2.1 技术路线

项目方案以国家能源局下达开展可再生能源发展试点示范的文件为依据建设光伏廊道示范，同时解决横琴粤澳深度合作区边防公路照明不足的问题。其中包括南侧约 4.1 km 的新增路灯照明及北侧约 10 km 路灯亮化改造。

2.1.1 项目方案背景

依据《国家能源局关于组织开展可再生能源发展试点示范的通知》国能发新能〔2023〕66 号中，关于开发建设光伏廊道示范的要求，主要支持利用铁路边坡、高速公路、主干渠道、园区道路和农村道路两侧用地范围外的空闲土地资源，因地制宜推进分布式光伏应用或小型集中式光伏建设，探索与城乡交通建设发展相结合的多元开发、就近利用、绿电替代、一体化运维的新型光伏开发利用模式。

光伏廊道的意义是提高城市的能源利用效率，增加能源利用空间，增强城市绿色环境，实现城市可持续发展。随着我国"双碳"目标的深入实施，新能源产业发展迅速，国家将推进实施"光伏+"示范工程，如"光伏+铁路"工程、"光伏+道路"工程、"光伏+高速"工程、"光伏+其他"工程。

光伏廊道的发展模式是基于集成的技术发展，即将光伏技术和结构优化的技术相结合，实现有效的光伏发电技术。它可以提高光伏系统的效率，同时减少结构组件的重量，从而降低安装和运行成本。此外，它还可以改善光伏系统的可靠性，并降低系统的维护成本。

2.1.2 项目实施目标

横琴粤澳深度合作区边防公路北起琴海北路中段（即横琴大桥东南侧上桥口处），沿琴海北路、琴海中路、环岛东路沿线，南至横琴湾酒店南部，道路全长约 14 km。经踏勘，大部分路段净宽 8.5 m 以上，其中横琴湾酒店南侧约 4.1 km 道路位于尚未开发区域，市政基础设施较为薄弱，配电网未完全覆盖。目前该区域边防公路南侧约 4.1 km 的边防公路尚未配置道路照明系统，该项目为其建设新的照明系统，同时北侧约 10 km 原有市电照明系统亮度较弱，该项目为其进行亮化改造。该项目通过"道路光伏+储能+路灯"解决边防公路的照明系统不足问题，并通过光伏上网+储能放电实现经济收益。图 44-1 和图 44-2 为项目效果图。

图 44-1　项目效果图 1

2.1.3 项目内容分析

横琴边防公路属武警部队管辖，公路设计均为 8500 mm 宽以上。其常用的依维柯巡逻执法车整车尺寸长、宽、高分别为 5151 mm×2011 mm×2307 mm。巡逻执法车车宽为 2011 mm，在 8500 mm 的道路上行驶，可将道路重新设计宽为 3500 mm 双向车道，中间设置

图 44-2　项目效果图 2

1500 mm 宽的隔离带，在适当区域路段设置回车区。能源供应方案设想可利用边防公路中间设置的隔离带及边防公路岸堤的空闲区域布置光伏组件开发建设光伏廊道为路灯提供绿电，结合建设储能设备实现白天将太阳能转化为电能对储能设备充电，晚上储能设备放电向路灯提供绿电照明，同时白天光伏组件富余发电量上网售电实现经济收益。

2.1.4　项目技术方案

边防公路路灯照明供电方案采用"光伏+储能+市电"的方式。其中：光伏拟采用单晶硅组件、钙钛矿组件、铜铟镓硒（CIGS）组件，布置于边防公路 1500 mm 宽的隔离带及边防公路岸堤的空闲区域沿边防巡逻道路铺设形成光伏廊道及光伏道路，估算安装容量 4024.8 kWp 并网售电；储能采用 4 kW/48 kWh 系统的铅碳电池沿光伏廊道分散式配置为路灯照明供电；路灯照明系统供电以光伏组件白天发电为储能设备充电余电上网，晚间储能设备实现 12 h 放电为照明系统供电。图 44-3~图 44-5 分别为边防巡检道光伏平面布置图、边防巡检道刨面示意图（光伏廊道区域）、边防巡检道刨面示意图（光伏道路区域）。

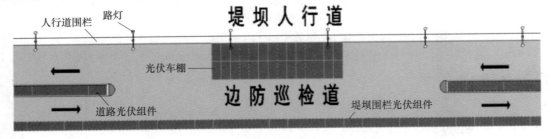

图 44-3　边防巡检道光伏平面布置图

2.1.5　项目光伏并网方案

横琴粤澳深度合作区电网供电电压分别为 220 kV/20 kV/380 V，该项目光伏廊道及光伏道路长约 7.9 km 安装容量约 4024.8 kWp，考虑电损耗及设备投资成本，推荐采用 380 V 电压等级分多点并网。

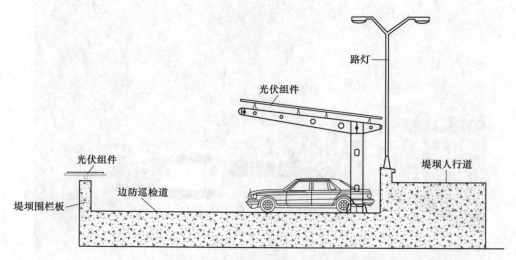

图 44-4　边防巡检道刨面示意图（光伏廊道区域）

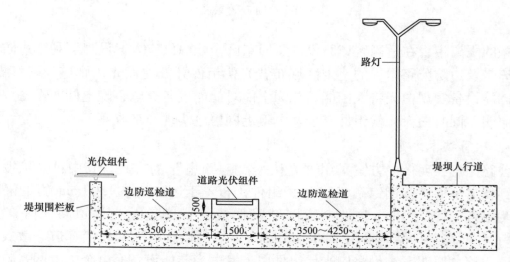

图 44-5　边防巡检道刨面示意图（光伏道路区域）

2.2　技术路径

图 44-6 为横琴武警边防公路光伏储能路灯项目方案。

3　用户服务模式

3.1　满足用户需求分析

该项目北起琴海北路中段，横琴大桥东南侧上桥口处，沿琴海北路、琴海中路、环岛东路沿线，南至横琴湾酒店南部，道路全长约 13 km，规划建设一条环海沿线的光伏廊道及光伏道路，总长度约 7.9 km。该项目主要采用 585Wp 组件，共安装组件 6880 块，总装机容量约 4024.8 kWp，采用 380 V 电压等级分多点并网模式，供周边工商业用户用电，并对储能进行充电。

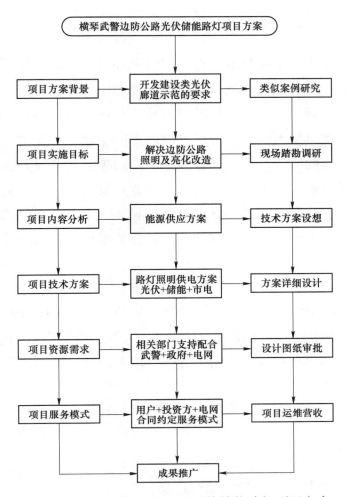

图 44-6　横琴武警边防公路光伏储能路灯项目方案

3.2　服务模式

由国家电力投资集团公司投资建设,承担光伏电站的投资、设计、建设、运营及维护,运营期 25 年内,日间光伏所发电上网销售;夜间储能放电至电网未覆盖区域的照明系统,电量以市政电价向用户销售。

4　效益预期

4.1　环境效益

光伏电站所发电力为绿色清洁电力,发电过程中不会产生废气、废液排放,该项目年均发电量约 434 万千瓦时,可节省标准煤约 1315 t,可减少排放二氧化碳约 3509 t,可减少排放硫氧化物约 26 t,可减少排放氮氧化物约 9 t。25 年运营期内发电量可达 10868 万千瓦时,可节省标准煤 32876 t,可减少排放二氧化碳约 87742 t,可减少排放硫氧化物约 668 t,可减少排放氮氧化物约 226 t,具有显著的节能减排效果,环境效益良好。光伏产业的发展让未来世界变得更清洁、更安全,能源利用更丰富。

4.2 社会效益

光伏电站的建设不需要占用额外的土地，对资源环节及土地占用要求灵活广泛，可以提高土地的利用率和价值。光伏电站靠近负荷用户，提高能源利用效率，减少电能远距离传输带来的线损及稳定方面的问题，能有效提高供电质量和供电可靠性；光伏电站有助于电网削峰填谷、降低能耗，延缓负荷不断增长带来的电网不断扩建，提高电力系统的灵活性。光伏电站的建设可以带动当地的经济增长和就业。光伏电站项目的开发和建设，可促进地区相关产业，如建材、交通运输业的大力发展，对扩大就业和发展第三产业将起到显著作用，从而带动和促进地区国民经济的全面发展和社会进步。随着光伏电厂的相继开发、建设和运营，光伏发电将成为地区又一大产业，为地方经济开辟新的增长点，拉动地方经济的发展。

4.3 经济效益

项目总投资约1650万元，25年运营期发电销售收入总额约5405万元，发电利润总额约2925万元。项目投资回收期（所得税前）为8.07年，项目投资回收期（所得税后）为8.67年；项目投资财务内部收益率（所得税前）为13.21%，项目投资财务内部收益率（所得税后）为11.08%。

5 创新点

5.1 助力深合区发展，积极推广先进新能源产品

项目主要新能源设备选用深合区及周边相关产品。
（1）光伏组件选用珠海高景、爱旭产品。
（2）储能采用太湖能谷铅碳电池（横琴合作区产业投资基金参与企业）。

5.2 探索多元效益，结合新技术光伏组件开发广告收益

钙钛矿光伏组件是一种新型太阳能电池，近年来备受关注。它具有较高的转换率、低成本和广泛的材料选择优势，因此在太阳能领域有着广阔的应用前景。项目可结合钙钛矿光伏组件的制造工艺，利用护坡上布置组件时做一些广告图案等宣传作用。图44-7为边防巡检道护坡光伏布置图。

5.3 积极开展发电道路创新试点

利用薄膜光伏组件技术，在边防公路上试点采用发电道路试点。发电道路使用铜铟镓硒（CIGS）柔性不锈钢衬底的太阳能发电材料，避免传统光伏马路晶硅芯片因形变产生碎裂、隐裂的担忧和电势诱导衰减等风险。项目可结合薄膜光伏组件技术，在边防公路地面回车掉头处试点采用。图44-8为发电道路试点示意图。

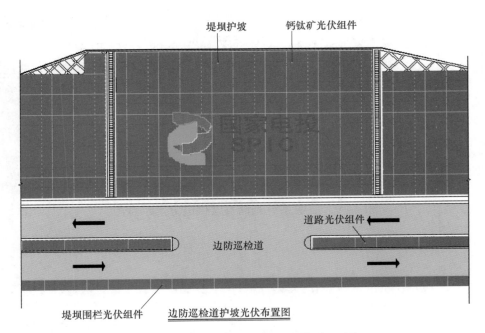

图 44-7　边防巡检道护坡光伏布置图

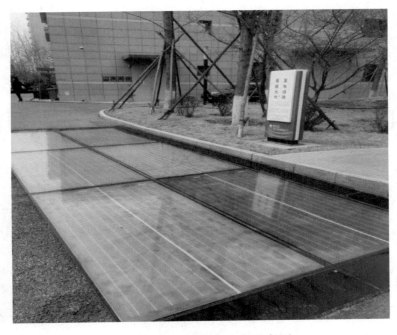

图 44-8　发电道路试点示意图

5.4　光储直柔供电方案在公路照明的应用

交流 AC380 V 供电照明系统在公路照明应用中存在的问题：（1）电压等级为交流 380 V，远距离供电线损超过 5%；（2）照明输电电缆线径粗，成本高；（3）使用 TN-S 接地方式，易造成触电伤害等问题，路灯照明系统拟采用直流供电方式，形成光储直柔供电方案。图 44-9 为照明系统光储直柔供电方案示意图。

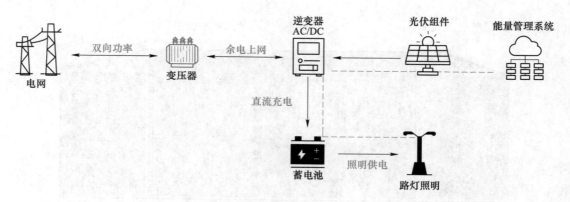

图 44-9　照明系统光储直柔供电方案示意图

专家点评：

　　方案创新之处在于结合常规的光伏储能技术，延展至"光伏+储能+道路"场景，突出体现"边海防执勤、河道堤防巡逻"道路一揽子解决边海防执勤公路照明及亮化改造。

　　该方案结合与城乡交通建设发展相结合的多元开发、就近利用、一体化运维的光伏开发利用模式，提升了能源利用空间和能源利用效率，充分考虑"光伏廊道"与边海防执勤道路特点的贴切结合。具有解决和借鉴边海防区域、沿海孤岛等执勤巡逻公路、道路缺少照明以及照明不足问题。同时方案中采用了薄膜光伏发电道路技术试点和光储直柔公路照明供电方案等。

「案例45」

浙江哲丰新材料有限公司 42 MW/284.884 MWh 储能项目设计方案

申报单位：国家电投集团福建电力投资有限公司

摘要：该项目位于浙江省衢州市常山县瑞丰路 65 号浙江哲丰新材料有限公司规划区域内。在企业已有厂房布置额定功率为 42 MW，额定容量为 284.884 MWh 的储能电站一座。电站配置 7 套 6 MW/40.697 MWh 的储能单元，通过 28 台 1500 kW PCS 及 7 台 6600 kVA 升压变接入用户 110 kV 变电站内的 10 kV 配电系统。电站根据用户用电负荷情况由能量管理系统（EMS）控制储能系统的能量存储与释放，由电池管理系统（BMS）控制电池衰减程度，每天放电约为 231.993 MWh，基本满足用户尖峰用电需求及部分高峰用电需求。

1 适用场景

适用于工商业企业的用户侧储能。

2 能源供应方案

2.1 技术路线

电化学储能（铅碳电池）。

2.2 技术路径

该项目装机功率为 42 MW，装机容量为 284.884 MWh。由 7 个储能单元组成，每个储能单元额定充放电功率为 6 MW，装机容量为 40.697 MWh，每个储能单元主要包含 1 组 PCS 升压一体舱和 16 簇电池单元，每个升压一体舱汇集成 1 回 10 kV 线路，通过电缆接入用户升压站的 10 kV 母线。该项目共 7 回 10 kV 线路，7 组 PCS 升压一体舱和 112 簇电池。电站根据用户用电负荷情况由能量管理系统（EMS）控制储能系统的能量存储与释放，由电池管理系统（BMS）控制电池衰减程度。储能电站放电时，电池储存的电能通过 PCS 升压一体舱，将直流电转换为 10 kV 交流电输送至企业配电系统；充电时则逆向放电过程。图 45-1 为储能电站工作过程。

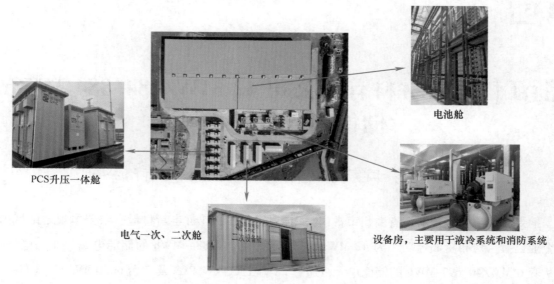

电池舱

PCS升压一体舱

电气一次、二次舱

设备房，主要用于液冷系统和消防系统

图 45-1　储能电站工作过程图

3　用户服务模式

3.1　满足用户需求分析

能源用户的类型以用电为主，用户性质为工商业用户，42 MW 的额定功率可满足绝大部分时候企业用能瞬时负荷需求，在极端功率时刻也可大幅度降低企业用能瞬时功率，降低企业基本容量费用。

3.2　服务模式

投资方式由建设投资单位全额投资，企业业主不参股，与企业签订合同能源管理协议，企业业主享受项目收益分成，收费模式根据当月充放电量及尖峰谷平电价直接与企业业主结算。

经营方式为低谷时段利用企业业主变压器剩余容量对储能电池进行充电，峰时段利用电池储能的电能对企业进行放电，实现峰谷套利。

4　效益预期

4.1　环境效益

铅碳储能技术具有不消耗化石燃料、可不受地理因素限制、效率较高、安全等优点，属于新型储能技术，同时铅碳电池回收生产线成熟，基本不产生废弃物处理等问题，无二次污染。国家鼓励和支持具备条件的地区、部门和企业，因地制宜开展各类储能技术应用试点示范。

4.2 社会效益

该项目能够为电网运行提供调峰、调频、备用、需求响应支撑等多种服务，能削峰平谷，改善电能质量，是提升传统电力系统灵活性、经济性和安全性的重要手段，有利于构建能源互联网，推动电力体制改革和促进能源新业态发展。

该项目将拉动周边经济和电力上下游产业链的进一步发展，对当地产生可观的经济效益和社会效益，对区域经济的发展也起到积极的推动作用，项目投产后预计平均每年约纳税155万元。

4.3 经济效益

项目年产值约5018万元，资本金财务内部收益率为11.28%，投资回收期为12.41年（税后）。

5 创新点

该项目采用的技术路线为电化学储能铅碳电池，铅碳电池作为传统铅蓄电池进一步改进而来的，相对于其他电池类型，其技术路线更成熟、安全可靠性更高。尤其对于大型化工企业，其对储能电池的安全性要求更高。因此，相对于其他电池类型，铅碳电池对企业的安全生产更具有长期性和稳定性，更符合企业的安全生产理念。

该项目采用站房式的布置方式，即将电池、电气设备等储能核心设备放置在建筑物内的储能集成方式。相比室外平铺式的布置方式更集中，相同土地面积内的装机容量更大。对于江浙沪等地区，由于土地成本高，用地紧张，采用站房式布置，一方面可节约企业用地，另一方面可减少投资方的土地租赁费用。此外，相对于室外平铺式，站房式布置更有利于后期运维巡检，同时对电池及电气设备保护程度更高。

该项目在站房屋顶新建分布式光伏，光伏所发电量接入储能电站用电系统，给整个储能电站提供部分辅助电源（制冷机组、照明、电气设备用电等）。分布式光伏的建设将电站厂区的太阳能资源充分利用，根据现有的场景和土地，让能源的利用率最大化。

该项目直流侧电池热管理采用集中式的液冷系统及暖通系统。当电池温度较高时，利用三台螺杆冷水机组集中给所有电池组降温；当电池组温度较低时，利用空气源热泵集中给电池舱供暖。

该项目的商业模式创新在于，根据企业现有负荷按需缴纳基本电费接近按容缴纳基本电费的特点，在缴纳最少容量费的基础上实现储能电站最大功率充电，使得其容量费最优。

6 解决问题

6.1 安全问题

该项目的建设，对企业的安全生产具有长期性和稳定性，更符合企业的安全生产的理念。

6.2　用能问题

　　该项目的建设，将降低企业用电成本，可参与到电网的调峰调频中，"削峰填谷"平衡电网供电压力，有限缓解当地的用电紧张及迎峰度夏等问题，提高电网的稳定性和可靠性，优化能源结构，助力国家构建新型电力系统，促进可持续发展具有重要意义。

专家点评：

　　该项目采用改进的新型铅炭电池，使得储能系统具有以下优势：一是充点速度高；二是放电功率高；三是循环寿命高；四是用安全稳定性高，可广泛地应用在对安全性要求高的地点，如化工企业等。方案采用站房内布置，节省用地，运维方便。该储能系统投运后，既可以满足用户尖峰用电需求，还可以节省容量电费，经济效益好。对推动新能源发展和储能行业进步有一定的现实意义。

案例 46

南宁市凤岭汽车站智慧能源项目方案

申报单位：广西鑫源电力勘察设计有限公司

摘要： 智慧充电站以"光伏+储能+充电+能源管理运营"一体化系统支撑，集充换电和服务于一体，提供可再生能源自发自用、削峰填谷、充换电服务等多种商业盈利模式，缓解电网系统压力，实现清洁能源的循环使用。融入市场化发展"第三方"合作模式，加快推动商业模式创新。紧跟电动汽车充换电服务行业"引流"禀赋和市场发展前沿，加快推动前瞻性技术研究与应用、商业模式创新与试点。聚焦重点领域推进产业化，打造公司对充换电服务行业未来发展的引领力。搭载第三方充电桩运营管理平台，同时支持平台功能定制化，通过数智化运营，实现管理营销全面掌控，满足各类型充电运营商需求。

1 适用场景

电动车充（换）电业务是能源网中链接"千家万户"的最佳方式，具有巨大的互联网商业价值，也是"绿电交通"的典型应用场景，亦可通过分布式电源（屋顶光伏）+充电网（用户侧可调负荷)+分布式储能聚合构建"综合智慧零碳电厂"。

电动车充（换）电主要通过有序充电、车网互动、换电、电池储能等方式逐步解决对电网产生波动的问题，同时高度融入用户侧开发，向上接受零碳电厂统一调度，向下面向终端消费客户，吸引客流。可广泛应用于产业园区、公共区域、居民社区、快递物流等城市、县域场景。

项目建设场址区域应符合城镇规划、环境保护的要求，对外交通较便利，靠近城市道路、人流集中的商圈、能源车主聚集区域、运营司机集中区域、交通流量较大的地区，同时应考虑当地土地使用政策、环保要求及供电能力等因素，且与城市中低压配电网规划和建设密切结合，满足供电可靠性。充电站选址建设均通过数据模型进行合理规划，根据模型所推荐的充电桩的位置均符合高峰时段的充电需求，太阳能资源较丰富，开发建设条件较好，是建设太阳能光伏电站较为适宜的站址。

2 能源供应方案

2.1 技术路线

"光储充"一体化充电站，是新能源产业发展模式的创新实践，能够缓解电车用户充电的焦虑，同时为电动汽车的充电站建设和运营管理提供新的解题思路。

2022 年，国家发展改革委、国家能源局发布的《"十四五"现代能源体系》提出，推动电动汽车与智能电网间的能量和信息双向互动、开展光、储、充、换相结合的新型充换电场站试点示范。

"光储充"一体化充电站融入市场化发展"第三方"合作模式，加快推动商业模式创新。充电站是个引流工具，是能把滴滴、出租、接送客人员变成一个商圈。紧跟电动汽车充换电服务行业"引流"禀赋和市场发展前沿，加快推动前瞻性技术研究与应用、商业模式创新与试点。聚焦重点领域推进产业化，打造公司对充换电服务行业未来发展的引领力。

储能的形式决定了其可以选择性地在用电高峰放电，在用电低谷进行蓄能，具备调节作用，能够参与到电力市场调峰、辅助调频等行为中，从中获益。

控制投资风险，第三方进入有利于利用社会资源加入，以千瓦时为单位分配各自电度电价，设置兜底电价。保障投资第三方途径收益增值，并带动充电产业圈发展。

2.2 技术路径

充电桩总体设计方案：在凤岭汽车站内新建新能源充电设施；设置 30 个 1 拖 2 的直流充电桩，充电桩功率 120 千瓦/个；电动汽车充电区装机容量为 3600 kW。

太阳能电站光伏阵列单元由太阳能电池板、阵列单元支架组成。优化阵列单元间布置间距，降低大风影响，减少占地面积，提高发电量为布置原则。一般情况下混凝土屋面按正南向布置，固定倾角安装；沿充电桩雨棚顶面平铺。该工程采用分块发电、集中就近并网方案，每个直流回路由 1600 块 550W 型光伏组件串联而成，每个逆变器接入 10 个直流回路，逆变器经汇流并网箱接入充电桩新建箱式变压器低压侧，光伏安装容量 0.88 MW。图 46-1 为地面停车场光伏板安装效果参考图。

图 46-1 地面停车场光伏板安装效果参考图

该项目储能系统由 1 套储能系统集装箱组成，单套储能系统容量为 1 MW/2 MWh，总容量为 1 MW/2 MWh，包括储能预制舱，预制舱内部包含电池系统、电池管理系统、PCS、UPS、空调、照明、消防、通风以及配电接入系统等辅助部件、储能预制舱内部留有安装/维修通道；利用并网运行模式，通过 0.4 kV 开关柜接入数据中心的配电系统，实现削峰填谷、提升新能源消纳等功能。

3 用户服务模式

3.1 满足用户需求分析

以能源服务为核心，以充电服务为基础，以服务出行为导向，搭建产业链生态平台，以建设"智慧能源、智慧交通、智慧生活、智慧城市"为目标，开展"技术、服务、商业模式"创新。整合发挥产业规模效应和叠加效应，坚持"以客户为中心"，为客户提供"最安全、最便捷、最优惠"的服务。打造卓越的电动汽车服务运营商，电动汽车产业价值链整合商，绿色能源生态服务商。充电桩（站）作为发展电动汽车所必需的配套基础设施，随着电动汽车的加快推广使用，需求量日趋增大，因此其具备了广阔的市场前景。充电设施对促进我国电动汽车产业发展，实现节能减排目标、服务民生、提高出行品质及城市影响力具有重要作用。

3.2 服务模式

投资方式可以通过与充电桩供应商、能源公司、充电网络运营商或房地产开发商等相关行业合作或合作投资。还可以考虑参与充电桩项目的股权投资、风险投资或基金投资等途径。

引入"人+车+桩+站"一体化第三方平台，支持对外开放、互联互通，可将车辆、电池、充电等海量数据及分析结果共享给合作伙伴及第三方公众服务平台，为社会提供高效、稳定、安全的深化服务。整合与多家平台互联互通，包含政府平台、车企、充电运营商、地产物业、地图服务平台、停车平台等。第三方平台拥有丰富的自建自营充电站经验；能够利用自身技术优势和资源，为广大运营商提供从设备提供、建站方案、平台接入、智能运维到多渠道引流的"五维一体"全产业链充电生态服务。第三方平台通过量化关系分析，寻找实际充电时长与充电单价之间的函数关系，从而通过调整每个充电桩价格，实现自营桩使用率或市场占有率的提升。帮助场站运营更加省心，实现场站持续盈利。

4 效益预期

4.1 环境效益

项目建设符合国家产业政策及发展要求，符合能源产业发展方向，符合地区国民经济可持续发展的需要，符合国家向低碳经济方向发展的需要，符合改善生态、保护环境的需要。

光伏发电不产生传统发电技术（例如燃煤发电）带来的污染物排放和安全问题，没有废气或噪声污染。系统报废后也很少有环境污染的遗留问题。太阳能是清洁的、可再生的能源，开发太阳能符合国家环保、节能政策。项目地具有丰富的太阳能资源，非常适合于建设大规模高压并网光伏电站。大规模光伏电站的开发建设可有效减少常规能源尤其是煤炭资源的消耗，保护生态环境。

4.2 社会效益

光伏发电均属于利用可再生的清洁能源，符合国家产业政策和可持续发展战略，具有较好的经济效益、社会效益和环境效益。

根据该期工程的工程条件，是适宜建设光伏发电工程的。在光照资源充足的条件下，通过科学、合理所确定的光伏板位布置，一定能够产生最大的经济效益。按照上述内容要求就该项目建设所产生的社会效果：随着社会的发展，能源需求将不断增长，在我国化石资源已日趋紧缺，能源的过度开发导致的生态环境问题已日益突出，能源供应和环境保护是国民经济可持续发展的基本条件，光伏发电，由于其所特有的可再生性，在产生能源的同时，极少地消耗其他资源和能源，保护了生态环境，改善了电力能源结构，进而促进了国民经济的可持续发展，为创造和谐社会起到了积极的促进作用。

该项目的建设，积极响应了国家推动分布式光伏发展建设，将会极大地推动和促进当地后续光伏事业的发展。可以预计，随着光伏发电规模的扩大，直接效益体现在：建设项目的增加，带动当地建筑业、建材业、制造业的发展。

装机容量的增加，带来发电收入的增加，地方税收增加；间接效益将体现在：光伏的建设，优化了电网电源结构，增加了能源供给，势必建立起良好的经济发展硬环境；良好的硬环境下，必将促进相关产业的快速发展。

将增加居民就业，就业的增加使居民平均收入水平提高；当地财税增加，公共设施得以完善，生活福利水平提高；还将促进城市化的进程，进而提高当地居民的物质和精神文明的生活水平。

4.3 经济效益

该期光充储项目按经营期年均上网电价（含增值税）光伏电价进行财务评价得出：项目投资回收期（所得税后），项目投资财务内部收益率（所得税后），资本金财务内部收益率，总投资收益率，项目资本金净利润率为。项目资本金财务内部收益率高于资本金基准利率8％。表明该项目具备优良的财务盈利能力。

5 创新点

"光储充"一体化充电站，是新能源产业发展模式的创新实践，同时为电动汽车的充电站建设和运营管理提供新的解题思路。引入"人+车+桩+站"一体化第三方平台，支持对外开放、互联互通，可将车辆、电池、充电等海量数据及分析结果共享给合作伙伴及第三方公众服务平台，为社会提供高效、稳定、安全的深化服务。

 专家点评：

　　该方案聚焦可再生能源的自发自用，为用户提供充换电服务，参与电网的调峰服务，为充电站提供"光伏+储能+充电+能源管理运营"的智能化系统支撑，实现清洁能源的循环利用。智能化的充电站由于其使用地点广泛，引领作用和引流作用强大，因此可以加快商业模式创新，同时可以为各类充电运营商提供服务。对推动充换电行业进步有一定的现实意义。

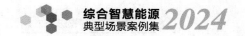
「**案例** 47」

零碳姚湾码头示范项目方案

申报单位：南昌绿动交投智慧能源科技有限公司

摘要：通过多种能源形式协同互动，促进新能源大范围消纳和高效利用。该方案拟通过开展国家电投姚湾码头示范项目的创意设计，研究多种能源形式协调互动，打造零碳码头，港口作为国际门户，降碳减排意义重大，世界港口看中国，我国企业探索的零碳码头技术，将为推动经济发展、加速技术革新作出突出贡献。

1 适用场景

姚湾码头位于赣江干流右岸江西省南昌市南昌县富山乡姚湾自然村，为省内最大的码头，姚湾港区功能定位为以散杂货运输为主，兼顾部分集装箱运输，为小蓝经济开发区和周边腹地物资运输服务，并承接市区老码头迁移。码头工程建设 17 个 2000 t 泊位及 1 座船台滑道以及相应的配套设施，其中码头泊位包括 5 个件杂货泊位、5 个散货泊位、6 个多用途泊位、1 个舾装泊位，码头岸线长度为 1905 m，并设置 10 座引桥。设计年吞吐量为集装箱 15 万 TEU，件杂货 540 万吨、散货 500 万吨，年用电量 1454.91 万千瓦时。姚湾码头具有非常好的"双碳"目标工作基础，具备实现零碳码头的条件。

2 能源供应方案

2.1 技术路线

在港区内临近赣江树立 2 座 5 MW 风机；利用厂区内仓库、办公楼及空地建设 2 MW 分布式光伏项目；在光伏停车棚同期规划充电桩、100 kW/215 kWh 储能设备共 40 套，打造光储充一体化发电项目；建设岸电系统，实现船舶在靠港期间由岸上电网供电，替代传统的燃油发电方式，大幅减少了硫氧化物、氮氧化物以及颗粒物等污染物排放，对环境保护具有显著效果。

2.2 技术路径

主要的用电负荷为港口办公楼宇的供能及船舶岸电系统如下。

2.2.1 办公大楼供热/冷

办公楼宇供热/冷考虑使用风冷空气源热泵（水媒）。办公楼宇主要包括 1 号综合大楼地上 6 层，建筑面积 6687 m²，空调面积 5600 m²；2 号食堂空调地上 2 层，空调面积

1395 m²；3 号会议中心（报告大厅）地上 1 层，空调面积 700 m²；4 号接待中心（宿舍）地上 4 层，空调面积为 5000 m²。冷热负荷预测情况见表 47-1。

表 47-1 办公楼宇冷热负荷预测情况

序号	建筑名称	空调面积/m²	冷负荷/kW	热负荷/kW
1	1 号综合大楼	5600	1120	1008
2	2 号食堂	1395	348	279
3	3 号会议中心（报告大厅）	700	175	140
4	4 号接待中心	5000	1000	900

2.2.2 办公大楼生活热水

采用 3 台 PDWH-36iTALCNG 热泵热水机组＋1×1000 L 不锈钢承保温加热水罐＋3 号 1000 L 不锈钢承压保温蓄热水罐，满足使用要求，解决耗能、污染物排放，符合国家环保及双碳政策要求。相比传统通过直接加热水的方法，由于通过空气热传导可以节约 5~7 ℃加热所需耗费的电能，能够节能 5%~10%。

2.2.3 船舶岸电系统

以电压 1 kV 为分界线，岸电系统分为高压岸电系统和低压岸电系统，业界低压岸电主要采用的电压等级为 380 V/50 Hz 或 440 V/60 Hz，高压岸电采用的电压等级为 6 kV/50 Hz 或 6.6 kV/60 Hz 或 11 kV/60 Hz。岸电系统工作原理相对简单，该项目将岸上供电系统（即岸基装置）通过船岸交互部分将电力送至船舶受电系统（即船载装置），并规划 5 个岸电系统泊位，以满足初期船舶用电需求。

2.2.4 风光储充一体化系统

将港区风力发电系统、光伏发电系统、储能系统打造成一体化发电系统，风力发电系统建设 2 台 5 MW 风机、光伏发电系统建设 2 MW 发电系统，年均发电量 2000 万千瓦时，实现港区"碳中和"；同时规划充电桩设备，提升港区新能源电动汽车使用率，降低能耗。图 47-1 为发电系统示意图，图 47-2 为新能源电动汽车使用示意图。

图 47-1 发电系统示意图

图 47-2　新能源电动汽车使用示意图

2.2.5　建设集中式换电站

建设换电交通匹配换电站，换电站按每 50 辆电动车辆设置 1 个，充电桩按照每个站设置 4 个的标准进行规划。针对中、重型换电车辆的换电站近、远期分别规划设计 4 座、10 座。对于长期作业、短期驻地、道路救援等非典型场景，可灵活性引入移动充换电能源车，多场景推广换电交通。图 47-3 为集中式换电站示意图。

图 47-3　集中式换电站示意图

2.2.6　智慧路灯、智慧座椅

智慧路灯和智慧座椅作为智慧城市和智慧能源的一个重要组成部分，可促进"智慧能源"和"智慧码头"在能源、照明、休闲娱乐和信息通信业务方面的落地。智慧路灯系统通过光伏与智能集成模块，成为能源站的一个集光伏发电、摄像头、红外线传感器、电子显示屏、5G 基站等多功能及信息载体和入口，实现环保监测、安防监控、区域噪声监测、应急报警等功能。智慧座椅具备光伏系统自动蓄电，支持蓝牙音箱、无线充电、USB 充电、Wi-Fi 等功能。座椅两端有无线充电模块，可供手机连接充电。智慧路灯和智慧座椅的建设将美化码头面貌，同时也为后期新增设施和搭载（特别是 5G 基站）提供便利条件，为最终实现智慧码头建设奠定基础。预计 2025 年在码头建设 20 套智慧路灯和 10 个智慧座椅。

3 用户服务模式

3.1 满足用户需求分析

3.1.1 用电需求

根据姚湾码头设计方案，港区建成后，年用电量 1454.91 万千瓦时，发电系统 12 MW，年发电量 2000 万千瓦时，能够满足港区用电量需求。

3.1.2 充电桩需求

同期规划充电桩、储能设备，满足港区未来打造园区，新能源电动汽车充电需求，降低能耗及排放。

3.1.3 供冷供热需求

该项目办公楼宇供热/冷考虑使用风冷空气源热泵（水媒）、3 台 PDWH-36iTALCNG、热泵热水机组+1×1000 L、不锈钢承保温加热水罐+3×1000 L、不锈钢承压保温蓄热水罐以满足办公楼供冷供热需求。

3.1.4 岸电需求

根据赣江航道通行及船舶数量，初期规划建设 5 个泊位岸电系统，满足初期船舶用电需求，降低燃油能耗排放，提升新能源利用比例。

3.2 服务模式

该项目采用企业自筹资金的方式进行投资，与用户签订能源管理协议，电费打折、收取租金的方式。

4 效益预期

4.1 环境效益

与传统火电项目相比，该项目实际装机容量为 12 MW（风电 10 MW、光伏 2 MW），根据相关计算公式得出年发电量为 2000 万千瓦时，同时，按照火电煤耗平均 300.7 克标煤/千瓦时计算，每年可节约标准煤约 6090.5 t，减排二氧化碳约 16689.6 t、二氧化硫约 1.7 t、氮氧化物约 2.7 t。有助于改善当地的大气环境，促进我国的节能减排工作。

该工程项目是将太阳能、风能转化成电能的过程，在整个工艺流程中，不产生大气、液体、固体废弃物等方面的污染物，也不会产生大的噪声污染。从节约煤炭资源和环境保护角度来分析，该电厂的建设具有较为明显的经济效益、社会效益及环境效益。

4.2 社会效益

响应江西新型能源体系建设，推进该省源网荷储一体化进程。该项目为《江西省能源局关于开展第二批电力源网荷储一体化示范项目申报工作的通知》支持项目，可充分发挥江西储能电池及其储能系统产业基础优势。此源网荷储一体化项目匹配港区实际发展需求，建设分布式电源，所发电能供港区充电桩、办公楼宇、港口岸电负荷消纳。同时系统配套储能，储能与新能源互补在一定程度上可以消除光伏出力的锯齿形波动，使其较好地在电网系统中进行消纳。项目配套形成发、供、用良性发展，实现源网荷储各要素之间的有机结合，整体提升能源系统的安全稳定运行能力、资源优化配置能力以及清洁能源消纳能力。该项目对解决该省新能源发展中的突出问题，有效拓展电网消纳空间，改善电网接纳可再生能源的能力，进一步夯实长期发展基础具有重要意义。

4.3 经济效益

该项目按上网电价为 0.4143 元/千瓦时，自用电价为 0.55 元/千瓦时，贷款利率按同期 LPR 利率进行测算，项目总投资为 5869.8 万元，投资回收期（税后）10.34 年，该项目财务评价可行。

5 创新点

5.1 零碳码头打造江西省港口名片

码头是交通运输的节点，前端通过船舶连接航道、长江、世界，后端通过车辆、铁路串联国内，打造能源多元化协同的零碳码头，能够将江西省最大的零碳码头名片展示给全世界。

5.2 打造虚拟电厂

通过整合光伏发电、风力发电、储能等多种能源应用模式，能构建基于园区虚拟电厂的新型电力系统。

专家点评：

该创新方案仅是通过开展一个码头具体项目所表述的创意设计，边际条件单一，常规码头开展多种能源协同互动，为所在区域的办公楼、岸电系统、换电站、智慧路灯等实现光储充一体解决方案。

建议从"零碳姚湾码头示范项目"项目中提炼出"零碳码头示范项目"所需要综合考虑适用的应用场景边际条件，诸如，从源侧，整合资源、多种类能源协同以及港口岸电智慧化等，从用户侧，满足用户能源需求类别、储能配置、投资服务、能源管理等，提出码头类项目的创新技术方案，实现"零碳码头示范项目"创新理念。

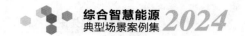
「案例 48」

基于二氧化碳热泵的冷热联供技术开发方案

申报单位：国家电投集团荆门绿动能源有限公司

摘要： 构建绿色低碳的能源结构是我国能源行业发展的重要目标，以二氧化碳热泵为代表的跨/超临界二氧化碳热力循环利用技术，被认为是一类极具发展前景的碳利用技术。目前，二氧化碳热泵技术已经在制冰领域、供暖领域、汽车空调领域和干燥领域逐步得到应用；跨临界二氧化碳循环凭借其放热过程中较大的温度滑移，非常适合用于制冷/供暖领域，并且其具有显著的节能和环保优势，在建筑供暖、工业余热利用等领域具有广阔的应用前景。该项目研究，一方面可以实现基于二氧化碳热泵的高效冷热联供技术开发，为国内企业在高效低碳制冷/供热领域提供先进技术支撑。另一方面可以引领国内相关企业开发核心设备二氧化碳压缩机的潮流，通过强强联合突破国内关键核心技术，助力实现"中国 3060 战略"目标。

1 适用场景

热泵技术能够高效利用中低温热能，是实现制冷/供热电气化、支撑能源、工业碳中和的重要保障。目前我国主流制冷/供热设备直接和间接导致的当量二氧化碳排放量高达 10 亿吨/年，占据当前国内碳排放总量的 10% 左右。根据基加利修正案，到 2045 年，HFCs 制冷剂的使用量将削减至 20%，目前制冷/供热行业中使用的大部分 HFCs 制冷剂将被取代。在众多替代工质中，二氧化碳作为一种自然工质，臭氧消耗潜能（ODP）值为 0，全球变暖潜能（GWP）值为 1，成本低、易获得、无毒且稳定。因此二氧化碳热泵制冷/供热技术，近些年被认为是极具发展前景的高效低碳制冷/供热技术之一。二氧化碳作为制冷/供热工质不仅性能稳定、使用寿命长，且兼具绿色环保和成本低廉的优势。此外，二氧化碳在跨临界区域工作时具有优良的热物性，以其为工质的设备，可在宽温区范围内高效工作，能够适用于工业、商用、民用等各种领域，主要应用场景包括大型工业园区、大中型建筑、大型商超制冷、冷库、人工冰场、热泵热水器、农业大棚等。

2 能源供应方案

2.1 技术路线

该项目研究主要从高效工艺系统设计、动态控制策略开发、关键技术突破、技术商业化推广途径四个层面出发，包括：（1）基于二氧化碳热泵的冷热联供系统设计；（2）二氧化碳热泵冷热联供系统运行控制方案开发；（3）二氧化碳压缩机开发及性能测试；（4）跨临界二氧化碳热泵冷热联供技术碳减排计算及商业化路径分析。

2.2 技术路径

（1）基于二氧化碳热泵的冷热联供系统设计：采用热力学仿真模拟与实验系统原理验证结合的研究方法，以基于二氧化碳热泵的高效冷热联供为目标，开展系统提效理论、设计方法等研究，研制包含系统全流程在内的样机。

（2）二氧化碳热泵冷热联供系统运行控制方案开发：通过PID等控制手段的研究，结合物理仿真模型以及系统样机过程中的运行数据，提炼关键控制参数，开发系统动态控制策略并根据目标场景的冷热负荷需求形成高效供能运行策略。

（3）二氧化碳压缩机开发及性能测试：基于二氧化碳工质特性，提出二氧化碳压缩机设计方案，搭建压缩机热力学模型及CFD仿真模型，进行压缩机加工并开展性能测试。

（4）跨临界二氧化碳热泵冷热联供技术碳减排计算及商业化路径分析：从全生命周期角度对二氧化碳冷热联供技术进行梳理，明确技术全流程中引起碳排放和碳减排的关键因素，计算该技术在应用场景中的碳减排能力；从规模角度对二氧化碳冷热联供技术进行分类，以碳市场经济性分析为前提，结合国家及各地区政策，形成一份针对该技术应用于大型社区供能的商业化路径分析图。

3 用户服务模式

3.1 满足用户需求分析

（1）能源类型：冷/热。

（2）用户性质：二氧化碳热泵系统能够整合可再生或废弃的热源，从而减少化石燃料的需求，同时有效和可控地利用电力或余热供热制冷。在居民日常生活、大型工业园区中都有巨大应用潜力。也能为农业大棚、畜牧养殖、水产养殖等提供稳定的温度条件，保障农产品和动物的生长和健康，增加农业效益。

3.2 服务模式

经营方式：

（1）将已完成开发的技术，一方面通过部分技术转让的形式获取一次性直接盈利，另一方面在己方保留技术的基础上，进行持续迭代研发，并以技术作价出资的方式成立合资公司，由合资公司进行关键设备的生产和售卖，通过股权分红的方式获取利润；

（2）针对不同场景客户需求，自主开展全流程工艺包设计、关键设备加工制造等，并以直接出售工艺包、设备的方式进行营利；

（3）在完成技术研发和示范的基础上，向有关科研机构、能源公司等潜在客户通过技术许可的方式获取利润；

（4）随着碳税、碳排放交易等政策的完善，利用该项目研发的技术独立进行碳减排，向有关客户出售碳减排指标进行盈利；或为需求客户提供高质量技术服务和整体技术解决方案，以收取技术服务费和方案费的形式取得经济盈利。

4 效益预期

4.1 环境效益

（1）排放水平比较：根据中国节能协会相关报告测算，与燃煤锅炉相比，热泵机组的二氧化碳排放当量可降低 30%~50%。图 48-1 为不同供热系统碳排放强度，表 48-1 为 4 种供暖热源单位供暖面积能耗及排放当量对比。

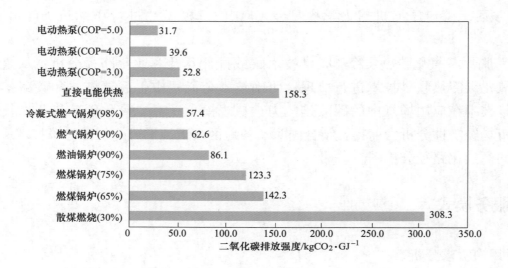

图 48-1　不同供热系统碳排放强度

表 48-1　4 种供暖热源单位供暖面积能耗及排放当量对比

供暖热源	单位供暖面积能耗	单位供暖面积标准煤耗量/kg · m^{-2}	单位供暖面积 CO_2 排放当量/kg · m^{-2}
市政热源	耗热量 0.25 GJ/m^2	8.53	27.50
燃气锅炉	耗气量 7.31 m^3/m^2	8.98	14.62
直燃机组	耗气量 7.46 m^3/m^2	9.16	14.92
电热泵机组	耗电量 23.15 kWh/m^2	2.84	13.98

注：以某供暖面积 1000 m^2 的办公建筑为例，以北京地区热源单位供暖面积耗热量指标的准入值。0.25 GJ/（m^2 · a）作为计算基准。为在相同基准上进行比较，各种热源均为全天连续供暖。

（2）减排效益：二氧化碳热泵技术在进行高效供能的同时，可实现二氧化碳利用和封存，支撑碳中和园区建设，拓展二氧化碳资源化再利用途径。根据生态环境部发布的制冷剂配额测算，该项目研究的技术若推广至全国实现传统制冷剂全替代，可直接形成至少千万吨级碳封存量（测算依据：热泵制冷机组平均存储二氧化碳 0.3 kg/kW 制冷量）。同时，通过全面替代传统氟利昂等工质，在降低温室效应方面，还可形成不少于 17 亿吨当量碳封存潜力。机组运行及维护过程中无废弃物需处理。

4.2　社会效益

当二氧化碳热泵应用于建筑物/园区制冷/供暖并供热水时，不仅能直接降低碳排放，也可以充分结合当地可再生能源，进一步减少对传统能源的需求，经济效益及环保效益显著。由于这些应用场景的用热温度大多在 100 ℃以内，以现有技术可以直接采用常见低温热源进行供热，并且替代锅炉时不需对末端系统进行任何改造。此外，二氧化碳热泵系统不需要任何屋顶冷却设备，可以将屋顶空间留给光伏、太阳能等，进一步降低用能排放，改善居住环境。

4.3　经济效益

该项目研究的热泵制冷/供热技术，采用二氧化碳工质，成本低廉，同时具有变工况性能好的优势。研究成果得到推广应用后，一方面可降低运行能耗费用和工质补充费用，实现低运行维护成本；另一方面，有关设备国产化、规模化、成熟化后，可进一步实现成本降低。根据初步测算分析结果，在未来技术成熟后，每平方米制冷/供热设备的初投资价格为430 元，得益于该技术在大温差高温供热方面优势，在相关应用场景下成本可进一步降低至320~360 元/平方米。即相比于传统制冷/制热方案，该技术系统初投资可降低 10%左右，运行维护成本可降低 20%~30%。此外，根据项目组对吉林、天津、重庆等地潜在客户的实地调研分析，研究成果进行放大并形成示范效应后，未来在建筑楼宇冷热联供、大型商超、民用热泵热水器、冷库、冷链运输等方面具有较广阔的应用前景，可开展进一步复制推广。

5　创新点

（1）系统设计与样机示范。提出基于二氧化碳热泵的高效冷热联供系统，给出广泛适用于多种系统构型的普适性增效理论和设计方法，研制多热力过程协调匹配的系统整机样机，形成示范效应。

（2）全工况动态控制方法。揭示二氧化碳压缩机最优排气压力与冷热负荷之间的随动关系，设计基于最优排气压力的底层控制逻辑，给出全工况条件下实时、快速、稳定的系统动态控制方法。

（3）二氧化碳压缩机开发。建立核心设备技术开发合作新模式，通过该项目的跨临界二氧化碳热泵制冷/供热技术，直接拓展二氧化碳压缩机潜在市场，进而引领国内相关企业自主开展二氧化碳压缩机研制，填补国内二氧化碳压缩机技术领域空白。

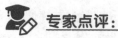
专家点评：

项目提出了基于二氧化碳热泵的冷热联供技术开发方案，相比于传统基于氟利昂的热泵机组具有效率高、变工况适应度高以及环保型好的优势。

项目的具体创新包括：（1）提出了给出广泛适用于多种系统构型的普适性增效理论和设计方法，研制多热力过程协调匹配的系统整机样机；（2）揭示二氧化碳压缩机最优排气压力与冷热负荷之间的随动关系，设计基于最优排气压力的底层控制逻辑，给出全工况条件下实时、快速、稳定的系统动态控制方法。

同时，如项目所示，项目对二氧化碳热泵的核心装置二氧化碳压缩机进行了开发，建立核心设备技术开发合作新模式，引领国内相关企业自主开展二氧化碳压缩机研制。

┌─ **案例 49** ─┐

宁海电厂综合能源七联供及新能源示范园项目

申报单位：国能浙江宁海发电有限公司

摘要：宁海电厂坚持和谐发展，因地制宜，深挖循环经济产业潜力，努力实现减量化、再利用、再循环，形成了"煤-电-粉煤灰-水泥""煤-电-石膏-石膏板""煤-电-粉煤灰-新型墙材""煤-电-蒸汽-集中供热-用热能企业"四条循环经济产业链。探索开创"供电、供蒸汽、供热水、供原水、供压缩空气、供石膏、供灰渣"的"七联供"新模式，利用宁海电厂灰场、汽机房屋顶、GIS 前草坪、维护三部东草坪、物资仓库屋面等建设一座集中并网式光伏电站，同步进行灰场环境治理，在灰场西北角保留约 3000 m² 地面应急事故灰场，在灰场东北角保留约 7 万平方米应急事故灰场。灰场东北角在现有地形地貌的基础上恢复生态，建设生态示范园，并沿灰场围堤的东侧和北侧布置风光互补路灯。灰场东南角建设约 15 亩农光示范园。灰场入口处建设 30 位小型车光伏车棚。建立"以电为中心、辐射周边"的"发电+"综合能源供应体。

1 适用场景

随着电力业务市场化、"双碳"政策落地性增强，新能源快速发展，火电企业面临燃料成本上升，度电利润降低，市场占有率下降等诸多困境，探索新形势下的业务增长点成为传统的火电发电企业生存和转型发展的首要任务，要从单一电热供应站向综合能源服务供应商绿色转型，充分挖掘火电机组余热、废热、余气及副产品资源利用，大力发展循环经济，减少能源资源浪费，同时推进山水林田湖草沙一体化保护和系统治理，巩固和提升生态系统碳汇能力。

2 能源供应方案——技术路径

通过调查掌握园区企业实际用水量，及当地水库等最大供水量，测算未来几年实际用水量，评估可供应原水指标，同时大力开展节水、废水再利用技术研究和改造，通过精心编制调研报告，向地方政府建言献策，最终在政府的促成下，开展企业间水资源转让项目。

盘活存量实现资源再利用。在供压缩空气项目上，盘点电厂压缩空气使用量，发现电厂拥有压缩空气机 41 台，设计产能 1337.6 Nm³/min，核算出富裕供气能力 405 Nm³/min，在此基础上积极调研周边企业压缩空气需求，制定合理售气价格，实现企业间合作共赢。在供热水项目上，统计出机组发电产生的废热规模可观，利用二级热水管网系统的供热方式，将原水加热后以 85 ℃热水对外供应，实现变废为宝，提高综合能源利用率。

利用厂区内维护三部东草地、灰场地面、灰场停车场（光伏车棚）、灰场水面、灰场、冷凝塔下、一期汽机房屋面、一期 GIS 前草坪、二期汽机房屋面、二期 GIS 前草坪、光伏廊道、物资仓库屋面、物资仓库附近污水站旁草地区域、开关站附近区域，安装光伏容量 36.75 MWp。共计 135 台逆变器通过 15 台箱变经光伏电站 6 回，集电线路接入 6 kV 配电装置。经过厂内二期百万机组 6 kV 厂用封闭母线接至宁海电厂高备变低压侧（6.3 kV），出力通过电厂高备变及宁海电厂–明州变 2 回 500 kV 线路送入公用电网。

3 用户服务模式

3.1 满足用户需求分析

（1）供电：煤机发电与新能源光伏发电共同协作，将清洁、高效的电能输送到千家万户，确保传统用电用户的用电需求得到充分满足。

（2）供热：目前宁海电厂仅对宁海杭热热力有限公司一家供热，由宁海杭热铺设管网并独立经营，面向宁海湾循环经济区工业用户供热。

（3）供热水：宁海电厂是宁海县区域内唯一集中供热水源点，通过宁波市鄞州甬纯热水供应有限公司向宁海县区域内热水用户供应热水。

（4）供原水：宁海电厂利用富余水资源指标，向宁海湾循环经济区内的三家工业用户供应原水。

（5）供压缩空气：宁海电厂利用厂内压缩空气富余量向宁海湾循环经济区内海螺水泥厂供应压缩空气。

（6）供石膏：宁海电厂生产的石膏，主要由宁海湾循环经济区内北新建材和海螺水泥两家企业消纳。

（7）供灰渣：宁海电厂通过多渠道、多途径利用，使火力发电过程产生的粉煤灰、炉渣就地消纳，实现大宗工业固体废物的源头减量化。灰渣主要用于水泥厂、搅拌站、新型墙材等建材的基础辅料。

3.2 服务模式

宁海电厂新能源示范园项目主要以 EPC 总承包的方式，自筹 30% 比例资本金，其余融资的方式进行建设，七联供项目方面主要依靠机组技改来完成，通过与用户签订供应协议，以定价销售的方式按月或者按季度据实结算。

4 效益预期

4.1 环境效益

按照火电煤耗（标准煤）每度电耗煤 305 g，与相同发电量的火电相比，相当于每年可节约标准煤约 12053.2 t，每年减少排放温室效应性气体二氧化碳（CO_2）32168.1 t，SO_2 排放量约 245.0 t，NO_x 排放量约 83.0 t。固弃物处理方面宁海电厂通过多渠道、多途径利用，使火力发电过程产生的粉煤灰、炉渣就地消纳，实现大宗工业固体废物的源头减量化。

4.2 社会效益

公司煤机装机容量为 457.5 万千瓦，包括一期 4 台 63 万千瓦亚临界燃煤机组和二期 2 台 100 万千瓦超超临界燃煤机组（其中 5 号机组于 2022 年完成增容改造至 1055 兆瓦），于 2009 年 10 月 14 日全部建成投产。2023 年煤机全年累计发电为 279.84 亿千瓦时，创十二年来新高，示范园光伏全年发电为 4276 万千瓦时，创投产以来新高，有力保障了浙江省能源供应安全。

宁海电厂供热目前集中向宁海湾循环经济区供应蒸汽，已形成"煤-电-蒸汽-集中供热-用热能企业"的产业链，很好地满足了宁海湾循环经济开发区的热负荷需求，同时有效减轻了地区环境和资源承载压力。

宁海电厂通过节水改造，充分利用富余水资源指标，向园区企业供应原水，开创国内企业间水资源权转让先河，成为浙江省试点。水权交易改革，破解了宁海县水资源时空分布不均的难题，确保水资源配置与经济社会发展需求相适应，消除了当地企业因缺水带来的发展瓶颈。

新能源示范基地已成功申报宁海县科普教育基地并取得授牌，这对于社会公众开展新能源利用科普教育具有重要意义，并且能够有效地推动新能源知识的普及和应用，具有很好的社会效益。

4.3 经济效益

宁海电厂综合能源七联供自 2022 年实施以来取得了良好的经济效益，截至 2023 年底，煤机与光伏累计发电量为 555.5 亿千瓦时，累计供应热蒸汽为 69 万吨、热水为 2.3 万吨、原水为 28.8 万吨、压缩空气为 3065 万立方米、石膏为 66 万吨、灰渣为 393 万吨。共计实现非电业务收入 4.8 亿元。宁海电厂新能源示范园项目在 25 年设计寿命期中可实现总发电量为 98796.5 万千瓦时，年平均发电量为 3951.9 万千瓦时，年均利用小时数为 1039.9 h。

5 创新点

（1）坚持市场导向。宁海电厂全面分析所属区域用能企业需求，充分依托现有资源禀赋，有效发挥区位优势、比较优势，深入挖掘市场潜力，不断开拓各类能源供应服务与价值创造产品。

（2）探索多种模式。借助政府搭台、强强联合，盘活存量、发展增量，目前已形成科企合作、地企合作、企企合作、园区合作等多种创新合作开发模式。

（3）融入地方发展规划。宁海电厂主导编制的《宁海县供热规划》已纳入宁波市供热规划；宁海电厂原水转让开创国内企业间水资源权转让的先河，生动体现企业自身需求与政府需求、市场需求相结合的作用与价值。

（4）坚持和谐发展。和谐发展，不仅仅是人文的和谐，更重要的是企业与社会、现代工业与自然的和谐共生。坚持和谐发展，就是坚持资源的高效循环，就是坚持能源的梯级利用，就是坚持发展的转型升级。

（5）在生态园内建设了约一千米的光伏生态廊道和健身步道，成为了全体员工和家属健身散步的首选地。

（6）利用灰场废弃池塘，建设水面光伏发电单元，形成渔光互补生态环境。该区域采用管桩方式，在桩基上安装固定支架和太阳能光伏组件，逆变器、电缆桥架和接地网等均架设在水面上方，不影响水域生态环境。同时，前后排太阳能光伏组件间留足间距，保证在太阳直射南回归线时也要在上午九点至下午十五点之间不相互遮挡，确保塘内水体能充分接受阳光照射，保持水体生态和微循环。

自水面光伏发电单元建成后，塘内水体未发生明显变化，塘内鱼虾、塘面鸭鹅、白鹭及野鸭相映成趣，形成了自然和谐的美丽画面。

（7）生态园区设置了约 15 亩左右的农光互补区，该区域太阳光伏组件及逆变器等安装在管桩上，太阳能光伏组件最低离地间隙约 1.8 m，每排组件间距约 2.5 m，可满足在太阳能光伏组件下种植的需求。光伏发电单元建成后，在地面重新覆盖种植土，满足农作物种植需要土壤和肥力。生态种植区了西瓜、冬瓜、玉米、茄子、南瓜、青瓜等果蔬跃，生机盎然、长势喜人。

（8）为充分利用生态园区水面，同时探索不同的太阳能光伏利用模式，该项目在生态园区小池塘水面部分安装了约 400 kW 的水面漂浮（图 49-1），有效补充了厂内光伏发电利用模式，同时也为科普基地创建增加了素材亮点。

图 49-1　水面漂浮示意图

专家点评：

该方案依托火电资源禀赋和区位优势，在常规发电、供汽及处置企业副产品（脱硫石膏、灰渣）、废弃物的基础上，提供原水、热水、压缩空气，更好地服务宁海湾园区企业和社会，提高了企业市场竞争力，同时具有较好的环保效益和社会效益。

该方案技术路线成熟，贵在集成。创新方面主要体现在：

以当地循环经济规划为基础和引领，系统性强，建设目标的实现容易保证。

利用"政府搭台，企业唱戏"模式，通过深度节水，挖掘资源利用空间，实现企业间水资源指标转让，提高存量资产效益，开创了国内企业间水资源转让先河（浙江省试点）。

利用电厂现有空地和建（构）筑物屋顶、灰场废弃池塘等，建设 36.75 MW 光伏，年均发电量约 3952 万千瓦时，通过电厂高备变上网，改变了常规情况下直接接入厂用电的做法，有助于与公用电网的关系改善。

该方案为火电企业提资增效，转型发展提供了一套较为可行的解决方案，具备广泛推广应用的条件。

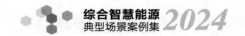
「案例 50」

液态空气储能系统方案

申报单位：中绿中科储能技术有限公司

摘要： 液态空气储能系统基于低温空气液化和蓄冷技术，将电能以常压、低温、高密度的液态空气形式存储，储能密度是传统压缩空气储能的 10～15 倍，解决了空气存储和恒压释放的问题。液态空气储能具有大规模长时储能、清洁低碳、安全、长寿命和不受地理条件限制的突出优点，应用场景广泛。在电源侧，系统可以平抑可再生能源的波动，增加可再生能源的消纳，有效解决当下弃风弃光问题。在电网侧，系统可作为独立储能参与电力市场，提供调峰、调频、黑启动等电力辅助服务，能够有效增加配电网的供电可靠性。在用户侧，系统能够发挥大规模长时和冷热气电联产优势，为周边区域提供冷热气电综合能源服务，有效降低用能成本，具有较强的应用推广优势。

1 适用场景

基于新型深冷科技的液态空气储能技术是实现风光等新能源深度消纳并网、合理吸收电网低谷电和不同形式的余热资源，并在需求时稳定输出冷、热、电及工业用气等多种形式能源的新型储能方法。液态空气储能技术具有大规模长时储能、清洁低碳、安全、长寿命和不受地理条件限制的突出优点，其应用场景广泛。在电源侧，系统可以平抑可再生能源的波动，增加可再生能源的消纳，有效解决当下弃风弃光问题。在电网侧，系统可作为独立储能参与电力市场，提供调峰、调频、黑启动等电力辅助服务，能够有效增加配电网的供电可靠性。在用户侧，系统能够发挥大规模长时和冷热气电联产优势，为周边区域提供冷热气电综合能源服务，有效降低用能成本，具有较强的应用推广优势。

液态空气储能系统方案应用在"60 MW 液态空气储能系统"，该项目是 2022 年青海省能源局新型储能"揭榜挂帅"项目之一，建成后将成为世界上功率最大的液态空气储能电站。项目选址在风光资源富集的格尔木市光伏产业园区内，近期可为园区电源企业提供配储，冗余容量可以租赁、共享，为区域电网提供调峰调频；远期可给产业园区提供"冷、热、气、汽、电"等多种能源协同供应，满足用户的多种用能需求。项目利用弃风弃光电能或电网夜间低谷电驱动压缩机运行 6 h 进行储能，膨胀发电运行 10 h 可以实现 600 MWh放电。项目预计年放电小时数 3000 h，年均上网电量 1.8 亿千瓦时。

2 能源供应方案

2.1 负荷特点

该方案采用液态空气储能技术，是一种大规模、长时效、长周期、可灵活布置的能量储存解决方案，在电力削峰填谷、支持可再生能源的间歇性和不稳定性方面扮演着重要角色。其大规模特性主要体现在建设规模方面，由于液态空气储能密度大，同等占地面积小，液态空气比同类物理储能建设规模更大。在长时效特性方面，液态空气储能技术比化学储能技术储能时间更长，满足客户 8 h 以上储能需求。在长周期特性方面，由于整个系统无易损易耗设备，项目全寿命周期更长。在可灵活布置方面，该技术可满足新能源平稳消纳、火电厂灵活性改造、LNG 冷能利用等多种场景应用，同时满足多充多放等不同运行操作模式。

2.2　技术路线

液态空气储能技术利用液态空气的相变特性来存储和释放能量，主要结合了低温储能和机械储能的概念，具有较大的能量存储容量和较长的持续时间。

能量储存阶段：由光电、风电、低谷电等电力提供能源驱动空气压缩机，空气经过过滤和净化后被压缩至高温高压状态，随后进入级后冷却器进行冷却至常温高压状态，压缩过程产生的压缩热经后冷却器存储至换热介质，换热介质储存至储热装置，常温高压状态的空气进入冷箱吸收其内的冷量经节流后变为常压低温的液体储存进入液空储罐。

能量释放阶段：常压低温的液态空气经驱动进入冷箱，将空气中的冷量释放给冷箱后变为高压常温气体，随后进入级前预热器，吸收换热介质中储存的压缩热变为高压高温气体，随后驱动空气膨胀机膨胀发电。

2.3　技术路径

液态空气储能技术实施的技术路径包括工艺与装置两方面。在工艺方面，一是通过建立非理想液态空气储能循环模型，实现极端与正常工况等多工况下系统的平稳运行调节；二是通过基于数字孪生的高精度动态实时工程仿真技术，创建物理资产的虚拟副本，实现对真实世界的实时监控和模拟，以优化性能、预测故障并制定决策。在装置方面，一是采用能量多级存储利用技术以及超临界空气大温跨小温差换热装置，实现液态空气储能系统的高效蓄冷换热，提升空气液化率以及综合效率；二是采用适合长周期间歇运行的稳定运行调控策略与失稳预防技术，实现液态空气储能系统宽工况运行调节，攻克间歇运行的设备难题。

3　用户服务模式

3.1　用户需求分析

液态空气储能系统可耦合不同形式的余热、余冷资源，稳定输出冷、热、电及工业用气等多种形式能源，提升能源利用效率。液化空气储能技术的目标客户主要是需要优化能源利用、提高电力系统的稳定性和可靠性、降低生产成本和减少环境污染的客户。包括：新能源企业、石化企业、电力企业、工业园区、城市社区。

新能源发电领域，通过将液态空气储能系统与太阳能、风能等电站相结合，形成"新能源+共享储能"联合运行的商业模式，实现调峰、调频、黑启动辅助服务，提高电力系统的稳定性。

石化企业领域，在液化天然气接收站，通过"LNG+液态空气储能"模式，将液态空气储能系统与工业生产过程相结合，提高冷能利用效率，同时还可以降低生产成本和减少环境污染。

电力企业方面，通过与火电的融合改造，液态空气储能技术可以为其提供能源储存和再利用的解决方案，解决电力需求和供应之间的不平衡问题，优化电力资源的分配和利用。

工业园区方面，液态空气储能利用余热、余冷资源，可向相关企业提供综合能源服务，输出冷、热、电及工业用气等多种形式能源，提高能源效率，降低企业生产成本和减少环境污染。

城市社区领域，储能不同温位的冷能利用涉及许多行业，包括冷冻库（−40~30 ℃）、冷藏库（−10~0 ℃）和果蔬预冷库（0~10 ℃），同时还可以为社区创造更多的就业机会和经济效益。

3.2 服务模式

该方案为产业园区电源企业提供配储，获取上网电价和峰谷价差；冗余容量进行租赁、共享；为区域电网提供调峰调频，获取辅助服务补偿；以合同能源管理、区域能源专属运营权的形式，给产业园区提供"冷、热、气、电"等多种能源协同供应，满足用户的多种用能需求，帮助用户节能增效，获得服务收益。

4 效益分析

4.1 环境效益

液态空气储能作为一种大规模、长时效的储能技术可以使得电力系统更加高效、安全、稳定，随着技术的市场化推广，可促进我国能源结构的改变，减少对传统化石能源的依赖，减少对大气的污染，有效改善生活环境。项目建成后每年发电量可达 1.8 亿千瓦时，每年可节约标准煤约 5.4 万吨，减少 CO_2 排放约 14.8 万吨，为探索电力绿色存储树立样板和典范。

4.2 社会效益

项目建设将有力带动当地建材、服务等行业的发展，集聚液态空气储能上、下游产业链在当地布局，提升当地工业化水平，缓解就业矛盾，增加当地的财政收入，改善当地居民的生活质量，对当地社会稳定和经济发展起到积极的促进作用。

4.3 经济效益

该方案应用的项目是青海揭榜挂帅新型储能示范项目，配套建设 25 万千瓦光伏项目，项目综合收益率超 7%，投资回报水平较高。

5 创新点

（1）建立更接近工程实际运行工况的非理想液态空气储能循环模型，掌握基于数字孪生的液态空气储能高精度动态实时工程仿真技术。

（2）获得适用于大型液态空气储能系统的最优梯级蓄冷集成理论，研制超临界空气大温跨小温差液化蓄冷装备，完成 80~300 K 深低温区蓄冷工质筛选。

（3）开发适合长周期间歇运行的稳定运行调控策略及失稳预防技术，成功研制高效宽工况压缩机和膨胀发电机组。

（4）基于经济效益最大化，解决了液态空气储能系统与其他能源形式联用时的耦合互补问题；突破从百千瓦级到万千瓦级液态空气储能系统规模化放大的设备约束，获得大功率系统集成及智能运行控制方法。

（5）通过示范项目先行先试，做好项目全口径成本统计分析和运行数据监测，为液态空气储能项目上网电价、电价补贴、容量租赁价格、税收优惠等政策机制出台提供数据支撑，促进新型储能技术多元化发展。

（6）液态空气储能具有多场景应用优势，未来将积极拓展液态空气储能耦合应用场景，不断探索和完善火电灵活性改造、LNG 冷能利用、空分、源网荷储等耦合应用商业模式。

6 问题与建议

液态空气储能技术在项目开发和运营过程中可能会遇到一系列问题，在政策方面缺乏针对液态空气储能的明确政策支持和激励机制，现有政策更倾向于支持传统的储能技术，如电池储能；在标准和规范方面，液态空气储能技术的标准体系和安全规范尚不完善，缺乏统一的性能评估标准和测试方法。在市场准入方面，新兴技术面临市场准入门槛，如许可证发放、技术认证等，现有市场参与者可能对新兴技术持保守态度。在价格和成本方面，液态空气储能的初始投资和运营成本可能影响其竞争力，能源价格波动也可能影响项目的盈利模式。

推动液空储能技术规模化发展。建议一是加大液态空气储能技术推动力度，打造液态空气储能原创技术"策源地"和液空储能科技成果"孵化器"试点企业，指导建设世界一流储能高科技产业公司；建议二是强化创新激励，加强液态压缩空气储能项目申报支持力度，指导符合条件的科技型企业合理应用分红权、超额利润分享等各类激励工具，激发企业发展活力和内生动力；建议三是建立液态空气储能央企间、央地战略合作平台，研究组建液态空气储能产业联盟，推动液空储能技术规模化发展，助力国家"双碳"目标的顺利实现。

研究出台大规模长时效储能配套政策。建议一是积极探索推动将储能纳入国家相关规划和能源领域中长期发展战略的可能性，明确储能行业发展目标、重点任务及实施路径，科学指导储能产业健康有序发展；建议二是建立多元化储能价值评价体系，体现储能在新能源支撑、电网安全、质量支撑、环保特质、社会环境效益等方面的综合价值，针对不同的储能应用场景，制定科学合理的源网荷储分摊机制，为储能价值的量化评估与成本分摊提供依据，增加储能电站收益，推动储能行业全面可持续发展。

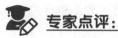
专家点评：

　　该项目创新研发了液态空气储能的系列技术方案，在新型储能领域具有较好的示范作用。

　　项目具体创新包括：（1）建立了接近工程实际运行工况的非理想液态空气储能循环模型；（2）获得适用于大型液态空气储能系统的最优梯级蓄冷集成理论，研制超临界空气大温跨小温差液化蓄冷装备，完成深低温区蓄冷工质筛选；（3）开发适合长周期间歇运行的稳定运行调控策略及失稳预防技术，成功研制高效宽工况压缩机和膨胀发电机组。

　　项目所得创新均是该领域的重大关键技术，对于新型储能行业具有重要意义。

造纸厂白泥替代火电厂石灰石脱硫剂方案

申报单位：国能重庆电厂有限公司

摘要： 我国是世界第一造纸大国，每年生产纸浆的副产品白泥的产量非常大。造纸白泥是造纸厂废弃物，含碱量高，有较强的腐蚀性。燃煤锅炉湿法脱硫需要大量的石灰石作为脱硫剂，若用白泥替代石灰石作为脱硫剂，不仅可以降低企业的生产成本，还实现了资源的循环利用，达到减排和节能双赢效果。因此将白泥作为一种"以废治废"的脱硫剂，能有效解决燃煤电厂大量消耗石灰石带来生产成本压力。

1 适用场景

我国是世界第一造纸大国，每年生产纸浆的副产品白泥的产量非常大。白泥作为碱法造纸碱回收车间产生的二次污染固体废弃物，其主要成分为 CaO，溶于水中生成 $Ca(OH)_2$，其 pH 呈强碱性，可用于烟气脱硫，其脱硫原理和石灰石相似，正是因为白泥碱性很强而成分（粒度极细的 $CaCO_3$ 和 CaO）又与石灰石有相近之处，故白泥可以作为一种"以废治废"的脱硫剂，从而有效解决高硫煤地区大量消耗石灰石带来的系列环境问题。

2 能源供应方案

2.1 技术路线

白泥替代石灰石作为火电厂脱硫原料，白泥典型成分 $CaO \geqslant 45\%$、$SiO_2 \leqslant 6\%$、$MgO \leqslant 1.5\%$、水分 $\leqslant 45\%$，与石灰石相似。该系统的核心内容为白泥浆液制备，主要是将车辆运输至作业区域的白泥用水溶解，稀释成合格的脱硫浆液，再输送至已建的浆液箱储存，供机组脱硫使用。在保持原有系统设备的基础上，增加白泥制浆系统，替代原石灰石制浆系统。主要是将车辆运输至作业区域的造纸白泥用水溶解，稀释成合格的脱硫浆液，再输送至原石灰石浆液箱储存，供机组烟气脱硫使用。整套系统包括冲洗装置、冲渣池、化浆池、白泥供浆泵、搅拌器，在线除渣，车辆清洗装置、视频监控系统等。白泥化浆池顶部安装格栅板及搅拌器，搅拌器功率满足均匀搅拌。化浆池四周修建环形地沟，地沟最终汇入化浆池内。

工艺原理：白泥浆液通过白泥供浆液泵打入脱硫塔底部的浆液池，在脱硫塔内烟气从烟气进口进入后，经过烟气分配装置，形成分布均匀的烟气流，烟气流与喷淋液接触，控制烟气在塔内流速为 3.5~5 m/s，经喷淋层的三层喷淋洗涤，烟气中 SO_2 与喷淋液中的白泥浆液反应，反应方程式如下：

$$SO_2 + H_2O \longrightarrow H_2SO_3$$

$$CaCO_3 + H_2SO_3 \longrightarrow CaSO_3 + CO_2 + H_2O$$

$$CaSO_3 + H_2SO_3 \longrightarrow Ca(HSO_3)_2$$

$$Ca(OH)_2 + SO_2 \longrightarrow CaSO_3 + H_2O$$

$$CaSO_3 + SO_2 + H_2O \longrightarrow Ca(HSO_3)_2$$

完成二氧化硫的脱除，净烟气经除雾器脱水后进入烟囱。

2.2 技术路径

2.2.1 系统概况

公司建设投产 2×300 MW 亚临界燃煤机组和 2×660 MW 超超临界燃煤机组共四台机组。均采用石灰石作为脱硫剂，既石灰石湿法脱硫，脱硫系统配置情况分别如下：

2×300 MW 脱硫系统采用双塔双循环工艺，每台机组设置相应的双塔。一级吸收塔配置有 5 台循环浆液泵，二级塔配置有 3 台循环浆液泵。各级吸收塔配置有相对应的 3 台氧化风机及搅拌器，共用 1 个吸收塔地坑池及搅拌器，各级塔设置有 2 台石膏排出泵。该 FGD 装置由锅炉引风机来的全部烟气在轴流式增压风机的作用下进入吸收塔。烟气自下向上流动，相当于烟气通过了两次 SO_2 脱除过程，经过了两级浆液循环。在吸收塔洗涤区内，烟气中的 SO_2、SO_3 被由上而下喷出的吸收剂吸收生成 $CaSO_3 \cdot 1/2H_2O$，并在吸收塔反应池中被鼓入的氧气氧化而生成石膏（$CaSO_4 \cdot 2H_2O$）。

2×660 MW 脱硫吸收塔为单塔双段吸收式逆流喷淋吸收塔，采用 1 层托盘+5 层喷淋层+持液层设计方案，塔内第一段吸收段设置五层喷淋，均为标准喷淋层；喷淋层上部设置持液层，为二段吸收段。入塔烟气经托盘均布，改善了气液传质条件，从而提高了塔内脱硫效率；薄膜持液层作为精吸收段，通过提高循环浆液的 pH 值来实现 SO_2 的深度脱除，并配合高效除尘除雾装置实现粉尘的深度脱除，最终实现脱硫装置出口 SO_2 和粉尘的超低排放技术指标。采用石灰石—石膏湿法烟气脱硫工艺技术，一炉一塔配置，主要用于脱除烟气中 SO、SO_2、HCl、HF 等（酸性）污染物及烟气中的飞灰等物质。吸收塔系统包括 1 台吸收塔、5 台侧进式搅拌器、5 台浆液循环泵、2 台氧化风机（1 运 1 备）。硫系统由吸收塔系统、除雾器冲洗水、石灰石浆液制备、工艺水、脱硫废水零排放系统、石膏浆液排除、压缩空气、真空皮带脱水系统组成。吸收塔浆液循环泵负责在吸收塔浆液池-塔内喷淋之间打循环，保证石灰石浆液与烟气逆向充分接触，发生化学反应吸收烟气中的 SO_2，氧化风机连续向吸收塔鼓风，将亚硫酸钙氧化成硫酸钙，硫酸钙结晶生成二水硫酸钙，经过真空皮带脱水机脱水后形成石膏。

2.2.2 设备规范

2.2.2.1 2×300 MW 机组设备规范

表 51-1 为 2×300 MW 机组设备规范表。

表 51-1　2×300 MW 机组设备规范表

序号	设备名称	规格参数	数量	单位	备注
1	化浆池	4.7 m×3.6 m×3.0 m	2	座	
2	冲渣池	4.7 m×1.5 m×1.5(h)m	2	座	
3	化浆池搅拌器	顶进式 $D=1300$ mm 380 V $N=5.5$ kW	2	台	1号、2号化浆池
4	浆液泵	$Q=100$ m³/h $P=0.50$ MPa	3	台	
5	水炮	流量：20 L/s 压力：0.25 MPa 保护半径：10 m	2	台	
6	格栅	4700 mm×1500 mm	2	件	
7	旋振筛	出力：100 m³/h 筛孔：0.058 mm	2	台	
8	安装辅材	管道、阀门、型钢等	1	批	

2.2.2.2　2×660 MW 机组设备规范

表 51-2 为 2×300 MW 机组设备规范表。

表 51-2　2×300 MW 机组设备规范表

序号	设备名称	规格参数	单位	数量	备注
1	渣浆池搅拌器	顶进式、轴长：4000 mm 叶片直径：1500 mm 两叶两层 电压：380 V 功率：18.5 kW 转速：58 r/min	台	1	碳钢衬胶或者2205以上材质
2	渣浆泵	$Q=40$ m³/h $H=20$ m $N=15$ kW $n=1450$ r/min	台	2	材质 Cr30A 以上材质
3	传输池搅拌器	顶进式、轴长：4000 mm 叶片直径：1500 mm 两叶两层 电压：380 V 功率：18.5 kW 转速：58 r/min	台	1	碳钢衬胶或者2205以上材质

序号	设备名称	规格参数	单位	数量	备注
4	传输泵	$Q=90$ m³/h $H=40$ m $Q=90$ m³/h $H=40$ m $N=30$ kW $n=1450$ r/min	台	2	材质 Cr30A 以上材质
5	旋振筛	出力 200 m³/h 筛孔：0.058 mm $\phi \times H = (1.5 \times 1)$	台	2	
6	超声波液位计	测量范围：0~4 m，4~20 mA 输出	台	2	
7	电磁流量计	DN150 测量范围：80~400 m/h 公称压力：1.6 MPa 电压：220 V 衬里 四氟 精度等级：0.5	块	1	浆液泵出口
8	就地压力表	0~1.0 MPa 隔膜材质：PTFE 表盘：$\phi100$ mm 外壳不锈钢	块	2	浆液泵、渣浆泵出口
9	电动蝶阀	DN150 蝶阀：阀板 2507 阀体碳钢衬胶	个	12	
10	配电柜	XLK-LCP19501 2200×1000×450 XMZ-G1	台	1	
11	电动门 控制柜	1500×650×400	台	1	
12	虹吸桶	$\phi \times H = (0.8 \times 2.2)$ 下进式	个	4	玻璃钢
13	渣浆池	5000×4000×4300	座	1	
14	转输池	5000×5500×4300	座	1	
15	水炮	DN100 范围：10 m	套	2	

2.2.3 制备流程

2.2.3.1 2×300 MW 机组白泥浆液制备流程

（1）运输方式为：运输车在白泥仓库内指定地点卸货后，经铲车进行转运和输送至白泥化浆池。

（2）白泥化浆池利旧原澄清池（19.9 m×3.6 m×3.0 m）进行改造，将池内按照 4.7 m×

3.6 m×3.0 m进行隔断2座化浆池，每个化浆池设置1个冲渣槽，池内做环氧树脂防腐和防渗处理。

（3）冲渣槽内设置格栅进行粗过滤，用于将生产运输中少量的皮带碎片和杂物进行过滤，格栅间距可选择20 mm×50 mm×20 mm。

（4）格栅板上部的化浆池两侧设置2座水炮，材质选择304以上材质。

（5）化浆池安装1套白泥供浆系统（2台白泥供浆泵，1用1备）并配置顶进式搅拌器，供浆泵流量按照100 m³/h，扬程50 m，泵采用耐腐蚀卧式砂浆泵，叶轮和泵壳材质至少应为CR30A。因设置液上泵，需配套设置虹吸桶，虹吸桶材质可选择304或碳钢防腐，输送管道可采用玻璃钢、衬胶管或304材质，供浆管道配套冲洗水系统，冲洗水可取自石灰石浆液箱旁工艺水，工艺水管道采用碳钢。

（6）化浆泵至浆液罐（原石灰石浆液罐）罐顶设置旋振筛，选型至0.058 mm，可将白泥浆液内的小颗粒进行筛除。

（7）每座化浆池设置1套超声波或雷达液位计，集中到PLC控制，并将PLC信号传输至电厂的DCS系统，泵出口母管设置就地压力表，便于现场观察运行。

（8）供浆管道配套冲洗水系统，冲洗水取自石灰石浆液箱旁工艺水。

（9）定期根据化浆泵压力清理化浆池、化浆泵以及自吸管道。根据已有的工程经验，化浆池内部每年需清理1~2次。

2.2.3.2　2×660 MW机组白泥浆液制备流程

（1）白泥系统由白泥堆场、冲渣槽、冲水炮、渣浆池、渣浆泵、振动筛、传输池、传输泵、搅拌器、虹吸罐、冲洗水和机封水管道阀门等组成。

（2）冲渣槽设置有2座冲水炮、冲水喷嘴，水源由脱硫滤液水系统提供。

（3）冲渣槽与渣浆池之间设置有格栅进行粗过滤，用于将生产运输中少量的皮带碎片和杂物进行过滤。

（4）渣浆池顶部安装两台渣浆泵和虹吸罐、顶进式搅拌器、声波液位计，渣浆泵1台运行，1台备用。

（5）渣浆泵出口设置有2台振动筛，1台运行，1台备用，可将白泥浆液内的小颗粒进行筛除。

（6）传输池顶部安装两台传输泵和虹吸罐、顶进式搅拌器、声波液位计，传输泵1台运行，1台备用。

（7）渣浆管道和传输管道均设置有配套冲洗水管，水源来自工艺水系统。

（8）白泥制备系统制备好的白泥浆液密度应为1100~1200 kg/m³。

2.2.4　系统工艺流程

图51-1为2×300 MW系统工艺流程图。图51-2为2×660 MW系统工艺流程图。

2.2.5　系统运行及调整

2×300 MW白泥系统2023年4月正式投入使用整个制浆流程为：白泥运输到厂后倒入

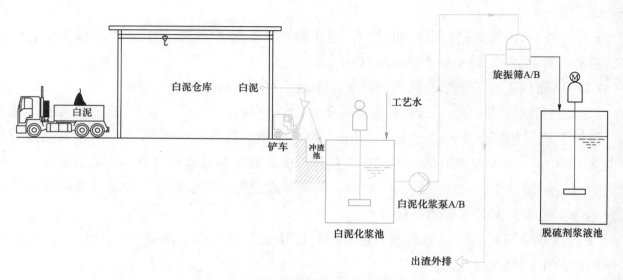

图 51-1 2×300 MW 系统工艺流程图

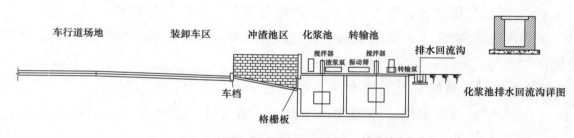

图 51-2 2×660 MW 系统工艺流程图

仓库，使用铲车加入到白泥化浆池的篦子上，加入过滤水，工艺水配合冲洗，搅拌溶解后，由白泥化浆泵输送至振动筛分旋成合格的浆液进入白泥供浆池，由白泥供浆泵输送至石灰石浆液箱，再由原来的供浆系统输送到吸收塔作为脱硫剂。

在 300 MW 机组白泥系统投运成功的基础上，完成了 2×660 MW 机组白泥系统的改造，2024 年 4 月正式投入运行，并增加了远程监视、控制系统，实现了远控功能，大大提高了生产效率和安全性。

2.2.6 使用白泥期间的问题及调整措施

由于白泥含水量在 60% 左右，含水量较大，化浆过程需要大量的水稀释制成浆液，白泥的颗粒较石灰石小，导致石膏脱水效果不佳。通过更换脱水皮带滤布，滤布透气率 240 L/（m² · min）提高至 350 L/（m² · min），滤布孔径由 30 μm 增加至 50 μm。开展 20%~100% 白泥掺配比例下对石膏脱水效果的影响。经过试验，白泥掺配比例小于 30% 时，脱水效果较好。白泥掺配比例在 30%~70%，脱水效果开始变差。白泥掺配比例大于 70% 时，石膏脱水基本正常。

2.2.7 现场图片

图 51-3 为 2×300 MW 机组白泥化浆厂房全貌图。图 51-4 为 2×300 MW 机组白泥仓库图。

图 51-5 为 2×300 MW 机组白泥供浆设备图。图 51-6 为 2×300 MW 机组旋振筛（过滤杂质）示意图。图 51-7 为 2×660 MW 机组白泥仓库示意图。图 51-8 为 2×660 MW 机组白泥化浆设备示意图。

图 51-3　2×300 MW 机组白泥化浆厂房全貌图

图 51-4　2×300 MW 机组白泥仓库图

图 51-5　2×300 MW 机组白泥供浆设备图

图 51-6　2×300 MW 机组旋振筛示意图

图 51-7　2×660 MW 机组白泥仓库示意图

图 51-8　2×660 MW 机组白泥化浆设备示意图

3 用户服务模式

3.1 满足用户需求分析

项目脱硫系统均采用石灰石作为脱硫剂，即石灰石湿法脱硫，造纸厂的白泥成分主要为氧化钙，与石灰石的成分相似。白泥作为造纸厂的固体排放物，价格低廉，既能满足系统运行又可大幅节约脱硫剂成本，同时项目有使用电石渣、石灰粉的经验，在使用白泥过程中有较好的借鉴。

造纸厂白泥是碱法造纸碱回收车间产生的二次污染固体废弃物，从燃烧炉底部流出的熔融物的主要成分是碳酸钠和硫酸钠，称为绿液体，往绿液中加入消石灰转化为白液，蒸煮用的碱液，沉淀出的碳酸钙称为白泥。化学反应如下：

$$Na_2CO_3 + Ca(OH)_2 \longrightarrow 2NaOH + CaCO_3 \downarrow$$

其 pH 呈强碱性，可用于烟气脱硫，脱硫原理和石灰石相似，正是因为白泥碱性很强而成分，满足烟气湿法脱硫要求。

3.2 服务模式

造纸厂产生的白泥固体废物需耗费资金处置，用于火电厂烟气脱硫，不仅减少固废处置费用同时降低固废储存成本。火电厂使用白泥做好烟气脱硫剂，减少更高价格的石灰石原料购买，以及使用石灰石过程中的设备维护费用、湿磨机电耗量和钢球耗材，大幅度节约烟气脱硫剂成本，造纸厂和火电厂同时达到双赢效果。

4 效益预期

4.1 环境效益

白泥作为造纸厂固体废物，如果长期堆放将占用大量的土地面积，更重要的是若储存不当，这种废弃物中含有大量的碱性化学物质，存在污染土壤结构、污染地下水的风险。白泥干燥后形成的粉尘扩散，扩大污染范围，危害人体健康，对环境影响很大。节省了堆放场地，减少占用有限的土地资源。

4.2 社会效益

火电厂使用白泥替代石灰石作为脱硫剂，项目在区域内具有典型示范作用，促进区域内工业固体废物循环利用，实现了固体废物资源化，有效帮助解决造纸厂白泥固废处置带来的环境问题。火电厂成功应用白泥作为烟气脱硫剂，不仅推动产业循环化发展，有利于形成产业链互补、互利共赢、节约资源和环境友好的共生关系，促进企业向生态型转变。

4.3 经济效益

白泥法脱硫工艺是由成熟的石灰石法脱硫工艺改进而来，工艺可靠，运行成本低，石灰石当前价格为91元/吨，使用石灰石为7.79元/吨电耗成本。白泥替代后为20元/吨，白泥含水量为60%，1 t白泥可以替代石灰石0.6 t石灰石，综合人工、维护成本可节约脱硫剂费用为46元/吨。

截至当前2×300 MW机组共使用白泥（4.82+2.78）万吨，2×660MW机组使用白泥3430 t，有效降低石灰石用量、湿磨机耗电量及钢球耗量，减少生产成本约365.3万元。同时造纸厂企业也节约了处置白泥固废的费用开支。

5 创新点

使用白泥作为火电厂脱硫剂，有效减少石灰石原料、湿磨机钢球使用及设备维护，节约电厂生产物资、材料，降低厂用电率，提高电厂经济效益。出于造纸厂处理白泥的成本及技术限制，多数企业将其择地填埋或堆放，随着雨水冲刷，白泥中的杂质会渗入地下，给周围的土壤及地下水资源造成严重的二次污染，造纸厂白泥固废替代火电厂烟气脱硫剂此项目在重庆各火电厂中首次使用成功，也为其他火电企业提供了良好的实践经验，拓展造纸厂、糖厂对于产生的白泥固废处置方式，对厂区周边造纸厂的产物废物白泥进行再利用，减少了造纸厂白泥固废处理，达到"以废治废"的目的。

> **专家点评：**
>
> 该方案利用周围造纸企业固体废物与石灰石成分相近的特点，因地制宜，以废治废，替代石灰石作为火电厂脱硫吸收剂。有效解决脱硫消耗大量石灰石源头开发破坏环境、造纸废弃物白泥存放污染环境的双污染问题，实现了工业固体废物减量化、资源化、绿色化利用，具有较强的环境效益和社会效益，达到了企业、社会多赢。
>
> 该方案单一而聚焦，技术路线可行。对周围有造纸白泥、化工电石渣等特定区域内工业脱硫系统改进有典型的示范意义。该方案需注意造纸白泥的供应可靠性，并建议维持必要的石灰石后备储量。
>
> 方案对废弃物有效资源化利用有一定的启发和参考作用。

「案例 52」

分布式生物质气化技术高质量发展

申报单位：北京乡电电力有限公司

摘要：生物质能凭借着特殊优势，在能源化、生物基化工等领域中的作用逐年凸显。同时，生物质能发展可以有机地与我国粮食安全工作和"美丽乡村"建设天然契合，具有其他可再生能源不具备的深远战略意义。

但是，在前几年的生物质能商业实践中，由于生物质原料收集分散、运输密度低、难以大规模存储的天然属性，与我国曾经盛行的集中式"大能源"思路相悖，行业发展不能令人满意。

时至今日，具有分布式能源特点的综合智慧能源正备受青睐。综合智慧能源是一种通过不断技术创新和制度变革，坚持能源开发利用、生产消费的全过程和各环节进行充分融合，旨在建立和完善符合生态文明和可持续发展要求的能源技术和能源制度体系。在此背景下，具体天然分布式能源特点、符合我国农村实际情况的生物质能重新回到人们关注的视野中。

生物质气化技术就是生物质能利用方式中最符合分布式特点的一种技术。分布式生物质气化技术不应仍停留在老阶段、旧水平中止步不前，本案例尝试通过简要介绍行业领先企业如何打破气化技术瓶颈为切入点，以向日本出口的兆瓦级发电成套设备的真实案例为依托，阐述生物质气化技术应用中的一些思考，期待可为行业绿色能源转型高质量发展应用提供一点借鉴意义。

1 适用场景

首先，生物质能相比其他可再生能源具有许多优势。例如，生物质能相较于光伏、风能、水能是一种稳定的能源载体；生物质能自带"化学储能"属性方便运输存储；生物质是所有可再生能源中唯一可作为燃料的能源；生物质可产生气、热、电、油、汽、炭等多种产品；作为可再生能源中唯一的炭基能源，人类社会许多原有设备可被很容易地被改造而使用生物质能。

其次，在生物质能应用技术中，生物质气化技术具有分布式能源特点。这种技术可针对区域内的能源用户有效地实现"以电为核心，提供电、热、冷、燃气等能源一体化"的解决方案，辅以智能控制平台系统，打通多种能源横向通道，建立纵向"源-网-荷-储-用"协同。

最后，生物质+分布式的组合在海外市场潜力巨大（包括国内市场）。无论发达和发展中国家，农业和林业一般都是国民经济中的重要一环，因此大量国家和地区生物质资源丰富；同时，随着全球集约经济、智慧经济的不断发展，分布式能源展现出更加适合现代社会的诸多优势而被市场认可。

2 能源供应方案

2.1 技术路线

长期以来，生物质发电领域有如下常见技术。

生物质直燃燃烧发电。这种技术属于传统生物质能应用技术，其历史悠久，对生物质能行业作出了巨大贡献，但是，由于其技术的自身特点，直燃发电技术一般采用大装机容量的蒸汽轮机作为发电系统，其常见单套机装机容量一般就在 15~30 MW 区间内，生物质原料年消纳量在 15 万~30 万吨，这也使得生物质直燃发电项目呈现出一种大集中式的特点，在一些特定应用场景下容易受到原料规模的限制。

沼气发电。沼气发电项目单位投资成本高，需储气罐，在一些禽畜粪便不丰富或干黄秸秆较多的场景下并不适宜。

相比于上述两种技术，生物质气化技术属于热化学技术，它是将生物质固体燃料转化为混合燃气的过程。生物质气化反应集燃料热解、热解产物燃烧、燃烧产物还原等诸多复杂反应为一体，其核心产气设备被称为生物质气化炉。

生物质气化技术具有如下优势：

（1）生物质原料适应性好。热解气化对原料的预处理只有最低限度的水分和颗粒度两项要求。一般要求水分在 25% 以下，自然干燥就可以满足。流化床气化炉要求颗粒度一般在 5 cm 左右，简单地粉碎不难达到这些要求，气化原料的预处理成本较低。同时，热解气化设备具有良好的原料适应性，原料种类变更对设备运行不会造成太大的影响，多数情况下原料种类变化或不同原料掺混对工况影响不大。

（2）更适宜分布式能源系统。生物质热解气化系统的规模灵活，更适合于分布式能源系统。这种系统可直接面向用户的小型终端系统，无论供热或发电，都避免了远距离损耗和载能工品的输送能耗，易于实现能量梯级利用，达到更高的能源利用率，特别是它可以就地高效利用用户周边的分散资源，补充商品能源的不足。

分布式生物质热解气化供能系统可做到就近收集固体生物燃料，避免低密度原料长距离输的能源消耗和费用，发挥产品多样性的优点，同时满足终端用户对气热电冷等多种能源需求，实现能量梯级利用，从而达到高转化效率。以村镇为单位的居住形式和生产组织形式下，自然地构成了分布式能源系统的单元，生物质热解气化装置更适合于这样的规模。

（3）气化后产品种类多样化。生物质气化最大的优势是建立了一个可燃气体的中间能源平台，由此出发可以直接提供生活和工业燃气，通过内燃机和燃气轮机产生电力（发电余热可产生数量可观的热力），或燃气通过燃气锅炉直接产生热力，甚至进一步地合成碳氢液体燃料和各种化学产品；生物质气化过程中产生的副产品——生物炭是制作炭基肥、活性炭等高附加值产品的重要原料。

2.2 核心技术

创新方案核心技术路线主要由两大工艺系统组成。

生物质气化工艺系统。生物质气化是将固体燃料利用高温转化为主产品为可燃气的热化学技术。对于不同的气化装置、工艺流程、反应条件和气化剂种类，反应过程不完全相同，不过从宏观现象上来说都可分为燃料干燥、热解、氧化和还原四个反应阶段，在固定床内这几个阶段具有区域分开特点，但在流化床内这几个阶段呈混合进行状态。生物质气化反应是上述反应的综合。相比固定床，流化床具有原料适应性好，生产强度高，产气稳定，易于放大等种种优势，一般多见于工业级应用场景下。

生物质混合燃气净化工艺系统。从生物质气化炉中生成的可燃气体，称为粗燃气。在许多工作场景下，粗燃气并不适合直接送给用户使用。这是因为粗燃气中含有多种杂质，或者温度较高，或者是两种情况都存在，这些情况都会对燃气使用带来非常严重的问题。例如，粗燃气中的：（1）颗粒，其典型成分为灰、焦炭、热质、颗粒，会引起磨损和堵塞；（2）碱金属，其典型成分为钠、钾化合物，会引起高温腐蚀；（3）焦油，其典型成分为芳香烃等，会引起堵塞、黏连；（4）高温，许多设备无法使用温度过高的燃气。对生物质燃气进行净化的核心设备是生物质净化系统。生物质净化工艺是生物质气资源化利用中公认的行业难点。

生物质混合燃气净化技术是实现发电（包括天然气替代、燃气管道输送、燃气储存和甲醇制备等需求）的关键技术，其成功的商业化应用的案例很少，也是行业内亟待实现突破的重点技术领域。北京乡电对此持续研发、实践多年，成功地解决了上述系列难题，并应用于多个示范项目。

2.3　系统流程及成套设备

2.3.1　气化阶段

该阶段的核心设备为鼓泡式流化床。首先将生物质原料进行简单机械物理加工形成长宽高不超过 5 cm、密度不高的松散压块料，通过皮带传输至气化炉前的炉前小料仓，再经炉前小料仓与气化炉底部的螺旋给料器送至气化炉，在启炉时，通过点燃小部分原料和风机的配合，炉内迅速升温，炉内最高温度可达约 700~850 ℃，最终炉内物料与气化剂形成稳定的气固融合状态，持续产生主要有效成分为 CO、H_2、CH_4 的混合燃气，这种燃气经过风机的推动和牵引，经过旋风（或余热锅炉）去除燃气中大部分的颗粒物，通过管道进入燃气净化设备中，即燃气净化阶段。

2.3.2　燃气净化阶段

气体洗涤：从气化阶段引入的高温燃气温度高，杂质（尤其是焦油）含量高，该成套设备创新性地使用多元、多级、多高度喷淋水洗方式，采用这种方式能在短时间且小流量的条件下将气体净化到最佳效果，其单位燃气耗水量低于 50 g/Nm³ 为行业领先水平，可有效地去除气体中的焦油和颗粒物，同时降低了气体温度，实现污水零排放，一举解决以往同类项目中燃气净化过程中由于污水难以控制而出现二次污染等问题。

静电除焦：燃气继续进入高压静电除焦系统，该部分采用企业自行研发的专利技术，满足燃气中焦油及粉尘的深度净化需求，设备运行能耗低，安全可靠，将燃气降温至内燃机可承受的工作温度，在多级净化后，实现燃气中焦油含量降至低于 15 mg/Nm³。捕捉下来的焦油等杂质可与生物质原料混合，再次进入流化床直至全部裂解。

综上，生物质燃气经过气化、清洁降温、除尘除焦后获得超洁净混合燃气，最终获得多个产品，包括：通过燃气内燃机发电转化成电能；发动机组尾气回收和系统降温采集而获得大量热能（如蒸汽、热水）；析出的生物炭是制作烧烤炭、活性炭、土壤改良剂具有很好经济价值的副产品。

设备示意图见图 52-1。

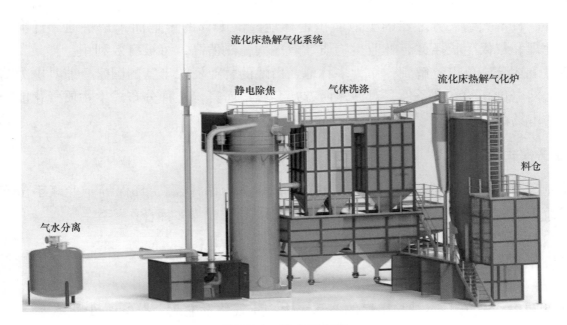

图 52-1 设备示意图

3 用户服务模式

3.1 满足用户需求分析

应该指出，生物质气化技术应用场景非常多样，在世界范围内有大量适合应用场景。

以日本为例。日本作为一个发达国家，它具有能源禀赋差、常规能源价格高、低碳环保理念社会认可度高的特征，它可以延展代表一批西方社会用户的情况，对日本用户的需求分析可以对未来类似地区的项目实施起到指导、借鉴作用。

日本是工业化程度高度发达的国家，人口众多，工业和居民用电量都很大，2017 年，日本电力的基本情况为：天然气 24%，核电 21%，石油 20%，煤炭 16%，水电和其他新能源 19%。日本又是个自然资源十分匮乏的国家，火力发电和重油发电所依赖的煤炭、石油、天然气等化石能源 90% 以上依赖国外进口，发电成本相对较高。尤其是日本福岛核电危机事件后，日本关停了国内大量的核电站，但是这些核电站关闭之后，有大量工厂企业和 3550 万人口的日本东京首都圈面临着严重的电力短缺问题。日本政府提倡的其他类型的新能源有：地热能、水力、风能、小型的分布式太阳能、生物质能等。然而，光伏发电因为只有白天发电夜间不能发电，日本国土面积狭小，大规模安装土地受到限制；虽然在光伏电站

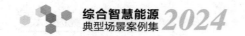

中应用储能系统可以解决白天发电晚上用电的问题，但依然存在规模化应用和成本过高等的瓶颈限制。风力发电存在对风资源选址和远距离输电限制等不足。相比而言，生物质发电的白天和夜间可以不间断发电、成本较低等优势就显现出来。日本政府计划到2025年将生物质发电的比例增加到原来的1.5倍，2030年增加到原来的2~2.5倍。在这个背景下，政府给予了生物质发电优厚的收购价格，一般为20~40日元/千瓦时（折合人民币1~2元/千瓦时）。

另外，日本大约三分之二的土地面积是林地，仅11%的土地面积是耕地。日本有非常有利的地理和气候生长条件，林业生物质数量庞大，热值高，可被有效利用。

通过上述分析可以了解到，作为多林地、山地的林业资源丰富的国家，兼具电力需求缺口大、上网电价高的有利条件，对许多西方社会客户而言，这种分布式生物质气化能源站具有广阔的市场前景。

3.2　服务模式

响应我国"一带一路"倡议，与国内、国际有实力的能源、环保等企业联手出海，与海外当地企业或资源方紧密合作，进行EPC、BOT、EMC等多种合作模式。

4　效益预期

以2023年公司在日本神户出口的兆瓦级生物质气化发电成套设备项目为例。

4.1　环境效益

该项目属于充分利用可再生资源的能源类项目，它以林业生产、间伐废弃物为原料，无废水排放、无固废排放。项目实现2000 kW生物质气化发电装机容量，全年向项目所在地电网提供绿色电力1400万千瓦时，助力缓解当地缺电现状。同时实现年二氧化碳减排量约1.7万吨，减少由于林废发酵而释放的甲烷温室气体。体现了资源化利用林业生产废弃物，减少了山火等其他隐患，环境效益十分明显。

4.2　社会效益

该项目的落地，增加林场业主收入，让以前几乎没有商业价值的林业废弃物焕发新生。改善了当地生活环境，创造了新的就业岗位，缓解了当地电力紧张现状，为促进当地经济作出贡献。同时，以实际项目作为活广告，向当地展示中国能源品牌形象。

4.3　经济效益

在该项目中，一方面，电站的日方业主本身即是当地的林场业主，其原料收集方便、原料入厂价格可控；另一方面，业主已和当地电力公司签署了锁定多年上网价格的FIT协议（约42日元/千瓦时），因此即使不考虑项目的余热和炭灰的收入，该项目的经济效益也非常好，根据前期估算，约2年以内可收回投资。

5　创新点

利用自有专利技术，创新性地解决了生物质气化技术中的若干技术瓶颈，主要如下。

5.1　气化技术创新

气化炉采用流化床气化技术。设备针对不同的生物质原料制定不同的气化工艺，流化床气化炉从进料、进风、出灰等环节合理设计，采用雷达料位计监测炉前料仓料位，有效避免因断料而中断生产的情况出现（专利号201821776891.X），气化炉底在原有出灰通道的基础上增加出渣通道（专利号201821777087.3），彻底解决因原料中渣土集聚炉底中断生产的隐患。保障气化炉稳定高效运行，实现转换效率75%以上且生产的燃气流量热值稳定。合理完善的控制系统能可靠灵活地对系统进行控制，使生产的燃气量和燃气的有效消耗量基本接近，减少不必要的放空外排，降低生产成本。

5.2　清洁降温创新

系统采用多级喷淋水洗技术路线将高温燃气进行清洁降温处理，通过设备的模块化设计和集成布置实现燃气的除焦除尘、冷却降温、焦油及粉尘与水的分离收集、水的循环利用等目标，整个装置结构整凑占地面积小，系统阻力小，耗水量低，污水零排放。

5.3　除焦除尘创新

生物质燃气中焦油含量高处理难度大是制约生物质原料转化利用的技术瓶颈。公司在原有专利技术设备"高压静电除尘除焦器"上进一步利用最新专利技术（专利号201821776858.7）提高燃气中的粉尘和焦油的分离效率。清洁的燃气能减少发电机的机械磨损，提高运行稳定性，延长使用寿命。经处理后燃气的焦油含量低于15 mg/Nm^3，可适合众多品牌燃气发电机，实现了行业技术瓶颈的突破。

5.4　产品环保创新

废渣处理：全密闭的干灰收集输送方式将生物质气化剩余物干灰集中收集包装，可返田做有机肥，也可作为原料对外销售。湿灰滤水后掺入原料中再次裂解，无废渣产生，实现二次再利用。

废水处理：项目生产用水全部循环使用，污水零排放。

废气处理：所有外排燃气都经过燃烧器用高压脉冲点火燃烧后高空排放，不产生二次污染。

异味的处理：对可能散发异味的环节都设计成微负压封闭系统，散发出的异味被负压抽风系统抽走和空气一起进入到气化炉内。

5.5　设备建设及海运优势

该装备具有占地小、省水、施工周期短、无高压设备、能耗低、操作简单、设备利用海运标准集装箱实现撬装并列和功能模块化实现个性定制等优点，使设备海外出口方便快捷，提高了标准化程度，降低了项目实施的难度。

此外，为布局日本市场，已向日本相关机构申报了《一种生物质气化燃气和净化污水自清洁装置及其使用方法》发明专利、《一种生物质气化发电成套设备》外观专利等多个专利，提早进行知识产权布局。

 专家点评：

该创新方案，依托与日本提供的生物质气化系统设备项目，精炼提出"生物质气化+"的分布式能源新理念，技术方案解读详实，极具借鉴、推广和复制性。

方案体现"以电为核心，提供电、热、冷、燃气等能源一体化"的解决方案，同时辅以智能控制平台系统。从生物质气化技术具有的原料适应性、适宜分布式能源、气化后产品多样等特点，突出阐述了创新方案的两大核心技术，即生物质气化系统和生物质混合燃气净化系统。生物质燃气经过气化、清洁降温、除尘除焦后获得超洁净混合燃气，最终获得多个产品，包括：电、热（蒸汽、热水）、生物炭（制作烧烤炭、活性炭、土壤改良剂）等，达到无废弃物排放。分布式生物质气化技术方案的应用必将会助力我国农村乡镇能源解决方案和能源绿色转型高质量发展。

局域新型配电系统研究示范项目

申报单位：福建永福电力设计股份有限公司

摘要： 该园区通过技术创新，紧扣中央的能源政策，围绕碳达峰碳中和目标，结合园区特点，充分利用自然资源，因地制宜地建设光伏、风电等新能源发电，采用高效的储能、充电桩、热泵、蓄热式锅炉等设备提高能源利用率，提升绿色能源占有率，建设源-网-荷-储协同智能交直流微电网，打造安全高效、清洁低碳、柔性灵活、智慧融合的新型配电系统，实现园区能源系统内循环，创建绿色能源+智慧农业一体化的典范。

1 适用场景

该方案为实现"双碳"目标背景下，服务于工业园区、商业综合体/楼宇、教科研等各种业态的综合智慧用能场景，创建典型低碳产业园区。

园区能源系统以风光储智能微电网为核心，以能源互联和信息综合感知为方向，将电力、供热、供冷、农业、交通系统有机结合，构建以电为中心，电、冷、热各类能源互联互通、"源—网—荷—储"友好互动的能源系统，实现园区能源清洁化、电气化、智能化和互联网化，打造绿色能源互联网微型、典型示范区，创建"绿色低碳"园区。

该项目的建设符合国家的发展规划要求，通过打造新能源高比例接入智能微电网示范项目，促进区域经济社会发展。

2 能源供应方案

2.1 技术路线

根据园区的资源禀赋、用能需求以及智慧能源系统技术，提出典型绿色能源互联网建设解决方案如下：

建设园区综合智慧能源系统，集新能源发电、电冷/热互补、多元储能、智慧柔性用能和园区智慧监控管理系统，应用物联网技术，逐步构建园区能源互联网管理平台，实现与用户的多样化交互，提升用户侧精细化管理和服务的能力，实现多能源系统之间的协调控制，提高能源的利用效率。图 53-1 为园区系统示意图。

源——利用绿色能源实现能源清洁供给；

网——智能微电网与交直流配电网相融合；

荷——多元化负荷与电网友好互动；

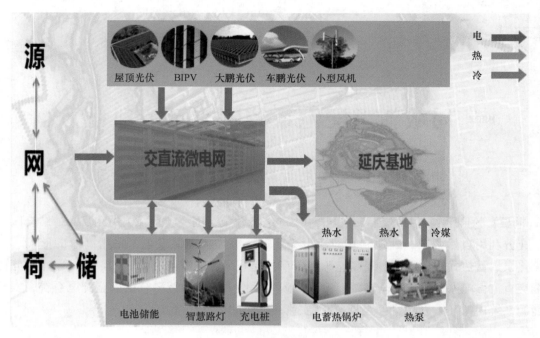

图 53-1　园区系统示意图

储——多种形式储能优化协同。

2.2　技术路径

2.2.1　源网荷储一体化智能电网

在能源站建设总变配电室，以 AC400 V 辐射方式，供 A02、A01 地块负荷；在 A03 地块设分变配电室，供宿舍和大棚。将旧办公楼原有配电室改造成智能配电室，供旧办公楼、大棚、路灯和农业水泵等。在南边林下养殖区设一箱变，供高速路南侧负荷。

园区各电气元件接入方案如下：

源：屋顶等光伏容量共 5755 kW，其中 A02 地块屋顶光伏、BIPV 光伏接入 DC750 V 母线外，风光一体化路灯的光伏、风电接入路灯配电箱，其余均就近接入各配电室 AC400 V 母线。垂直轴风机装机容量 100 kW。

网：园区外引两路 10 kV 电源至总配电室，总配电室设 4×2500 kVA 配变+1000 kVA 能量路由器；在 A03 地块分配电室设 1×2000 kVA 配变；旧办公楼分配电室设 1×630 kVA 配变；南部林下养殖区设 1×100 kVA 箱变。各配电室采用 AC400 V 向建筑内的低压柜供电。另设一段直流母线，汇入光伏发电，并向调控中心、照明、直流电源柜供电。

荷：配置 4×180 kW 直流桩和 10×7 kW 交流桩，其中直流桩由直流母线通过 DC/DC 供电，具备 V2G 功能。

储：配置 10580 kW/40000 kWh 电池储能，其中 500 kW/1066 kWh 接入 DC750 V 母线，剩余容量分 4 组接入四段 AC400 V 母线，每段以 4 回 630 kW/2437 kWh 接入。

园区空调、照明等负荷通过物联网智能控制，实现负荷柔性化。

各子系统规模配置原则：

（1）光伏。分布式光伏系统装机容量约为 5731 kW，发电量均自消纳，主要有：

1）A02 地块屋顶光伏：容量 931.84 kWp；

2）A01 地块屋顶光伏：容量 884.52 kWp；

3）A03 地块屋顶光伏：容量 262.08 kWp；

4）车棚光伏：容量 737.1 kWp；

5）日光温室光伏：共 30 个日光温室，总容量为 2457 kWp；

6）连栋温室光伏：容量 458.64 kWp。

（2）BIPV（建筑光伏一体化）。BIPV 将绿色能源与绿色建筑完美结合，用光伏组件替代传统建材，可适用于墙面和屋顶，是新能源发展方向之一。该项目创新地将中央厨房东南侧玻璃幕墙建设为可透光的 BIPV，使能源与建筑、景观融为一体。玻璃幕墙面积约 230㎡，装设 BIPV 约 24 kW。

（3）垂直轴风机。根据气象数据，该地风资源较一般；且园区景观造型也不宜建设大中型风机，故选择适用于低风速的垂直轴风机，建设 5 台共 100 kW。

（4）储能。为实现园区能源内循环，以及满足园区应急电源的需要，配置电池储能装置。该项目储能运行策略：预留足够的电量，满足园内一、二级负荷需求；天气晴好时，与光伏联合运行，满足园区峰平时段共 16 h 的负荷需求；天气不好时，储能满足园区峰时段 8 h 的负荷需求；随着未来调峰、调频辅助服务市场完善，周末园区用电低谷时，可参与辅助服务市场交易。按此运行策略，远景储能容量约为 10580 kW/40000 kWh。

（5）交直流混合微电网。为便于光伏、储能、充电桩等分布式能源和直流负荷的友好接入，交直流混合智能微电网是至关重要的传输枢纽，该项目配置满足源、荷、储、充所需的交直流混合配电网，主要设备有：

1）能量路由器。三端口能量路由器装置的端口电压及其容量分别为：AC 10 kV/AC 0.4 kV/DC 750 V，容量 1000 kW，分别连接交流配电网母线、交流微电网以及直流微电网系统。能量路由器是直流微电网的核心元件，由混合 MMC 变流器、基于 DCT 的直流变压器和低压 PCS 三部分组成，供分布式能源友好接入，实现重要负荷无缝切换。

2）智能化开关柜。配置包括开关智能单元、无线测温、视频等各类传感器，可实时感知微电网运行状态，实现微电网自适应运行和智能运维。

（6）充电桩。为适应绿色出行，满足园区电动汽车充电需求，建设 4 台 180 kW 双枪直流充电桩和 10 台 7 kW 单枪交流充电桩，直流桩具备 V2G 功能。

（7）智慧路灯。智慧灯杆可方便集成园区所需的智慧照明、通信基站、微气象监测、视频监控、Wi-Fi 覆盖、LED 信息显示、公共广播等功能模块，可作为物联网的重要载体。该项目在园区大门至 A02 地块的路边装设智慧路灯，灯杆根据园区物联网的需要搭载相应的智能模块。

（8）负荷柔性控制。采用现代计算机技术和传感技术对机电设备进行全面有效的监控，完成空调、通风、变配电、给排水、照明的监控和柔性控制。对特定事件做出快速反应，为建筑物创造一个安全、舒适的应用环境，同时达到高效节能的目的。

（9）综合能源管控平台监控系统。综合能源管控系统面向园区综合供能、用能、能源管理、能量控制等环节，通过信息能量深度耦合以及多能源系统的广泛集成，为综合能源服务提供数据基础和决策支撑。平台将结合综合能源基础物理设施规划和建筑设计，引入泛在物联网、能源数据智能聚合、多能协同优化调度等技术，进行综合能源生产、传输、消费、管控等全过程管理应用，实现多种形式能源的高效生产、灵活控制以及智能化利用，全面反映园区能源应用状况，提高园区能源供需协调能力。

2.2.2 多能互补能源系统

根据项目所在区域资源禀赋，结合实际的负荷需求，该项目冷/热源主供方式推荐采用超低温空气源热泵+蓄热式电锅炉的方案。

配置 15 台额定供暖量 155 kW、额定供冷量 150 kW 的超低温空气源热泵以满足园区冷、热负荷需求。同时配置一台设计电功率 400 kW、供热功率 250 kW、蓄热量 2500 kWh 蓄热式电锅炉。其中超低温空气源热泵最大可提供 1680 kW 的热负荷，不足部分由电蓄热锅炉补充。

远景配置 33 台额定供暖量 155 kW、额定供冷量 150 kW 的超低温空气源热泵以满足冷、热负荷需求，同时配置一台设计电功率 400 kW、一台设计电功率 800 kW 的蓄热式锅炉。

3 用户服务模式

3.1 满足用户需求分析

园区用能类型有：电、热、冷、蒸气、水等；用户性质为工商业用户。除消防系统和数据机房用电外，用电均为三级负荷。

3.1.1 电负荷统计

根据建筑和中央厨房用电需求，统计出基地电负荷数据如下：

直流负荷：100 kW。

建筑交流负荷：2270 kW。

中央厨房生产负荷：4000 kW。

旧办公楼负荷：530 kW。

智慧农业负荷：1240 kW。

空气源热泵：1812 kW。

园区电气设备容量共计 9952 kW，取负荷系数 0.7，则计算最大电负荷 6966 kW。

3.1.2 冷暖负荷统计

采用集中式供能系统总供能面积约为 1.07 万平方米，热负荷为 1604 kW，冷负荷为 1886 kW。远景总供能面积约为 4.76 万平方米，热负荷为 4481 kW，冷负荷为 4482 kW。

3.2 服务模式

项目由业主投资与运维，系统采用自适应运行、智能运维的方式。

4 效益预期

4.1 环境效益

园区年用电量约 1943 万千瓦时，园区用电量折算成二氧化碳约 19370 t。

新能源年发电量约686万千瓦时，占园区用能的35%；结合园区周边布有大型新能源基地的优势，基地配置储能与蓄热装置削峰填谷，积极消纳新能源基地夜间的富余电力，新能源渗透率达100%，园区用能实现全绿色。

新能源发电可减排CO_2达6839 t；对于园区绿色植物3000亩（一半果树、林木，一半粮食、蔬菜），年减少碳排放约6525 t。其他用电因采用储能装置在夜间新能源基地丰裕时充电，避免产生碳排放。经大力发展新能源发电、园区高效节能用电、绿电的存储与时间转移，园区实现零排放。

4.2　社会效益

结合项目"区位优势明显、功能要素齐全、资源禀赋优越"的突出特点，因地制宜推进园区智能微能源互联网建设，构建以新能源为主体的新型电力系统，助力实现"碳中和"目标的生动实践。

在经济方面，最大程度降低能源费用，尽量减少日常运维人员的成本投入。在生态方面，从源侧全部采用清洁能源，杜绝了化石能源；从网侧运用了各类技术实现清洁能源消纳，大幅度提高能源利用效率；从荷侧基本采用全电气化设备、车辆及农业设施，实现了全链条的绿色生态。在社会方面，通过低碳减排、环境友好为当地建设美丽乡村、实现乡村振兴发挥重要作用，并且能够进一步推动项目建设，助力首都践行低碳、环保理念。

此外，智能微网交直流混合优化配置，电力电子变压器、直流断路器等关键设备应用，综合能源系统优化调度策略和智慧能源大数据平台建设等前沿技术研究成果，将对系统内外新能源场站、综合园区建设提供有力支撑。

4.3　经济效益

（1）光伏年均发电量约661.8万千瓦时，可节省电费约681.7万元。

（2）风机年均发电量约25万千瓦时，可节省电费约18.7万元。

（3）储能电池每天一充一放，年放电量约1082万千瓦时，节省电费约650万元。

（4）蓄热器锅炉，在供暖季运行一充一放，年放电量约112.5万千瓦时，节省电费约69万元。

5　创新点

5.1　构建绿色、零碳综合智慧能源系统

通过园区基建项目建设，建成容量约5731 kW的光伏、24 kW的BIPV系统、100 kW的垂直轴风机系统及10000 kW/40000 kWh储能系统，还建设4950 kW超低温空气源热泵和1200 kW/7500 kWh电蓄热锅炉集中供应冷/热系统，满足园区生产、生活的负荷需求。

园区能源系统通过清洁电力自发自用，新能源年发电量约686万千瓦时，占园区用能的35%；结合园区周边布有大型新能源基地的优势，园区配置储能与蓄热装置削峰填谷，积极消纳新能源基地夜间的富余电力，新能源渗透率达100%，园区用能全绿色。

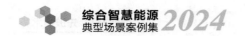

建设智能建筑、电气化厨房、智慧农业、智慧交通等，在生产、生活中均实现电气化，使得园区用能实现真正的零碳。

5.2　打造与基地融合的高效能源系统

5.2.1　高效的交直流微电网

为满足园区新能源、储能等柔性、友好接入，实现多能协同，减少电能转换环节，建设高效的智能交直流混合微电网。新能源和储能采用直流低压分布式接入，减少交直流转换及升压环节，可减少损耗5%。大功率的锅炉采用10 kV直供，可减少电压及传输损耗约3%。

5.2.2　能源与农业的融合

以往农业大棚采用分散式供热，设备功率小、台数多，安装分散，造成能源利用率、设备利用率低，安装不便。园区采用能源站集中向农业、建筑供热，选择能效更高的大型空气源热泵，集中安装布置，利用运维；并利用办公建筑和农业供热时段相反的特点，减少设备总容量，提高设备利用率，降低投资。

5.2.3　选用高效设备

建设绿色、智能建筑，采用更节能的直流设备，如照明、数据机房、展厅等，能效提升约5%。

结合园区环境条件，供冷/热系统选用高效的超低温空气源热泵，制冷时COP可达4.0，制热时COP为3.3～3.5，较普通多联机空调制冷时能效提升15%，制热时能效提升80%（园区所在地冬季气温较低，多联机能效太低或无法正常运行，基本不用于供暖；当地无市政供暖，若采用电锅炉供暖，能耗是空气源热泵的数倍）。

5.3　基于物联网的无人化智慧能源系统

该项目能源系统与物联网深度耦合，在能源站、高低压配电装置、新能源发电厂、供冷/热系统均配置智能控制单元、多功能摄像机以及各类监测传感器，尤其对高、低压开关配置智能控制器与电动操作机构，通过通信网络与综合能源管控平台，对能源系统全面感知、状态分析、智能控制、可视化展示，使微电网完全实现自适应运行、智能运维的目标。通过综合能源管控平台信息共享，将能源与智慧农业、中央厨房、智能建筑、智慧交通有机结合，构建真正"源—网—荷—储"友好互动的智慧能源系统。

利用巡检机器人、无人机等对智能配电网、光伏发电、风机等进行定期巡检，利用清洗机器人清洁，实现日常运维无人化。

储能在综合能源管控平台的智能调度下，除与源—网—荷协同交互外，兼做园区重要负荷的备电，还可参与电力市场辅助服务及需求侧响应。

5.4　面向能源物联网的创新型综合能源管控平台

5.4.1　新型综合能源智能管控

综合能源管控平台融合能源系统、信息通信、计算机技术于一体，整体架构进行了精心的设计，平台集多能监控、多能优化调度、能耗统计分析、智能运维、辅助决策等功能于一身，并为主管部门、电网公司与园区能源互动机制提供信息化应用。

综合能源管控平台示范应用旨在结合能源互联网技术，以园区为研究对象，以风光储智能微电网为核心，以能源互联和信息综合感知为方向，运用 5G 通信、互联网+、视频云等技术，将电力、供热、供冷、农业、交通系统有机结合，构建以电为中心，电、冷、热各类能源互联互通、"源—网—荷—储"友好互动的能源系统。研制并开发具有针对性的园区综合能源管控平台是实现园区微能源互联网综合示范的关键。

多能监控：涵盖分布式能源发电、交直流配电网、能源存储、冷/热系统、智慧用能等系统，平台融合 GIS、BIM 等技术，能够动态且直观地显示各能源设备的运行状态，实现多能源监测的智能化与精细化。

多能优化调度：在保证供能网络稳定的前提下，结合光伏、风电等多种供能设备的供能能力、用能负荷预测、市场价格成本信息等综合因素，在考虑供需平衡和满足供电设备安全运行前提下，制定调整不同的分布式能源发电出力和储能充放电运行计划实现最经济的能源优化调度方案，以此为基础进行多能微网能源系统的运行调度，实现全网能量供给损耗最小、成本最低的优化目标。在离网状态下，通过多能协同，保证孤网运行的稳定。

能耗统计分析：平台基于用户能源消耗监控子系统的能耗数据对企业用户能效管理优化，具体实现用能情况统计、用户能耗情况分析、用户能效对标与评估、用户电力负荷预测、用户能效水平可视化、有序用电建议与自动控制、电能质量与谐波监测分析、效益分析、诊断咨询服务。

智能运维：基于物联网全面感知及数据分析，对微电网的源、网、荷、储、环境、通信网络等实时监控与预测，根据实时信息进行动态调整，实现自动调节供需平衡和优化运行。通过对微电网状态的自动辨识，协调统一智能开关、保护装置等控制设备与微电网集中控制主站计算机，形成分布与集中、局部与全局相协调的控制模式，实现自愈控制。

5.4.2 能源物联网多流融合

园区采用"一平台多模块"方式构建信息化平台，将智慧能源与智慧农业、中央厨房、智慧园区信息共享，基于云计算，整合物联网、大数据、人工智能和视频云等技术，对园区的能源、人、事、物等对象进行数字化建模和重构，实现能源流、信息流、业务流多流融合。通过人员服务、物联服务、开发使能和集成服务等能力支持应用开发，支撑业务创新，融合更多的应用合作伙伴；支持园区不同生态业务子系统接入，实现园区的整体智慧。

综合能源管控系统与园区其他领域如安防、消防、交通、办公以及物业等互相联系、集中监控，提升客户服务，满足能源服务多元化、衍生化、个性化、互联化和平台化要求。利用物联网、5G、AI 等技术，使人机物事具备自动感知能力，具备互联互通和系统联动能力。通过园区内传感器、新能源发电系统、储能、微电网、照明、空调、充电桩、环境监测、智慧交通等智能设备实现跨系统智能联动，再基于人机物事的状态，以及历史数据和人的使用习惯，对环境感受、能源供需、智能家居、智慧交通等，做出分析、预判，并给出优化措施建议，从而实现设备及系统的主动服务。

5.5 集成能源互联网、大数据技术等的云端能量管理服务

云端能量管理服务是能源系统、市场发展和新的互联网、计算机技术结合的新产物，是

多能协同能量管理的重要形态。在园区智能微能网中，各种能源形式的子系统互联形成复杂的能源大系统，为了确保能源互联网的清洁高效安全运行，急需发展新一代的综合能源信息化管理平台，应对多能流耦合、多时间尺度、多管理主体等挑战，并且最终形成云端能量管理服务，实现对智能微网进行有效的运行管理和控制。

云端能量管理可提供包括监测、分析、优化、控制、交易、建议等一系列服务。此外可为用户提供在线教育和培训，能够进行各种模拟操作，利用互联网平台进行多用户互动模拟，如模拟各种能源的交易等。

云端能量管理服务将原本分散的能量管理系统搬到云端，而数据的采集和控制的执行留在该地，通过通信实现远程的监测和管理。云端能量管理服务采用了云计算资源虚拟化技术、大数据技术和隐私与信息安全等新技术。虚拟化是实现云技术的关键，通过把硬件资源虚拟化，实现隔离性、可扩展性、安全性、资源可充分利用等目标，使得资源分配更加灵活、资源利用率更高。

要充分利用云端综合能源信息化管理平台积累的各种数据，离不开大数据技术在能量管理领域的应用。大数据技术是互联网、计算机领域的基础，而云端能量管理要结合专业知识，挖掘各种信息，分析群体用能特点，协助需求响应更好的参与需求响应市场。当用户的数据保留在云端时，用户隐私与信息安全成为影响用户选择的重要因素，也是许多增值服务的基础。一方面从技术上解决，除了在数据传输、处理、存储中的加密等传统信息安全技术，还可以选择合适的信息接口和传输的数据内容、格式，使得即使传输的数据泄露也不会泄露用户隐私；另一方面需要制定通用的标准和规则，在此基础上通过数据分享等挖掘更多价值。

5.6　电能替代——绿色用能典范

目前国家提倡电能替代，电气化厨房、电动汽车就是电能替代的最好例子。

燃气灶是当前使用最广泛的炊具之一，但安全问题一直是最大隐患，因明火燃烧、燃气泄漏、管道破损等引起的火灾、爆炸、中毒事故不断发生，且燃气灶本身能效低，大部分不足50%。园区中央厨房采用智能化、电气化生产线，规模化、集约化及自动化地生产各类食品与食材，确保食品安全、减少各单位卫星厨房的工作量与能耗、改善卫星厨房环境，同时将加工过程中产生的废水、废渣循环利用到农业生产，变废为宝，减少污染排放。

交通车辆是耗能大户，园区观光车和物流配送车均采用电动汽车，减少排放。在园区设置V2G充电桩，使电动汽车除进行正常的充电交易，还可反向向电网供电，参与辅助服务市场。

园区开展的电能替代示范，改善用能安全，提高能源利用率，减少碳排放，为全社会绿色用能树立典范。

5.7　新一代液冷储能系统

应用液冷储能系统，具有高能量密度（相比风冷系统，能量密度提升80%）、长寿命（相比风冷系统，寿命提升20%）、低功耗（相比风冷系统，辅助功耗降低20%，大幅节约运营成本）、高效热管理（系统最高温度不高于35℃、温差不大于3℃）、高系统效率（对比行业储能效率，提高5%）、高安全性（双层阻燃防爆设计，有效抑制热失控）、标准化设计（模块化系统设计，便于运输、安装与现场维护）以及智能监控运维（电池管理云平台远程实时监测、故障预警，保证系统稳定可靠运行）等优点。

5.8 多能流、多端口高效节能能量路由器

（1）提升供电效率。传统供电常采用工频变压器+布控整流设备及隔离型DC/DC的方式供电，为防止电网故障，也会采用后备不间断电源保证供电的可靠性。基于能量路由器的供电，减少工频变压器，减少不必要的变换环节，提高供电效率。与传统供电方式相比供电效率提升4%。

（2）促进绿色环保。能量路由器各端口可实现分布式新能源发电系统的可靠接入，通过新能源为园区办公楼等提供清洁能源供电。据实验数据，接入新能源系统的能量路由器在实现供电的同时，最多可节省30%的用电量，促进社会绿色、低碳的可持续发展。

专家点评：

　　该方案构建以电为中心，电、冷、热各类能源互联互通、"源—网—荷—储"友好互动的能源系统，实现园区能源清洁化、电气化、智能化和互联网化，打造绿色能源互联网智能配网。技术方案解读详实，具备借鉴、推广意义。

　　该方案依托延庆基地项目，技术路径从源网荷储一体化智能电网和多能互补能源系统两个维度进行阐述和论证。涵盖了分布式光伏、建筑光伏一体化、垂直轴风机、储能、交直流混合智能微网、能源管控平台监控系统，以及"超低温空气源热泵+蓄热式电锅炉"等技术方案，满足园区工商业用户用能种类需求。该方案创新点主要体现在绿色零碳能源，多能高效供能，友好型数智化管控，集成先进技术管理服务以及采用新一代液冷储能和高效节能路由器等先进技术。

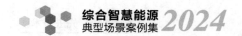
「案例 54」

电解铝直流接入柔性直流微电网技术

1　企业名称

云南电投绿能科技有限公司

2　设备名称

直流微电网电能路由器

3　主要参数

最大输入电压：1500 V DC；额定输出电压：1120 V DC。
最大输入电流：4320 A；最大输出电流：2900 A。

4　技术及先进性

利用铝厂园区屋顶或空地建设分布式光伏，光伏组件发电后经过传输电缆连接到低压直流电能路由器的输入侧，低压直流电能路由器的输出连接到电解铝母线保护柜，最终汇集到电解槽系列母线，实现光伏对电解系列母线绿色直接供电。

采用光伏"全额自发自用"的方式，降低电解铝行业的市电消耗，为铝业增加"绿色铝"标签，达到降低电解铝行业吨铝电耗和节能减排的目的。

根据电解铝工艺及生产需求，设计低电压、超大电流的 DC/DC 变换装置为其提供电源，输出电压大小跟随电解铝系列母线电压。该设备将光伏发电控制器输出的 1300 V 直流电压直接变换为电解铝直流母线所需的低压大电流电源，直接流入电解铝系列母线，中间不需要其他变换，适合近距离电能传输。

图 54-1 为主要拓扑结构。

低压直流电能路由器由 MPPT 部分和隔离 DC/DC 变换器两部分构成。其中 MPPT 变换器采用 Buck 电路，主要实现光伏最大功率追踪以提高光伏组件发电效率。隔离 DC/DC 变换器实现电压变换和隔离。

低压直流电能路由器采用了基于高频谐振软开关的直流高效隔离变换技术，最大限度提升直流隔离变换过程的转换效率。

在日照不稳定，电解铝不同开机数量以及电解铝热惯量不固定等变工况条件下，光伏电

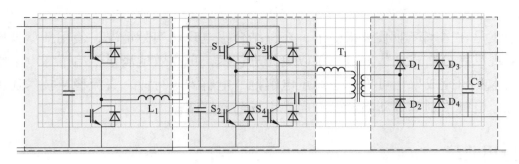

图 54-1　主要拓扑结构

解铝直流微网具有复杂多变的动态运行特性。在运行特性指导下，实现涵盖柔性直流装备集成、保护配置、直流微网布线技术以及监控装置集成设计、安装调试、界面指定开发和应用支持的光伏电解铝直流微网柔性直流接入软硬件装备选型与集成，以降低电能损耗、实现光伏电解铝直流微网能够低耗能高效率互联供电。同时，以 DSP 为核心的高效 MPPT 算法是支撑直流电能路由器的最大效率输出的必要条件之一，基于高频谐振软开关的直流高效隔离变换技术，最大限度提升直流隔离变换过程的转换效率。

电解铝负荷对电流的波动较为敏感，与分布式光伏的波动性与随机性特点相矛盾。在深入分析电解铝系统直流母排电流波动原因的基础上，构建光伏发电与大电网供电的协调互补控制框架及调度策略，在稳流的基础上最大化利用光伏发电效能。

直流变换系统独立构网，不依赖公共大电网进行稳定性支撑，通过先进控制算法软件实现微电网稳定控制。

采用了小功率高速电力电子变换装置与大功率整流装置并联运行与自动系列电压跟随技术。

光伏直流设备容量与原整流系统容量差距较大，且属于不同类型。通过采用新型并联运行技术，防止小容量设备被大容量整流系统的电压波动损坏，同时使光伏直流系统能够自动快速跟随系列电压变化过程，适应槽效应等电压突变过程。

在单控制自由度系统中，通过采用先进的多维度解耦控制，同时实现对光伏侧最大功率的追踪控制和对电解系列母线侧高速自动追踪控制，解决了控制自由度不足的问题，同时具有较高的控制性能。

5　适用场景

近年来，国家发布了多项支持新能源发展的政策，鼓励高耗能企业消纳绿电。2020 年 3 月国家能源局印发《关于加快建立绿色生产和消费法规政策体系的意见》，加大对分布式能源、智能电网、储能技术、多能互补的政策支持力度；2021 年 3 月中央财经委员会第九次会议提出构建以新能源为主体的新型电力系统；2022 年 1 月国家发展改革委印发《"十四五"现代能源体系规划》提出，提升电网智能水平，推动电网主动适应大规模集中式新能源和大面积分布式能源的发展；2022 年 5 月国家发展改革委发布《关于促进新时代新能源高质量发展的实施方案》提出，发展分布式智能电网，探索开展适应分布式新能源接入直流配电网工程示范。

该技术正是在国家产业政策指引下，充分结合铝电现场实际情况，使用新型低压直流微网技术，实现厂区分布式光伏发电系统以更先进技术，更高效地满足铝冶炼绿电消纳需求。

此项技术和研究成果还可推广应用至电解铜、电解镍等行业，直流稳压技术还可应用于超级充电桩、电解水制氢等新兴产业方向，市场前景广阔。

6　主要应用业绩

云铝阳宗海 2 MW 直流接入项目 2023 年直流接入设备发电量为 232 万千瓦时，节约电费约 81 万元，降低二氧化碳排放约 199 t。目前在云铝已共计完成安装直流设备 37.8 MW。业主单位为国家电投集团云南国际电力投资有限公司综合智慧能源分公司。

黄河鑫业中低压 10.2 MW 直流接入电解铝项目正在规划建设中，预计每年可提供绿色电能 4181.7 万千瓦时，相当于节约标煤 1.26 万吨，减排二氧化碳 3.81 万吨。业主单位为黄河鑫业有限公司。

大唐呼铝电项目 17.4 MW 直流接入电解铝项目目前正在积极建设中，25 年年平均上网电量 2889 万千瓦时，如以火电为替代电源，按火电每度电耗标准煤 320 克/千瓦时计算，则每年可节约标准煤约 9246.98 t；按全国每吨煤产生 2.62 t 二氧化碳计算，则可减少 CO_2 排放约 24227.09 t；按每吨煤产生 8.5 kg 二氧化硫计算，则可减少 SO_2 排放约 60.24 t；按每吨煤产生 7.4 kg 氮氧化合物计算，则可减少 NO_x 排放约 62.23 t。业主单位为内蒙古大唐国际呼和浩特铝电有限责任公司。

 专家点评：

该技术利用低压直流电能路由器将光伏发电输出的直流电压转换为电解铝槽所需要的低压大电流；在分析电解铝直流母排电流波动的原因后，构建了光伏发电和大电网供电的协调互补控制框架和调度策略，在保证电流稳定的基础上提高了光伏的利用效率。该技术已在 1 个电解铝项目中投产应用，有 2 个项目正在建设中。

该技术可在电解行业中广泛推广，其直流稳压技术对超级充电桩和制氢行业有较大的推动作用。

「案例 55」

新型土壤外加剂固化电厂灰渣关键技术及设备

1 企业名称

国能（浙江北仑）发电有限公司

2 设备名称

新型土壤外加剂固化电厂灰渣关键技术及装备

3 试验及主要参数

（1）在项目组所掌握的新型高分子土壤固化外加剂基础上，研发了适应电厂灰渣（海水渣）的新型高分子固化剂，将硫酸铝、脱硫石膏、硫酸亚铁、氟硅酸钠、硅酸盐水泥、粉煤灰、电厂海水渣投入反应釜；边搅拌边加入硫酸锰或丙烯酸和硅酸钠；经检测，7 d 无侧限抗压强度（饱水）达到 0.6~5 MW。

电厂海水渣中含有大量的氯离子、硫酸根离子、氧化钙、氧化镁等，通过氟硅酸钠与物料及渣土土壤中钙离子、镁离子等形成结晶体，增加土体的强度和密实度，大大提高渣土土壤的稳定性和强度。三乙醇胺有利于提高氯离子的固定能力，促进了渣土土壤中的水化，促进了物理结合，增大了渣土土壤中的密实度，大大提高渣土土壤稳定性和强度，地基承载力特征值大于 120 kPa。

（2）针对不同掺量新型土壤固化外加剂的新型高强性能固化灰渣，开展无侧限抗压试验、干湿循环试验、渗水试验、硫酸盐等海洋环境影响试验，研究新型高强性能固化灰渣在高水位海洋环境条件下的力学性能和耐久性能，确定了最优配比，新型高强性能固化土稳定灰渣的水稳系数不小于 80%，4 h 凝结时间影响系数不小于 90%，满足基坑新型高强性能固化灰渣回填的设计要求，为新型高强性能固化灰渣作为基坑回填材料的长期安全性提供实验支持。

（3）创新研制了固化灰渣现场制备成套技术设备，该成套设备包括第一废弃物上料装置、第二废弃物上料装置、固化剂上料装置、破碎装置、搅拌装置等。第一废弃物上料装置，用于定量输送第一类废弃物；第二废弃物上料装置，用于定量输送第二类废弃物；固化剂上料装置，用于定量输送固化剂；破碎装置与第一废弃物上料装置、第二废弃物上料装置和固化剂上料装置连接；搅拌装置与破碎装置连接，将粉碎的物料搅拌成固化土。

该成套技术设备可实现单套设备 400 m³/h 的浇筑生产效率，成套工艺装备可实现国内设计、制造和组装。该设备具备了可移动性，可拆卸性强，可对现有的粉煤灰、钢渣、气渣、水渣等进行深加工固化，直接用于建筑工程、筑路、回填和农业以及填海造陆等领域。

4 技术及先进性

（1）该固化剂可制备无侧限抗压强度在 0.6~5 MW 之间、地基承载力特征值大于 120 kPa 的固化灰渣。

（2）该技术创新研制了固化灰渣现场制备成套技术设备，在固废一类占比 60%，固废二类占比 32%，固化剂占比 8% 设计配比条件下，生产高效、稳定，提高固化土的处置效率。

（3）针对新型高强性能固化灰渣作为基坑回填材料，制定新型土壤固化灰渣进行小范围回填应用的施工工艺，提出施工质量技术措施和验收标准，形成了适用于新型高强性能固化灰渣的道路及基坑回填施工工法，其中新型高强性能固化土稳定灰渣结构层的压实度不小于 94%，固化灰渣 28 d 浸出液中 SO_4^{2-}、Cl^- 含量应满足《岩土工程勘察规范》要求，为固化灰渣大规模应用设计、施工、试验、检验提供有效支撑。

5 适用场景

该项目研究成果直接应用于北仑电厂一期节能减排改造项目，通过新型土壤外加剂的研发、高强性能固化灰渣成套生产设备的研制，以及高强性能固化灰渣作为回填料的技术评价和施工工艺研究，生产制备 8 万立方米固化灰渣作为基坑回填材料。

6 主要应用业绩

该设备应用于北仑电厂一期节能减排改造项目，业主单位为国能（浙江北仑）发电有限公司，设备应用效益分析如下：采用高强性能固化灰渣进行回填，包含材料、机械、水电和人工费等综合单价每立方较天然塘渣节约 50 元，北仑电厂一期节能减排改造项目总计 8 万立方米回填料可直接节约 400 万元；生产 8 万立方米固化灰渣可消纳电厂海水渣约 2.4 万立方米。

专家点评：

　　该项先进技术针对适应电厂灰渣（海水渣）新型高分子固化剂关键技术、装备研发，应用于固化灰渣作为土建工程基坑的回填材料，为火电厂的灰渣综合利用开拓了新的途径。并且相应技术与设备已经在服役电厂的技改项目中进行了应用，取得了相应的效果。

　　该项技术针对不同掺量新型土壤固化外加剂的新型高强性能固化灰渣，开展有关对海洋环境影响的试验，高水位海洋环境条件下的力学性能和耐久性能研究，为新型高强性能固化灰渣作为基坑回填材料的长期安全性提供实验支持。

　　该项技术以及制备成套设备整装，具有比较广泛的实用价值，可以借鉴和推广。

「**案例 56**」

蚕丛移动能源机器人 FlashBot 创新技术及应用

1 企业名称

上海蚕丛机器人科技有限公司

2 设备名称

蚕丛移动能源机器人 FlashBot

3 主要参数

主要参数表如表 56-1 所示。

表 56-1 主要参数表

产品名称	FlashBot
整机尺寸/mm	1850×950×1460
储能电池容/kWh	103.68
整备质量/kg	1465
自动驾驶	L4 级，1×激光雷达+6×环视摄像头+8×超声波雷达
整车功率-储能/$eV_{充电} \cdot kW^{-1}$	100/60
平台电压/V	691.2（630~788）
充电线长/m	6
冷却方式	液冷
使用寿命/年	8
最高行驶速度/km·h^{-1}	10
爬坡能力/%	>20
环境温度/℃	−20~+55
防尘防水	IP55

4 技术及先进性

移动能源机器人 FlashBot 是一款车规级的大功率、高容量能源机器人，具备 L4 级别无人驾驶功能，基于领先的人工智能技术，结合多种传感器融合和安全冗余技术，能够适配多种场地和气候的驾驶环境。将先进的无人驾驶技术和储能技术结合起来，FlashBot 可以在大范围的时间和空间上促成电力的转移和交换，实现能源的共享和优化利用，提高能源利用效率和经济性。

卓越的自动驾驶能力帮助 FlashBot 实现电网（微电网）放电和新能源车充电的有机结合，充分发挥能源管理系统的调度能力，实现产品的高使用率，并为叠加创新业务提供技术支持。

依托母公司纵目科技在自动驾驶领域累积形成的软硬件能力，有利于移动能源机器人使用效率的提升，移动能源机器人所产生的数据可以促进自动驾驶业务算法的提高。移动能源机器人作为机器人的一种形态，将自动驾驶与能源要素相结合，解决园区用电、充电不方便等问题，移动储能机器人将催生出未来新的产业，是新质生产力的代表，对于探索零碳园区，园区电力扩容的困扰、虚拟电厂等有重要的意义，符合国家"双碳"的趋势。

4.1 主要核心技术

4.1.1 智慧储充一体化解决方案

4.1.1.1 先进的能量管理、传输技术

利用公司自研的一款基于车辆到电网（Vehicle-to-Grid）技术的储能控制柜 FlashBase，通过移动能源机器人 FlashBot 内置电池的储能形式，使得能量可以在机器人和电网（微电网）之间自由流通，实现移动能源机器人 FlashBot 和微电网之间双向能量转换的应用。

4.1.1.2 车规级硬件产品品质

利用母公司纵目科技的具备多种智能传感器及域控制器的自研和落地能力，保证移动能源机器人 FlashBot 具备车规级硬件产品品质。

4.1.1.3 智能的移动充电服务

利用 L4 级自动驾驶能力，移动能源机器人 FlashBot 可以自主地给工商业园区场景内新能源车主提供智能充电服务。

4.1.1.4 高效的任务调度系统

利用配套的智能调度算法软件 FlashDispatcher，对移动能源机器人 FlashBot 车队进行自动驾驶及充放电策略的智能调度，从而实现该作用域内 FlashBot 服务的效益最大化，在为作用域提供高效、安全、可靠的用电服务的同时，为运营商提供高效的资产回报。

4.1.2 L4 级自动驾驶能力

基于母公司纵目科技拥有的封闭场景下 L4 级自主代客泊车系统，进一步打磨大量的人工智能算法包括感知、建图、定位、规控等自动驾驶核心算法，使得移动能源机器人 FlashBot 配置先进的传感器技术，具有高精准与高鲁棒性的感知结果，实现区域范围内开放场景下低速 L4 级自动驾驶技术。

4.1.3 GIS 地图引擎和云服务

基于母公司纵目科技拥有的封闭场景高精地图增强图层数据生产处理及多图商异构云平台，根据移动能源机器人 FlashBot 对导航、规划、渲染、搜索等位置服务的需求，进一步完

成了 GIS 地图导航和渲染引擎的建设，更新地图 OTA 云服务的全链路解决方案，使得移动能源机器人 FlashBot 与云端的数据形成闭环。

4.1.4 出色的即时定位建图技术

移动能源机器人 FlashBot 具备大范围环境感知角度及更高的鲁棒性，输出更高精度地图输出，在自动驾驶行驶过程中实现室内和室外环境中的自主定位。移动能源机器人实现出色的即时定位建图，核心技术包括（1）语义图层构建，构建包括地面语义、OCR、目标物、车位框信息的地图图层；（2）矢量信息提取，提取地图要素的矢量化信息，并提取路网信息；（3）多地图融合，将不同车辆获取的地图进行拼接融合。

4.2 产品优势

移动能源机器人 FlashBot 以自动驾驶技术为核心链接点，将储能与新能源车充电两个行业有机结合，专注中小型工商业体提供分布式、移动储充一体化解决方案。

移动能源机器人 FlashBot 与行业主体产品相比优势如下：

与诸多储能行业主体产品相较，目前用户侧储能市场基本是固定式储能一统天下。受客观条件限制，大量中小工商业体无法部署集中固定式储能装置，而分布式固定储能装置使用率无法拓宽，盈利模型天然处于劣势。

与充电运营商主体相较，目前大型充电运营商基本运营的是固定桩，受制于场地、电容、车主泊车习惯等因素，设备普遍使用率偏低，发展移动储能充电桩大势所趋。

与该项目产品形态相似产品的性能指标对比如表56-2所示。

表56-2 相似产品的性能指标对比

品牌	闪电宝	途乐充	易佳电	Parky
公司	蚕丛	始途	国轩	EVAR
型号	FlashBot1S	CUBE 03	大白龙	—
发布时间	2024 年 1 月	2022 年 5 月	2021 年	2022 年
尺寸/mm	1850×950×1460	1300×730×1670	2100×1060×1445	—
行驶方案	自动驾驶	自动驾驶	人工遥控	自动驾驶
驱动形式	前转后驱	前转后驱	航轮驱动	差速转向
电池规格/kWh	104	64	184	30
冷却方式	液冷	液冷	风冷	—
充电功率/kW	60	60	60	15
补能功率/kW	100	60	30（AC）	30
V2G 功率/kW	100	V2G 桩未推出	无	无
输出电压/V	300～490	200～1000	200～750	200～750
最高车速/km·h⁻¹	10	8	4	4
爬坡能力/%	20	10	8	基本无
主要功能	储能+EV 充电	EV 充电	EV 充电	EV 充电

该项目产品经第三方咨询机构中国科学院上海科技查新咨询中心查新分析，该项目具有新颖性。

5　适用场景

移动能源机器人 FlashBot 主要应用于商业地产、物业园区、充电运营商、停车场运营商等中小商业，为用户提供安全高效的储充一体化生态综合解决方案。主要适用场景方案具体如下。

5.1　国内运营场景——办公园区、写字楼

场景分析：EV 用户停车时间较长，且用户比较固定，用户转化成本低，电网容量紧张。

EV 补能需求：目的地充电。

可选投放组合：①+②+③，如图 56-1 所示。

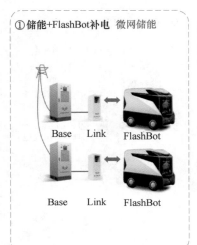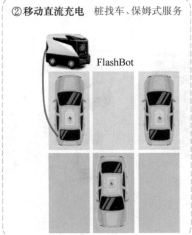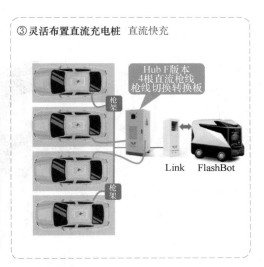

图 56-1　办公园区、写字楼投放产品组合示意图

5.2　国内运营场景——商综、商超

场景分析：EV 用户单次停车时间 3 h 内，车辆周转率高，用户基数大、频次低、转化难度大。

EV 补能需求：需快速补电，即时补能。

可选投放组合：①+②+④+⑤、①+②+③+④+⑤，如图 56-2 所示。

5.3　国内运营场景——民宿、酒店、高尔夫球场、码头

场景分析：因场景限制，EV 用户充电价格敏感度较低，电容紧张。

EV 补能需求：目的地慢速补电、紧急快速补电。

投放产品组合示意如图 56-3 所示。

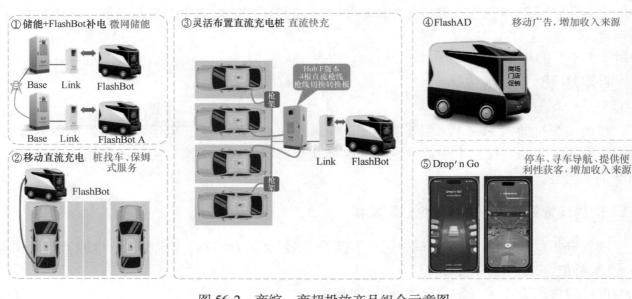

图 56-2　商综、商超投放产品组合示意图

图 56-3　民宿、酒店、高尔夫球场、码头投放产品组合示意图

5.4　国内运营场景——景区

场景分析：因场景限制，EV 用户充电价格敏感度较低；位置偏僻，扩容成本高；大部分 EV 用户停放时间 3 h 左右。

EV 补能需求：目的地补电、紧急快速补电。

投放产品组合示意如图 56-4 所示。

5.5　国内运营场景——高速服务区

场景分析：EV 用户停车时间短，充电急切度高，价格敏感度低，用户基数大，复购率低，转化难度低。

适用方案：将节假日空闲的办公园区 FlashBot，通过 Trader 模式投放至服务区临时应急。

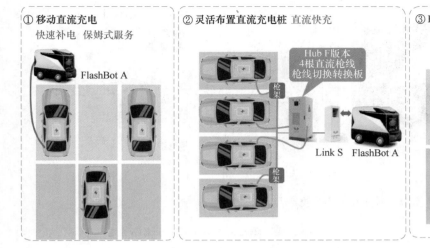
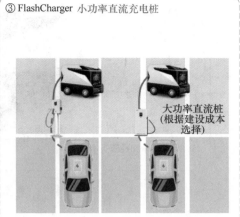

① 移动直流充电
快速补电 保姆式服务
FlashBot A

② 灵活布置直流充电桩 直流快充
Hub F版本
4根直流枪线
枪线切换转换板
枪架
枪架
Link S FlashBot A

③ FlashCharger 小功率直流充电桩
大功率直流桩
(根据建设成本选择)

图 56-4　景区投放产品组合示意图

投放产品示意如图 56-5 所示。

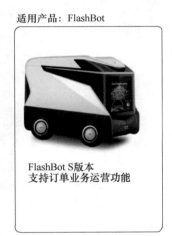

适用产品：FlashBot

FlashBot S 版本
支持订单业务运营功能

服务模式：人工遥控移动直流快充
移动直流快充

补能方案(方案①)。

① 在原有场站补能,批量投放满电Bot至服务区进行服务。

② 利用便携小直流快充桩补能(不可行)。

问题点：补能速度慢,单日只能循环一次。

③ 借用服务区现有充电桩空闲时间补能(不可行)。

问题点：节假日快充桩无空闲时间、电费成本高(国网1.9元/千瓦时)。

④ 建设直流快充桩(不可行)。

问题点：建设成本高、闲时利用率低、高峰时利用直流充电桩对EV充电效率更高(不可行)。

图 56-5　高速服务区投放产品示意图

5.6　国内运营场景——老旧小区

场景分析：EV 用户停车时间长，价格敏感度高，用户固定转化成本低；场地容量有限，扩容成本高；道路狭窄、车位紧张。

投放产品示意如图 56-6 所示。

5.7　国内运营场景——特殊场景（公司、园区自用）

场景分析：FlashBot 自用，不对外运营。

适用方案：FlashBot S 单机版本+FlashCharger。

投放产品示意如图 56-7 所示。

适用产品：FlashBot、FlashCharger　　　　　　服务场景：①移动直流充电②FlashCharger对EV充电

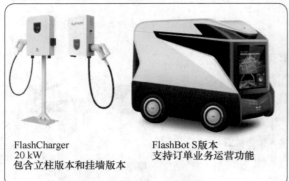
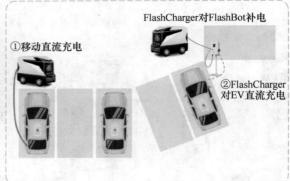

FlashCharger
20 kW
包含立柱版本和挂墙版本

FlashBot S版本
支持订单业务运营功能

图 56-6　老旧小区投放产品示意图

适用产品：FlashBot、FlashCharger　　　　　　场景：①移动直流充电②FlashCharger对EV充电

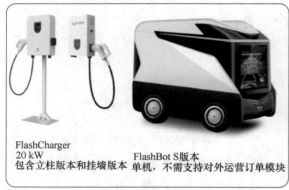

FlashCharger
20 kW
包含立柱版本和挂墙版本

FlashBot S版本
单机，不需支持对外运营订单模块

图 56-7　特殊场景投放产品示意图

5.8　国内运营场景——备用电源

场景分析：工厂、医院等需要保障用电安全的场所。

适用方案：FlashBot S 单机版本+FlashBase。

投放产品示意如图 56-8 所示。

适用产品：FlashBot、FlashBase

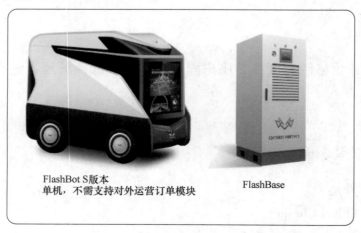
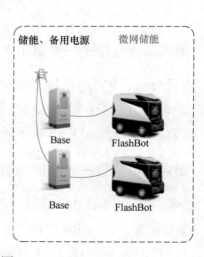

FlashBot S版本
单机，不需支持对外运营订单模块

FlashBase

图 56-8　备用电源投放产品示意图

5.9 海外运营场景——运营类场站

场景分析：基础设施改造难度大 & 施工费用高（单交流充电桩施工安装费用接近 10 万美元）、施工周期长；人工费用昂贵（龙骑士服务可行性低）；海外高比例 VRE 发电占比催动电价震荡，储能资产盈利性持续增强。

适合方案：①微网储能+②灵活布置交流充电桩+③灵活布置直流充电桩。投放产品示意如图 56-9 所示。

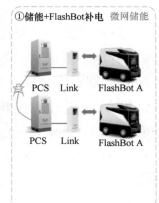
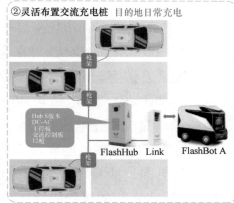
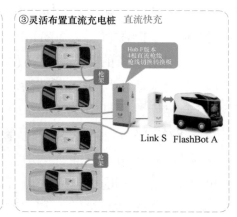

图 56-9　运营类场站投放产品示意图

5.10 海外运营场景——灵活机动特殊场景

场景说明：需求灵活机动的户外补能方式（无法建设大功率补能设施场地、户外应急用电等特殊场景）。

需求方案：灵活补能（自建小直流充电桩、便携式直流充电桩、在已建设的直流桩补电）、户外对 EV 快速补电、户外应急交流用电。

投放产品示意如图 56-10 所示。

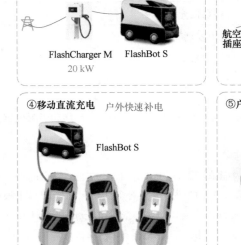
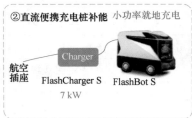

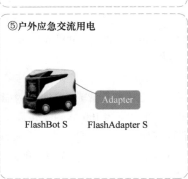

图 56-10　灵活机动特殊场景投放产品示意图

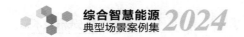
6 主要应用业绩

6.1 落地推广情况

FlashBot 的样机于 2023 年底开始在公司总部的张江人工智能岛园区试运行，并于今年 1 月 18 日在张江主会场，巴黎、布达佩斯和新加坡三个分会场同步举行了 FlashBot 的全球产品发布会和移动能源互联网创新论坛。

随着移动能源机器人 FlashBot 在 4 月开始下线生产和市场部署推广，得到了良好的终端反馈。在刚刚结束的"五一"假期，公司将 100 台 FlashBot 部署在上海国际旅游度假村，服务五一期间来迪士尼和比斯特游玩度假的数十万游客，取得了良好的社会反响和媒体关注。据不完全统计，假期五天 FlashBot 共接订单 2816 份，充电总量 46000 kWh，充电行驶里程数达到 287500 km，共为 50 个品牌的新能源车完成了充电服务，实现减碳量达到 45862 kg。

在国际业务拓展方面，闪电宝得到了匈牙利国家绿色能源推广公司 Humda 的大力支持。FlashBot 目前还获得了包括法国、西班牙、美国、沙特等多个国家的企业和机构的合作意愿，预期在全球电动化转型和"碳中和""碳达峰"的进程中发挥重要的作用。

公司加快移动能源机器人的国内外市场开拓，目前，国内市场已形成意向合作客户 81 家，储备项目 2000 多个，落地部署项目 28 个，其中与张江、金桥、万达、新城、首汽如家等集团连锁客户 19 个达成了基于该项目合作协议。

6.2 典型应用案例

从目前已开展的商业试运营案例来看，基于移动能源机器人应用场景的设备投入来看，可以在三到五年左右时间收回园区的投资成本。典型应用案例一见表 56-3，典型应用案例二见表 56-4。

表 56-3 典型应用案例一

项目名称	基于自动驾驶的移动储充应用场景
业主单位	上海张江智能电力发展有限公司
应用项目所在地	上海浦东张江人工智能岛园区
技术应用内容及实施周期	（1）运营场景产品配置： 1 台储能控制柜 FlashBase(200 kW)，2 台联接机械臂 FlashLink，2 台移动能源机器人 FlashBot（100 kWh）。 （2）技术应用情况： 通过自研的自动对接装置 FlashLink，为能源机器人 FlashBot 提供快速、安全的补电功能，FlashBot 补电功率为 100 kW/h，可以在 1 h 内快速完成补电。园区新能源车主根据需求，通过微信小程序霹雳贝召唤充电及预约充电，以确保充电时段的可用性和高效性。FlashBot 满电状态下可以为 2 辆新能源车提供快速充电服务
技术投入应用时间	2023 年 12 月

续表 56-3

技术应用取得节能降碳效果	目前总运营时长 153 d，单日服务量 87.5 kWh，总服务量 13387 kWh，碳减排量 13347 kg，约 13.3 t
技术应用取得经济效益及投资回收期	试运营期间单车日收益 195 元，预计 3~5 年可以回收成本
其他社会效益	（1）解决园区固定充电桩不足、运营效率低的情况，提升新能源车主体验感； （2）合理利用低价谷电政策，实现更低成本清洁供能，同时可以为资产持有者实现峰谷套利； （3）助力国家实现"双碳"目标

表 56-4 典型应用案例二

项目名称	基于自动驾驶的移动储充应用场景
业主单位	宁波高新区新城建设有限公司
应用项目所在地	宁波市菁华创梦空间园区
技术应用内容及实施周期	（1）运营场景产品配置： 1 台储能控制柜 FlashBase（200 kW），2 台联接机械臂 FlashLink，2 台移动能源机器人 FlashBot（100 kWh）。 （2）技术应用情况： 通过自研的自动对接装置 FlashLink，为能源机器人 FlashBot 提供快速、安全的补电功能，FlashBot 补电功率为 100 kW/h，可以在 1 h 内快速给补满电。通过自研的基于车辆到电网（Vehicle-to-Grid）技术的储能控制柜 FlashBase，使得能量可以在移动能源机器人 FlashBot 和电网（微电网）之间自由流通，实现 FlashBot 和微电网之间双向能量转换的应用
技术投入应用时间	2024 年 1 月
技术应用取得节能降碳效果	目前总运营时长 95 d，单日服务量 185 kWh，总服务量 17575 kWh，碳减排量 17522 kg，约 17.5 t
技术应用取得经济效益及投资回收期	单车日收益 166 元，预计 3~5 年可以回收成本
其他社会效益	（1）解决园区固定充电桩不足、运营效率低的情况，提升新能源车主体验感； （2）合理利用低价谷电政策，实现更低成本清洁供能，同时可以为资产持有者实现峰谷套利； （3）助力国家实现"双碳"目标

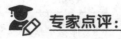
专家点评：

　　该项目将先进的无人驾驶技术（L4 级别）和储能技术相结合，研制出了移动式高容量能源机器人 FlashBot，实现了随时随地按需进行电力的转移和交换。能源机器人在微电网进行充电后，可解决园区用电、充电不方便、扩容难等问题，对催生新产业有一定意义，为零碳园区的建设提供了具有可操作性的技术路线，同时为自动驾驶技术积累了宝贵数据。

　　项目已经投入批量生产，在国内外均有应用。建议继续推广应用，同时研究光伏发电技术和能源机器人相结合的可行性，进一步提高能源机器人的持续充电能力。

案例 57

高海边无地区综合智慧能源一体化解决方案：
绿能智慧阳光房

1 企业名称

国核华清（北京）核电技术研发中心有限公司
云南电投绿能科技有限公司

2 设备名称

绿能智慧阳光房

3 主要参数

标准型产品（建筑面积 300 m²）参数如下：

（1）所适用的特殊环境条件：

严寒地区：-40 ℃ 低温环境适用；

高海拔地区：海拔 5500 m 适用；

海岛、无人区地区 202301028：光照强度大于 1000W/m² 地区适用。

（2）内部环境条件：

冬暖夏凉的人员区：温度 16~26 ℃，湿度 30%~70%；

适于植物生长的种植区：温度 10~30 ℃，湿度 40%~80%。

（3）本地化能源产能：

屋顶光伏 23 kWp，风电机组 5 kW，储能电池容量 60 kWh。本地化产能 30 兆瓦时/年，能源自给率高于 80%。

（4）本地化果蔬产量：

果蔬产量约 15.212 千克/周，按每年 340 天可用天数计算，年产量约 738 千克/年。

4 技术及先进性

该产品是综合智慧能源产品在高原、海岛、边防、无人区（简称"高海边无"地区）等特殊场景拓展的集成创新，主要应用在市政供电保障不便的偏远地区，可为边防、边境检

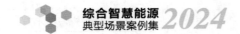

查站、农林巡检站、石油石化等偏远场站所属值守人员提供能源本地化生产、果蔬本地化供给、冷暖本地化供应的工作生活环境。集成创新技术包括综合智慧能源技术、微电网技术、装配式建筑节能技术、现代农业室内高产水培基质培技术。

该产品核心是以风光储离网式微电网为核心的综合智慧能源技术，具有 300 m² 装配式建筑，配有屋顶光伏 23 kWp，风电机组 5 kW，储能电池容量 60 kWh，集成低能耗绿能建筑、高效供冷暖技术、室内现代高产农业技术，为偏远地区作业人员提供舒心的工作生活环境，目标是基于综合智慧能源的绿能建筑，具有能源、果蔬自给自足的特点。图 57-1 为阳光房外观示意图。

图 57-1　阳光房外观示意图

该产品通过微网系统、控制系统、建筑结构、暖通系统、种植系统和室内设施来实现丰富的保障功能。图 57-2 为阳光房技术路线图。

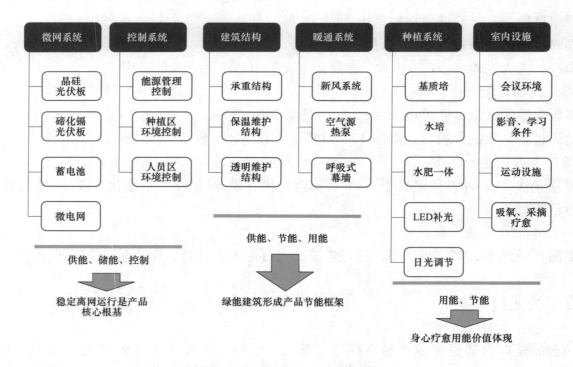

图 57-2　阳光房技术路线图

阳光房技术特点主要有以下几点：

（1）多能互补技术：利用风、光、热等多种可再生能源进行相互补充、协调运行，从而保障供能的充足与稳定。标准型绿能智慧阳光房风电装机 5 kW，光伏 23 kWp，具有呼吸式幕墙与相变储热技术，每日可存储约等同 40 kWh 电能的热量。

（2）离网式微电网技术：该产品为风光储微电网，主要在离网模式下运行，可接入市电并网运行，也可接入柴发为储能电池补充电能。该产品孤岛化离网运行，适用于对于偏远地区特殊场景，不仅能够解决能源供应的难题，还能降低对市政电网的依赖，提高能源供应的可靠性。

（3）智慧能源技术：该产品具有能源的智能控制系统，通过智能控制系统实现供电用电的柔性匹配和分级控制，借助先进的物联网、大数据等技术手段，实时监测和分析能源需求和供应情况，调整能源分配和空调等设备的使用策略，达到自动产能、智慧用能、高效节能的作用。智能控制系统如图 57-3 所示。

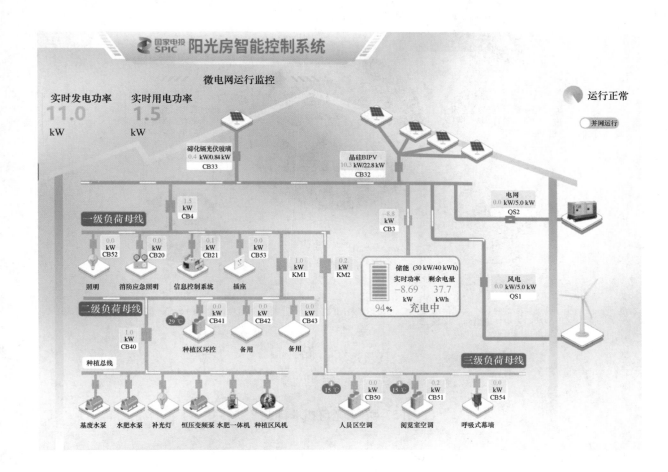

图 57-3　阳光房智能控制界面

（4）阳光热能 24 h 可用技术：绿能智慧阳光房创新引入双层呼吸式幕墙设计，实现阳光热能的全天候利用。通过双层幕墙的热通道吸收日间太阳光热能，将阳光热能储存在相变容器内，在冬季夜间向种植区释放热能，保证室内种植环境温度适宜，呼吸幕墙+相变储热技术实现阳光热能的 24 h 利用。

（5）装配式建筑技术：采用预制构件和模块化设计，通过简单的组装和连接，就能够快速搭建出具有优良保温隔热性能的阳光房。不仅摆脱了重型机械的依赖，减少湿作业，降低了施工成本和时间，还能提高建筑的质量和可靠性，适于偏远地区的建筑施工。

（6）绿能建筑技术：通过绿能建筑与节能建筑集成，实现建筑能效的大幅提升。该产品采用 ALC 板+石墨聚苯板，增加隔热效果和支撑强度，通过呼吸幕墙采光和隔热设计，提高建筑的保温性能和隔热性能。阳光房技术特点如图 57-4 所示。

【多能互补】
通过风、光、热多能互补，保障供能充足，摆脱柴油机组依赖

【绿能建筑】
通过绿能建筑与节能建筑集成，提升建筑保温性能，实现低能耗效果

【离网式微电网】
通过离网式微电网，实现孤岛化离网运行，摆脱市政电网依赖

【装配式建筑】
通过装配式建筑，实现偏远地区阳光房快速搭建，摆脱重型机械依赖

【智慧能源】
通过智能控制系统，实现供电用电的柔性匹配，用户用能实现无感体验

【阳光24 h可用】
通过阳光房的双层幕墙，实现阳光热能全天24 h可用

图 57-4 阳光房技术特点

设备的先进性主要有以下几点：

（1）以综合智慧能源为主线，基于离网式微电网，实现本地化供能与多能互补，持续稳定可靠供能，摆脱无市政供电地区只能依赖单一柴发发电机组供电的弊端，实现偏远地区新能源高端供给；

（2）以智能控制为内核，构建智能微电网，实现用能与供能柔性精准自动匹配，用电负荷分级控制，为用户提供智能家居式的舒适体验；

（3）以节能产能储能一体化建筑为载体，采用装配式模块化设计，满足无重型机械地区的特殊场景要求与少人维护需求。

图 57-5 为阳光房能源供给技术说明。

图 57-5　阳光房能源供给技术说明

5　适用场景

绿能智慧阳光房通过利用现代农业技术和综合能源协同供能手段，尤其是高效利用可再生能源，适用于多种场景，主要面向：（1）"高海边无"等特殊地区、边防等特殊场景用户；（2）偏僻地区的电站及高压场站；（3）农林巡检站；（4）偏远海岛、能源果蔬供应不便的旅游海岛等。图 57-6 为阳光房三维效果图。

图 57-6　阳光房三维效果图

绿能智慧阳光房可根据用户使用场景的不同，形成高原型产品（采暖保温+吸氧功能），防寒型（采暖保温），海岛型产品（防盐雾高湿）和迷你移动型产品。同时也可根据使用需求不同，可形成标准型、人员型、种植型等功能化产品。图 57-7 为阳光房模块化产品分类图。

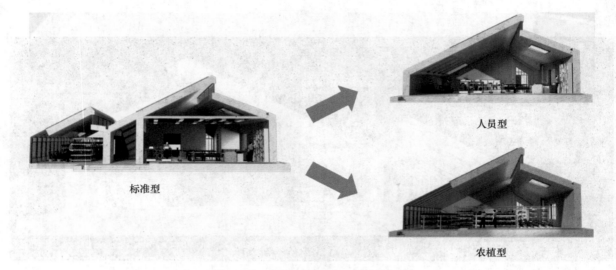

图 57-7　阳光房模块化产品分类

6　主要应用业绩

项目名称：国家电投集团科学技术研究院有限公司综合智慧零碳电厂样板间项目绿能智慧阳光房

业主单位：国家电投集团科学技术研究院有限公司

经济效益：经过产品改进与优化，阳光房建设成本可优化至 98 万～168 万元，预计每年通过节省偏远地区昂贵的油料等能源，可产生经济效益 10 万～15 万元，10～15 年左右可完成投资回收。

6.1　节约油料消耗

在高原偏远地区未建设市电，靠柴油发电机组供电，每发 1 度电消耗 0.3 L 柴油，发电效率在 30%～35% 左右，油料耗费巨大且供电效率不高，平均一度电要花费 5～7 元。以光伏和风电每年发电量为 20000 kWh 来计算，可节省柴油 5 t，产生的经济效益为 10 万～14 万元。图 57-8 为综合智慧零碳电厂样板间项目绿能智慧阳光房实物图。

6.2　保障生活物质

经测试记录，水培区生长周期 25 d，平均每周产量可达 7.812 kg；基质培区生长周期 30 d，平均每周产量可达 7.4 kg；整个种植区每周平均产量可达 15.212 kg。每年果蔬产量可达 738 kg。以高原偏远地区蔬菜平均价格 7 元/千克计算，蔬菜种植每年可产生的经济效益为 5200 元。同时，阳光房蔬菜种植还节约了高原偏远地区蔬菜的输运成本。阳光房种植区效果图如图 57-9 所示。

图 57-8　综合智慧零碳电厂样板间项目绿能智慧阳光房实物图

图 57-9　阳光房种植区效果图

社会效益：习近平总书记指示："各级要把官兵冷暖放在心上，为官兵排忧解难，特别是要解决好海拔 3000 米以上地区官兵吸氧……吃新鲜蔬菜等实际困难。"绿能智慧阳光房通过利用现代农业技术和综合能源协同供能手段，尤其是高效利用可再生能源，正是能源企业提高政治站位的集成创新技术手段。

产品模块化：绿能智慧阳光房根据用户需求不同，可形成标准型、人员型、种植型模块化产品。也可根据使用场景的不同，形成高原型、海岛型、防寒型产品。

阳光房建设成本可优化至 98 万~168 万元，除去基本的建筑结构和电气控制设备外，用户可根据自身需求和项目预算选配其他设施，包括光伏系统、风机系统，储能电池，种植系统，弥散供氧设备、取暖设备和室内设施等。

专家点评：

　　该项先进技术为综合智慧能源在高原、海岛、边防、无人区等特殊场景拓展、集成创新及技术和产品应用，整体包括光伏技术、微电网技术、装配式建筑节能技术、现代农业室内高产水培基质培技术等。

　　"绿能智慧阳光房"所设定的边界条件，装配式建筑面积、屋顶光伏、小微风机、储能电池等基本合理；"绿能智慧阳光房"技术产品集新能源为主线，基于离网式构建智能微电网，以数智化为手段，以一体化装配式节能建筑为载体，实现低耗绿能建筑、高效供冷暖及室内现代化农业技术场景。

　　建议进一步研究该技术的应用价值、实用性和经济性；另外，该技术方案适用性比较单一，仅是产品在设定环境中提供给工作人员的一种生活感受，可否延展"绿能智慧阳光房"的边界条件，使得人员也在身临其境的体验中。

「案例 58」

龙源环保智慧换电管控平台研究及应用

1 企业名称

国能龙源环保有限公司
国能织金发电有限公司

2 设备名称

综合能源服务智慧管控平台

3 主要参数

每座换电站设置 1 个车道，4 个电池仓位（其中 3 个仓位作为电池充电仓位，1 个仓位作为换电中转仓位），每座换电站配置至少 3 台不小于 280 kW 充电机。

全自动换电系统包括充电系统、智能换电机器人、换电夹具、电池箱储存系统、检测启动系统、监控、消防系统、集装箱外壳系统、监控室、站控系统等设施，主要参数见表 58-1。

表 58-1 主要参数

序号	项目	单位	投标方要求参数
1	额定功率	kW	额定功率：240
2	交流输入电压	V（Ac）	三相，380（1±15%）
3	交流电源频率	Hz	50±1
4	输入功率因数	%	$\geqslant 0.99（20\% < P_o/P_n \leqslant 100\%）$
5	直流电压调节范围	V（DC）	200~1000
6	恒功率输出电压范围	V（DC）	600~1000
7	输出电流范围	A	0~250
8	输出路数	路	2
9	稳流精度	%	≤1
10	稳压精度	%	≤0.5
11	纹波系数	%	≤1
12	待机功耗	W	≤30

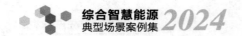

序号	项目	单位	投标方要求参数
13	峰值效率	%	≥96
14	噪声	dB	≤65
15	振荡波抗扰度		3级（1 MHz和100 kHz）
16	静电放电抗扰度		3级
17	射频电磁场抗扰度		3级
18	电快速瞬变脉冲抗扰度		3级
19	浪涌（冲击）抗扰度		3级
20	工频磁场抗扰度		3级
21	阻尼振荡磁场抗扰度		3级
22	谐波电流限值要求（THD）	%	≤8
23	充电机结构形式		一体式
24	质量	kg	≤500
25	防护等级		IP54
26	有源功率因数校正电路		带
27	直流输出接口		GB/T 20234.3—2015
28	运行环境温度	℃	−20~50
29	通信接口		以太网，4G模块（可选配）

4 技术及先进性

技术路线如图58-1所示。

站控系统部署于换电站内，接入站内换电机器人、充电机、RFID读写设备、供电设备、车载控制器等，具备换电监控、充电监控、车辆管理、度电计量、数据统计等功能，实现重卡换电过程的逻辑控制及运维监视。

（1）电池管理：取电阈值在设定的范围内可调；取电策略遵循无故障、SOC降序、入仓时间降序；放电策略遵循无故障、左右均衡、仓位空闲时间降序、靠近车道。

（2）充电管理：充电机运行信息监视，包括基本信息、充电状态、模块信息、告警信息等，实时监视每个充电机和电池的情况。电池充电控制功能，包括限流设置、手动充电启停、充电模式切换，自动控制充电机的启动和停止；有分时充电模式，可以设定自动充电时间。

（3）故障监控：换电站出现故障后站控主动报故障功能，使操作人员能快速知道故障原因，及时解决故障；根据换电站故障设备、故障性质和影响程度，分6级进行处理。

（4）换电管理：实现从车辆进站到换电完成全过程换电逻辑控制及过程数据的采集和存储。各子设备运行状态和通信状态展示。换电过程数据展示，包括：当前电池状态、充电状态、RFID状态、车辆状态、设备告警及换电的操作等信息，全面掌握换电的各个模块信息。

（5）数据存储、历史查询和数据统计：具备数据存储、数据库备份功能，录换电过程

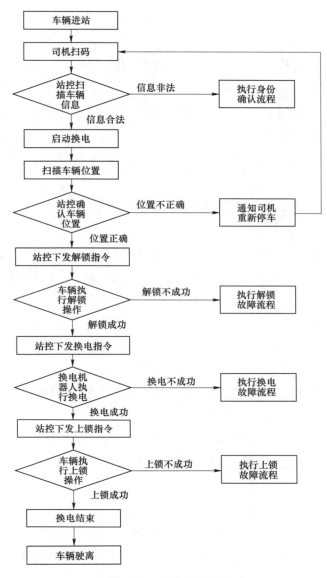

图 58-1　技术路线图

中的车辆、电池、换电时间等信息。记录充电过程的电池编码、充电时间、及电量等信息。记录系统运行期间的各种设备异常告警、操作记录等信息。支持换电站历史运行记录的查询，包括换电记录、充电记录、告警记录等，支持多条件复合筛选查询，并支持查询结果的导出。展示累计换电电量、累计换电次数、实时告警数量、历史换电量/次数等统计信息。

（6）远程诊断：可远程进行程序升级和故障诊断。

4.1　接地要求

（1）外壳地基预埋多点接地极，多点接地极与集装箱外壳可靠连接，保证换电站的可靠接地。

（2）换电站地基要求做好接地极预埋，接地电阻小于 4 Ω。

（3）换电站外部电源，配置浪涌保护器，对配电系统形成浪涌和接地保护，由换电站外部电源供应商负责。

4.2 安全要求

（1）换电机器人的承载桁架结构要有足够的强度、刚度、稳定性和抗倾覆性，各机构能安全可靠地运行。

（2）充电保护功能：交流输入过/欠压保护、直流输出过/欠压保护、过负荷保护、短路保护、防浪涌保护、过热保护等。

（3）换电站在入口处装有状态显示装置，具备状态对外显示的功能，空闲、运行中、停站指示。

（4）换电设备具备检修模式，启动检修模式后，换电站应无法进行手动、半自动、全自动换电，确保检修人员安全。

（5）具备消防应急模式：站控对站内电池进行 24 h 监控，并设置预警功能，当触发热失控预警信号后，当人员确认车道内安全后，可启动应急模式，换电机器人自动将故障电池吊至换电通道内。

（6）超负荷限制器在大于 110% 额定载荷自动停车。在超负荷时，过载保护动作，吊具只能向减小负荷的方向动作，不能向增加负荷的方向动作。

（7）要有符合工程标准的警示喇叭和闪烁的警示灯。

（8）电气系统所使用的电线和电缆一律为各种铜芯电线和电缆，必须具有耐高温、防火、防爆、机械强度高、安全可靠的特性。

（9）所有旋转轴、联节器、齿轮和其他旋转部件应完全防护。

（10）各部安全联锁和限位装置、缓冲器、制动器等齐全，安全可靠。

4.3 配置要求

电动重卡智能换电站配置云平台，提供快捷完善的用户管理、电动重卡智能换电站运营管理、故障报错、交易结算等服务，协助便捷规范地管理，服务平台包括移动端小程序。

配置统一的云平台数据接口，并预留对接综合能源服务智慧管控平台基本支撑服务中能源管理平台的接口，开放投标商的标准接口协议。

配置统一的云平台数据接口，与车辆运输运营公司服务平台进行信息数据交换，开放投标商的标准接口协议。

5 适用场景

电动重卡换电站的适用场景主要集中在对电动重卡有高频、高效能源补给需求的领域。以下是具体的适用场景分析：

（1）矿区：在矿区等重载运输场景，电动重卡因其零排放的特性而备受欢迎。电动重卡换电站的快速换电功能可以确保矿区运输的连续性和高效性，同时减少对环境的影响。

（2）码头：码头是货物集散的重要枢纽，电动重卡在此承担着重要的运输任务。通过换电站的快速换电，电动重卡可以迅速完成能源补给，提高运输效率。

（3）建筑材料堆场：在建筑材料堆场，电动重卡通常用于短距离、高强度的运输工作。

换电站提供的快速、可靠的能源补给，能够确保电动重卡在这些场景中的稳定运行。

（4）垃圾运输站：在垃圾运输站，电动重卡可以替代传统的燃油车辆，减少尾气排放对环境的污染。同时，换电站的快速换电功能可以确保垃圾运输的及时性和高效性。

（5）点对点线路运输：在点对点线路运输中，电动重卡换电站可以沿运输线路布局，为电动重卡提供及时的能源补给。这种布局方式可以确保电动重卡在全生命周期内具有显著的经济效益，降低运营成本，尤其在火力发电站燃煤转运场景中，运力需求稳定，运行时长充足，还可结合厂用电成本优势，提高经济效益。

6　主要应用业绩

项目名称："双碳"背景下传统火电综合能源转型关键技术研究及应用示范工程

业主单位：国能龙源环保有限公司

设备应用效益分析：

（1）经济效益：项目投资回报水平优于当地水平，投资总额 600 万元；单位产能投资 0.5 元/千瓦时；投资回收期 10 年；内部收益率 7%。

（2）投资回收期：10 年。

节能效益：化石能源耗用强度 0 g/kWh；可再生能源利用比例 100%；项目年减少化石能源标煤量 720 t；耗碳因子 0 g/kWh；单位面积综合能耗强度 240 kWh/（m² · a）。

专家点评：

项目 2023 年 11 月投营运行，运营时长 1 个月。采用 100%清洁能源对重型电动卡车电池进行充电，为重型电动卡车进行电池换电。换电站采用无人值守换电管控平台，5 min 内实现了换电全流程，整个系统绿色环保，实现了全自动全监控换电系统和绿能转换。具有很高的可推广价值。

项目投运后，换电站用电费（电厂上网电价+13%税率）：0.53 元/千瓦时。换电站电费：0.71 元/千瓦时，差价 0.18 元/千瓦时，按照月度保底电量低于 20 万千瓦时/月收费，显著降低重型卡车的能源运营费用，提高了交通运输和物流的能源效率及绿能比例。项目投资回收期为 10 年，投资回报水平优于当地水平。

IV

2024
综合智慧能源
典型场景案例
汇总表

2024 综合智慧能源典型场景案例汇总表

产业园区篇

案例编号	案例名称	申报单位	项目所在地
案例 1	浙江 50 MW/460 MWh 储能电站项目	吉电太能（浙江）智慧能源有限公司	浙江省湖州市
案例 2	南翼生物质清洁供热项目一期建设工程项目	吉电智慧能源（长春）有限公司	吉林省长春市
案例 3	吉林翰星热力公司燃煤热水锅炉烟气深度净化及余热回收项目	吉电智慧能源（长春）有限公司	吉林省吉林市
案例 4	内蒙古新能源数字化场站建设项目	国家电投集团内蒙古新能源有限公司	内蒙古自治区巴彦淖尔市
案例 5	安庆市高新区源网荷储一体化项目	安庆高新吉电能源有限公司	安徽省安庆市
案例 6	综合智慧能源和低碳示范工厂项目	国家电投集团远达环保催化剂有限公司	重庆市
案例 7	山西铝业氧化铝焙烧炉烟气深度净化及余热回收项目	吉电智慧能源（长春）有限公司	山西省原平市
案例 8	广东省开平市低碳智慧园区项目	国电投（江门）能源发展有限公司	广东省开平市
案例 9	海南陵水黎安国际教育创新试验区项目 1 号能源站项目	国电投（陵水）智慧能源有限公司	海南省陵水黎族自治县
案例 10	遵义综合智慧能源示范项目	贵州金元智慧能源有限公司、遵义智源配售电有限公司	贵州省遵义市
案例 11	永修星火工业园综合智慧能源项目	国家电投集团江西能源销售有限公司	江西省九江市
案例 12	郑州中原科技城核心起步区综合智慧能源项目	国电投（河南）综合智慧能源有限公司	河南省郑州市
案例 13	天津棉 3 创意街区综合智慧能源项目	天津绿动未来能源管理有限公司	天津市
案例 14	南昌理工学院综合智慧能源项目	国家电投集团江西电力有限公司新昌发电分公司	江西省南昌市
案例 15	苏州市综合智慧零碳电厂项目	国电投零碳能源（苏州）有限公司、上海发电设备成套设计研究院有限责任公司	江苏省苏州市
案例 16	郑州金岱智慧产业园综合智慧能源项目	国电投（河南）综合智慧能源有限公司	河南省郑州市
案例 17	灵璧轴承产业园综合智慧零碳电厂项目	山东电力工程咨询院有限公司	安徽省宿州市
案例 18	火电协同污泥处理中心项目	国能（福州）热电有限公司	福建省福清市
案例 19	天生港"五位一体"综合能源供应的用户侧响应示范项目	南通天生港发电有限公司	江苏省南通市
案例 20	矿井水处理"煤矿与煤电联营"综合能源项目	国网能源和丰煤电有限公司	新疆维吾尔自治区塔城地区和布克赛尔蒙古自治县
案例 21	基于化学链矿化的火电厂二氧化碳捕集利用技术研究与示范项目	国电电力大同发电有限责任公司	山西省大同市
案例 22	谏壁低碳循环经济引领高质量发展项目	国能江苏谏壁发电有限公司	江苏省镇江市

城镇乡村/集群楼宇/平台服务篇

案例编号	案例名称	申报单位	项目所在地
案例 23	成都吉能艺尚锦江文创中心综合智慧能源项目	成都吉能新能源有限公司	四川省成都市
案例 24	麻城人民医院综合智慧能源项目	国家电投集团湖北电力有限公司	湖北省黄冈市
案例 25	五凌办公区综合智慧能源示范项目	山东电力工程咨询院有限公司	湖南省长沙市

续表

案例编号	案例名称	申报单位	项目所在地
案例 26	海信日立青岛地铁 1 号线瓦屋庄停车场综合楼项目	青岛海信日立空调系统有限公司	山东省青岛市
案例 27	齐鲁医药学院智慧供冷供热项目	山东澳信供热有限公司	山东省淄博市
案例 28	湖州综合智慧零碳电厂项目	国家电投集团浙江电力有限公司	浙江省湖州市
案例 29	新泰富安循环水系统碳中和节能改造项目	海澜智云科技有限公司	山西省晋中市
案例 30	山西负荷聚合商、负荷类虚拟电厂项目	国能山西能源销售有限公司、国能数智科技开发（北京）有限公司	山西省太原市
案例 31	中广核虚拟电厂运营管理平台项目	中国广核新能源控股有限公司、北京清大科越股份有限公司	北京市丰台区
案例 32	陕西镇安移民搬迁集中安置点"BIPV 光伏+社区治理"项目	天津绿动未来能源管理有限公司	陕西省商洛市
案例 33	长源武汉青山热电厂污泥高效掺烧处置项目	国能长源武汉青山热电有限公司、国能龙源生态科技（武汉）有限公司	湖北省武汉市
案例 34	重庆万州电力火电协同固废资源化利用项目	国能重庆万州电力有限责任公司	重庆市
案例 35	神皖马鞍山城市污泥掺烧项目	国能神皖马鞍山发电有限责任公司	安徽省马鞍山市

创新方案/先进技术篇

案例编号	案例名称	申报单位
案例 36	城市高架道路隔声屏"交通+光伏+"新业态的研究与应用	上海奉贤燃机发电有限公司
案例 37	北方地区综合智慧能源系统供能方案	国核电力规划设计研究院
案例 38	吉电智慧长春汽开区奥迪 PPE"零碳工场"项目方案	吉电智慧能源（长春）有限公司
案例 39	让供热"移"动起来方案	国能安徽综合能源有限责任公司
案例 40	新疆兵团兴新职业技术学院综合智慧能源项目	中电投新疆能源化工集团吐鲁番有限公司、国家电投集团综合智慧能源科技有限公司
案例 41	铁岭市百万千瓦级项目配套电蓄热储能调峰项目设计方案	山东电力工程咨询院有限公司
案例 42	共和县综合智慧零碳电厂方案	山东电力工程咨询院有限公司
案例 43	电-气-热综合能源系统不确定性能流多场景分析系统	福州大学电气工程与自动化学院
案例 44	横琴武警边防公路光伏储能路灯示范项目方案	国电投（珠海横琴）热电有限公司
案例 45	浙江哲丰新材料有限公司 42 MW/284.884 MWh 储能项目设计方案	国家电投集团福建电力投资有限公司
案例 46	南宁市凤岭汽车站智慧能源项目方案	广西鑫源电力勘察设计有限公司
案例 47	零碳姚湾码头示范项目方案	南昌绿动交投智慧能源科技有限公司
案例 48	基于二氧化碳热泵的冷热联供技术开发方案	国家电投集团荆门绿动能源有限公司
案例 49	宁海电厂综合能源七联供及新能源示范园项目	国能浙江宁海发电有限公司
案例 50	液态空气储能系统方案	中绿中科储能技术有限公司

案例编号	案例名称	申报单位
案例 51	造纸厂白泥替代火电厂石灰石脱硫剂方案	国能重庆电厂有限公司
案例 52	分布式生物质气化技术高质量发展	北京乡电电力有限公司
案例 53	局域新型配电系统研究示范项目	福建永福电力设计股份有限公司
案例 54	电解铝直流接入柔性直流微电网技术	云南电投绿能科技有限公司
案例 55	新型土壤外加剂固化电厂灰渣关键技术及设备	国能（浙江北仑）发电有限公司
案例 56	蚕丛移动能源机器人 FlashBot 创新技术及应用	上海蚕丛机器人科技有限公司
案例 57	高海边无地区综合智慧能源一体化解决方案：绿能智慧阳光房	国核华清（北京）核电技术研发中心有限公司、云南电投绿能科技有限公司
案例 58	龙源环保智慧换电管控平台研究及应用	国能龙源环保有限公司、国能织金发电有限公司